智能传感器技术

第二版

主　编　吴盘龙

编　写　李星秀　吴　祥　何　山

　　　　朱　岩　孔建寿

中国电力出版社

CHINA ELECTRIC POWER PRESS

内 容 提 要

本书为"十三五"江苏省高等学校重点教材,也是全国电力行业"十四五"规划教材。

全书共分为 10 章,主要内容包括概述、传感器的一般工作特性及其校准、常用传感器的工作原理、传感器信号调理与处理、参数检测、传感器智能化的实现、几种新型智能传感器及应用、智能技术在传感器中的应用、通信功能与总线接口、智能传感器的设计与应用。

本书可作为高等院校智能电网信息工程、自动化、测控技术与仪器、电子信息工程等专业本科生教材,也可供有关工程技术人员使用参考。

图书在版编目(CIP)数据

智能传感器技术/吴盘龙主编 . —2 版 . —北京:中国电力出版社,2023.12(2024.11重印)
ISBN 978 - 7 - 5198 - 7818 - 4

Ⅰ.①智… Ⅱ.①吴… Ⅲ.①智能传感器 Ⅳ.①TP212.6

中国国家版本馆 CIP 数据核字(2023)第 146375 号

出版发行:中国电力出版社
地　　址:北京市东城区北京站西街 19 号(邮政编码 100005)
网　　址:http://www.cepp.sgcc.com.cn
责任编辑:罗晓莉(010 - 63412547)
责任校对:黄　蓓　常燕昆
装帧设计:赵姗杉
责任印制:吴　迪

印　　刷:廊坊市文峰档案印务有限公司
版　　次:2015 年 9 月第一版　2023 年 12 月第二版
印　　次:2024 年 11 月北京第二次印刷
开　　本:787 毫米×1092 毫米　16 开本
印　　张:16.5
字　　数:406 千字
定　　价:50.00 元

前　　言

　　"智能传感器技术"是一门涉及传感器、自动控制、光电检测、计算机、数据处理等众多基础理论和学科的综合性技术。目前，智能传感器技术取得了令人瞩目的发展，已成为许多国家高新技术竞争的核心。

　　全书共分为 10 章，主要内容包括概述、传感器的一般工作特性及其校准、常用传感器的工作原理、传感器信号调理与处理、参数检测、传感器智能化的实现、几种新型智能传感器及应用、智能技术在传感器中的应用、通信功能与总线接口、智能传感器的设计与应用。

　　本书由吴盘龙、李星秀、吴祥、何山、朱岩、孔建寿编写。刘佳乐、李少华、周洋、杨涛等研究生参与了部分书稿的资料搜集、整理和图表绘制等工作；吴盘龙负责全书的统稿。南京航空航天大学自动化学院的姚恩涛教授担任本书主审，为本书提出了很多宝贵意见和建议。另外，本书在编写过程中参考并引用了许多文献，在此一并表示感谢。

　　本书可作为高等院校智能电网信息工程、自动化、测控技术与仪器、电子信息工程等专业本科生教材，也可供有关工程技术人员使用参考。

　　由于智能传感器技术内容丰富、应用广泛，且技术本身处于不断的发展进步中，限于编者的知识和经验，书中难免存在不足和疏漏之处，恳请广大读者批评指正。

编　者

2023 年 5 月

目　　录

第1章 概　　　述

§1.1　传　感　器　概　述

1.1.1　传感器的定义

关于传感器的定义目前国内外尚未统一，英国称 Sensor 为传感器、敏感元件，将 Transducer 称为变换器、换能器；在美国，Sensor 或 Transducer 是通用的，均称为传感器；我国学者将传感器（Sensor）定义为接收信号或激励并以电信号进行响应的装置，而把变换器（Transducer）作为一种能量转换成另一种能量的转换装置。根据我国现有规定，传感器（Transducer/Sensor）是一种检测装置，能感受到被测量的信息，并能将感受到的信息，按一定规律变换成为电信号或其他所需形式的信息输出，以满足信息的传输、处理、存储、显示、记录和控制等要求。传感器通常由敏感元件和转换元件组成，其中敏感元件是指传感器中能直接感受被测量的部分；转换元件是指传感器中能将敏感元件感受或响应的被测量转换成适用于传输或测量的电信号的部分。

为将传感器和变送器的概念明确区分开，当传感器（Transducer/Sensor）的输出为"规定的标准信号"时，则称为变送器（Transmitter）。"规定的标准信号"是指新的国家标准规定的信号，若以电流形式输出，标准信号应为 4～20mA；若以电压形式输出，标准信号应为 1～5V。

一般来讲，传感器由敏感元件和转换元件两部分组成，分别完成信息的检测和转换。需要指出的是，并不是所有传感器都能明显区分敏感单元和转换单元这两个部分，例如半导体气敏或湿度传感器、热电偶、压电晶体、光电器件等，它们一般将被测量直接转换为电信号输出，将敏感单元和转换单元的功能合二为一。通常只由敏感单元和转换单元组成的传感器输出信号较弱，还需要信号调理电路与转换电路将输出的信号进行放大并转换为容易传输、处理、记录和显示的形式。随着半导体与集成技术在传感器中的应用，传感器的信号调节与转换电路可能安装在传感器的壳体里或与敏感元件一起集成在同一芯片上，因此，信号调节与转换电路以及所需电源都应作为传感器组成的一部分。

1.1.2　传感器的组成与分类

1.1.2.1　传感器的组成

传感器一般由敏感元件、转换元件和信号调理与转换电路三部分组成，如图 1-1 所示。

根据前面介绍传感器的概念，传感器的基本组成分为敏感元件和转换元件两部分，它们分别完成检测和转换两个基本功能。但是，随着传感器集成化技术的发展，传感器的信号调理与转换电路也会安装在传感器的壳体内或者与敏感元件集成在同一芯片上，因此，信号调理电路以及所需要辅助电源都应作为传感器组成的一部分。

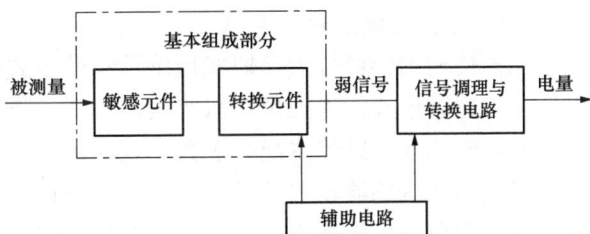

图 1-1　传感器的组成

敏感元件是指传感器中能直接感受或响应被测量的部分。常见的敏感元件有热敏电阻器、压敏电阻器、光敏电阻器、力敏元件、气敏元件、湿敏元件等；还有一些新型传感器，如谐振式压力传感器、差动变压器式位移传感器等，其敏感元件和传感器是完全融为一体的。

转换元件是指传感器中能将敏感元件的感受或响应的被测量转换成适于传输或测量的电信号部分。它可以直接感受被测量（一般为非电量），输出与被测量成确定关系的电量，如热电偶和热敏电阻；也可以不直接感受被测量，而只感受与被测量成确定关系的其他非电量，例如差动变压器式压力传感器，并不直接感受压力，而只是感受与被测压力成确定关系的衔铁位移量，然后输出电量。一般情况下使用的都是后面这种传感器。

信号调理与转换电路，它的作用是把来自传感器的信号进行转移和放大，使其更适合于作进一步处理和传输，多数情况下是将各种电信号转换为电压、电流、频率等便于测量的电信号，对其进行信号处理，即对经过调理的信号，进行滤波、调制和解调、衰减、运算、数字化处理等。常见的信号调理与转换电路有放大器、电桥、振荡器、电荷放大器、滤波器等。另外，传感器的基本部分和信号调理电路，还需要辅助电源提供工作能量。

1.1.2.2　传感器的分类

传感器的种类繁多，往往同一种被测量可以用不同类型的传感器来测量，如压力可用电容式、电阻式、光纤式等传感器来测量；而同一原理的传感器又可以测量多种物理量，如电阻式传感器可以测量位移、温度、压力及加速度等。因此，对传感器的分类方法各不相同，目前尚没有统一的分类方法，一般常见分类方法有以下几种。

1. 按传感器的工作原理分类

按照传感器对信号转换作用的原理可将传感器分为以下几种：

（1）电路参量式传感器。包括电阻式、电感式、电容式三种基本形式，以及由此衍生出来的差动变压器式、涡流式、感应同步器式、容栅式等。

（2）电光式传感器。包括光电式、光栅式、光电码盘式、光纤式、激光式、红外式、固态图像式等。

（3）压电式传感器。

（4）磁电式传感器。包括磁电感应式、霍尔式、磁栅式等。

（5）热电式传感器。

（6）半导体式传感器。

2. 按传感器的输入量分类

按输入量分类的传感器以被测物理量命名，如位移传感器、速度传感器、温度传感器、湿度传感器、压力传感器等。这种分类方法通常在讨论传感器的用途时使用。

3. 按传感器的输出量分类

传感器按输出量可分为模拟式传感器和数字式传感器两类。模拟式传感器是指传感器的输出信号为连续形式的模拟量；数字式传感器是指传感器的输出信号为离散形式的数字量。

目前，模拟式传感器占绝大多数，现在设计的测控系统往往要用到微处理器，因此，通常需要将模拟式传感器输出的模拟信号通过 ADC（模/数转换器）转换成数字信号。数字式传感器输出的数字信号便于传输，具有重复性好、可靠性高的优点。虽然数字式传感器的种类目前还不太多，但是这是一个重要的发展方向。

4．按被测量分类

（1）机械量。位移、力、力矩、转矩、速度、加速度、振动、噪声等。

（2）热电量。温度、热量、流量、风速、压力、液压等。

（3）物性参量。浓度、黏度、密度、酸度等。

（4）状态参量。裂纹、缺陷、泄漏、磨损、表面质量等。

5．按能量关系分类

根据传感器的能量转换情况，可分为能量转换型传感器和能量控制型传感器。

能量转换型是由传感器输入量的变化直接引起能量的变化。例如电效应中的热电偶，当温度变化时，直接引起输出的电动势改变。基于压电效应、热电效应、光电效应等的传感器都属于这类传感器。能量转换型传感器一般不需要外部电源提供能量或者外部电源只起到辅助作用。

能量控制型传感器从外部获得能量使其工作，由被测量的变化控制外部供给能量的变化。例如电阻式、电感式等传感器，这种类型的传感器必须由外部提供激励源，因此也称为无源传感器，如用电桥测量电阻温度的变化时，温度的变化引起热敏电阻阻值的变化，热敏电阻阻值的变化使电桥的输出发生变化，这时电桥输出的变化是由电源供给的。基于应变电阻效应、磁阻效应、热阻效应、光电效应、霍尔效应等的传感器都属于此类传感器。

1.1.3　传感器技术的发展现状与趋势

1．传感器发展现状

当今世界特别是发达国家对传感器技术的发展极为重视，视为涉及国家安全、经济发展和科技进步的关键技术之一，将其列入国家科技发展战略计划之中。因此近年来传感器技术发展迅速，传感器新原理、新材料和新科技的研究更加深入广泛，传感器新品种、新结构、新应用不断涌现、层出不穷。

（1）现代自动化系统对传感器最基本和最急切的要求是提高现有传感器的性能价格比。2000年和2010年传感器、计算机及执行机构的性能价格比如图1-2所示。可以看出，若2000年的性能价格比为1，则2010年的性能价格比中执行机构为10，计算机为1000，传感器为3，其中，计算机的性能价格比提高幅度最大。这是由于半导体集成电路工艺的迅速发展，使大规模集成电路芯片制作成本大幅度降低。相对而言，近30年来计算机性能价格比的提高更是遥遥领先，而传感器的性能价格比仍偏低，与其他两个功能模块的发展形势极不相适应。

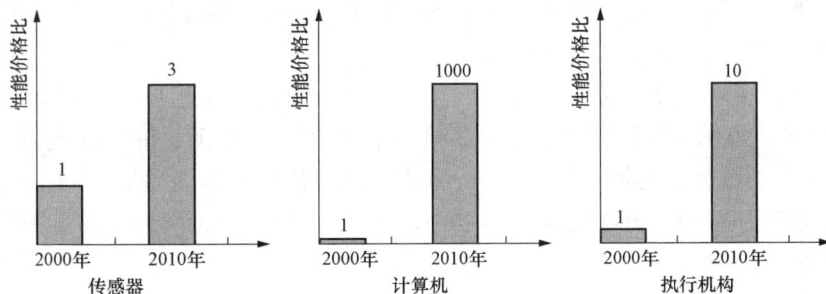

图1-2　2000年和2010年传感器、计算机及执行机构的性能价格比

（2）新技术在传感器中的普遍应用。目前普遍采用电子设计自动化（EDA）、计算机辅助制造（CAM）、计算机辅助测试（CAT）、数字信号处理（DSP）、专用集成电路（ASIC）及表面贴装（SMT）等技术。

（3）功能日渐完善。随着集成微光、机、电系统技术的迅速发展以及光导、光纤、超导、纳米技术、智能材料等新技术的应用，进一步实现信息的采集与传输、处理集成化、智能化，更多的新型传感器将具有自检自校、量程转换、定标和数据处理等功能，传感器功能得到进一步增强和完善，性能进一步提高，更加灵敏、可靠。

（4）创新性更加突出。新型传感器的研究和开发由于开展时间短，往往尚不成熟，因此蕴藏着更多的创新机会，竞争也很激烈，成果也具有更多的知识产权，所以加速新型传感器的研究、开发、应用具有更大意义。

（5）商品化、产业化前景广阔。在新型传感器的研究开发同时，注意新型材料、设计方法、生产工艺、测试技术和配套仪表等基础技术的同步发展，更加注重实用化，从而保证了成果转化，产业化的速度更快。

2. 传感器发展趋势

传感器技术在科学研究、工农业生产、日常生活等方面发挥着越来越重要的作用；应用需求对传感器技术又提出了越来越高的要求，这推动着传感器技术不断的向前发展。同时，传感器技术是一门涉及多种学科、多个领域的高新技术。随着当前科学技术的不断提高，传感器技术的发展趋势主要表现为以下几个方面：

（1）开发新材料、研究新型传感器。材料是传感器技术的重要基础。随着传感器技术的发展，除半导体材料、陶瓷材料以外，光导纤维、纳米材料、超导材料等相继问世。随着研究的不断深入，人们将进一步探索具有新效应的敏感功能材料，并通过微电子、光电子、生物化学、信息处理等各种学科、各种新技术的互相渗透和综合利用，从而研制开发具有新原理、新功能的新型传感器。

传感器的应用中，半导体材料应用得最为普遍，用量居首位，且在今后的一段时期内仍将占主导的地位。半导体材料可制作成力敏、光敏、磁敏、红外敏等多种传感器。展望未来的产业，随着机械加工技术、P-N结的技术、离子注入技术、激光退火等表面处理技术的成熟，半导体材料在传感器技术发展中将会得到更广泛的应用。

有机聚合物，即高分子材料，是一种新兴的传感器功能材料，除了具有介电性能外，还有半导体、导体、电光、电导等多种功能。有机聚合物可以制作成热敏、力敏、声敏、导电敏、光敏、湿敏、气敏、离子敏等多种传感器，有着广泛的应用领域。目前而言，此类传感器尚在研制阶段，将来一定会成为热门方向。

（2）集成化、多功能化。传感器的集成化是一个重要的发展趋势。所谓集成化，有双层的含义：①将同一类型的单个传感器排列在同一平面上，构成线型传感器或者面型传感器，如现在2048像素的线型传感器和492×660像素的面型传感器已经研制应用；②将传感器和运放、放大及温度补偿等部分组装成一个器件，形成一体化，如集成固态压力传感器或组合式固态压力传感器。

传感器的多功能化是指传感器能感知与转换两种以上的不同物理量。例如，使用特殊的陶瓷把温度和湿度敏感元件集成在一起，做成温湿度传感器；将检测不同气体的敏感元件用厚膜制造工艺制作在同一基片上，制成检测氧、氨、乙醇、乙烯四种气体的多功能传感器；

在同一硅片上制作应变计和温度敏感元件，制成同时测量压力和温度的多功能传感器，该传感器还可以实现温度补偿。

（3）多传感器的融合。由于多传感器不可避免地存在不确定或偶然不确定性，缺乏全面性和鲁棒性，因此偶然的故障就会导致系统失效。多传感器集成与融合技术正好可以解决这方面的问题。多传感器不但可以表述同一环境特征的多个冗余的信息，而且可以描述不同的环境特征，它的特点是冗余性和互补性、及时性和低成本性。

多传感器的集成与融合技术已经成为智能传感器与系统领域的一个重要的研究方向。它涉及信息科学的多个领域，是新一代智能信息技术的核心基础之一。20 世纪 80 年代初，以军事领域的研究为开端，多传感器的集成与融合技术迅速扩展到军事和非军事的各个应用领域，如目标的自动识别、自主车辆导航、遥感、生产过程监控、机器人及医疗应用等。

（4）学科的交叉融合，实现无线网络化。无线传感器网络是由大量无处不在的、有无线通信与计算能力的微小传感器节点构成的自组织分布式网络系统，能根据环境自主完成指定任务的"智能"系统。它是涉及微传感器与微机械、通信、自动控制及人工智能等多学科的综合技术，大量传感器通过网络构成分布式、智能化信息处理系统，以协同的方式工作，能够从多种视角、以多种感知模式对事件、现象和环境进行观察和分析，获得丰富的、高分辨率的信息，极大地增强了传感器的探测能力，是近年来新的发展方向。其应用已由军事领域扩展到反恐、防爆、环境监测、医疗保健、家居、商业、工业等众多领域，有着广泛的应用前景。

（5）向微功耗及无源化发展。传感器一般都是非电量向电量的转化，工作时离不开电源，在野外现场或远离电网的地方，往往是用电池或太阳能等供电，开发微功耗的传感器及无源传感器是必然的发展方向，这样既可以节省能源又可以提高系统寿命。

（6）网络化和物联网。传感器网络化是传感器领域发展的一项新兴技术，它是利用 TCP/IP 协议，使传感器成为监控网络中一个独立的节点。这样，现场测控数据就直接采集传输到网络上，并与网络上有通信能力的节点直接进行通信，实现数据的实时发布和共享。由于传感器的自动化、智能化水平的提高，多台传感器联网已推广应用，虚拟仪器、三维多媒体等新技术开始实用化，因此通过 Internet，传感器与用户之间可异地交换信息和浏览，厂商能够直接与异地用户交流，能及时完成传感器故障诊断、指导用户维修或交换新仪器改进的数据、软件升级等工作，使传感器操作过程更加简化，功能更换和扩展更加方便。

物联网是通过智能感知、识别技术与普适计算、泛在网络的融合应用，被称为继计算机、互联网之后世界信息产业发展的第三次浪潮。物联网的英文为"The Internet of Things"，简称 IOT。由物联网的名称可以知道，物联网就是"物物相连的互联网"。这里有两层含义：①物联网的核心和基础仍然是互联网，是在互联网基础之上延伸和扩展的一种网络；②其用户端延伸和扩展到了任何物品与物品之间进行信息交换和通信。因此，物联网的定义是通过射频识别（RFID）装置、红外传感器、全球定位系统、激光扫描器等信息传感设备，按约定的协议，把任何物品与互联网相连接，进行信息交换和通信，以实现智能化识别、定位、跟踪、监控和管理的一种网络。

另外，传感器技术还呈现出的发展趋势包括：强调传感技术的系统性和传感器信息处理与识别的协调性发展，突破传感器信息处理与识别技术及系统的研发、开发、应用和改进分离体制，按照信息理论与系统论，应用过程的方法，同计算机技术和通信技术系统发展；利用新的理论、新的效应研究开发工程和科技发展迫切需求的多种新型传感器和传感器系统；研究与开发特殊环境（高温、高压、水下、强腐蚀和高辐射等环境）下的传感器与传感器技术系统；彻底改变重研究开发、轻应用与改进的局面，实行需求驱动的全过程、全寿命研究开发、生产、使用和改进的系统工程等。

§1.2 智能传感器技术

1.2.1 智能传感器概念

智能传感器系统是一门现代综合技术，是当今世界正在迅速发展的高新技术，至今还没有形成统一确切的定义。智能传感器概念最初是在美国宇航局开发宇宙飞船过程中提出的。因为人们不仅需要知道宇宙飞船在太空中飞行的速度、位置、气压、空气成分等，因而需要安装各式各样的传感器，而且宇航员在太空中进行各种实验也需要大量的传感器。这样一来，需要处理众多从传感器获得的信息，即便使用一台大型计算机也很难同时处理如此庞大的数据，并且这在宇宙飞船上显然是行不通的。因此，宇航局的专家们就希望传感器本身具有信息处理的功能，于是把传感器和微处理器结合在一起，这样在 20 世纪 70 年代末就出现了智能传感器。

早期，人们简单、机械地强调在工艺上将传感器与微处理器两者紧密结合，认为"传感器的敏感元件及其信号调理电路与微处理器集成在一块芯片上就是智能传感器"。

关于智能传感器的中、英文称谓，目前也尚未统一。"Intelligent Sensor"是英国人对智能传感器的称谓，而"Smart Sensor"是美国人对智能传感器的俗称。另外，1992 年荷兰代尔夫特理工大学 Johan H. Huijsing 教授在"Integrated Smart Sensor"一文中按集成化程度的不同，将智能传感器分别称为"Smart Sensor""Integrated Smart Sensor"。对"Smart Sensor"的中文译名有译为"灵巧传感器"的，也有译为"智能传感器"的。

国内众多学者广泛认可这种概念，"传感器与微处理器赋予智能的结合，兼有信息检测与信息处理功能的传感器就是智能传感器（系统）"；模糊传感器也是一种智能传感器（系统），将传感器与微处理器集成在一块芯片上是构成智能传感器（系统）的一种方式。

1.2.2 智能传感器的结构

智能传感器主要由传感器、微处理器（或微计算机）及相关电路组成，其基本结构如图 1-3 所示。

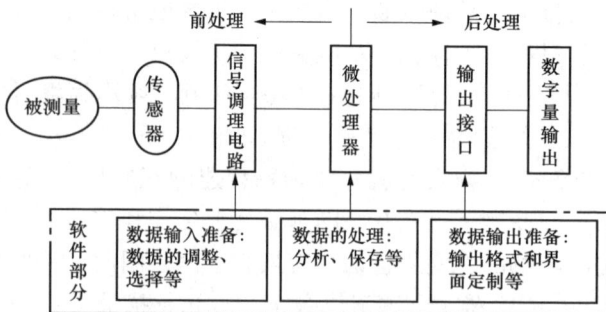

图 1-3 智能传感器基本结构

传感器将被测量转化成相应的电信号，送到信号调理电路中，经过滤波、放大、模/数转换后送到微处理器中，微处理器对接收到的信号进行计算、存储、数据分析和处理后，一方面通过反馈回路对传感器与信号调理电路进行调节以实现对测量过程的调节和控制，另一方面将处理后的结果传送到输出接口，经过接口电路的处理后按照输出格式和界面定制输出数字化测量结果。智能传感器中，微处理器是智能化的核心，软件部分的运算及相关的调节与控制只有通过它才能实现。

智能传感器的实现结构形式既可以是分离的，也可以是集成化的。按实现结构形式的不同，智能传感器可以划分为模块式、混合式和集成式三种形式。模块式智能传感器为初级的智能传感器，它由许多相互独立的模块组成（如将微计算机、信号调理电路模块、输出电路模块、显示电路模块和传感器装配在同一壳体内），由于集成度不高而导致体积较大，但是在目前的技术水平下，仍不失为一种实用的结构形式。混合智能传感器将传感器、微处理器和信号处理电路做在不同的芯片上，是目前智能传感器采用较多的结构形式。集成智能传感器将一个或多个敏感器件与微处理器、信号处理电路集成在同一硅片上。

1.2.3　智能传感器的作用

智能传感器与传统传感器相比，在作用上更加全面，几乎包括仪器仪表的全部作用，主要表现为以下几点：

（1）测量精度提高。利用微型计算机进行多次测量和求平均值的办法可削弱随机误差的影响；利用微型计算机进行系统误差补偿；利用辅助温度传感器和微型计算机进行温度补偿；利用微型计算机实现线性化，可以减少非线性误差；利用微型计算机进行测量前的零点调整、放大系数调整和工作中周期调整零点、放大系数。

（2）功能增加。利用记忆功能获取被测量的最大值和最小值；利用计算功能对原始信号进行数据处理，可获得新的量值；用软件的办法完成硬件功能，经济并减小体积；对数字显示可有译码功能；可用微型计算机对周期信号特征参数进行测量；对诸多被测量可有记忆存储功能。

（3）自动化程度提高。可实现误差自动补偿；可实现检测程序自动化操作；可实现越限自动报警和故障自动诊断；可实现量程自动变换；可实现自动巡回检测。

（4）高信噪比与高分辨力。由于智能传感器具有数据存储、记忆与信息处理的特点，通过软件进行数字滤波、相关分析等处理，可以去除输入数据中的噪声，将有用信号提取出来；通过数据融合、神经网络技术，可以消除多参数状态下交叉灵敏度的影响，从而保证在多参数状态下对特定参数测量的分辨能力，所以智能传感器具有很高的信噪比与高分辨能力。

§1.3　智能传感器的主要功能与特点

随着计算机和仪器仪表技术的快速发展，智能传感器作为一种新型传感器发展起来。智能传感器是基于人工智能、信息处理技术实现的具有分析、判断、量程自动转换、漂移、非线性和频域响应等自动的补偿，对环境响应的自适应、自学习以及超限报警、故障诊断等功能的传感器。与传统传感器相比，智能传感器将传感器检测信息的功能与微处理器的信息处理功能有机地结合在一起，充分利用微处理器进行数据分析和处理，并对内部工作过程进行调节和控制，从而具有了一定的人工智能，弥补了传统传感器的缺陷与不足，使得采集的数据质量得以提高。就目前而言，智能传感器的智能化技术尚处于初级阶段，即数据处理层次的低智能化，已经具备自诊断、自补偿、自校准、自学习、数据处理、存储记忆、双向通道、数字输出等功能。智能传感器的最终目标是接近或达到人类的智能水平，能够像人一样通过在实践中不断地改进和完善，实现最佳测量方案，得到最好的测量结果。

通常而言，智能传感器由传感器单元、微处理器和信号电路等封装在同一壳体内组成，输出方式通常采用 RS-232、RS-485 等串行输出，或采用 IEEE-288 标准总线并行输出。智能传感器实际上是最小的微机系统，其中作为控制核心的微处理器通常采用单片机或 ARM 等芯片控制，其基本结构框图如图 1-4 所示。

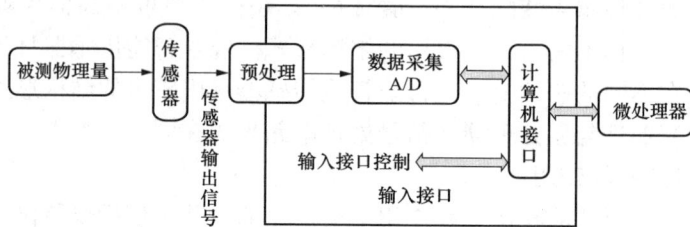

图 1-4　智能传感器基本结构框图

1.3.1　智能传感器的主要功能

智能传感器比传统传感器在功能上有极大拓展，几乎包括仪器仪表的全部功能，概括而言主要表现为以下几点：

（1）逻辑判断、统计处理功能。智能传感器能对检测数据进行分析、统计和修正，能进行非线性、温度、噪声、响应时间、交叉感应以及缓慢漂移等误差补偿，还能根据工作情况调整系统状态，使系统工作在低功耗状态和传送效率优化的状态。

（2）自校零（消除零漂）、自标定（输出值对应的输入值）、自校正（输出特性的变化）功能。智能传感器可以通过对环境的判断和自诊断进行零位和增益参数的调整，可以借助其内部检测线路对异常现象或故障进行诊断。操作者输入零值或某一标准值后，自校准模块可以自动地进行在线校正。

（3）软件组合，设置多模块化的硬件和软件。用户可以通过操作指令，改变智能传感器的硬件模块和软件模块的组合方式，以达到不同的应用目的，完成不同的功能，实现多传感器、多参数的复合测量。

（4）人机对话功能。智能传感器与仪表等组合在一起，配备各种显示装置和输入键盘，使系统具有灵活的人机对话功能。

（5）数据存储、记忆与信息处理功能。可以存储各种信息，例如装载历史信息、数据的校正、参数的测量、状态参数的预估。对检测到的数据随时存取，大大地加快了信息的处理速度。

（6）双向通信和标准化数字输出功能。智能传感器系统具有数字标准化数据通信接口，通过 RS-232、RS-485、USB、I^2C 等标准总线接口，能与计算机接口总线相连，相互交换信息。

根据不同的应用场合，智能传感器可选择性地具有上述功能或者全部功能。智能传感器具有高的标准性、灵活性和可靠性，同时采用廉价的集成电路工艺和芯片以及强大的软件来实现，具有高的性价比优势。

1.3.2　智能传感器的特点

智能传感器的功能是通过模拟人的感官和大脑的协调动作，结合长期以来测试技术的研究和实际经验而提出来的。它是一个相对独立的智能单元，它的出现对原来硬件性能苛刻要求有所减轻，而靠软件帮助可以使传感器的性能大幅度提高，同时采用廉价的集成电路工艺和芯片以及强大的软件来实现，大大降低了传感器本身的价格。

智能传感器的特点如下：

（1）信息存储和传输。随着全智能集散控制系统（Smart Distributed System）的飞速发展，对智能单元要求具备通信功能，用通信网络以数字形式进行双向通信，这也是智能传感器关键标志之一。智能传感器通过测试数据传输和接收指令来实现各项功能，如增益的设置、补偿参数的设置、内检参数的设置、测试数据输出等。

（2）自补偿和计算功能。多年来从事传感器研制的工程技术人员一直为传感器的温度漂移和输出非线性做大量的补偿工作，但都没有从根本上解决问题，而智能传感器的自补偿和计算功能为传感器的温度漂移和非线性补偿开辟了新的道路。这样，放宽传感器加工精密度要求，只要能保证传感器的重复性好，利用微处理器对测试的信号通过软件计算，采用多次拟合和差值计算方法对漂移和非线性进行补偿，从而能获得较精确的测量结果。如美国凯斯西储大学制造出的一个含有 10 个敏感元件、带有信号处理电路的 PH 传感器芯片，可计算其平均值、方差和系统的标准差。若某一敏感元件输出的误差大于 ±3 倍标准差，输出数据就将它舍弃，但输出这些数据的敏感元件仍然是有效的，只是因为某些原因使所标定的值发生了漂移。另外，智能传感器的计算能够重新标定单个敏感元件，使它重新有效。

（3）自检、自校、自诊断功能。普通传感器需要定期检验和标定，以保证它在正常使用时有足够的准确度，这些工作一般要求将传感器从使用现场拆卸送到实验室或检验部门进行，而对于在线测量传感器出现异常则不能及时诊断。采用智能传感器情况则大有改观，首先自诊断功能在电源接通时进行自检、诊断测试以确定组件有无故障；其次，根据使用时间可以在线进行校正，微处理器利用存在 EPROM 内的计量特性数据进行对比校对。

（4）复合敏感功能。我们观察周围的自然现象，常见的信号有声、光、电、热、力、化学等。智能传感器具有复合功能，能够同时测量多种物理量和化学量，给出较全面反映物质运动规律的信息。如美国加州大学伯克利分校传感器和执行器中心研制的复合液体传感器，可同时测量介质的温度、流速、压力和密度；美国 EG&GICSensors 公司研制的复合力学传感器，可同时测量物体某一点的三维振动加速度、速度和位移等。

（5）智能传感器的集成化。由于大规模集成电路的发展使得传感器与相应的电路都集成到同一芯片上，而这种具有某些智能功能的传感器叫作集成智能传感器。集成智能传感器的功能有以下三个方面的优点：

1）较高信噪比：传感器的弱信号先经集成电路信号放大后再远距离传送，就可大大地改进信噪比。

2）性能改善：由于传感器与电路集成于同一芯片上，对于传感器的零漂、温漂和零位可以通过自校单元定期自动校准，又可以采用适当的反馈方式改善传感器的频响。

3）信号归一化：传感器的模拟信号通过程控放大器进行归一化，又通过模数转换成数字信号，微处理器按数字传输的几种形式进行数字归一化，如串行、并行、频率、相位和脉冲等。

1.3.3　我国在这方面的现状与差距

传感器在工业、汽车电子产品、通信电子产品、消费电子产品、专用设备等领域有广泛的应用，其中，在工业和汽车电子产品的应用最为突出，其市场份额达到 33%。工业领域的传感器，例如工业控制、工艺机械以及传统的自动传感器；各种测量工艺变量（温度、压力、流量等参数）传感器；测量电子特性（电流、电压等）和物理量（运动、负载、压力、强度）的传感器，以及传统的接近或定位传感器发展迅速。同时，近年来我国汽车产业呈现持续增长态势，2005 年我国汽车工业产量再创新高，累计生产汽车 444.37 万辆，同比增长 35.2%。我国汽车工业的快速发展正在迅速推动我国汽车电子产品市场的发展，汽车电子产品在我国整车中的应用比例有了明显的提升。现代高级轿车的电子化控制系统水平的关键就在于采用传感器的数量和水平。目前，一辆普通家用型轿车上大约安装几十到近百只传感器，而豪华型轿车上的传感器数量可达二百余只，涉及 30～100 种，对温度、压力、位置、距离、加速度、流量、湿度、电磁、电光、气体及振动等各种信息进行实时准确地测量和控制。

我国传感器产业经过 30 年的引进、消化和吸收，现已取得了长足的进步，形成了一定的产业基础和发展规模，建立了"传感技术国家重点实验室""微米/纳米国家重点实验室""国家传感技术工程中心"等研究开发基地，初步建立了敏感元件与传感器产业。2000 年，传感器产量超过 13 亿只，品种规模在 6000 种左右，并已在国民经济各部门和国防建设中取得了一定的应用。但是，与发达国家相比还有很大差距，主要表现在：①缺少有自主知识产权的创新成果，科研成果向产业转化速度慢，取得显著社会经济效益的项目少；②缺乏大规模生产企业，高端产品种类少，市场满足率低；③生产工艺装备离国际水平有较大差距；④整体还处于跟随的状态，国外在传感器网络、无线传感器网络技术、协议标准及产品生产等方面已经逐渐成熟，而我国在这方面还大多处于实验室阶段。

2015 年国务院正式印发《中国制造 2025》，使中国制造迈出"由大变强"的第一步。其中，智能制造被定位为中国制造的主攻方向，与德国工业 4.0，美国工业互联网遥相呼应。如今，传统机械设备已不足以支撑智能制造的进行，传统设备多数没有智能接口和智能传感器，不能加入到物物相联的系统当中。相对于传统制造业，以智能工厂为代表的未来制造业是一种理想的生产系统，能够智能地编辑产品特性、成本、物流管理、安全、信赖性、时间以及可持续性等要素。作为现代信息技术的重要支柱之一的智能传感器技术，就成为工业领域在高新技术发展方面争夺的一个制高点，智能制造时代必将是智能传感器的天下。

电子自动化产业的迅速发展与进步促使传感器技术，特别是集成智能传感器技术，发展日趋活跃。近年来，随着半导体技术、大规模集成电路技术和微机械加工技术的迅猛发展，国外一些著名的公司、高校和科研院所正在大力开展有关集成智能传感器的研制；国内一些著名的高校和研究所以及公司也积极跟进，为传感器向集成化、智能化方向发展奠定了基础，集成智能传感器技术取得了令人瞩目的发展，国产智能传感器逐渐在智能传感器领域迈开步伐，与国外的差距逐渐缩短。虽然，我国智能传感器的研究进入了国际行列，但是与国外的先进技术相比，我们还有较大差距，主要在表现以下几个方面：

（1）先进的计算、模拟和设计方法。

（2）先进的微机械加工技术与设备。

（3）先进的封装技术与设备。

（4）可靠性技术研究等方面。

所以加强技术的研究、引进先进设备、提高整体水平是我们今后努力的方向。今后几年中，智能传感器将扩展到化学、电磁、光学和核物理等领域，可以预见，越来越多的智能传感器将会在各个领域发挥作用。

§1.4　智能传感器的实现

1.4.1　非集成化实现

非集成化智能传感器是将传统传感器（采用非集成化工艺制作的传感器，仅具有获取信号的功能）、信号调理电路、带数字总线接口的微处理器合为一体而构成的一个智能传感器系统，如图 1-5 所示。其中，信号调理电路是用来调理传感器输出信号的，即将传感器输出信号进行放大并转换为数字信号送入微处理器，再由微处理器通过数字总线接口挂接在现场数字总线上。这是一种实现智能传感器系统最快捷的途径与方式。

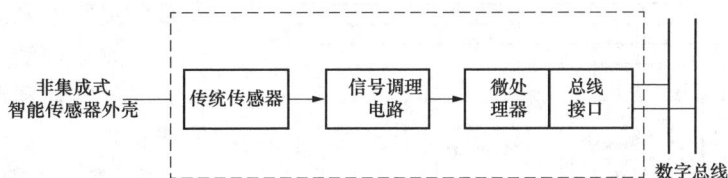

图 1-5　非集成式智能传感器系统

这种非集成化智能传感器是在现场总线控制系统发展形势的推动下迅速发展起来的。因为这种控制系统要求挂接的传感器/变送器必须是智能型的，对于自动化仪表生产厂家来说，原有的一套生产工艺设备基本不变，所以，对于这些厂家而言，非集成化实现是一种建立智能化传感器系统最经济、最快捷的途径与方式。

1.4.2　集成化实现

这种智能传感器系统是采用微机械加工技术和大规模集成电路工艺，利用半导体硅作为敏感元件的制作材料，将信号的调理电路、微处理器单元等集成在一块芯片上所构成的传感器，所以又称为集成智能传感器。它是将智能传感器的各个部分通过一定的工艺，分层集成在一块半导体硅片上。

随着微电子技术和微米、纳米技术的快速发展，大规模集成电路工艺日益完善，集成电路器件的集成度越来越高。它已成功地使各种数字电路芯片、模拟电路芯片、微处理器芯片、存储器电路芯片的价格性能比大幅度降低。同时，它又促进了微机械加工技术的发展，形成了传统传感器制作工艺完全不同的现代智能检测传感器。

集成智能传感器可实现自适应性、高精度、高可靠性与高稳定性。按照传感器的集成度不同分成三种形式：初级形式、中级形式和高级形式。

（1）初级形式。将没有微处理器单元，只有敏感单元与信号调理电路被封装在一个外壳的形式称为智能传感器的初级形式，也称为"初级智能传感器"。它只具有比较简单的自动校零、非线性的自动校正和温度补偿功能。这些功能常常由硬件智能信号调理电路实现，并且这类智能传感器的精度和性能与传统传感器相比得到了一定的改善。

（2）中级形式。中级形式是在初级形式的基础上增加了微处理器和硬件接口电路，扩展功能有自诊断（例如：故障、超量程）、自校正（进一步消除测量误差）、数据通信，这些功能主要以软件形式来实现，因此它们的适用性更强。

（3）高级形式。在中级形式的基础上，高级形式实现了硬件上的多维化和列阵化，软件上结合神经网络技术、人工智能技术（遗传算法、专家系统、蚂群算法、粒子群算法等）和模糊控制理论，甚至预测控制理论等，使它具有人脑的识别、学习、记忆、思维等功能。它的集成度进一步提高，具有更高级的智能化功能，还具有更高级的传感器列阵信息融合功能，以及成像与图像处理等功能，最终将达到或超过人类"五官"对环境的感知能力，部分代替人的认识活动，已经能够进行多维的检测、图像显示及识别等。高级智能传感器处理系统是由运算传感器、神经网络和数字计算机组成的传感处理系统，其中，传感器可进行局部处理、目标优化、数据缩减和样本的特征值提取；神经网络能进行传感信息处理、高层次特征辨识、全局性处理和并行处理；数字计算机可以用算法、符号进行运算，进而可实现未来的任务，如应用机器智能的故障探测和预报、目标成分分析的远程感知和用于资源有效循环的传感器智能。

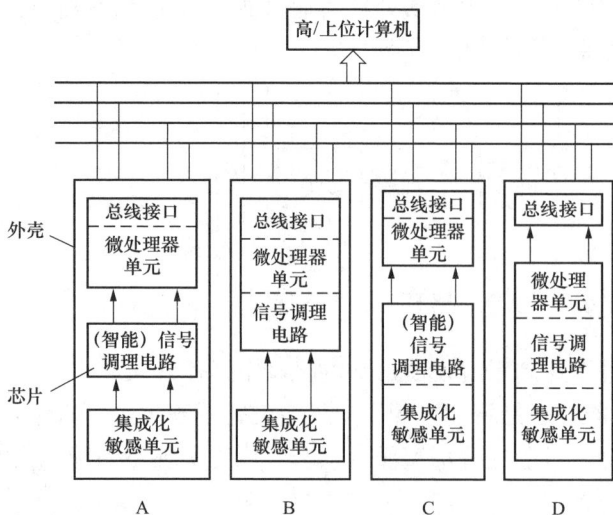

图 1-6　智能传感器的混合实现原理

1.4.3　混合实现

混合实现是指根据需要与可能，将系统的各集成化环节，如集成化敏感单元、信号调理电路、微处理器单元、数字总线接口等，以不同的组合方式集成在几块芯片上，并装在一个外壳里，如图 1-6 所示。

集成化敏感单元包括弹性敏感元件及变换器；信号调理电路包括多路开关、仪器放大器、A/D，转换器；微处理器单元包括数字存储（EPROM、ROM、RAM）、I/O 接口、微处理器、D/A 等。

§　思　考　题

1. 传感器的基本概念是什么？一般情况下由哪几部分组成？
2. 传感器的分类有哪些？各种分类之间有什么不同？
3. 简述现代传感技术的发展现状和趋势。
4. 传感器与传感器技术概念有什么不同？
5. 简述智能传感器的结构、功能和特点。
6. 简述传统传感器与智能传感器的区别。
7. 举例说明自己生活中接触的智能传感器。
8. 我国传感器产业发展现状及与国外的差距是什么？如何发展我国的传感器产业？
9. 简要说明传感器的实现方法（非集成化、集成化、混合实现）？
10. 试分析智能手机中有哪些智能传感器？它们具有哪些智能化功能？

第 2 章　传感器的一般工作特性及其校准

§2.1　传感器系统的基本特性

传感器是一种以一定的精确度将被测量转换为与之有确定对应关系的、易于精确处理和测量的某种物理量（如电量）的测量部件或装置。通常传感器是将非电量转换成电量来输出。

传感器的基本特性是指传感器的输入—输出关系特性，它是传感器内部结构参数作用关系的外部特性表现，如图 2-1 所示。

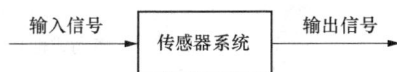

图 2-1　传感器的基本特性

研究传感器系统基本特性的目的如下：

（1）作为一个测量系统，可通过基本特性和输出来推断导致该输出的输入信号。

（2）用于系统本身的研究、设计与建立。

传感器所测量的物理量基本上有两种形式：稳态（静态或准静态）和动态（周期变化或瞬态）。前者的信号不随时间变化（或变化很慢）；后者的信号是随时间变化而变化的。传感器需要尽可能准确地反映输入物理量的状态，所以传感器所表现出来的输入输出特性也就不同，即存在静态特性和动态特性。一个高精度的传感器，要求有良好的静态特性和动态特性，从而确保检测信号（或能量）的无失真转换，使检测结果尽量反映被测量的原始特征。

2.1.1　静态特性

静态特性表示，当输入系统的被测物理量 $x(t)$ 为不随时间变化的恒定信号或变化非常缓慢时，系统的输入与输出之间呈现的关系。一般用标定曲线来评定检测系统的静态特性。理想的线性装置的标定曲线是直线，而实际检测系统的标定曲线并非如此。通常采用静态测量的方法获取输入输出关系曲线，并作为标定曲线。

静态特性的基本参数主要有以下几点。

2.1.1.1　测量范围

检测系统能正常测量的最小输入量和最大输入量之间的范围。

2.1.1.2　线性度

传感器的线性度（linearity）是指传感器输出量与输入量之间关系的线性程度。理想的传感器输出量与输入量之间应具有线性关系，而各种实际的传感器输出量与输入量之间都是非线性的。按照解析法，传感器的输出与输入关系一般可用多项式来表示

$$y = s_0 + s_1 x + s_2 x^2 + \cdots + s_n x^n \tag{2.1}$$

式中　　　　y——输出量；

　　　　　　x——输入物理量；

　　　　　　s_0——零位输出；

s_1，s_2，$\cdots$，s_n——待定常数。

在有些情况下，不能用上述解析法表达时，可用实验数据曲线表示，然后用回归分析法求出经验公式。

在研究传感器线性特性时，式（2.1）中的零位输出可以不予考虑，此时传感器输出与输入特性曲线（characteristic curve）如图 2-2 所示。

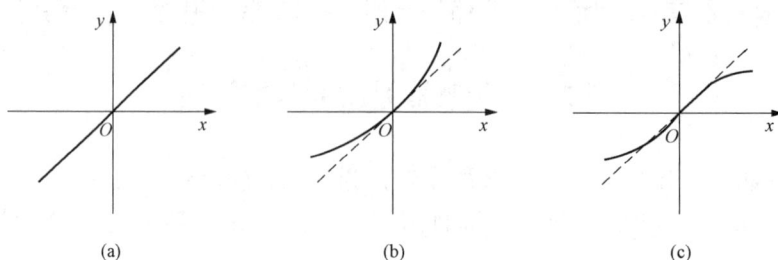

图 2-2　传感器线性特性
(a) 理想的线性特性；(b) 仅有偶次非线性；(c) 仅有齐次非线性

（1）理想的线性特性。此时传感器输出与输入特性曲线如图 2-2（a）所示，多项式（2.1）中

$$s_0 = s_2 = s_3 = \cdots = s_n = 0$$

因此得到

$$y = s_1 x \tag{2.2}$$

显然，式（2.2）是一个理想的线性表达式。

（2）仅有偶次非线性项。此时传感器输出与输入特性曲线如图 2-2（b）所示，多项式（2.1）可改写为

$$y = s_2 x^2 + s_4 x^4 + \cdots \tag{2.3}$$

这种情况下，特性曲线没有对称性，可取的线性范围很小，传感器设计应尽量避免出现这种特性。

（3）仅有奇次非线性项。此时传感器输出和输入特性曲线如图 2-2（c）所示，多项式可改写为

$$y = s_1 x + s_3 x^3 + s_5 s^5 + \cdots \tag{2.4}$$

这种情况下，特性曲线以坐标原点为对称点，可获得较大的线性范围。

各种差动传感器都具有图 2-2（c）所示的线性特性，因此，当其一边输出为

$$y_1 = s_1 x + s_2 x^2 + \cdots + s_n x^n$$

另一边的输出为

$$y_2 = -s_1 x + s_2 x^2 - s_3 x^3 + \cdots + (-1)^n s_n x^n$$

差动传感器输出为

$$y = y_1 - y_2 = 2(s_1 x + s_3 x^3 + s_5 x^5 + \cdots) \tag{2.5}$$

可见差动传感器可以使线性得到改善，同时使输出量放大一倍。

为了标定和数据处理（data processing）的方便，在使用传感器时，对于非线性程度不大的传感器，通常用一条直线（切线或割线）近似地代表实际曲线的一段，如图 2-3 所示，这种方法称之为传感器非线性的"线性化"。

图 2-3 中的"线性化"直线称为拟合直线（fitted line），非线性曲线称为校准曲线（adjusted curve）。

校准曲线是利用一定等级的标准设备，对传感器进行反复测试所得的各种输出和输入数

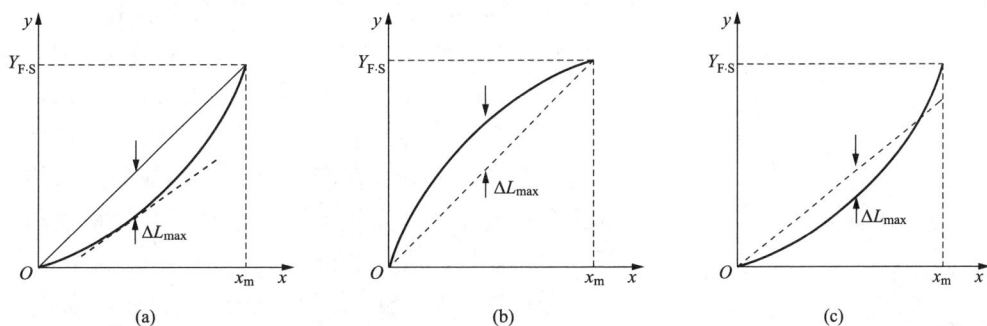

图 2-3　传感器非线性特性线性化
（a）切线或割线；（b）端点连线；（c）过零旋转

据画成的曲线；拟合直线是能反映校准曲线的变化趋势且使误差的绝对值为最小的直线。拟合直线可以用多种方法获得，其中，最小二乘法计算复杂，只适用于非线性特性幂数不高的时候；切线法只适用于输出变量变化范围很小的场合；大多数情况下采用图 2-3（b）所示的端点连线法，此时传感器的线性度可表示为

$$\gamma_L = \pm \frac{\Delta L_{max}}{Y_{F \cdot S}} \times 100\% \tag{2.6}$$

式中　γ_L——非线性度误差，即线性度；

　　ΔL_{max}——最大非线性绝对误差；

　　$Y_{F \cdot S}$——满量程输出量。

2.1.1.3　灵敏度

灵敏度（sensitivity）是指传感器在稳态下输出量变化与输入量变化的比值，如图 2-4 所示。对于图 2-4（a）所示的传感器线性测量系统，其灵敏度是一个常数，即它的输入输出曲线斜率，可以用增量的形式进行表示

$$S_\Delta = \frac{\Delta y}{\Delta x} \tag{2.7}$$

很明显，曲线越陡峭，灵敏度越大；曲线越平坦，则灵敏度越小。

对于图 2-4（b）所示的传感器非线性测量系统，其灵敏度为一变量，此时应以微量式表示

$$S_d = \frac{dy}{dx} \tag{2.8}$$

通常，用拟合直线的斜率来表示系统的平均灵敏度。一般希望传感器的灵敏度高，在全量程的范围内是恒定的，即输入—输出特性为线性。但要注意，灵敏度越高，就越容易受外界干扰的影响，系统的稳定性就越差。

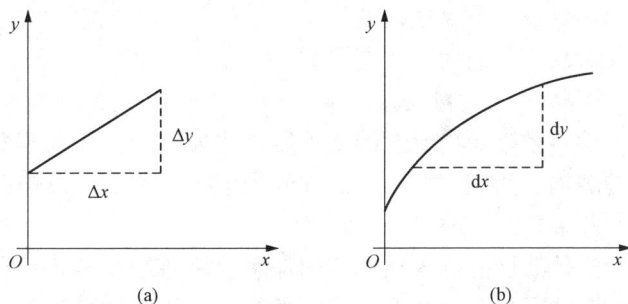

图 2-4　传感器灵敏度
（a）传感器线性测量系统；（b）传感器非线性测量系统

2.1.1.4　迟滞

迟滞（delayability），也叫回程误差，是指在相同测量条件下，传感器在正（输入量由小

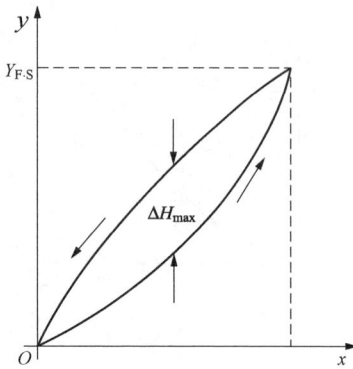

图 2-5　迟滞特性

增大）、反（输入量由大减小）行程期间输出和输入特性曲线不重合，也就是说，对应于同一大小的输入信号，传感器正、反行程的输出信号大小不相等，如图 2-5 所示。

迟滞特性是传感器静态下一个重要的性能指标，它反映了传感器某些部分存在着不可避免的缺陷，如传感器机械部分存在的摩擦、间隙不当、松动、灰尘积累和元件磨蚀等，引起能量的吸收和消耗。

迟滞特性一般是由实验方法测得。迟滞误差一般以正、反行程中输出的最大偏差量与满量程输出之比的百分数表示，即

$$\gamma_{H} = \frac{\Delta H_{max}}{Y_{F \cdot S}} \times 100\% \qquad (2.9)$$

式中　γ_{H}——回程误差；

　　　ΔH_{max}——最大非线性绝对误差；

　　　$Y_{F \cdot S}$—— 满量程输出量。

检测回程误差时，可选择几个测试点。在所选择的每一个输入信号中，传感器正行程及反行程中输出信号差值的最大者即为回程误差。

2.1.1.5　重复性

重复性是指传感器按同一方向全量程输入在连续多次测试时所得的输入—输出特性曲线不一致的程度。

图 2-6 所示为实际输出的校准曲线的重复特性，正行程的最大重复性偏差为 ΔR_{max1}，反行程的最大重复性偏差为 ΔR_{max2}，取这两个最大偏差之中的较大者为 ΔR_{max}。重复性误差一般采用输出最大不重复误差与满量程输出的百分比表示，即

$$\gamma_{R} = \frac{\Delta R_{max}}{Y_{F \cdot S}} \times 100\% \qquad (2.10)$$

式中　γ_{R}——重复性误差；

　　　ΔR_{max}——最大不重复误差；

　　　$Y_{F \cdot S}$—— 满量程输出量。

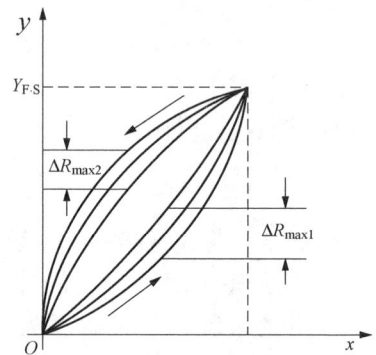

图 2-6　重复性

检测系统输出特性的不重复性主要由检测系统机械部分的磨损、间隙、松动、部件的内摩擦、积尘以及辅助电路老化和漂移等原因造成。

2.1.1.6　分辨力

当传感器的输入从非零的任意值缓慢增加时，只有在超过某一输入增量时，输出才发生可观测的变化。这个能检测到的最小的输入增量，称为传感器的分辨力。有些传感器，当输入量连续变化时，输出量只作阶跃变化，则分辨力就是输出量的每个阶跃高度所代表的输入量的大小。

分辨力用绝对值表示，而用分辨力与满量程的百分比表示时，称为分辨率。

数字式传感器的分辨力，则是指能引起数字输出的末位数发生改变所对应的输入增量。

2.1.1.7 阈值

阈值是指传感器的输入从零开始缓慢增加时，只有在超过某一输入值时，输出才发生可观测的变化。这个使传感器输出端产生可观测变化的最小被测输入量值，称为阈值，即零位附近的分辨力。

阈值还可称为灵敏度界限（灵敏限）或门槛灵敏度、灵敏阈、失灵区、死区等。有的传感器在零位附近有严重的非线性，形成所谓"死区"，则将死区的大小作为阈值。在更多的情况下，阈值主要取决于传感器的噪声大小，因此，有的传感器只给出噪声电平。

2.1.1.8 稳定性

稳定性是指传感器在相当长的工作时间内保持其性能的能力，因此，稳定性又称为长期稳定性。

稳定性误差通常是在室温条件下，经过一定工作时间间隔后，用传感器的输出与起始标定时的输出之间的差值来表示。稳定性误差可用相对误差表示，也可用绝对误差表示。

2.1.1.9 漂移

漂移是指在一定时间间隔内，传感器的输出存在着与被测输入量无关的、不需要的变化。漂移常包括零点漂移和灵敏度漂移。

零点漂移或灵敏度漂移可分为时间漂移和温度漂移，简称时漂和温漂。时漂是指在规定的条件下，零点或灵敏度随时间有缓慢的变化；温漂是指由周围温度变化所引起的零点或灵敏度的变化。

2.1.1.10 精度

精度指标有三个：精密度、正确度和精确度。

1. 精密度 δ

它说明测量结果的分散性，即对某一稳定的对象（被测量）由同一测量者用同一检测系统和测量仪表在相当短的时间内连续重复测量多次（等精度测量），其测量结果的分散程度。δ 越小则说明测量越精密（对应随机误差）。

2. 正确度 ε

它说明测量结果偏离真值大小的程度，即示值有规则偏离真值的程度。它是指所测量与真值的符合程度（对应系统误差）。

3. 精确度 τ

它含有精密度与正确度两者之和的意思，即测量的综合优良程度。在简单的场合下，可取两者的代数和，即 $\tau = \delta + \varepsilon$。通常精确度是以测量误差的相对值来表示的。

在工程应用中，为了简单表示测量结果的可靠程度，引入一个精确度等级概念，用 A 来表示。检测系统与测量仪表精确度等级 A 以一系列标准百分数值（0.001，0.005，0.02，0.05，…，1.5，2.5，4.0…）进行分挡。这个数值是检测系统和测量仪表在规定条件下，其允许的最大绝对误差值相对其测量范围的百分比。它可以表示为

$$A = \frac{\Delta A}{Y_{\text{F·S}}} \times 100\% \tag{2.11}$$

式中　A——检测系统的精度；

　　ΔA——测量范围内允许的最大绝对误差；

　　$Y_{\text{F·S}}$——满量程输出量。

检测系统设计和出厂检验时，其精度等级代表的误差是检测系统测量的最大允许误差。

2.1.2　动态特性

大部分被测物理量是随时间变化的动态信号，即 $x(t)$ 是时间 t 的函数，而不是常量。系统的动态特性反映测量动态信号的能力。对于动态信号的检测，理想情况下，检测系统在输入量改变时，其输出量应能立即随之不失真地改变。在实际检测过程中，如果检测系统选用不当，输出量不能良好地追随输入量的快速变化会导致较大的测量误差，因此研究检测系统的动态特性有着十分重要的意义。

系统的动态响应特性一般通过描述系统的微分方程、传递函数、频率响应函数、单位脉冲响应函数等数学模型来进行研究。

2.1.2.1　微分方程

忽略非线性和随机变化的因素，传感器系统的微分方程为

$$a_n \frac{d^n y(t)}{dt^n} + a_{n-1} \frac{d^{n-1} y(t)}{dt^{n-1}} + \cdots + a_1 \frac{dy(t)}{dt} + a_0 y(t)$$

$$= b_m \frac{d^m x(t)}{dt^m} + b_{m-1} \frac{d^{m-1} x(t)}{dt^{m-1}} + \cdots + b_1 \frac{dx(t)}{dt} + bx(t) \tag{2.12}$$

其中 a_n，a_{n-1}，$\cdots$，a_1，a_0 和 b_n，b_{n-1}，$\cdots$，b_1，b_0 均为与系统结构参数有关的常数。

2.1.2.2　传递函数

设输入 $x(t)$ 的拉氏变换为 $X(s)$，输出 $y(t)$ 的拉氏变换为 $Y(s)$，对上式（2.12）两边取拉氏变换，并设初始条件为零，得

$$(a_n s^n + a_{n-1} s^{n-1} + \cdots + a_1 s + a_0)Y(s) = (b_m s^m + b_{m-1} s^{m-1} + \cdots + b_1 s + b_0)X(s)$$

式中：s 为复变量，$s = b + j\omega$，$b > 0$。

定义 $Y(s)$ 与 $X(s)$ 之比为传递函数，并记为 $G(s)$，则

$$G(s) = \frac{Y(s)}{X(s)} = \frac{b_m s^m + b_{m-1} s^{m-1} + \cdots + b_1 s + b_0}{a_n s^n + a_{n-1} s^{n-1} + \cdots + a_1 s + a_0} \tag{2.13}$$

1. 传递函数的特点

（1）传递函数表示了系统本身的动态性能，与输入量大小及性质无关。对于具体的系统，其传递函数不因输入的变化而不同，对任何一个输入都有确定的输出。

（2）传递函数不拘泥于被描述系统物理结构而只反映动态性能。不同的物理系统，可以用相同的传递函数来描述，称为相似系统。

（3）传递函数可以有单位，也可以无单位。

（4）传递函数是复变量 s 的有理分式。对于实际系统，分子阶次 $m < n$，分母最高阶次 n 为输出量最高阶导数的阶次，也确定系统的阶次，定义为 n 阶系统。

2. 常见测试装置的传递函数

（1）零阶系统。传递函数为

$$G(s) = \frac{Y(s)}{X(s)} = K \tag{2.14}$$

式中　K——常数。

（2）一阶系统。传递函数为

$$G(s) = \frac{Y(s)}{X(s)} = \frac{1}{Ts + 1} \tag{2.15}$$

式中　T——时间常数。

（3）二阶系统。传递函数为

$$G(s) = \frac{k\omega_n^2}{s^2 + 2\xi\omega_n s + \omega_n^2} \tag{2.16}$$

式中　k——系统的灵敏度；

　　　ξ——系统的阻尼比；

　　ω_n——系统的无阻尼固有频率。

2.1.2.3　频率响应函数

根据线性定常系统的同频性，如果输入信号为 $x(t) = X_0 e^{j\omega t}$，则输出信号为 $y(t) = Y_0 e^{j(\omega t + \varphi)}$，代入式（2.12），可得

$$Y(j\omega) = H(j\omega)X(j\omega) \tag{2.17}$$

其中，$H(j\omega) = \dfrac{b_m(j\omega)^m + b_{m-1}(j\omega)^{m-1} + \cdots + b_1 j\omega + b_0}{a_n(j\omega)^n + a_{n-1}(j\omega)^{n-1} + \cdots + a_1 j\omega + a_0}$，称为测量系统的频率响应函数。

频率响应函数 $H(j\omega)$ 是一个复函数，它可以用指数形式表示

$$H(j\omega) = \frac{Y(j\omega)}{X(j\omega)} = \frac{Y e^{j(\omega t + \varphi)}}{X^{j\omega t}} = \frac{Y}{X} e^{j\varphi} = A(\omega) e^{j\varphi} \tag{2.18}$$

其中，$A(\omega) = |H(j\omega)|$ 是系统频率响应函数的模，也是动态检测系统的灵敏度，它随着频率变化而变化，为 ω 的函数，故称为幅频特性，与静态测量中灵敏度为常数有显著的区别。

以 $\mathrm{Re}\left[\dfrac{Y(j\omega)}{X(j\omega)}\right]$ 和 $\mathrm{Im}\left[\dfrac{Y(j\omega)}{X(j\omega)}\right]$ 分别表示 $A(\omega)$ 的实部和虚部，则频率响应函数的相角 $\varphi(\omega)$ 为

$$\varphi(\omega) = \arctan \frac{\mathrm{Im}\left[\dfrac{Y(j\omega)}{X(j\omega)}\right]}{\mathrm{Re}\left[\dfrac{Y(j\omega)}{X(j\omega)}\right]} \tag{2.19}$$

它表示了检测系统输出信号相对于输入信号初始相位的迁移量，正值代表输出超前于输入的角度。对传感器而言，$\varphi(\omega)$ 通常为负值，即输出滞后于输入。$\varphi(\omega)$ 也是 ω 的函数，所以也称为相频特性。

传感器的种类和形式很多，一般可以简化为一阶和二阶系统，以下为常见系统的频率响应函数。

（1）零阶系统的频率响应函数

$$H(j\omega) = \frac{Y(j\omega)}{X(j\omega)} = K \tag{2.20}$$

其幅频特性与相频特性分别为

$$A(\omega) = K \tag{2.21}$$

$$\varphi(\omega) = \arctan(0) = 0 \tag{2.22}$$

零阶传感器的输出和输入成正比，与信号频率无关，不存在幅值和相位失真的问题。

（2）一阶系统。频率响应函数为

$$H(j\omega) = \frac{1}{1 + j\omega} \tag{2.23}$$

其幅频特性与相频特性分别为

$$A(\omega) = \frac{1}{\sqrt{1 + (\omega T)^2}} \tag{2.24}$$

$$\varphi(\omega) = -\arctan(\omega T) \tag{2.25}$$

其中，负号表示输出信号滞后输入信号。

一阶系统的幅频、相频特性如图 2-7 所示。由图可见，一阶系统的幅频特性曲线随着 ω 的增加单调减小，衰减很快，所以一阶系统具有低通滤波的特性。在一阶系统特性中，应特别注意以下几点：

1）当激励频率远小于 $1/T$ 时，输出与输入的幅值几乎相等，$A(\omega)$ 接近 1；当 $\omega T \gg 1$，$H(j\omega) = 1/j\omega T$，系统相当于一个积分器，$A(\omega)$ 几乎与激励频率成反比，相位滞后近 90°。故一阶系统适合测试缓变或低频的被测量。

2）时间常数 T 是反映一阶系统特性的重要参数，其值决定系统适用的频率范围。

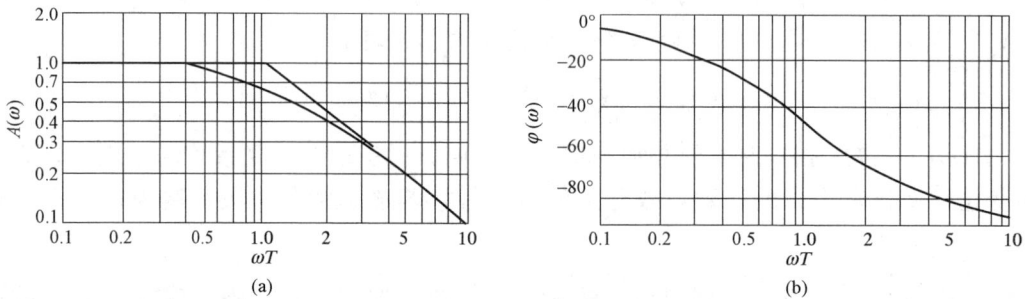

图 2-7　一阶系统的频率特性

(a) 幅频特性；(b) 相频特性

（3）二阶系统。由二阶系统的传递函数 $G(s) = \dfrac{k\omega_n^2}{s^2 + 2\xi\omega_n s + \omega_n^2}$，可得二阶系统的频率响应函数为

$$H(j\omega) = \frac{\omega_n^2}{(\omega_n^2 - \omega^2) - j2\omega\xi\omega_n} \tag{2.26}$$

响应的幅频特性和相频特性分别为

$$A(\omega) = \frac{1}{\sqrt{\left[1 - \left(\dfrac{\omega}{\omega_n}\right)^2\right]^2 + 4\xi^2\left(\dfrac{\omega}{\omega_n}\right)^2}} \tag{2.27}$$

$$\varphi(\omega) = -\arctan \frac{2\xi\left(\dfrac{\omega}{\omega_n}\right)}{1 - \left(\dfrac{\omega}{\omega_n}\right)^2} \tag{2.28}$$

相应的幅频、相频特性如图 2-8 所示。

二阶系统具有以下的特点：

1）当 $0 < \zeta < 1$，$\omega \ll \omega_n$ 时，$A(\omega) \approx 1$，$\phi(\omega)$ 很小，$\phi(\omega) \approx -2\zeta\dfrac{\omega}{\omega_n}$，即相位差与频率 ω 呈线性关系，此时系统的输出 $y(t)$ 真实准确地再现输入 $x(t)$ 的波形；当 $\omega \gg \omega_n$ 时，$A(\omega) \approx 0$。

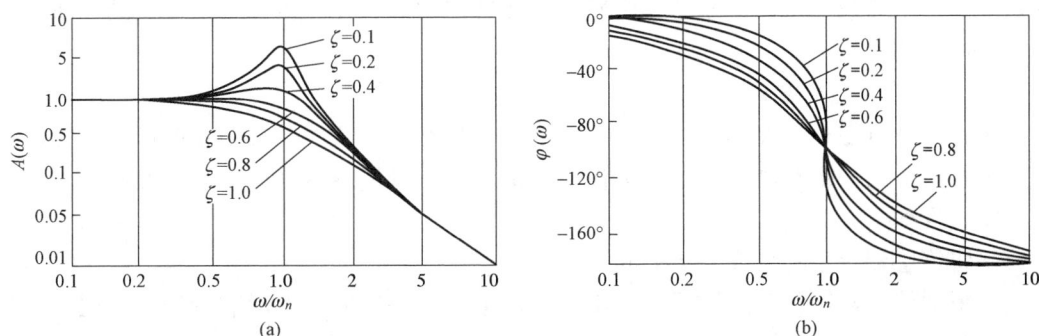

图 2-8 二阶系统的频率特性
(a) 幅频特性；(b) 相频特性

2) 影响二阶系统动态特性的参数是固有频率和阻尼比，其固有频率 ω_n 的选择应以工作频率范围为依据。当 $\omega \approx \omega_n$ 时，$A(\omega) = 1/2\zeta, \phi(\omega) = -90°$，系统发生共振，幅频特性受阻尼系数影响极大，实际测量时，应该避免此情况。

3) $\omega \ll \omega_n$ 段，$\phi(\omega)$ 很小，且和频率近似成正比增加。$\omega \gg \omega_n$ 段，$\phi(\omega)$ 趋近于 $-180°$，即输出信号几乎和输入反相。在 ω 趋近 ω_n 区间，$\phi(\omega)$ 随频率的变化而剧烈变化，而且 ξ 越小，变化越剧烈。

4) 二阶系统是一个振荡环节，要选择恰当的固有频率和阻尼比的组合，以获得较小的误差。

通过上面的分析可以得出结论：为了使测试结果能够精确地再现被测信号的波形，在传感器设计时，必须使其阻尼系数 $\zeta < 1$，固有角频率 ω_n 至少应大于被测信号频率 ω 的 3~5 倍，即 $\omega_n \geqslant (3 \sim 5)\omega$。

在实际测试时，被测量为非周期信号时，可将其分解为各次谐波，从而得到其频谱。实践证明，如果被测信号的波形与正弦波相差不大，则被测信号谐波中最高频率 ω_{max} 可以用其基的 2~3 倍代替。因此，选用和设计传感器时，要保证传感器固有角频率 $\omega_n \geqslant 10\omega_{基频}$。

§2.2 传感器的标定与校准

为了保证传感器测量结果的可靠性与精度，也为了保证测量的统一和便于测量值的传递，国家建立了各类传感器的检定标准，但没有标准的测试装置和仪器作为测量值传递基准，以便对新生的传感器或使用过一段时间的传感器的灵敏度、频率响应、线性度进行校准，以保证测量数据的可靠性。

2.2.1 传感器的静态特性标定

1. 静态标定条件

静态标定是在输入信号不随时间变化的静态标准条件下确定传感器的静态特性指标，如线性度、灵敏度、迟滞、重复性等。静态标定的条件是指没有加速度、没有振动、没有冲击及环境温度一般为室温、相对湿度不大于 85%、大气压为（101±7）kPa。

2. 标定仪器设备精度等级的确定

对传感器进行静态特性标定，是根据实验数据确定传感器的各项性能指标，实际上也是确定传感器的测量精度。因此，标定传感器时，所用的测量仪器的精度至少比被标定的传感

器的精度高一个等级。这样，通过标定确定的传感器的静态性能指标才是可靠的，所确定的
精度才是可信的。

3. 静态特性标定的方法

对传感器进行静态特性标定，首先要创造一个静态标定条件；其次要选择与被标定传感
器的精度相适应的一定精度等级的标准设备；最后才能对传感器进行静态特性标定。

标定过程如下：

（1）将传感器全量程分成若干等间距点。

（2）根据传感器量程分点情况，由小到大逐渐一点一点地输入标准量程，并记录下与各
输入值相对应的输出值。

（3）将输入值由大到小一点一点地减下，同时记录下与各输入值相对应的输出值。

（4）按（2）、（3）所述过程，对传感器进行正、反行程往复多次测试，将得到的输出/
输入测试数据用表格列出或画成曲线。

（5）对测试数据进行必要的处理，根据处理结果就可以确定传感器的线性度、灵敏度、
迟滞和重复性等静态性能指标。

2.2.2　传感器的动态特性标定

动态标定主要是研究传感器的动态响应特性。根据传感器的动态性能指标，传感器的动
态标定主要涉及一阶传感器的时间常数 τ、二阶传感器的固有角频率 ω_n 和阻尼系数 ζ 等参数
的确定。对传感器进行动态标定，需要对它输入一个已知的标准激励信号源，常用的标准激
励信号源是正弦信号和阶跃信号。

对于一阶传感器，外加阶跃信号，测得阶跃响应后，取输出值达到最终值的 63.2% 所
经历的时间作为时间常数 τ。但要确定一阶传感器的时间常数，通常考查传感器的阶跃响
应。一阶传感器的单位阶跃响应函数为

$$y(t) = 1 - e^{-\frac{t}{\tau}} \tag{2.29}$$

整理后可得

$$z = \ln[1 - y(t)] = -\frac{t}{\tau} \tag{2.30}$$

或 $\tau = -t/z$，即 z 和 t 呈线性关系，且有

$$\tau = \frac{\Delta t}{\Delta z} \tag{2.31}$$

因此，只要测量出一系列的 t-$y(t)$ 对应值，就可以通过数据处理，由式（2.31）确定
一阶传感器的时间常数。

§2.3　传感器性能改善措施与传感器的选用原则

2.3.1　提高传感器性能的途径

1. 结构、材料与参数的合理选择

传感器的性能指标包含的方面很广，要使一个传感器的各个指标都优良，不仅设计制造
很困难，而且不实用。因此，我们应根据实际的需要与可能，对传感器的结构、材料与参数
做出合理的选择。

选择的原则是：根据实际需要，确保主要指标，放宽次要指标，以求得高的性能价格比。对从事传感器研究和生产的部门来说，应形成满足不同使用要求的系列产品，供用户选择；而对用户而言，则应按实际需要，恰如其分地选用能满足使用要求的产品，即使对主要的参数的选择也切忌盲目追求高指标。

2. 差动技术

根据第 2 章第 1 节的介绍，差动技术可以改善传感器的非线性，并提高灵敏度。

差动技术是传感器中普遍采用的技术。它的应用可显著地减小温度变化、电源波动、外界干扰等对传感器精度的影响、抵消了共模误差、减小非线性误差等。不少传感器由于采用了差动技术，使灵敏度增大。

3. 平均技术

在传感器中普遍采用平均技术，可产生平均效应，其原理是利用若干个传感器单元同时感受被测量，输出则是这些单元输出的平均值。若将每个单元可能带来的误差均可看作随机误差且服从正态分布，根据误差理论，总的误差将减小为

$$\delta_\Sigma = \pm \frac{\delta}{\sqrt{n}} \tag{2.32}$$

式中　n——传感器单元数。

可见，在传感器中利用平均技术不仅可使传感器误差减小，且可增大信号量，从而增大传感器灵敏度。

4. 补偿与修正技术

当传感器或测试系统的系统误差变化规律过于复杂时，可以采用一定的方法加以补偿或修正。

补偿与修正技术的运用大致针对以下两种情况：

（1）针对传感器特性，找出误差的变化规律或测出其大小和方向，采用适当的方法加以补偿或修正。

（2）针对传感器工作条件或外界环境进行误差补偿，也是提高传感器精度的有力技术措施。不少传感器对温度敏感，由于温度变化引起的误差十分可观。为了解决这个问题，必要时可以控制温度，搞恒温装置，但往往费用太高或使用现场不允许，而在传感器内引入温度误差补偿又常常是可行的，这时应找出温度对测量值影响的规律，然后引入温度补偿措施。

补偿与修正，可以利用电子线路（硬件）来解决，也可以采用微型计算机通过软件来实现。

5. 稳定性处理

传感器作为长期测量或反复使用的器件，其稳定性显得特别重要，其重要性甚至胜过精度指标，尤其是在那些很难或无法定期标定的场合。造成传感器性能不稳定的原因是：随着时间的推移和环境条件的变化，构成传感器的各种材料与元器件性能发生变化。因此，为提高传感器性能的稳定性，应对材料、元器件和传感器整体进行必要的稳定性处理。提高传感器性能的稳定性措施有：对结构材料进行时效处理、低温处理；永磁材料的时间老化、温度老化、机械老化及交流稳磁处理、电气元件的老化筛选等。若测量要求较高，必要时也应对附加的调整元件、后续电路的关键元器件进行老化处理。

6. 屏蔽隔离和干扰抑制

传感器大都要在现场工作，现场的条件往往是难以充分预料的，有时是极其恶劣的。而

各种外界因素会影响传感器的精度与各有关性能。为了减小测量误差，保证其原有性能，就应设法削弱或消除外界因素对传感器的影响。其方法有：

（1）减小传感器对影响因素的灵敏度。

（2）降低外界因素对传感器实际作用的程度。

对于电磁干扰，可以采用屏蔽、隔离措施，也可用滤波等方法抑制；对于如温度、湿度、机械振动、气压、声压、辐射，甚至气流等，可采用相应的隔离措施，如隔热、密封、隔振等，或在变换成为电量后对干扰信号进行分离或抑制，减小其影响。

2.3.2　传感器的选用原则

2.3.2.1　传感器的选用原则

现代传感器在原理与结构上千差万别，如何根据具体的测量目的、测量对象以及测量环境合理地选用传感器，是在进行某个量的测量时首先要解决的问题。当传感器确定后，与之相配套的测量方法和测量设备也就可以确定了。测量结果的成败，很大程度上取决于传感器的选用是否合理。

选择传感器时往往要考虑的事项很多，但是不可能一切都面面俱到，而且也无须满足所有的事项要求，应根据实际使用的传感器的目的、指标、环境等因素，从而有不同的选择侧重点。例如，机械加工或化学分析等时间比较短的工序过程使用的传感器，就需要比较好的灵敏度和动态特性；长时间连续使用的传感器，就需要重点考虑传感器是否能经得起时间考验的长期稳定性问题。此外，还要合理选择设置场所，注意传感器的安装方法，了解传感器的外形尺寸、重量等因素，以最终综合考虑确定选择哪一种传感器最为合适。一般来说，正确选择传感器主要从以下几个方面来考虑。

1. 灵敏度的选择

一般说来，传感器灵敏度越高越好，因为灵敏度越高，就意味着传感器所能感知的变化量小，即只要被测量有一微小变化，传感器就有较大的输出。但是，在确定灵敏度时，要考虑以下问题：

（1）当传感器的线性工作范围一定时，传感器的灵敏度越高，干扰噪声越大，难以保证传感器的输入在线性区域内工作。过高的灵敏度，影响其适用的测量范围，应要求传感器的信噪比越大越好。

（2）当被测量是一个向量时，并且是一个单向量时，就要求传感器单向灵敏度越高越好，而横向灵敏度越小越好；如果被测量是二维或三维的向量，那么还应要求传感器的交叉灵敏度越小越好。

2. 频率响应特性

传感器的响应特性是指，在所测频率范围内，保持不失真的测量条件。实际上传感器的响应总不可避免地有一定延迟，但总希望延迟的时间越短越好。

一般物性型传感器（如利用光电效应、压电效应等传感器）响应时间短，工作频率宽；而结构型传感器，如电感、电容、磁电等传感器，由于受到结构特性的影响、机械系统惯性质量的限制，其固有频率低、工作频率范围窄。在动态测量中，传感器的响应特性对测试结果有直接影响，选用时，应充分考虑到被测物理量的变化特点（如稳态、瞬变、随机等）。

3. 线性范围

在线性范围内，传感器的输出与输入成比例关系，线性范围越宽，则表明传感器的工作量程越大。传感器工作在线性区域内，是保证测量精度的基本条件。例如，机械式传感器中的测力弹性元件，其材料的弹性极限是决定测力量程的基本因素，当超出测力元件允许的弹性范围时，将产生非线性误差。

在某些情况下，保证传感器绝对工作在线性区域内也是不容易的，在许可限度内，也可以取其近似线性区域。例如，变间隙型的电容、电感式传感器，其工作区均选在初始间隙附近，而且必须考虑被测量变化范围，令其非线性误差在允许限度以内。

4. 稳定性

传感器的稳定性是经过长期使用以后，其输出特性不发生变化的性能。为了保证传感器长期稳定地工作，而不需经常地更换或校准，在选择和使用传感器时应注意以下两个问题：

（1）根据环境条件选择传感器。例如，选择电阻应变式传感器时，应考虑湿度的影响；对变极距型电容式传感器和光电传感器，环境灰尘油剂浸入间隙时，会改变电容器的介质和感光性质；对于磁电式传感器或霍尔效应元件等，应考虑周围电磁场带来测量误差；滑线电阻式传感器表面有灰尘时，将会引入噪声。

（2）要创造或保持良好的使用环境。

5. 精确度

传感器的精确度是表示传感器的输出与被测量的对应程度。

传感器处于测试系统的输入端，因此，传感器能否真实地反映被测量，对整个测试系统具有直接的影响。

在某些情况下，要求传感器的精确度越高越好。例如，对现代超精密切削机床，测量其运动部件的定位精度，主轴的回转运动误差、振动及热形变等时，往往要求它们的测量精确度在 0.1～0.001mm 范围内。

在实际中，需要同时兼顾测量目的和经济性。对于定性分析的实验研究，应要求传感器的重复精度高，而不要求测试的绝对量值准确；对于定量分析，那么必须获得精确量值。

6. 测量方式

传感器在实际条件下的工作方式，如，接触与非接触测量、破坏与非破坏性测量、在线与非在线测量等。也是选择传感器时应考虑的重要因素。

例如，在机械系统中，对运动部件的被测参数，往往采用非接触测量方式；回转轴的误差、振动、扭矩等情况，采用电容式、涡流式、光电式等非接触式传感器很方便，若选用电阻应变片，则需配以遥测应变仪；生产过程监测或产品质量在线检测等，宜采用涡流探伤、超声波探伤、核辐射探伤以及声发射检测等非破坏性检验方式，以直接获得经济效益。

在线测试是与实际情况保持一致的测试方法。对于自动化过程检测与控制系统，往往要求在线检测。实现在线检测是比较困难的，对传感器与测试系统都有一定的特殊要求。例如，在加工过程中，实现表面粗糙度的检测，以往的光切法、干涉法、触针法等都无法运用，取而代之的是激光、光纤或图像检测法。研制在线检测的新型传感器，也是当前测试技术发展的一个方面。

除了以上选用传感器时应充分考虑的一些因素外，还应尽可能兼顾结构简单、体积小、重量轻、价格便宜、易于维修、易于更换等条件。

以上是有关选择传感器时主要考虑的因素。另外，为了提高测量精度，应注意平常使用传感器时的显示值应在满量程的 50% 左右来选择测量范围或刻度范围；选择传感器的响应速度，目的是使用输入信号的频带宽度，从而得到高信噪比；对于精度比较高的传感器需要精心使用，应当合理选择测试现场，并要详细了解该传感器的安装方法。总之，综合多方面的因素来考虑，从而选择最合适的传感器。

2.3.2.2　选择传感器的一般步骤

（1）借助于传感器的分类表，根据被测量的性质，找出符合用户需要的传感器类别，再从典型应用中初步确定几种传感器。

（2）借助于常用传感器的比较表、价格表，按被测量的测量范围、测量精度、测量要求、环境要求等情况再次确定传感器的类别。

（3）借助于传感器的产品目录选用样本或传感器的手册，查出传感器的规格型号、性能参数及结构尺寸。

§ 思 考 题

1. 什么是传感器的静态特性？描述传感器静态特性的主要指标有哪些？

2. 描述传感器动态特性的主要指标有哪些？

3. 某位移传感器，在输入量变化5mm时，输出电压变化为200mV，求其灵敏度。

4. 某测量系统由传感器、放大器和记录仪组成，各环节的灵敏度分别为：$S_1 = 0.2$mV/℃、$S_2 = 2.0$V/mV、$S_3 = 5.0$mm/V，求系统总的灵敏度。

5. 某传感器为一阶系统，当受阶跃函数作用时，在 $t=0$ 时，输出为10mV；$t \to \infty$时，输出为100mV；在 $t=5$s 时，输出为50mV，试求该传感器的时间常数。

6. 应当如何正确选择传感器？

7. 提高传感器性能的途径有哪些？

第 3 章　常用传感器的工作原理

§3.1　电阻应变式传感器

电阻应变式传感器（resistance strain sensor）是一种利用电阻应变片将被测非电量的应变转变为电阻变化的传感器。

任何非电量只要能转化为应变量就可以利用电阻应变式传感器测量。电阻应变式传感器结构简单、线性、稳定性较好，与相应的测量电路可组成测力、测压力、称重、测位移、测加速度、测扭矩等检测系统。电阻应变式传感器的种类繁多，应用广泛，已应用于航空、机械、电力、化工、建筑、医疗等领域。

3.1.1　应变片与应变效应

3.1.1.1　金属电阻的应变效应

电阻应变式传感器具有悠久的历史，是应用最为广泛的传感器之一。电阻应变片的工作原理是基于金属电阻的应变效应。金属丝的电阻值随着它所受的机械变形的大小而发生相应变化的现象称为金属电阻的应变效应。

取一段金属丝，如图 3-1 所示，电阻为

$$R = \rho \frac{l}{S} \tag{3.1}$$

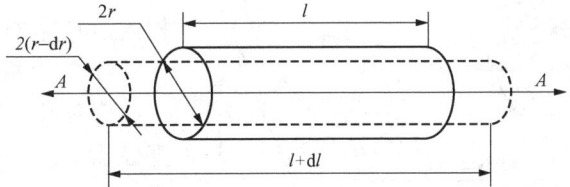

图 3-1　金属丝的圆截图

式中　R——金属丝的电阻；

　　　ρ——金属丝电阻率；

　　　l——长度；

　　　S——截面积。

当金属丝受拉而伸长 Δl 时，其横截面积将相应减小 ΔS，电阻率则因金属晶格发生变形等因素的影响引起变化 $\Delta \rho$，从而引起电阻 R 变化为 ΔR，即

$$\Delta R = \frac{l}{S} \Delta \rho + \frac{\rho}{S} \Delta l - \frac{\rho l}{S^2} \Delta S \tag{3.2}$$

$$\frac{\Delta R}{R} = \frac{\Delta l}{l} - \frac{\Delta S}{S} + \frac{\Delta \rho}{\rho} \tag{3.3}$$

若金属丝是圆形的，$\Delta S = 2\pi r \mathrm{d}r$，则有

$$\frac{\Delta S}{S} = 2 \frac{\Delta r}{r} \tag{3.4}$$

式中　r——金属丝的半径。

杆件在轴向受拉或受压时，其纵向应变与横向应变的关系为

$$\frac{\Delta r}{r} = -\mu \frac{\Delta l}{l} \tag{3.5}$$

式中　μ——金属丝材料的泊松系数，负号表示应变方向相反。

令电阻丝的轴向应变为 $\varepsilon = \dfrac{\Delta l}{l}$，将式（3.4）、式（3.5）代入式（3.3）可得

$$\frac{\Delta R}{R} = (1 + 2\mu)\varepsilon + \frac{\Delta \rho}{\rho} \tag{3.6}$$

通常把单位应变所引起的电阻值变化称为金属丝的灵敏度系数，其表达式为

$$K = \frac{\Delta R}{R\varepsilon} = (1 + 2\mu) + \frac{\Delta \rho}{\rho\varepsilon} \tag{3.7}$$

由式（3.7）可以看出，金属丝的灵敏度系数 K 由两部分组成。第一项（$1+2\mu$）是由于金属丝受力后，材料的几何尺寸发生变形引起的；第二项 $\dfrac{\Delta \rho}{\rho\varepsilon}$ 表示材料发生变形后，其自由电子的活动能力和数量均发生变化而导致材料电阻率发生变化所引起的。对于金属材料，$\dfrac{\Delta \rho}{\rho\varepsilon}$ 的值要比（$1+2\mu$）小很多，可以忽略；而半导体材料的 $\dfrac{\Delta \rho}{\rho\varepsilon}$ 要比（$1+2\mu$）大很多。大量实验证明，在金属丝拉伸比例极限内，电阻的相对变化与应变成正比，即 K 为常数，$K = 1.7 \sim 3.6$。

3.1.1.2　应变片的结构

实际中，使用的电阻应变片都是将金属导体（丝或箔片）在绝缘基底上制成栅状，称为敏感栅。金属应变片的结构如图 3-2 所示。

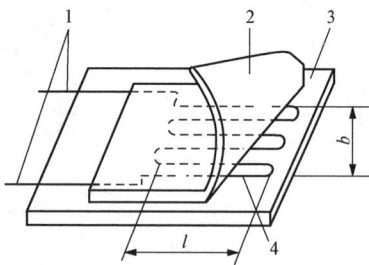

图 3-2　金属应变片的结构
1—引线；2—覆盖层；3—基片；
4—电阻丝式磁敏栅

应变片的结构形式有很多，但其主要组成部分基本相同。具体如下。

1. 敏感栅

应变片中实现应变—电阻转换的转换元件。通常由直径为 $0.01 \sim 0.05 \text{mm}$ 的金属丝绕成栅状，或用金属箔腐蚀成栅状。

2. 基底

为保持敏感栅固定的形状、尺寸和位置，通常用黏结剂将其固定在纸质或胶质的基底上。工作时，基底起着把试件应变准确地传递给敏感栅的作用。因此，基底必须很薄，一般为 $0.02 \sim 0.04 \text{mm}$。

3. 引线

它起着敏感栅与测量电路之间的过渡连接和引导作用。通常取直径约 $0.1 \sim 0.15 \text{mm}$ 的低阻镀锡铜线，并用钎焊与敏感栅端连接。

4. 盖层

它是用纸、胶做成覆盖在敏感栅上的保护层；起着防潮、防腐蚀等作用。

5. 黏结剂

在制造应变片时，用它分别把盖层和敏感栅粘贴于基底上；在使用应变片时，用它把应变片基底粘贴在试件表面的被测部位，因此，它也起着传递应变的作用。

3.1.1.3　应变片类型

应变片主要有金属应变片和半导体应变片两类，其中，金属应变片有丝式、箔式和薄膜式等应变片，如图 3-3 所示。

金属丝式应变片使用最早，有纸质型、胶基型两种。这种应变片的制造技术和设备都较简单，价格低廉，一般多用在短期的室内实验中使用，它的缺点是其端部弧形段会产生横向效应。

金属箔式应变片是通过光刻、腐蚀等工艺，将电阻箔片在绝缘基片上制成各种图案而形成的应变片，厚度通常为 0.003～0.01mm，其面积比丝式大得多、散热效果

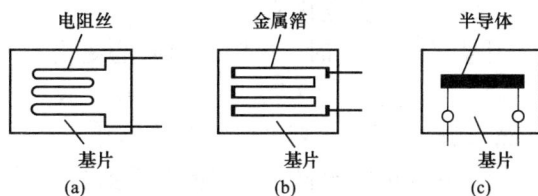

图 3-3　应变片
(a) 金属丝式应变片；(b) 金属箔式应变片；
(c) 半导体应变片

好、通过电流大、横向效应小、柔性好、寿命长、工艺成熟且适于大批量生产，因而得到广泛使用。

半导体应变片是用半导体材料作为敏感栅而制成的，工作原理是基于半导体材料的压阻效应。它的灵敏度一般比金属丝式、箔式应变片高几十倍，横向效应小，故其应用日趋广泛。

3.1.1.4　应变片的参数

应变片的参数主要有以下几项：

1. 标准电阻值（R_0）

标准电阻值指的是在无应变的情况下的电阻值，单位为 Ω。

2. 绝缘电阻（R_G）

应变片绝缘电阻是指已粘贴的应变片的引线与被测试件之间的电阻值，通常要求在 100MΩ 以上。

3. 灵敏度系数（K）

灵敏度系数是指应变片安装到被测物体表面后，在其轴线方向上的单向应力作用下，应变片阻值的相对变化与被测物表面上安装应变片区域的轴向应变之比。

4. 应变极限（ε_{max}）

在恒温条件下，使非线性达到 10% 时的真实应变值，称为应变极限。应变极限是衡量应变片测量范围和过载能力的指标。

5. 允许电流（I_e）

允许电流是指应变片允许通过的最大电流。

3.1.2　应变片的温度误差及补偿

3.1.2.1　应变片的温度误差

由于测量现场环境温度的改变而给测量带来的附加误差，称为应变片的温度误差。产生应变片温度误差的主要因素有以下两个方面：

1. 电阻温度系数的影响

敏感栅的电阻丝阻值随温度变化的关系可表示为

$$R_t = R_0(1 + \alpha_0 \Delta t) \tag{3.8}$$

式中　R_t——温度为 t 时的电阻值；

　　　R_0——温度为 t_0 时的电阻值；

　　　α_0——温度为 t_0 时金属丝的电阻温度系数；

Δt——温度变化值，$\Delta t = t - t_0$。

当温度变化 Δt 时，电阻丝电阻的变化值为

$$\Delta R_t = R_t - R_0 = R_0 \alpha_0 \Delta t \tag{3.9}$$

2. 试件材料和电阻丝材料的线膨胀系数的影响

当试件与电阻丝材料的线膨胀系数相同时，不论环境温度如何变化，电阻丝的变形仍和自由状态一样，不会产生附加变形。

当试件与电阻丝材料的线膨胀系数不同时，由于环境温度的变化，电阻丝会产生附加变形，从而产生附加电阻变化。

设电阻丝和试件在温度为 0℃时的长度均为 l_0，它们的线膨胀系数分别为 β_s 和 β_g，若两者不粘贴，则它们的长度分别为

$$l_s = l_0(1 + \beta_s \Delta t) \tag{3.10}$$

$$l_g = l_0(1 + \beta_g \Delta t) \tag{3.11}$$

当两者粘贴在一起时，电阻丝产生的附加变形 Δl、附加应变 ε_g 和附加电阻变化 ΔR_β 分别为

$$\Delta l = l_g - l_s = (\beta_g - \beta_s)l_0 \Delta t \tag{3.12}$$

$$\varepsilon_g = \frac{\Delta l}{l_0} = (\beta_g - \beta_s)\Delta t \tag{3.13}$$

$$\Delta R_\beta = K_0 R_0 \varepsilon_\beta = K_0 R_0 (\beta_g - \beta_s)\Delta t \tag{3.14}$$

由式（3.9）和式（3.14），可得由于温度变化而引起的应变片总电阻相对变化量为

$$\frac{\Delta R_t}{R_0} = \frac{\Delta R_\alpha + \Delta R_\beta}{R_0} = \alpha_0 \Delta t + K_0(\beta_g - \beta_s)\Delta t = [\alpha_0 + K_0(\beta_g - \beta_s)]\Delta t \tag{3.15}$$

由式（3.15）可知，因环境温度变化而引起的附加电阻的相对变化量，除了与环境温度有关外，还与应变片自身的性能参数（K_0，α_0，β_s）以及被测试件线膨胀系数 β_g 有关。

3.1.2.2　电阻应变片的温度补偿方法

电阻应变片的温度补偿方法通常有线路补偿和应变片自补偿两大类。

1. 线路补偿法

电桥补偿是最常用且效果较好的线路补偿。电桥补偿法的原理如图 3-4（a）所示。电桥输出电压 U_o 与桥臂参数的关系为

$$U_o = A(R_1 R_4 - R_B R_3) \tag{3.16}$$

式中　A——由桥臂电阻和电源电压决定的常数。

由式（3.16）可知，当 R_3 和 R_4 为常数时，R_1 和 R_B 对电桥输出电压 U_o 的作用方向相反，利用这一基本关系可实现对温度的补偿。

测量应变时，工作应变片 R_1 粘贴在被测试件表面上，补偿应变片 R_B 粘贴在与被测试件材料完全相同的补偿块上，且仅工作应变片承受应变，如图 3-4（b）所示。

当被测试件不承受应变时，R_1 和

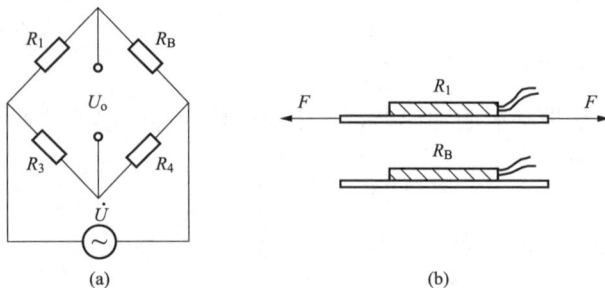

(a)　　　　　　　　　　(b)

图 3-4　电桥补偿

(a) 原理；(b) 测量应变

R_1—工作应变片；R_B—补偿应变片

R_B 又处于同一环境温度为 t 的温度场中，调整电桥参数使之达到平衡，此时有

$$U_o = A(R_1 R_4 - R_B R_3) = 0 \qquad (3.17)$$

工程上，一般按 $R_1 = R_B = R_3 = R_4$ 选取桥臂电阻。

当温度升高或降低 $\Delta t = t - t_0$ 时，两个应变片因温度而引起的电阻变化量相等，电桥仍处于平衡状态，即

$$U_o = A[(R_1 + \Delta R_{1t})R_4 - (R_B + \Delta R_{Bt})R_3] = 0 \qquad (3.18)$$

若此时被测试件有应变 ε 的作用，则工作应变片电阻 R_1 又有新的增量 $\Delta R_1 = R_1 K \varepsilon$，而补偿片因不承受应变，故不产生新的增量，此时电桥输出电压为

$$U_o = A R_1 R_4 K \varepsilon \qquad (3.19)$$

由上式可知，电桥的输出电压 U_o 仅与被测试件的应变 ε 有关，而与环境温度无关。

应当指出的是，若要实现完全补偿，上述分析过程必须满足以下四个条件：

（1）在应变片工作过程中，保证 $R_3 = R_4$。

（2）R_1 和 R_B 两个应变片应具有相同的电阻温度系数 α、线膨胀系数 β、应变灵敏度系数 K 和初始电阻值 R_0。

（3）粘贴补偿片的补偿块材料和粘贴工作片的被测试件材料必须一样，两者线膨胀系数相同。

（4）两应变片应处于同一温度场。

2. 应变片的自补偿法

这种温度补偿法是利用自身具有温度补偿作用的应变片（称为温度自补偿应变片）来补偿的。根据温度自补偿应变片的工作原理，可由式（3.15）得出，要实现温度自补偿，必须有

$$\alpha_0 = -K_0(\beta_g - \beta_s) \qquad (3.20)$$

式（3.20）表明，当被测试件的线膨胀系数 β_g 已知时，如果合理选择敏感栅材料，即其电阻温度系数 α_0、灵敏系数 K_0 以及线膨胀系数 β_s，满足式（3.20），则不论温度如何变化，均有 $\Delta R_t / R_0 = 0$，从而达到温度自补偿的目的。

3.1.3 电阻应变式传感器的应用

电阻应变片除直接用以测量机械、仪器及工程结构等的应力、应变外，还常与某种形式的弹性敏感元件相结合，专门制成各种应变式传感器，用来测量力、压力、扭矩、位移和加速度等物理量。

1. 应变式力传感器

被测物理量为荷重或力的应变式传感器，统称为应变式力传感器，其主要用途是作为各种电子秤与材料试验机的测力元件、发动机的推力测试、水坝坝体承载状况监测等。

这种测力传感器由应变计、弹性元件、测量电路等组成。根据弹性元件结构形式（柱形、筒形、环形等）和受载性质（拉、压、弯曲、剪切等）的不同，可分为许多种类。常见的应变式力传感器有柱式、环式、悬臂梁式力传感器等，如图 3-5 所示。

柱式力传感器的应变片粘贴在弹性体外壁应力分布均匀的中间部分，对称地粘贴多片，电桥连接时还需考虑减小载荷偏心和弯矩影响，如图 3-5（a）、（b）所示。贴片在圆柱面上的展开位置及其在桥路中的连接如图 3-5（c）、（d）所示。R_1、R_3 串接，R_2、R_4 串接并置

于相对臂，减小弯矩影响；横向贴片作温度补偿用。柱式力传感器结构简单、紧凑，可承受比较大的载荷。

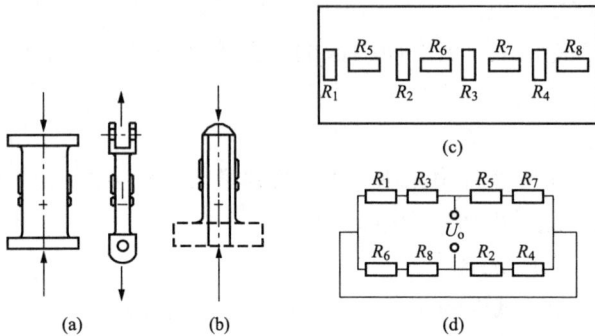

图 3-5　柱（筒）式力传感器

（a）柱式；（b）筒式；（c）圆柱面展开图；（d）桥路连线图

　　环式力传感器结构也比较简单，一般用于测量 500N 以上的载荷。与柱式相比，应力分布变化较大，且有正有负，如图 3-6 所示。

　　2. 压力传感器

　　压力传感器主要用于测量流动介质的动态或静态压力，如动力管道设备的进出口气体或液体的压力、发动机内部的压力、枪管及炮管内部的压力、内燃机管道的压力等。应变片压力传感器大多采用膜片式或筒式弹性元件。膜片式传感器的原理如图 3-7 所示，应变片贴在膜片内壁，在外压力 p 作用下，膜片产生径向应变 ε_r 和切向应变 ε_t。根据应变分布，一般在平膜片圆心处切向粘贴 R_1、R_4 两个应变片，在边缘处沿径向粘贴 R_2、R_3 两个应变片，然后接成全桥测量电路。

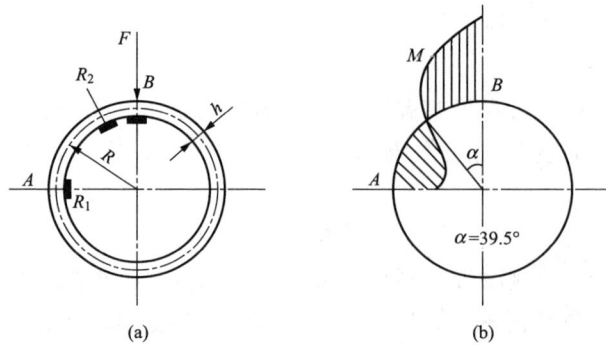

图 3-6　环式力传感器结构

（a）环式传感器结构图；（b）应力分布

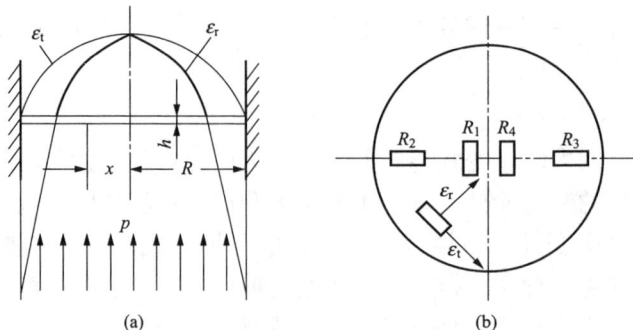

图 3-7　膜片式压力传感器的原理

（a）应变变化图；（b）应变片粘贴

3. 应变式加速度传感器

应变式加速度传感器主要用于物体加速度的测量,其基本工作原理是:物体运动的加速度与作用在它上面的力成正比,与物体的质量成反比,即 $a=F/m$。

图 3-8 所示是应变式加速度传感器的结构,图中 1 是等强度梁,自由端安装质量块 2,另一端固定在壳体 3 上,等强度梁上粘贴四个电阻应变敏感元件 4。另外,为了调节振动系统阻尼系数,在壳体内充满硅油。

测量时,将传感器壳体与被测对象刚性连接,当被测物体以加速度 a 运动时,质量块受到一个与加速度方向相反的惯性力作用,使悬臂梁变形,该变形被粘贴在悬臂梁上的应变片感受到并随之产生应变,从而使应变片的电阻发生变化,电阻的变化引起应变片组成的桥路出现不平衡,从而输出电压,即可得出加速度 a 值的大小。

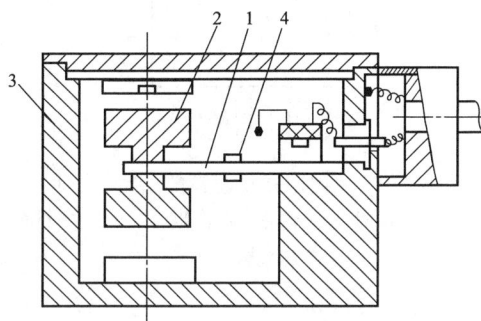

图 3-8 应变式加速度传感器的结构
1—等强度梁;2—质量块;3—壳体;
4—电阻应变敏感元件

应变片加速度传感器不适用于频率较高的振动和冲击场合,一般适用频率为 $10\sim60\mathrm{Hz}$。

4. 应变式扭矩传感器

应变式扭矩传感器采用实心圆柱或空心圆柱形式的弹性元件,其四片应变片按 45°方向粘贴在圆柱外表面上,接成全桥电路,如图 3-9 所示。这样既可以提高灵敏度,又可以消除弯曲产生的影响。但是,由于传动轴是转动的,因此不能直接从应变片引出信号,可采用电刷式集流环、水银槽式集流环将应变信号由旋转轴引到静止的导线和仪器上,也可以采用非接触式测量方法。

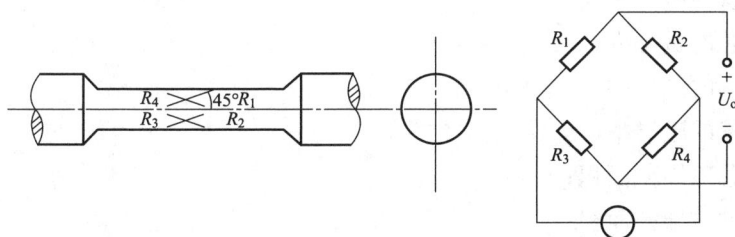

图 3-9 应变式扭矩传感器

§3.2 电 感 式 传 感 器

电感式传感器(inductance sensor)是利用电磁感应原理,将被测的非电量转换成电磁线圈的自感或互感量变化的一种装置,可用来测量位移、压力、振动等参数。电感式传感器具有结构简单、灵敏度高、分辨力高、线性度好的特点,但其频率响应低,不适于快速动态测量。

电感式传感器的种类很多,根据转换原理不同,可分为变磁阻式(自感式)、变压器式(互感式)、电涡流式(互感式)传感器等。

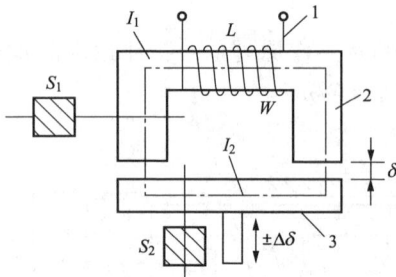

图 3-10　变磁阻式传感器的结构
1—线圈；2—铁芯（定铁芯）；
3—衔铁（动铁芯）

3.2.1　变磁阻式传感器

1. 变磁阻式传感器工作原理

变磁阻式传感器的结构如图 3-10 所示。它由线圈、铁芯和衔铁三部分组成。铁芯和衔铁之间有气隙，气隙厚度为 δ，传感器的运动部分与衔铁相连。当衔铁移动时，气隙厚度 δ 发生改变，引起磁路中磁阻变化，从而导致电感线圈的电感值变化，因此只要能测出这种电感量的变化，就能确定衔铁位移量的大小和方向。

根据对电感的定义，线圈的电感可表示为

$$L = \frac{\Phi_N}{I} = \frac{N\Phi}{I} = \frac{\frac{N^2 I}{R_m}}{I} = \frac{N^2}{R_m} \tag{3.21}$$

式中　Φ_N——回路内的磁链数；

　　　Φ——每匝线圈的磁通量；

　　　I——线圈中所通电流的有效值；

　　　N——线圈匝数；

　　　R_m——磁路的总磁阻。

若忽略磁路铁损，则磁路总磁阻为

$$R_m = R_F + R_\delta = \frac{l_1}{\mu_1 A_1} + \frac{l_2}{\mu_2 A_2} + \frac{2\delta}{\mu_0 A} \tag{3.22}$$

式中　l_1——铁芯的磁导长度；

　　　l_2——衔铁的磁导长度；

　　　μ_1——铁芯的磁导率；

　　　μ_2——衔铁的磁导率；

　　　μ_0——空气的磁导率，$\mu_0 = 4\pi \times 10^{-7}$（H/m）；

　　　A_1——铁芯磁导截面积；

　　　A_2——衔铁磁导截面积；

　　　A_0——空气磁导截面积；

　　　δ——空气隙的长度。

因为 $R_F \ll R_\delta$，将式（3.22）代入式（3.21），线圈的电感值可近似地表示为

$$L = \frac{N^2}{R_m} = \frac{N^2 \mu_0 A}{2\delta} \tag{3.23}$$

由此可以看出，传感器灵敏度随气隙的增大而减小。

若保持 δ 不变，使 A 随位移变化，则可构成变截面式自感传感器；若保持 A 不变，则 L 为 δ 的单值函数，则可构成变气隙式自感传感器。

2. 变截面式自感传感器

保持气隙 δ 不变，令截面积随被测电量变化，即构成变面积式自感传感器。图 3-10 中，令气隙面积 $S=ab$，初始时，衔铁与铁芯覆盖的长度为 a，此时电感为

$$L = \frac{N^2 \mu_0 ba}{2\delta} \tag{3.24}$$

如果衔铁沿水平方向左移 Δa，则其电感值变化为

$$R_m = \frac{2\delta}{\mu_0 A} = \frac{2\delta}{\mu_0 b(a - \Delta a)} \tag{3.25}$$

则

$$\Delta L = \frac{2N^2 \mu_0 ab}{\delta} - \frac{2N^2 \mu_0 ab\left(1 - \dfrac{\Delta a}{a}\right)}{\delta} = L \frac{\Delta a}{a} \tag{3.26}$$

$$K_L = \frac{\Delta L/L}{\Delta a} = \frac{1}{a} \tag{3.27}$$

可见电感值的变化与重叠长度的变化（即与重叠面积的变化）呈线性关系。但是单元件结构灵敏度比较低，故在实际应用中常采用差动式结构，如图 3-11 所示。

初始时，铁芯置于两个线圈之间，且两个线圈绕向方向相反，因此上下线圈在中段气隙部分产生的磁通方向相反，进而抵消。故此时线圈电感值为

$$L = \frac{2\pi\mu_0 N^2 b}{\ln \dfrac{d_2}{d_1}} \tag{3.28}$$

图 3-11 差动变面积式
自感传感器

式中　b——衔铁与铁芯的起始重叠长度；

　　　d_1——衔铁外径；

　　　d_2——线圈圆柱的内径。

工作时，衔铁上移 Δb，则上气隙电感变化

$$L_{x1} = L + \Delta L_1 = \frac{2\pi N^2 \mu_0 (b + \Delta b)}{\ln\left(\dfrac{\Delta d_2}{d_1}\right)} \tag{3.29}$$

下气隙电感变化

$$L_{x2} = L - \Delta L_2 = \frac{2\pi N^2 \mu_0 (b - \Delta b)}{\ln\left(\dfrac{\Delta d_2}{d_0}\right)} \tag{3.30}$$

由于两线圈方向相反，故总的电感变化为

$$\Delta L = \Delta L_1 - \Delta L_2 = 2L \frac{\Delta b}{b} \tag{3.31}$$

$$\frac{\Delta L}{L} = \frac{2\Delta b}{b} \tag{3.32}$$

$$K_L' = \frac{\Delta L/L}{\Delta b} = \frac{2}{b} \tag{3.33}$$

由分析可见，差动式结构灵敏度提高一倍，且这种结构使传感器具有抗外界干扰以及消除环境温度的变化、电源波动、电磁吸力等影响因素的作用。

3. 变气隙式自感传感器

图 3-10 中，若传感器的气隙面积不变，当气隙厚度减少 $\Delta\delta$ 时，使电感值增加 ΔL，根

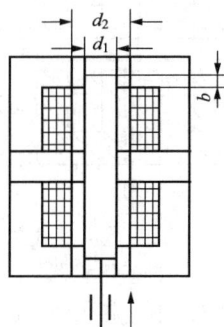

据式（3.23）得

$$\Delta L = \frac{N^2\mu_0 S}{2}\left(\frac{1}{\delta-\Delta\delta}-\frac{1}{\delta}\right)=L\frac{\Delta\delta/\delta}{1-\Delta\delta/\delta} \tag{3.34}$$

当 $\Delta\delta/\delta\ll1$ 时，利用幂级数展开式，得

$$\frac{\Delta L}{L}=\frac{\Delta\delta}{\delta}\left[1+\frac{\Delta\delta}{\delta}+\left(\frac{\Delta\delta}{\delta}\right)^2+\left(\frac{\Delta\delta}{\delta}\right)^3+\cdots\right] \tag{3.35}$$

忽略高次项，做线性化处理，得

$$\frac{\Delta L}{L}=\frac{\Delta\delta}{\delta} \tag{3.36}$$

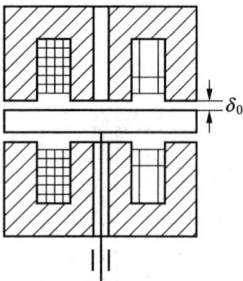

图 3-12　差动变气隙式
自感传感器

变气隙自感式传感器的灵敏度系数定义为

$$K_L=\frac{\Delta L/L}{\Delta\delta}=\frac{1}{\delta} \tag{3.37}$$

可见，欲提高变气隙自感式传感器的灵敏度，需减小气隙的长度。但是，受到工艺和结构的限制，为了减小非线性误差，实际测量中广泛采用差动变气隙式电感传感器。

绝大多数自感式传感器都是由两单一式结构对称组合构成差动自感式传感器的，如图 3-12 所示。当衔铁由平衡位置变动 $\Delta\delta$ 时，上气隙为 $\delta_0-\Delta\delta$，上线圈电感增加 ΔL；下气隙为 $\delta_0+\Delta\delta$，下线圈电感减少 ΔL，电感总变化量为

$$\Delta L'=L\frac{\Delta\delta}{\delta_0-\Delta\delta}+L\frac{\Delta\delta}{\delta_0+\Delta\delta}=L\frac{\Delta\delta(\delta+\Delta\delta)+\Delta\delta(\delta-\Delta\delta)}{\delta^2+(\Delta\delta)^2}$$

$$=L\frac{2(\Delta\delta)\delta}{\delta^2+(\Delta\delta)^2}=L\frac{2\Delta\delta}{\delta-\frac{(\Delta\delta)^2}{\delta}} \tag{3.38}$$

对式（3.38）进行线性化处理，即忽略高次项得

$$K_L'=L\frac{2\Delta\delta}{\delta} \tag{3.39}$$

差动变气隙式自感传感器的灵敏系数为

$$K_L'=\frac{\Delta L'/L}{\Delta\delta}=\frac{2}{\delta} \tag{3.40}$$

比较式（3.37）和式（3.40）可以看出，差动变气隙式自感传感器的灵敏度提高了一倍，非线性误差得到明显改善。

3.2.2　差动变压器式传感器

把被测的非电量变化转换为线圈互感变化的传感器称为互感式传感器。这种传感器是根据变压器的基本原理制成的，并且次级绕组用差动形式连接，故也称差动变压器式传感器。

差动变压器结构形式较多，有变隙式、变面积式和螺线管式等，但其工作原理基本相同。图 3-13 所示为差动变压器的结构。在非电量测量中，应用最多的是螺线管式差动变压器，它可以测量 1～100mm 机械位移，并具有测量精度高、灵敏度高、结构简单、性能可靠等优点。

3.2.2.1　螺线管式差动变压器

1. 螺线管式差动变压器的工作原理

螺线管式差动变压器的结构如图 3-14 所示，将螺线管式差动变压器中的两个次级绕

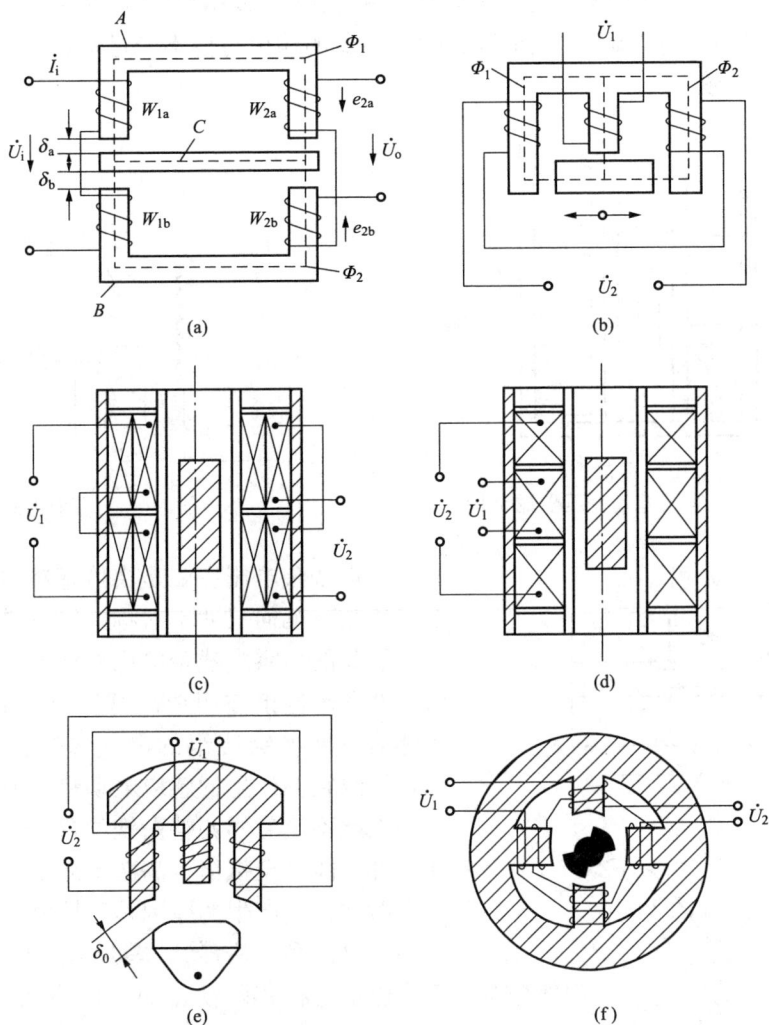

图 3-13 差动变压器的结构
(a)、(b) 变隙式差动变压器;(c)、(d) 螺线管式差动变压器;
(e)、(f) 变面积式差动变压器

组反相串联,并且在忽略铁损、导磁体磁阻和线圈分布电容的理想条件下,其等效电路如图3-15所示。当初级绕组加以激励电压 U 时,根据变压器的工作原理,在两个次级绕组 W_{2a} 和 W_{2b} 中便会产生感应电势 E_{2a} 和 E_{2b}。如果工艺上保证变压器结构完全对称,则当活动衔铁处于初始平衡位置时,必然会使两互感系数 $M_1=M_2$,根据电磁感应原理,将有 $E_{2a}=E_{2b}$。由于变压器两次级绕组反相串联,因而 $U_o=E_{2a}-E_{2b}=0$,即差动变压器输出电压为零。

当活动衔铁向上移动时,由于磁阻的影响,W_{2a} 中磁通将大于 W_{2b},使 $M_1>M_2$,因而 E_{2a} 增加,而 E_{2b} 减小;反之,E_{2b} 增加,E_{2a} 减小。因为 $U_o=E_{2a}-E_{2b}$,所以当 E_{2a}、E_{2b} 随着衔铁位移 x 变化时,U_o 也必将随 x 变化。图 3-16 所示为差动变压器输出电压 U_o 与活动衔铁位移 Δx 的关系曲线,实线为理论特性曲线,虚线为实际特性曲线。可以看出,当衔铁位于中心位置时，差动变压器输出电压并不等于零，我们把差动变压器在零位移时的输出电压称为零点残余电压，记作 ΔU_0，它的存在使传感器的输出特性不经过零点，造成实际特性与理论特性不完全一致。

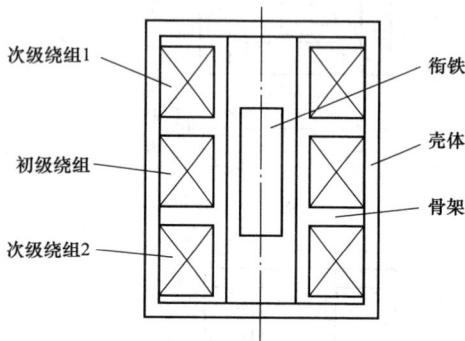

图 3-14　螺线管式差动变压器的结构

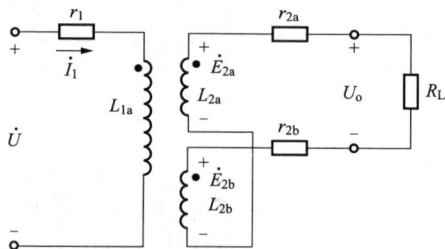

图 3-15　等效电路

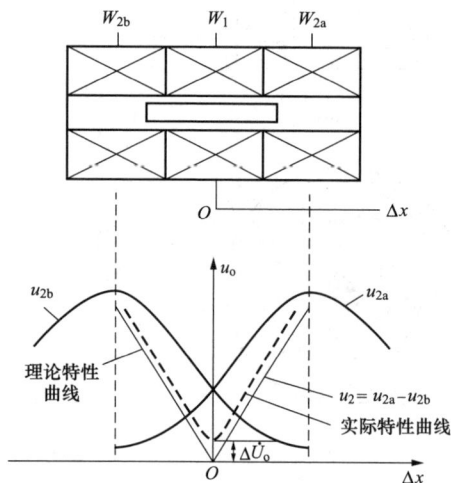

图 3-16　差动变压器输出电压 U_o
与活动衔铁位移 Δx 的关系曲线

零点残余电压主要是由传感器的两次级绕组的电气参数、几何尺寸不对称，以及磁性材料的非线性等引起的。零点残余电压的波形十分复杂，主要由基波和高次谐波组成。基波产生的主要原因是：传感器的两次级绕组的电气参数、几何尺寸不对称，导致它们产生的感应电动势幅值不等、相位不同，因此不论怎样调整衔铁位置，两线圈中感应电动势都不能完全抵消；高次谐波中起主要作用的是三次谐波，其产生的原因是磁性材料磁化曲线的非线性（磁饱和、磁滞）。零点残余电压一般在几十毫伏以下，在实际使用时，应设法减小 U_x，否则将会影响传感器的测量结果。

2. 螺线管式差动变压器的基本特性

差动变压器等效电路如图 3-15 所示。当次级开路时

$$I_1 = \frac{\dot{U}}{r_1 + j\omega L_1} \tag{3.41}$$

式中　$\dot{U}$——初级绕组激励电压；

ω——激励电压 U 的角频率；

I_1——初级绕组激励电流；

r_1、L_1——初级绕组直流电阻和电感。

根据电磁感应定律，次级绕组中感应电势的表达式分别为

$$\dot{E}_{2a} = -j\omega M_1 I_1 \tag{3.42}$$

$$\dot{E}_{2b} = -j\omega M_2 I_1 \tag{3.43}$$

式中　M_1、M_2——初级绕组与两次级绕组的互感。

由于次级两绕组反相串联，且考虑到次级开路，则由以上关系可得

$$\dot{U}_\text{o} = \dot{E}_{2\text{a}} - \dot{E}_{2\text{b}} = -\frac{\text{j}\omega(M_1 - M_2)\dot{U}}{r_1 + \text{j}\omega L_1} \tag{3.44}$$

输出电压的有效值为

$$U_\text{o} = \frac{\omega(M_1 - M_2)U}{\sqrt{r_1^2 + (\omega L_1)^2}} \tag{3.45}$$

上式说明，当励磁电压的幅值 U、角频率 ω、初级绕组的直流电阻 r_1 及电感 L_1 为定值时，差动变压器输出电压仅仅是初级绕组与两个次级绕组之间互感之差的函数。因此，只要求出互感 M_1 和 M_2 对活动衔铁位移 x 的关系式，再代入式（3.45）即可得到螺线管式差动变压器的基本特性表达式。

（1）活动衔铁处于中间位置时

$$M_1 = M_2 = M$$

故输出电压为

$$U_\text{o} = 0$$

（2）活动衔铁向上移动时

$$M_1 = M + \Delta M, \ M_2 = M - \Delta M$$

故输出电压为

$$U_\text{o} = \frac{2\omega\Delta M U}{\sqrt{r_1^2 + (\omega L_1)^2}} \tag{3.46}$$

与 $\dot{E}_{2\text{a}}$ 同相。

（3）活动衔铁向下移动时

$$M_1 = M - \Delta M, \ M_2 = M + \Delta M$$

故输出电压为

$$U_\text{o} = -\frac{2\omega\Delta M U}{\sqrt{r_1^2 + (\omega L_1)^2}} \tag{3.47}$$

与 $\dot{E}_{2\text{b}}$ 同相。

3.2.2.2　差动变压器的测量电路

差动变压器式传感器的输出电压是调幅波，若用交流电压表测量，只能反映衔铁位移的大小，不能反映移动的方向。为了判别衔铁的移动方向和消除零点残余电压，需要进行解调。实际测量时，常采用差动整流电路和相敏检波电路进行解调。

1. 差动整流电路

全波差动整流电路如图 3 - 17 所示，它将差动变压器的两个次级电压分别整流，然后将其整流的电压或电流的差值作为输出。由电路结构可知，不论两个次级线圈的输出瞬时电压极性如何，流经电容 C_1 的电流方向总是从 2 到 4，流经电容 C_2 的电流方向总是从 6 到 8，故整流电路的输出电压为

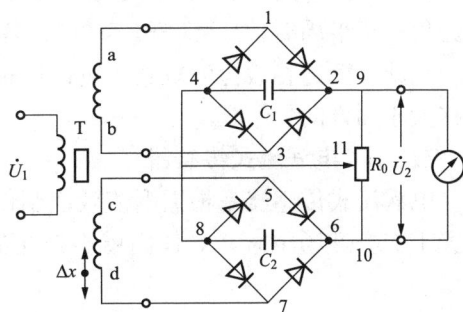

图 3 - 17　全波差动整流电路

$$\dot{U}_2 = \dot{U}_{24} - \dot{U}_{68} \tag{3.48}$$

当衔铁在中间位置时，$U_2 = 0$；衔铁在零位以上或以下时，输出电压的极性相反，所以零点残余电压会自动抵消。可见，这种电路结构简单，不需要参考电压，无须考虑相位调整和零点残余电压的影响，对感应和分布电容不敏感，并且经差动整流后变成直流输出，便于远距离输送，因此得到广泛应用。

2. 相敏检波电路

相敏检波电路具有鉴别信号相位和选频的能力。差动相敏检波电路的形式较多，二极管全波相敏检波电路如图 3-18 所示。U_1 为差动变压器的输入电压，$\dot{U}_2$ 为 $\dot{U}_1$ 的同频参考电压，且 $U_2 > U_1$，为了提高检波效率，常取 $U_2 = (3 \sim 5)U_1$。它们作用于相敏检波电路中两变压器 B_1 和 B_2。

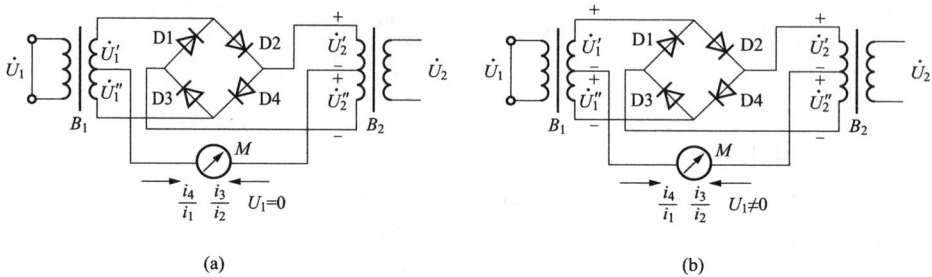

图 3-18　二极管全波相敏检波电路

(a) 电路中电流极性；(b) 电路中电压极性

(1) 当 $\dot{U}_1 = 0$ 时，在 $\dot{U}_2$ 的作用下，正半周二极管 D3、D4 导通，电流 i_3、i_4 从反方向流过电表 M，只要 $U_2' = U_2''$，且 D3、D4 性能相同，则通过电表的电流为零，故输出为零；负半周时，D1、D2 导通，i_1、i_2 反相，输出仍为零，如图 3-18（a）所示。

(2) 当 $\dot{U}_1 \neq 0$ 时，有以下两种情况。

1) $\dot{U}_1$ 和 $\dot{U}_2$ 同相。正半周时，电路中电压极性如图 3-18（b）所示。因 $U_2 > U_1$，D3、D4 导通，但作用于 D4 两端的信号是 $U_2' + U_2''$，i_4 增加，而作用 D3 两端的电压为 $U_2 - U_1$，i_3 减小，则 $i_m = i_4 - i_3 > 0$（为正）；负半周时，D1、D2 导通，在和作用下，i_1 增加，i_2 减小，$i_m = i_1 - i_2 > 0$ 输出仍为正。

2) $\dot{U}_1$ 和 $\dot{U}_2$ 反相。负半周时，D3 和 D4 导通，但 i_3 增加，i_4 减小，$i_m = i_4 - i_3 < 0$，输出为负；正半周时，$i_m = i_2 - i_1 < 0$，同样输出为负。

因此，上述相敏检波电路，可以通过电表的平均电流的大小和方向来判别差动变压器的位移大小和方向。

3.2.3　电涡流式传感器

电涡流式传感器是根据涡流效应制作而成的一种测量装置。所谓涡流效应，就是金属导体置于交变磁场中时，导体内就会产生感应电流（呈旋涡状的闭合回线，称为电涡流）的现象。

电涡流式传感器的最大特点是能对位移、厚度、表面温度、速度、压力、材料损伤等进行非接触连续测量，另外，还具有体积小、灵敏度高、测量线性范围大、频率响应宽的特点。

3.2.3.1　电涡流式传感器的工作原理

根据法拉第定律，当传感器线圈通以正弦交变电流 I_1 时，线圈周围空间必然产生正弦交变磁场 H_1，使置于此磁场中的金属导体中感应电涡流 I_2，I_2 又产生新的交变磁场 H_2；根据楞次定律，H_2 的作用将反抗原磁场 H_1，由于磁场 H_2 的作用，涡流要消耗一部分能量，导致传感器线圈的等效阻抗发生变化，如图 3-19 所示。由此可知，线圈阻抗的变化完全取决于被测金属导体的电涡流效应。电涡流效应既与被测体的电阻率 ρ、磁导率 μ 以及几何形状有关，还与线圈的几何参数 r、线圈中励磁电流频率 f 有关，同时还与线圈与导体间的距离 x 有关。因此，传感器线圈受电涡流影响时的等效阻抗 Z 的函数关系式为

$$Z = F(\rho,\mu,r,f,x) \tag{3.49}$$

式中　r——线圈与被测导体的尺寸因子。

如果保持上式中其他参数不变，而只改变其中一个参数，传感器线圈阻抗 Z 就仅仅是这个参数的单值函数。通过与传感器配用的测量电路测出阻抗 Z 的变化量，即可实现对该参数的测量。

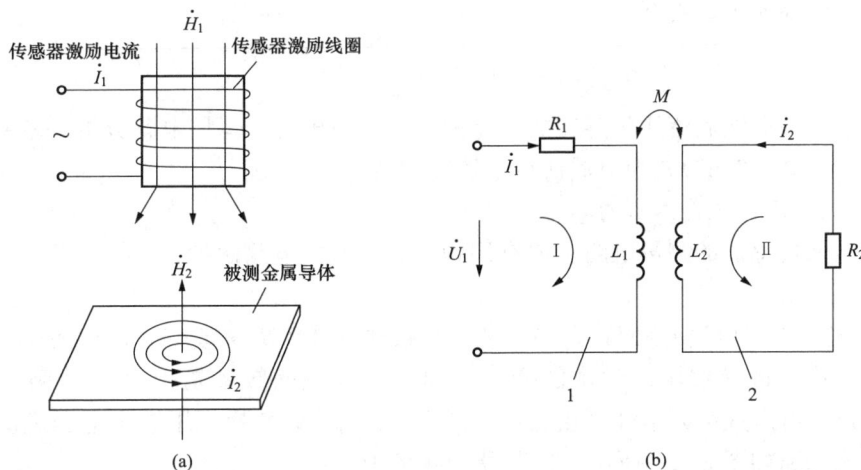

图 3-19　电涡流式传感器

(a) 原理结构；(b) 等效电路

1—传感器线圈；2—电涡流短路环

3.2.3.2　电涡流式传感器的等效电路

电涡流式传感器与被测金属导体的等效电路如图 3-19 所示。金属导体被抽象为一短路线圈，它与传感器线圈磁性耦合；两者之间定义一互感系数 M 表示耦合程度，它随间距 δ 的增大而减小；R_2 为电涡流短路环等效电阻，其表达式为

$$R_2 = \frac{2\pi\rho}{h\ln\dfrac{r_a}{r_i}} \tag{3.50}$$

根据基尔霍夫第二定律，可列出如下方程

$$\begin{cases} R_1\dot{I}_1 + j\omega L_1\dot{I}_1 - j\omega M\dot{I}_2 = \dot{U}_1 \\ -j\omega M\dot{I}_1 + R_2\dot{I}_2 + j\omega L_2\dot{I}_2 = 0 \end{cases} \tag{3.51}$$

式中　ω——线圈励磁电流角频率；

R_1、L_1——线圈电阻和电感；

L_2——短路环等效电感；

R_2——短路环等效电阻；

M——互感系数。

由式（3.51）解得等效阻抗 Z 的表达式为

$$Z = \frac{\dot{U}_1}{\dot{I}_1} = R_1 + \frac{\omega^2 M^2}{R_2^2 + \omega^2 L_2^2} R_2 + \mathrm{j}\omega\left(L_1 - \frac{\omega^2 M^2}{R_2^2 + \omega^2 L_2^2} L_2\right) = R_{eq} + \mathrm{j}\omega L_{eq} \qquad (3.52)$$

式中　R_{eq}——线圈受电涡流影响后的等效电阻；

L_{eq}——线圈受电涡流影响后的等效电感。

$$R_{eq} = R_1 + \frac{\omega^2 M^2}{R_2^2 + \omega^2 L_2^2} R_2 \qquad (3.53)$$

$$L_{eq} = L_1 - \frac{\omega^2 M^2}{R_2^2 + \omega^2 L_2^2} L_2 \qquad (3.54)$$

线圈的等效品质因数 Q 值为

$$Q = \frac{\omega L_{eq}}{R_{eq}} \qquad (3.55)$$

综上所述，根据电涡流式传感器的简化模型和等效电路，运用电路分析的基本方法得到的式（3.53）~式（3.55），为电涡流传感器基本特性表示式。

3.2.3.3　电涡流式传感器的测量电路

用于电涡流传感器的测量电路主要有调频式、调幅式电路两种。

1. 调频式电路

传感器线圈接入 LC 振荡回路，当传感器与被测导体距离 x 改变时，在涡流影响下，传感器的电感变化，将导致振荡频率的变化，因此该变化的频率是距离 x 的函数，即 $f = f(x)$。振荡频率可由数字频率计直接测量，或者通过 f-V 变换，用数字电压表测量对应的电压。调频式电路如图 3-20 所示。振荡器的频率为

$$f = \frac{1}{2\pi \sqrt{L(x)C}} \qquad (3.56)$$

为了避免输出电缆的分布电容的影响，通常将 L、C 装在传感器内。此时电缆分布电容并联在大电容 C_2、C_3 上，因而对振荡频率 f 的影响将大大减小。

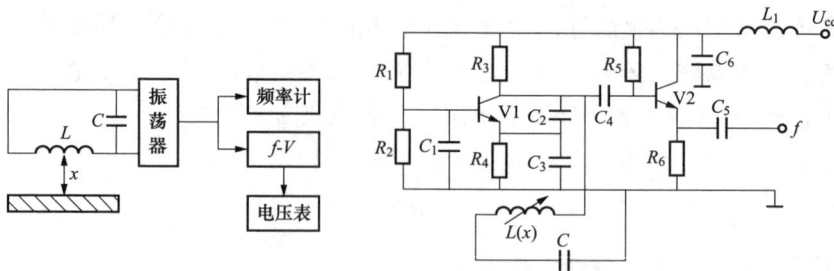

图 3-20　调频式电路

2. 调幅式电路

由传感器线圈 L、电容器 C 和石英晶体组成的石英晶体振荡电路如图 3 - 21 所示。石英晶体振荡器起恒流源的作用，给谐振回路提供一个频率（f_o）稳定的激励电流 i_o，LC 回路输出电压为

$$U_o = i_o f(Z) \tag{3.57}$$

式中　Z——LC 回路的阻抗。

当金属导体远离或去掉时，LC 并联谐振回路谐振频率即为石英振荡频率 f_o，回路呈现的阻抗最大，谐振回路上的输出电压也最大；当金属导体靠近传感器线圈时，线圈的等效电感 L 发生变化，导致回路失谐，从而使输出电压降低，L 随距离 x 的变化而变化。因此，输出电压也随 x 而变化。输出电压经放大、检波后，由指示仪表直接显示出 x 的大小。

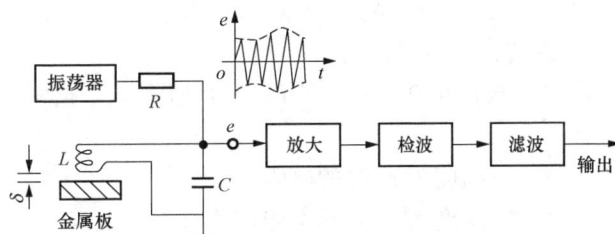

图 3 - 21　调幅式电路

3.2.4　电感式传感器的应用

1. 气体压力传感器

图 3 - 22 所示为气体压力传感器的结构原理图。气体压力传感器的线圈分别装在铁芯 3、7 上，接成交流电桥的两相邻桥臂；它的初始位置机械零点由螺钉 2 来调节；它的整个机芯装在一个圆形的金属盒内，用接头螺纹与被测对象连接。当被测气体压力变化时，弹簧管 1 的自由端产生位移，推动衔铁 5 移动，使传感器的线圈 4 和 6 的自感值一增一减，造成交流电桥失衡，使输出电压变化，所以输出电压的大小与气体压力 p 有关。这样，通过输出电压值便可感知 p 的大小。

2. 加速度计用传感器

图 3 - 23 所示为加速度计用传感器的原理图。质量块 2 由两片状弹簧 1 支承。测量时，质量块的位移与被测加速度成正比，因此，使加速度的测量转变为位移的测量。另外，质量块的材料是导磁的，所以它既是加速度计中的惯性元件，又是磁路中的磁性元件。

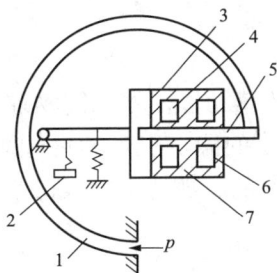

图 3 - 22　气体压力传感器的结构原理图

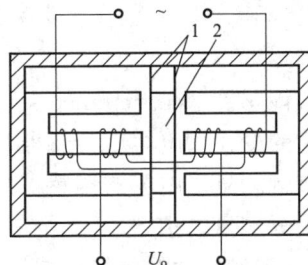

图 3 - 23　加速度计用传感器的原理图

3. 透射式涡流测厚传感仪

透射式涡流测厚传感仪的结构和原理如图 3 - 24 所示。在被测金属的上、下方分别设有发射线圈 L_1 和接收线圈 L_2。当在 L_1 上加低频电压 u_1 时，线圈中的电流 i_1 将产生一个交变

磁通 φ_1。若两线圈之间不存在被测金属板，交变磁通 φ_1 则直接耦合至 L_2 中感生出交变电压 u_2，其大小与 u_1 的幅值、频率，L_1、L_2 的匝数、结构以及二者的相对位置有关。如果这些参数是确定的，那么 u_2 的值就是确定的。若将被测金属板放入两线圈之间，则 L_1 产生的磁场将导致在金属板中产生电涡流，这时磁场能量将受到损耗，到达 L_2 的磁场将减弱为 φ_1'，从而使 u_2 下降。金属板越厚，涡流损失就越大，u_2 的值就越小。因此，可根据 u_2 的大小测得金属板的厚度。这种测厚传感仪的检测范围可达 $1 \sim 100\text{mm}$，分辨率为 $0.1\mu\text{m}$，线性度为 1%，广泛应用于测量精度要求不高的场合。

4. 涡流式测温传感器

由电工技术可知，在较小的温度范围内，导体的电阻率与温度的关系为

$$\rho_1 = \rho_0[1 + \alpha(t_1 - t_0)] \tag{3.58}$$

式中　ρ_1——温度为 t_1 时的电阻率；

ρ_0——温度为 t_0 时的电阻率；

α——导体的电阻温度系数。

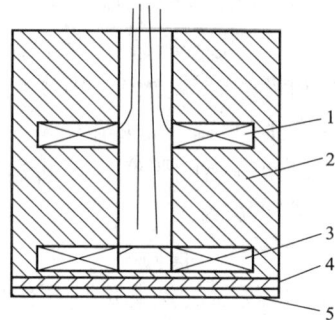

图 3-25 所示为涡流式测温传感器，由补偿线圈 1、管架 2、测量线圈 3、隔热衬垫 4 及温度敏感元件 5 组成，用来测量气体或液体的温度。根据式（3.58），被测物的温度变化将引起其电阻率的变化。若保持电涡流式传感器的各参数不变，当导体的电阻率随温度发生变化时，涡流传感器的输出亦将发生变化，其变化量正比于温度变化值。

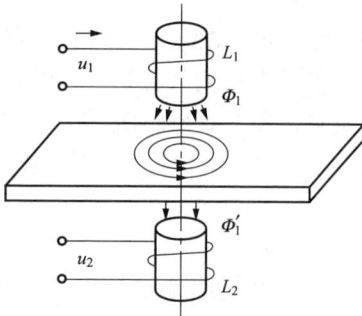

图 3-24　透射式涡流测厚传感仪的结构和原理　　　　图 3-25　涡流式测温传感器

§3.3　电　容　式　传　感　器

电容式传感器（capacitance sensor）采用电容器作为传感元件，将不同物理量的变化转换为电容量的变化。电容式传感器具有小功率、高阻抗、小的静电引力和良好的动态特性，可进行非接触测量。电容式传感器广泛用于压力、位移、厚度、加速度、液位、物位、湿度和成分含量等测量之中。

3.3.1　工作原理及结构形式

电容式传感器由敏感元件与转换元件为一体的电容量可变的电容器和测量电路组成，其工作原理如图 3-26 所示。

由物理学可知，当忽略电容器边缘效应时，对平行极板电容器，电容量为

$$C = \frac{\varepsilon S}{d} = \frac{\varepsilon_0 \varepsilon_r S}{d} \tag{3.59}$$

式中　ε——电容极板间介质的介电常数；

　　　ε_0——真空介电常数；

　　　ε_r——极板间介质的相对介电常数；

　　　S——两平行板所覆盖的面积；

　　　d——两平行板之间的距离。

可见，在 S、d、ε 三个参量中，改变其中任意一个量，均可使电容量 C 改变。也就是说，如果被检测参数（如位移、压力、液位等）的变化引起 S、d、ε 三个参量之一发生变化，

图 3-26　电容式传感器工作原理

就可利用相应的电容量的改变实现参数测量。据此，电容式传感器可分为以下三大类：

（1）极距变化型电容式传感器。

（2）面积变化型电容式传感器。

（3）介质变化型电容式传感器。

3.3.1.1　变极距型电容式传感器

图 3-27 所示为变极距型电容式传感器的原理图。由式（3.59）可知，C 与 d 的关系曲线为一双曲线，如图 3-28 所示。

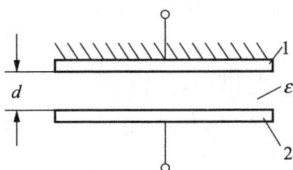

图 3-27　变极距型电容式传感器的原理图

1—动极板；2—定极板

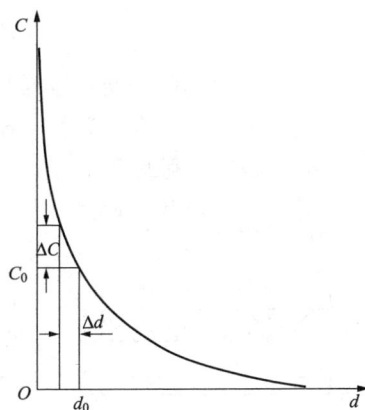

图 3-28　C-d 特性曲线

当传感器的 ε_r 和 S 为常数，初始极距为 d_0 时，可知其初始电容量 C_0 为

$$C_0 = \frac{\varepsilon_0 \varepsilon_r S}{d_0} \tag{3.60}$$

当间隙 d_0 减小 Δd 时，则电容量增大 ΔC，则

$$\Delta C = C - C_0 = \frac{\varepsilon_0 \varepsilon_r S}{d_0 - \Delta d} - \frac{\varepsilon_0 \varepsilon_r S}{d_0} = \frac{\varepsilon_0 \varepsilon_r S}{d_0} \cdot \frac{\Delta d}{d_0 - \Delta d} = C_0 \frac{\Delta d}{d_0 - \Delta d}$$

电容的相对变化为

$$\frac{\Delta C}{C_0} = \frac{\Delta d}{d_0} \frac{1}{1 - \Delta d/d_0} \tag{3.61}$$

当 $\Delta d/d_0 \ll 1$ 时，将上式按泰勒级数展开，得

$$\frac{\Delta C}{C_0} = \frac{\Delta d}{d_0}\left[1 + \frac{\Delta d}{d_0} + \left(\frac{\Delta d}{d_0}\right)^2 + \left(\frac{\Delta d}{d_0}\right)^3 + \cdots\right]$$

可见，电容 C 的相对变化与位移之间呈现的是一种非线性关系。在误差允许范围内通过略去高次项得到其近似的线性关系

$$\frac{\Delta C}{C_0} \approx \frac{\Delta d}{d_0} \tag{3.62}$$

故电容传感器的灵敏度为

$$K = \frac{\Delta C}{\Delta d} = \frac{C_0}{d_0} \tag{3.63}$$

如果只考虑二次非线性项，忽略其他高次项，则非线性误差

$$\delta_L = \frac{|\,(\Delta d/d_0)^2\,|}{|\,\Delta d/d_0\,|} \times 100\% = |\,\Delta d/d_0\,| \times 100\% \tag{3.64}$$

由以上分析可知，变极距型电容式传感器只有在 $\Delta d/d_0$ 很小时，才有近似的线性输出。另外，在 d_0 较小时，对于同样的 Δd 变化所引起的 ΔC 可以增大，从而使传感器灵敏度提高。但 d_0 过小，容易引起电容器击穿或短路，其原理图如图 3-29 所示。为此，极板间可采用高介电常数的材料（云母、塑料膜等）作介质，此时电容 C 变为

$$C = \frac{S}{\dfrac{d_g}{\varepsilon_0\varepsilon_g} + \dfrac{d_0}{\varepsilon_0}} \tag{3.65}$$

式中　ε_g——云母的相对介电常数，$\varepsilon_g = 7$；

　　　ε_0——空气的介电常数，$\varepsilon_0 = 1$；

　　　d_0——空气隙厚度；

　　　d_g——云母片的厚度。

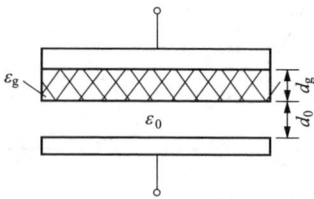

图 3-29　变极距型电容式
传感器原理图

云母片的相对介电常数是空气的 7 倍，其击穿电压不小于 1000kV/mm，而空气仅为 3kV/mm。因此有了云母片，极板间起始距离可大大减小。同时，式（3.65）中的 $d_g/\varepsilon_0\varepsilon_g$ 项是恒定值，它能使传感器的输出特性的线性度得到改善。

一般变极距型电容式传感器的起始电容在 $20\sim100$pF 之间，极板间距离在 $25\sim200\mu$m 的范围内，最大位移应小于间距的 1/10，故在微位移测量中应用最广。

3.3.1.2　变面积型电容式传感器

变面积型电容式传感器通常分为线位移型和角位移型两大类。

1. 线位移变面积型电容式传感器

图 3-30 所示为线位移变面积型电容式传感器原理图。被测量通过动极板移动引起两极板有效覆盖面积 S 改变，从而得到电容量的变化。当动极板相对于定极板沿长度方向平移 Δx 时，则电容变化量为

$$\Delta C = C - C_0 = \frac{\varepsilon_0\varepsilon_r(a - \Delta x)b}{d} \tag{3.66}$$

式中：$C_0 = \varepsilon_0\varepsilon_r ba/d$ 为初始电容。

电容相对变化量为

$$\frac{\Delta C}{C_0} = \frac{\Delta x}{a} \tag{3.67}$$

很明显，这种形式的传感器其电容量 C 与水平位移 Δx 呈线性关系

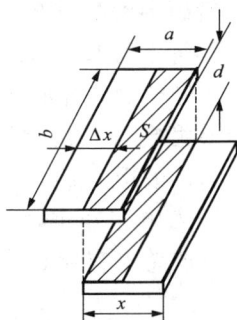

图 3 - 30　线位移变面积型
电容式传感器原理图

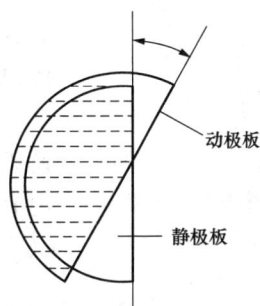

图 3 - 31　角位移变面积型
电容式传感器原理图

2. 角位移变面积型电容式传感器

图 3 - 31 所示为角位移变面积型电容式传感器原理图。当动极板有一个角位移 θ 时，其与定极板间的有效覆盖面积将变为图中阴影部分的面积，从而改变了两极板间的电容量。当 $\theta = 0$ 时，初始电容量为

$$C_0 = \frac{\varepsilon_0 \varepsilon_r S_0}{d_0} \tag{3.68}$$

式中　ε_r——介质相对介电常数；

d_0——两极板间距离；

S_0——两极板间初始覆盖面积，$S_0 = \pi r^2 / 2$。

当 $\theta \neq 0$ 时，则

$$C = \frac{\varepsilon_0 \varepsilon_r S_0 \left(1 - \dfrac{\theta}{\pi}\right)}{d_0} = C_0 - C_0 \frac{\theta}{\pi} \tag{3.69}$$

从式（3.69）可以看出，传感器的电容量 C 与角位移 θ 呈线性关系。

3.3.1.3　变介质型电容式传感器

图 3 - 32 所示为变介质型电容式传感器原理图。设被测介质的介电常数为 ε_1、液面高度为 h、变换器总高度为 H、内筒外径为 d、外筒内径为 D，此时变换器电容值为

$$
\begin{aligned}
C &= \frac{2\pi\varepsilon_1 h}{\ln\dfrac{D}{d}} + \frac{2\pi(H-h)\varepsilon_0}{\ln\dfrac{D}{d}} \\
&= \frac{2\pi\varepsilon_0 H}{\ln\dfrac{D}{d}} + \frac{2\pi h(\varepsilon_1 - \varepsilon_0)}{\ln\dfrac{D}{d}} = C_0 + \frac{2\pi h(\varepsilon_1 - \varepsilon_0)}{\ln\dfrac{D}{d}}
\end{aligned} \tag{3.70}
$$

图 3 - 32　电容式液位
变换器原理图

式中　ε_0——空气介电常数；

C_0——由变换器的基本尺寸决定的初始电容值，即 $C_0 = \dfrac{2\pi\varepsilon H}{\ln\dfrac{D}{d}}$。

由式（3.70）可知，此变换器的电容增量正比于被测液位高度 h。

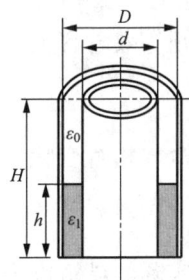

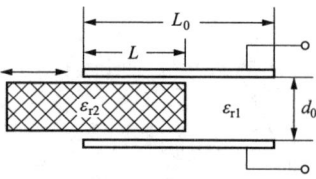

图 3-33　常用的变介质型电容式
传感器的结构形式

变介质型电容传感器有较多的结构形式，可以用来测量纸张、绝缘薄膜等的厚度，也可用来测量粮食、纺织品、木材或煤等非导电固体介质的湿度。图 3-33 所示为一种常用的变介质型电容式传感器的结构形式。图中两平行电极固定不动，极距为 d_0，相对介电常数为 ε_{r2} 的电介质以不同深度插入电容器中，从而改变两种介质的极板覆盖面积。传感器总电容量 C 为

$$C = C_1 + C_2 = \varepsilon_0 b_0 \frac{\varepsilon_{r1}(L_0 - L) + \varepsilon_{r2} L}{d_0} \tag{3.71}$$

式中　L_0 和 b_0——极板的长度和宽度；

　　　　L——第二种介质进入极板的长度。

若电介质 $\varepsilon_{r1} = 1$，当 $L = 0$ 时，传感器初始电容 $C_0 = \varepsilon_0 \varepsilon_r L_0 b_0 / d_0$。当被测介质 ε_{r2} 进入极板间 L 深度后，引起电容相对变化量为

$$\frac{\Delta C}{C_0} = \frac{C - C_0}{C_0} = \frac{(\varepsilon_{r2} - 1)L}{L_0} \tag{3.72}$$

由此可见，电容量的变化与电介质 ε_{r2} 的移动量 L 呈线性关系。

3.3.2　电容式传感器的等效电路

电容式传感器的等效电路如图 3-34 所示。图中，L 为包括引线电缆的电感和电容式传感器本身的电感；r 为包括引线电阻、极板电阻和金属支架电阻；R_g 是极间等效漏电阻，包含极板间的漏电损耗和介质损耗、极板与外界间的漏电损耗和介质损耗；C_0 为传感器本身的电容；C_p 为引线电缆、所接测量电路及极板与外界所形成的总寄生电容。

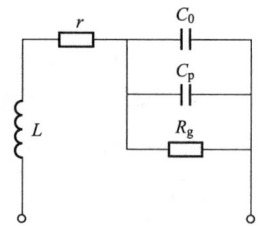

图 3-34　电容式传感器的等效电路

电容式传感器电容量一般很小，容抗很大，而工作频率一般较高，故略去图中电阻的影响，电容式传感器的等效阻抗为

$$Z_C = \frac{1}{j\omega C_e} = j\omega L + \frac{1}{j\omega C} \tag{3.73}$$

式中：$C = C_p + C_0$。

则等效电容为

$$C_e = \frac{C}{1 - \omega^2 LC} \tag{3.74}$$

实际电容相对变化为

$$\frac{\Delta C_e}{C_e} = \frac{\Delta C}{C} \frac{1}{1 - \omega^2 LC}$$

因此实际的灵敏度为

$$K_e = \frac{\Delta C_e / C_e}{\Delta d} = \frac{\Delta C / C}{\Delta d} \frac{1}{1 - \omega^2 LC} = \frac{K}{1 - \omega^2 LC} \tag{3.75}$$

可见，电容式传感器的等效灵敏度 K_e 与传感器的固有电感 L 有关，且随 ω 变化而变化。因此，在实际应用前必须要进行标定，否则将会引入测量误差。

3.3.3　电容式传感器的测量电路

1. 调频电路

调频电路把电容式传感器作为振荡器谐振回路的一部分，当输入量导致电容量发生变化时，振荡器的振荡频率就发生变化。虽然可将频率作为测量系统的输出量，用以判断被测非电量的大小，但此时系统是非线性的，不易校正，因此必须加入鉴频器，将频率的变化转换为电压振幅的变化，经过放大就可以用仪器指示或记录仪记录下来。调频式测量电路原理如图 3-35 所示。图中调频振荡器的振荡频率为

$$f = \frac{1}{2\pi \sqrt{LC}} \tag{3.76}$$

式中　L——振荡回路的电感；

　　　C——振荡回路的总电容，$C = C_1 + C_2 + C_x$，其中 C_1 为振荡回路固有电容，C_2 为传感器引线分布电容，$C_x = C_0 \pm \Delta C$ 为传感器的电容。

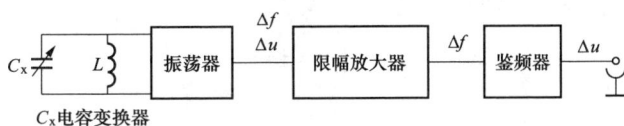

图 3-35　调频式测量电路原理

当被测信号为 0 时，$\Delta C = 0$，则 $C = C_1 + C_2 + C_0$，所以振荡器有一个固有频率 f_0，其表示式为

$$f_0 = \frac{1}{2\pi \sqrt{(C_1 + C_2 + C_0)L}} \tag{3.77}$$

当被测信号不为 0 时，$\Delta C \neq 0$，振荡器频率有相应变化，此时频率为

$$f = \frac{1}{2\pi \sqrt{(C_1 + C_2 + C_0 \mp \Delta C)L}} = f_0 \pm \Delta f \tag{3.78}$$

调频电容传感器测量电路具有较高的灵敏度，可以测量高至 $0.01\mu m$ 级的位移变化量。信号的输出频率易于用数字仪器测量，并与计算机通信，抗干扰能力强，可以发送、接收信号，以达到遥测遥控的目的。

2. 运算放大器式电路

由于运算放大器的放大倍数非常大，而且输入阻抗 Z_i 很高，因此运算放大器可以用为电容式传感器的比较理想的测量电路。图 3-36 所示为运算放大器式电路原理，图中 C_x 为电容式传感器电容；$\dot{U}_i$ 是交流电源电压；$\dot{U}_o$ 是输出信号电压；Σ 是虚地点。由运算放大器工作原理可得

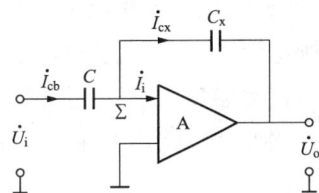

图 3-36　运算放大器式电路原理

$$\dot{U}_o = -\frac{C}{C_x}\dot{U}_i \tag{3.79}$$

如果传感器是一只平板电容，则 $C_x = \varepsilon S/d$，代入式 (3.79)，可得

$$\dot{U}_o = -\dot{U}_i \frac{C}{\varepsilon S}d \tag{3.80}$$

式中："－"号表示输出电压 $\dot{U}_o$ 的相位与电源电压反相。

式（3.80）说明运算放大器的输出电压与极板间距离 d 呈线性关系。

运算放大器式电路虽解决了单个变极距型电容式传感器的非线性问题，但要求输入阻抗 Z_i 和放大倍数足够大。为保证仪器精度，还要求电源电压 $\dot{U}_i$ 的幅值和固定电容 C 值稳定。

3. 二极管双 T 形交流电桥

图 3-37 所示为二极管双 T 形交流电桥电路原理图。e 是高频电源，它提供了幅值为 U 的对称方波；VD1、VD2 为特性完全相同的两只二极管；固定电阻 $R_1=R_2=R$；C_1、C_2 为传感器的两个差动电容；R_L 为负载电阻。

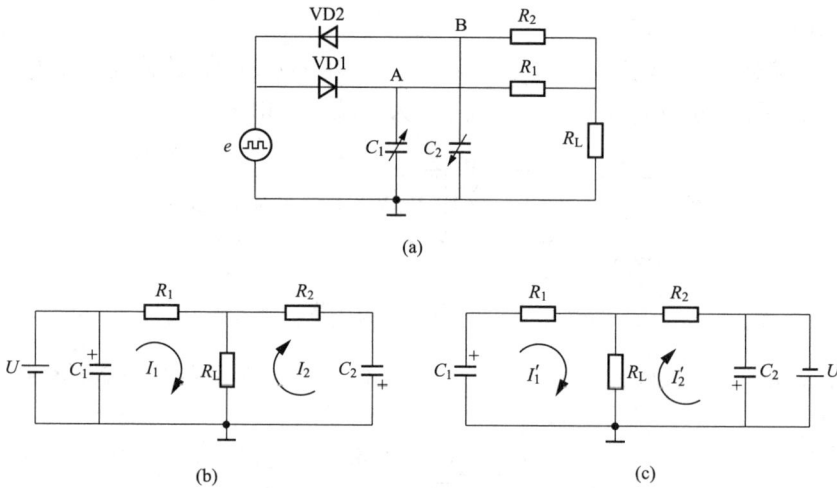

图 3-37　二极管双 T 形交流电桥
（a）电路原理图；（b）、（c）等效电路

当传感器没有输入时，$C_1=C_2$。其电路工作原理如下：当 e 为正半周时，二极管 VD1 导通、VD2 截止，于是电容 C_1 充电，其等效电路如图 3-37（b）所示；在随后负半周出现时，电容 C_1 上的电荷通过电阻 R_1，负载电阻 R_L 放电，流过 R_L 的电流为 I_1。当 e 为负半周时，VD2 导通、VD1 截止，则电容 C_2 充电，其等效电路如图 3-37（c）所示；在随后出现正半周时，C_2 通过电阻 R_2，负载电阻 R_L 放电，流过 R_L 的电流为 I_2。根据上面所给的条件，则电流 $I_1=I_2$，且方向相反，在一个周期内流过 R_L 的平均电流为零。

若传感器输入不为 0，则 $C_1\neq C_2$，$I_1\neq I_2$，此时在一个周期内通过 R_L 上的平均电流不为零，因此产生输出电压，输出电压在一个周期内平均值为

$$U_o=I_L R_L=\frac{1}{T}\int_0^T[I_1(t)-I_2(t)]\mathrm{d}t R_L$$

$$\approx\frac{R(R+2R_L)}{(R+R_L)}\cdot R_L U f(C_1-C_2) \tag{3.81}$$

式中　f——电源频率。

当 R_L 已知，式（3.81）中

$$\left[\frac{R(R+2R_L)}{(R+R_L)^2}\right]\cdot R_L=M(常数)$$

$$U_{\circ} = UfM(C_1 - C_2) \qquad (3.82)$$

由此可见，传感器的输出电压不仅与电源电压的频率和幅值有关，而且与 T 形网络中的电容 C_1 和 C_2 的差值有关。当电源参数确定后，输出电压只是电容 C_1 和 C_2 的函数。

该电路输出电压较高，当电源频率为 1.3MHz，电源电压 $U=46V$ 时，电容在 $-7\sim7pF$ 变化，可以在 1MΩ 负载上得到 $-5\sim5V$ 的直流输出电压。电路的灵敏度与电源电压幅值和频率有关，故输入电源要求稳定。当 U 幅值较高，使二极管 VD1、VD2 工作在线性区域时，测量的非线性误差很小。电路的输出阻抗与电容 C_1、C_2 无关，而仅与 R_1、R_2 及 R_L 有关，约为 $1\sim100k\Omega$。输出信号的上升沿时间取决于负载电阻，对于 1kΩ 的负载电阻上升时间为 $20\mu s$ 左右，故可用来测量高速的机械运动。

3.3.4　电容式传感器的应用

1. 电容式压力传感器

图 3-38 所示为差动电容式压力传感器的结构示意图，其主要结构为一个膜片动电极和两个在凹形玻璃上电镀成的固定电极组成的差动电容器。

当被测压力或压力差作用于膜片并使之产生位移时，形成的两个电容器的电容量，一个增大，一个减小。该电容值的变化经测量电路转换成与压力或压力差相对应的电流或电压的变化。

2. 电容式加速度传感器

差动电容式加速度传感器的结构示意图如图 3-39 所示。当传感器壳体随被测对象沿垂直方向作直线加速运动时，质量块在惯性空间中相对静止，两个固定电极将相对于质量块在垂直方向产生大小正比于被测加速度的位移。此位移使两电容的间隙发生变化，一个增加，一个减小，从而使 C_1、C_2 产生大小相等、符号相反的增量，此增量正比于被测加速度。

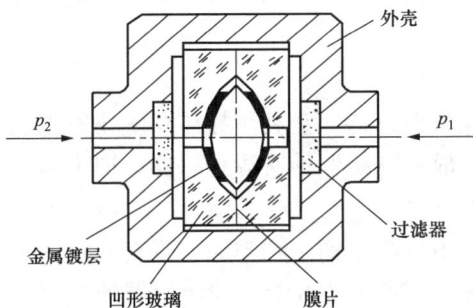

图 3-38　差动电容压力传感器的结构示意图

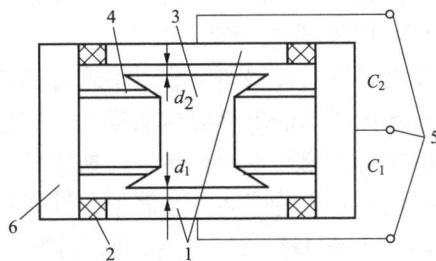

图 3-39　差动电容式加速度
传感器的结构示意图

1—固定电极；2—绝缘垫；3—质量块；
4—弹簧；5—输出端；6—壳体

由于采用空气阻尼，气体黏度的温度系数比液体小得多，所以这种加速度传感器的精度较高、频率响应范围宽、量程大。

3. 差动式电容测厚传感器

电容测厚传感器是用来对金属带材在轧制过程中厚度的检测，其工作原理是：在被测带材的上下两侧各装设一块面积相等且与带材距离相等的极板，这样两极板与带材之间形成两个独立电容。若带材的厚度变化，将引起电容的变化，再用交流电桥将电容的变化检测出来，经过放大，即可由显示仪表显示出带材厚度的变化，从而实现带材厚度的在线检测。

差动式电容测厚传感器的测量原理框图如图 3-40 所示。音频信号发生器产生的音频信号，接入变压器 T 的原边线圈，变压器副边的两个线圈作为测量电桥的两臂，电桥的另外两桥臂由标准电容 C_0 和带材与极板形成的被测电容 $C_x(C_x = C_1 + C_2)$ 组成。电桥的输出电压经放大器放大后整流为直流，再经差动放大，即可用指示电表指示出带材厚度的变化。

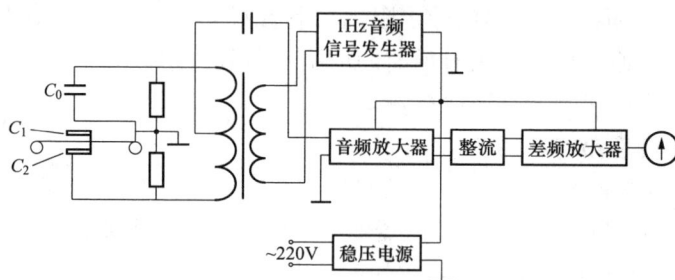

图 3-40　差动式电容测厚传感器的测量原理框图

§3.4　磁 敏 式 传 感 器

磁敏式传感器（magnetic sensor）是通过磁电作用将被测量（如振动、位移、转速等）转换为电信号的传感器。磁电作用主要分为磁电感应和霍尔效应两种。因此，相应的磁敏式传感器就分为磁电感应式传感器和霍尔式传感器两种。磁电感应式传感器是利用导体和磁场发生相对运动产生感应电动势的电磁感应原理制成的传感器；霍尔式传感器为载流半导体在磁场中由霍尔效应而输出电动势的传感器。

3.4.1　磁电感应式传感器

磁电感应式传感器又称电动式传感器，或感应式传感器。它利用导体和磁场发生相对运动而在导体两端输出感应电动势的电磁感应原理制成。它是一种有源传感器，即不需要辅助电源就能把被测对象的机械量转换成易于测量的电信号。

磁电感应式传感器电路简单、性能稳定、输出阻抗小、输出功率大，具有一定的工作带宽（10～1000Hz），适用于振动、转速、扭矩等测量。特别是由于这种传感器的"双向"性质，使得它可以作为"逆变器"应用于近年来发展起来的"反馈式"（也称力平衡式）传感器中。但这种传感器的尺寸和重量都比较大。

3.4.1.1　磁电感应式传感器的工作原理及结构类型

磁电感应式传感器是以电磁感应原理为基础。根据电磁感应定律，当导体在稳恒均匀磁场中，沿垂直磁场方向运动时，导体内产生的感应电动势为

$$e = \left| \frac{d\Phi}{dt} \right| = Bl \frac{dx}{dt} Blv \tag{3.83}$$

式中　Φ——线圈包围的磁通量；

　　　B——稳恒均匀磁场的磁感应强度；

　　　l——导体的有效长度；

v——导体相对磁场的运动速度。

当一个 N 匝线圈在磁场中旋转作切割磁力线运动时，设穿过线圈的磁通为 Φ，则线圈内的感应电动势 e 与磁通变化率 $d\Phi/dt$ 有如下关系

$$e = -N\frac{d\Phi}{dt} = NBS\omega \qquad\qquad (3.84)$$

式中　S——线圈的面积；

　　　N——线圈在工作气隙磁场中的匝数；

　　　ω——线圈的转速。

在传感器中，当结构参数确定后，即 B、l、W、S 均为定值，那么感应电动势 e 与线圈相对磁场的运动速度（v 或 ω）成正比。

磁通量的变化可以通过很多办法来实现，如磁铁与线圈之间做相对运动；磁路中磁阻的变化；恒定磁场中线圈面积的变化等，根据磁通量的变化方式，一般可将磁电感应式传感器分为恒磁通式和变磁通式两类。

1. 变磁通式磁电感应传感器

变磁通式磁电感应传感器一般做成转速传感器，产生感应电动势的频率作为输出，而电动势的频率取决于磁通变化的频率。变磁通式转速传感器的结构有开磁路和闭磁路两种。

图 3-41（a）所示为开磁路变磁通式传感器结构图。线圈 3、磁铁 1 静止不动，测量齿轮 4 安装在被测旋转体上，随被测体一起转动。每转动一个齿，它与软铁 2 之间构成的磁路磁阻变化一次，磁通也就变化一次，从而使线圈中产生感应电势，其变化频率等于被测转速与测量齿轮上齿数的乘积。这种传感器适用于结构简单、输出信号较小、加装齿轮较危险且不宜测量高转速的场合。

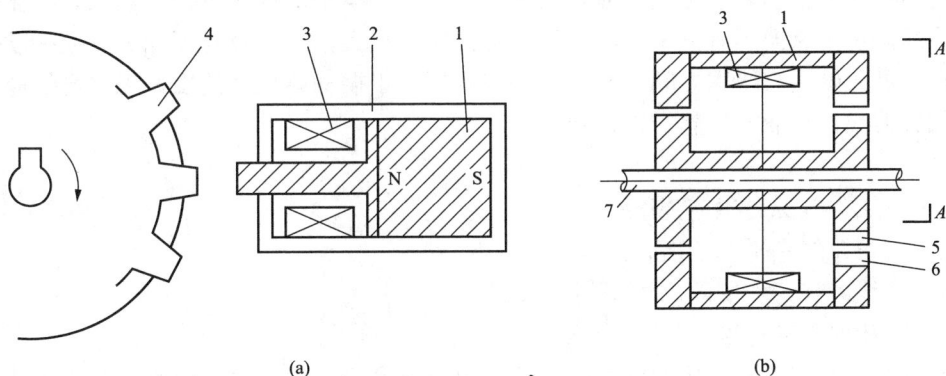

图 3-41　变磁通式传感器结构图
(a) 开磁路；(b) 闭磁路

图 3-41（b）所示为闭磁路变磁通式传感器结构图。它由装在转轴 7 上的内齿轮 5、装在外壳上的外齿轮 6、永久磁铁 1 和感应线圈 3 组成，内、外齿轮齿数相同。当转轴连接到被测转轴上时，外齿轮不动，内齿轮随被测轴转动，内、外齿轮的相对转动使气隙磁阻产生周期性变化，从而引起磁路中磁通的变化，使线圈内产生周期性变化的感应电动势。显然，感应电动势 e 与被测转速 ω 成正比。

2. 恒磁通式磁电感应传感器

恒磁通式的磁路系统产生恒定的直流磁场，磁路中的工作气隙固定不变，因而气隙中磁通也是恒定不变的。它的运动部件可以是线圈（动圈式），如图 3 - 42（a）所示，也可以是磁铁（动铁式），如图 3 - 42（b）所示；动圈式和动铁式的工作原理是完全相同的。

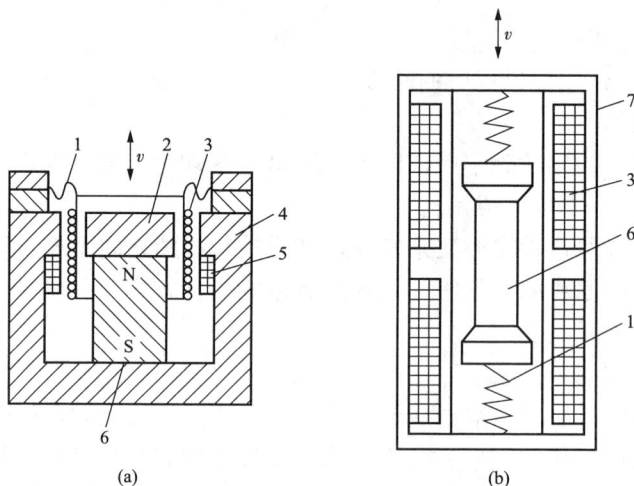

图 3 - 42　恒磁通式磁电传感器结构图
(a) 动圈式；(b) 动铁式
1—弹簧；2—极掌；3—线圈；4—磁轭；5—补偿线圈；
6—永久磁铁；7—壳体

当壳体随被测振动体一起振动时，由于弹簧较软，运动部件质量相对较大，当振动频率足够高（远大于传感器固有频率）时，运动部件惯性很大，来不及随振动体一起振动，近乎静止不动，永久磁铁与线圈之间的相对运动速度接近于振动体振动速度，磁铁与线圈的相对运动切割磁力线，从而产生感应电动势为

$$e = -BlNv \tag{3.85}$$

式中　B——工作气隙磁感应强度；

l——每匝线圈平均长度；

N——线圈在工作气隙磁场中的匝数；

v——相对运动速度。

由此可见，当传感器结构参数确定以后，感应电动势 e 与相对运动速度 v 成正比。根据感应电动势 e 的大小就可以知道被测速度 v 的大小。

3.4.1.2　磁电感应式传感器的测量电路

磁电感应式传感器可以直接输出感应电动势信号，且通常具有较高的灵敏度，所以其测量电路不需要高增益放大器。但磁电感应式传感器只用于测量动态量，可以直接测量振动物体的线速度 $v = \dfrac{\mathrm{d}x}{\mathrm{d}t}$ 或旋转体的角速度。如果在其测量电路中接入积分电路（$x = \int v \mathrm{d}t$）或微分电路 $\left(a = \dfrac{\mathrm{d}v}{\mathrm{d}t}\right)$，那么就可以测量位移或加速度。图 3 - 43 所示为磁电感应式传感器的测量电路。

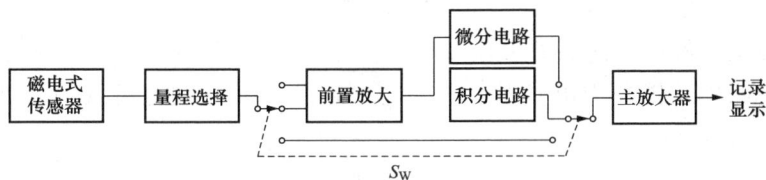

图 3 - 43　磁电感应式传感器的测量电路

3.4.2　霍尔式传感器

霍尔元件是一种基于霍尔效应的磁传感器，它得到了广泛的应用。它可以检测磁场及其变化，可在各种与磁场有关的场合中使用。霍尔器件以霍尔效应为工作基础。

霍尔器件具有许多优点，它们的结构牢固、体积小、重量轻、寿命长、安装方便、功耗小、频率高、耐振动，不怕灰尘、油污、水汽及盐雾等的污染或腐蚀。

3.4.2.1　霍尔效应

霍尔效应是物质在磁场中表现的一种特性，它是由于运动电荷在磁场中受到洛伦兹力作用而产生的结果。置于磁场中的导体或半导体，当有电流流过时，在垂直于电流与磁场方向上将产生电动势，这种现象称霍尔效应，该电动势称霍尔电动势。如图 3 - 44 所示，在垂直于外磁场 B 的方向上放置一导体或半导体片，并通以电流 I，方向如图所示。

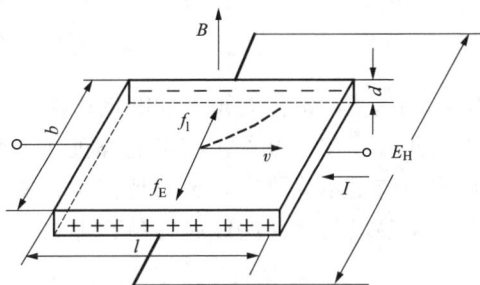

图 3 - 44　霍尔电动势示意图

电流使金属中自由电子或半导体中载流子（电子）在电场作用下做定向运动。此时，每个电子受洛伦兹力 f_L 的作用，f_L 的大小为

$$f_L = eBv \tag{3.86}$$

式中　e——电子电荷；

　　　　v——电子运动平均速度；

　　　　B——磁场的磁感应强度。

f_L 的方向在图 3 - 44 中是向内的，此时电子除了沿电流反方向作定向运动外，还在 f_L 的作用下偏转，结果使金属导电板内侧面积累电子，而外侧面失去电子而带正电，从而形成了附加内电场 E_H，称霍尔电场，该电场强度为

$$E_H = \frac{U_H}{b} \tag{3.87}$$

式中　U_H——霍尔电动势。

霍尔电场的出现，使定向运动的电子除了受洛伦兹力作用外，还受到霍尔电场力的作用，其力的大小为 eE_H，此力阻止电荷继续积累。随着内、外侧面积累电荷的增加，霍尔电场逐渐增大，电子受到的霍尔电场力也逐渐增大，当电子所受洛伦兹力与霍尔电场力大小相等方向相反时，即

$$eE_H = eBv$$

则

$$E_H = vB \qquad\qquad (3.88)$$

电荷不再向两侧面积累，达到平衡状态。

若金属导电板单位体积内电子数为 n，电子定向运动平均速度为 v，则激励电流 $I = nevbd$，即

$$v = \frac{I}{nebd} \qquad\qquad (3.89)$$

将式（3.89）代入式（3.88）得

$$E_H = \frac{IB}{nebd}$$

将上式代入式（3.87）得

$$U_H = \frac{IB}{ned}$$

令 $R_H = 1/ne$，称之为霍尔常数，其大小取决于导体载流子密度，则

$$U_H = \frac{R_H IB}{d} = K_H IB \qquad\qquad (3.90)$$

式中：$K_H = R_H/d$ 称为霍尔片的灵敏度。

由式（3.90）可见，霍尔电势正比于激励电流和磁感应强度，其灵敏度与霍尔系数 R_H 成正比而与霍尔片厚度 d 成反比。为了提高灵敏度，霍尔元件常制成薄片形状。

如果磁场与薄片法线有夹角，那么

$$U_H = K_H IB \cos\alpha \qquad\qquad (3.91)$$

由于材料的电阻率 $\rho = 1/ne\mu$，因此，霍尔系数与载流体材料的电阻率 ρ 和载流子迁移率 μ 的关系为

$$R_H = \mu\rho \qquad\qquad (3.92)$$

由式（3.92）可知，霍尔常数等于霍尔片材料的电阻率与电子迁移率 μ 的乘积。若要霍尔效应强，则希望有较大的霍尔系数 R_H，因此要求霍尔片材料有较大的电阻率和载流子迁移率。一般金属材料载流子迁移率很高，但电阻率很小；而绝缘材料电阻率极高，但载流子迁移率极低，故只有半导体材料才适于制造霍尔片。

目前，常用的霍尔元件材料有：锗、硅、砷化铟、锑化铟等半导体材料。这些材料中，N 型锗容易加工制造，其霍尔系数、温度性能和线性度都较好；N 型硅的线性度最好，其霍尔系数、温度性能同 N 型锗；锑化铟对温度最敏感，尤其在低温范围内温度系数大，但在室温时其霍尔系数较大；砷化铟的霍尔系数较小，温度系数也较小，输出特性线性度好。

3.4.2.2 霍尔元件的基本结构

霍尔元件的结构很简单，它是由霍尔片、四根引线和壳体组成的，如图 3-45（a）所示。霍尔片是一块矩形半导体单晶薄片，从其引出四根引线：1、1′两根引线加激励电压或电流，称激励电极（控制电极）；2、2′引线为霍尔输出引线，称霍尔电极。霍尔元件的壳体是用非导磁金属、陶瓷或环氧树脂封装的。在电路中，

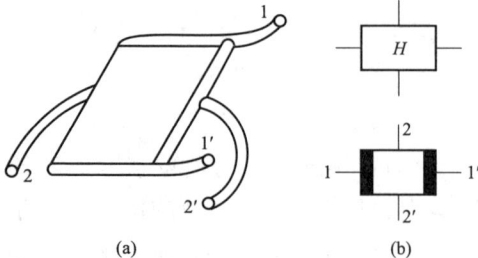

图 3-45 霍尔元件
（a）外形结构示意图；（b）图形符号
1、1′—激励电极；2、2′—霍尔电极

霍尔元件一般可用两种符号表示,如图 3-45(b)所示。

3.4.2.3 霍尔元件的基本特性

1. 额定激励电流和最大允许激励电流

当霍尔元件自身温升 10℃时,所流过的激励电流称为额定激励电流;以元件允许最大温升为限制所对应的激励电流称为最大允许激励电流。因霍尔电势随激励电流增加而线性增加,所以使用时希望选用尽可能大的激励电流,因而需要知道元件的最大允许激励电流。改善霍尔元件的散热条件,可以使激励电流增加。

2. 输入电阻和输出电阻

激励电极间的电阻值称为输入电阻。霍尔电极输出电势对电路外部来说相当于一个电压源,其电源内阻即为输出电阻。以上电阻值是在磁感应强度为零,且环境温度在 20℃±5℃时所确定的。

3. 不等位电势和不等位电阻

当霍尔元件的激励电流为 I 时,若元件所处位置磁感应强度为零,则它的霍尔电势应该为零,但实际不为零,这时测得的空载霍尔电势称为不等位电势,如图 3-46 所示。产生这一现象的原因有:

(1)霍尔电极安装位置不对称或不在同一等电位面上。

(2)半导体材料不均匀造成了电阻率不均匀或几何尺寸不均匀。

(3)激励电极接触不良造成激励电流不均匀分布等。

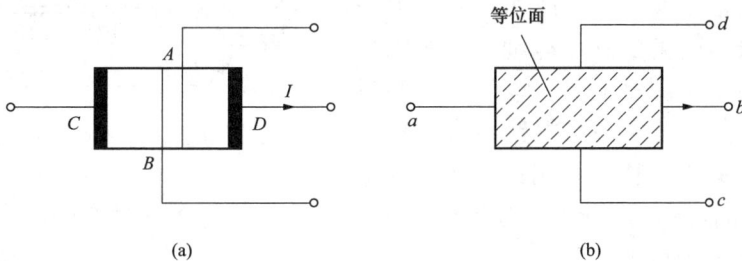

图 3-46 不等位电势示意图
(a)位置不对称;(b)等位面倾斜

不等位电势也可用不等位电阻表示,即

$$r_0 = \frac{U_0}{I} \qquad (3.93)$$

式中 U_0——不等位电势;

r_0——不等位电阻;

I——激励电流。

由式(3.93)可以看出,不等位电势就是激励电流流经不等位电阻 r_0 所产生的电压。

4. 寄生直流电势

在外加磁场为零、霍尔元件用交流激励时,霍尔电极输出除了交流不等位电势外,还有一直流电势,称为寄生直流电势。其产生的原因有:

(1)激励电极与霍尔电极接触不良,形成非欧姆接触,造成整流效果。

(2)两个霍尔电极大小不对称,则两个电极点的热容不同,散热状态不同而形成极间温差电势。

寄生直流电势一般在 1mV 以下，它是影响霍尔片温度漂移的原因之一。

5. 霍尔电势温度系数

在一定磁感应强度和激励电流下，温度每变化 1℃时，霍尔电势变化的百分率称为霍尔

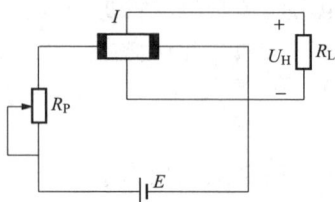

图 3-47 霍尔式传感器的
基本测量电路

电势温度系数，它同时也是霍尔系数的温度系数。

3.4.2.4 霍尔式传感器的测量电路

霍尔式传感器的基本测量电路如图 3-47 所示，电源 E 提供激励电流；可变电阻 R_P 用于调节激励电流 I 的大小；R_L 为输出霍尔电动势 U_H 的负载电阻，一般用于表征显示仪表、记录装置或放大器的输入阻抗。

3.4.3 磁敏式传感器的应用

1. 磁电式相对速度计

图 3-48 所示为动圈式振动速度传感器的结构示意图，其结构主要特点是：钢制圆形外壳，里面用铝支架将圆柱形永久磁铁与外壳固定成一体，永久磁铁中间有一小孔，穿过小孔的芯轴两端架起线圈和阻尼环，芯轴两端通过圆形膜片支撑架空且与外壳相连。

工作时，传感器与被测物体刚性连接。当物体振动时，传感器外壳和永久磁铁随之振动，而架空的芯轴、线圈和阻尼环因惯性而不随之振动。因此，磁路空气隙中的线圈切割磁力线而产生正比于振动速度的感应电动势，线圈的输出通过引线输出到测量电路。该传感器测量的是振动速度参数，若在测量电路中接入积分电路，则输出电势与位移成正比；若在测量电路中接入微分电路，则其输出与加速度成正比。

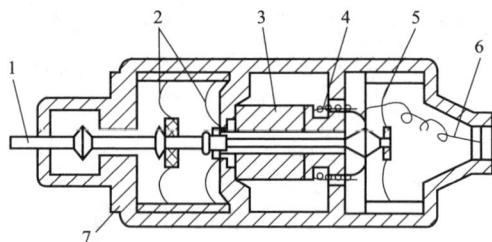

图 3-48 动圈式振动速度传感器的结构示意图
1—顶杆；2、5—弹簧片；3—磁铁；
4—线圈；6—引出线；7—外壳

2. 磁电式扭矩传感器

图 3-49 所示为磁电式扭矩传感器的工作原理图。在驱动源和负载之间的扭转轴的两侧安装有齿形圆盘，它们旁边装有相应的两个磁电传感器。

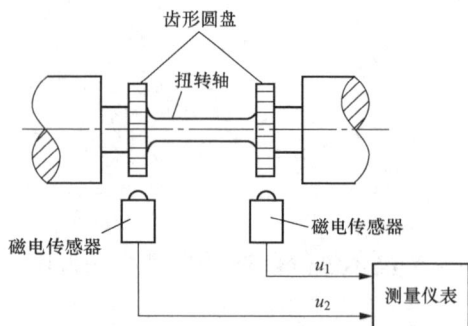

图 3-49 磁电式扭矩传感器的工作原理图

当齿形圆盘旋转时，圆盘齿凸凹引起磁路气隙的变化，于是磁通量发生变化，在线圈中感应出交流电压，其频率等于圆盘上齿数与转速的乘积。当扭矩作用在扭转轴上时，两个磁电传感器输出的感应电压 u_1 和 u_2 存在相位差，这个相位差与扭转轴的扭转角成正比。这样传感器就可以把扭矩引起的扭转角转换成相位差的电信号。

3. 霍尔式微位移传感器

霍尔元件具有结构简单、体积小、动态特性好和寿命长的优点，它不仅用于磁感应强度、有功功率及电能参数的测量，也在位移测量中得到广泛应用。图 3-50 所示为霍尔式位移传感器的工作原理图。

在极性相反、磁场强度相同的两个磁钢气隙中放入一片霍尔片，当霍尔片处于中间位置时，霍尔片同时受到大小相等、方向相反的磁通作用，则有 $B=0$，此时霍尔电动势 $U_H=0$；当霍尔片沿着 x 方向移动时，有 $B\neq0$，则霍尔电动势发生变化，为

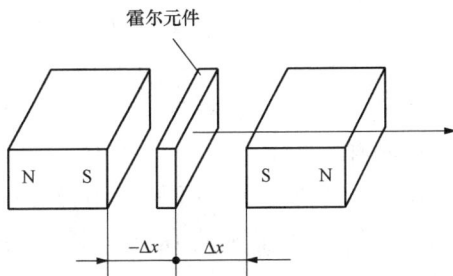

$$U_H = K_H IB = K\Delta x \qquad (3.94)$$

图 3-50　霍尔式位移传感器的工作原理图

可见，霍尔电动势与位移量 Δx 呈线性关系，并且霍尔电动势的极性还会反映霍尔片的移动方向。实践证明，磁场变化率越大，灵敏度越高。

4. 霍尔式转速传感器

图 3-51 所示为几种不同的霍尔式转速传感器。转盘的输入轴与被测转轴相连，当被测转轴转动时，转盘随之转动，固定在转盘附近的霍尔传感器便可在每一个小磁铁通过时产生一个相应的脉冲，检测出单位时间的脉冲数，便可知被测转速。根据磁性转盘上小磁铁数目多少就可确定传感器测量转速的分辨率。

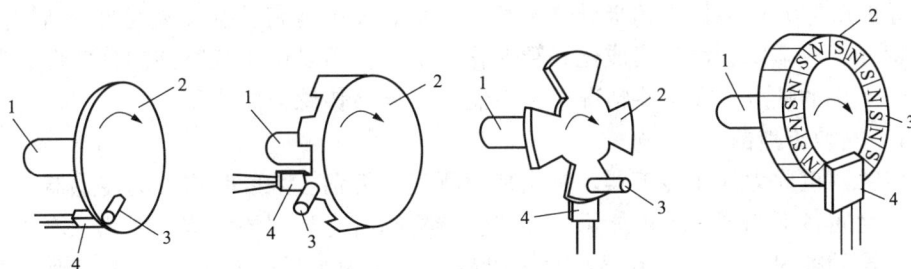

图 3-51　霍尔式转速传感器
1—输入轴；2—转盘；3—小磁铁；4—霍尔传感器

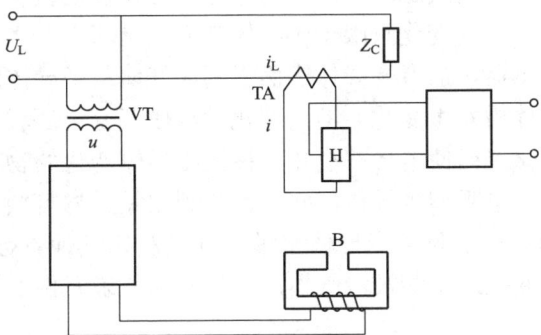

图 3-52　霍尔单相功率传感器的原理图

5. 霍尔功率传感器

图 3-52 所示为霍尔单相功率传感器的原理图。负载电流经电流互感器 TA 变换后送到霍尔元件 H 的控制端，则控制电流 I_C 正比于负载电流 i_L；负载电压经电压互感器 TV 变换后接到霍尔元件的励磁电路上，励磁线圈绕在有开口间隙的铁芯上，开口间隙处放入霍尔元件，则铁芯中的磁感应强度 B 正比于负载电压 u_L。B 与 u 之间的相位差通过阻容相位补偿网络消除，以保证 B 与电压互感器的副边电压 u 同相位。

当负载电压及电流均为交流量时，霍尔输出电压 U_H 中也含有交流成分。设电压及电流互感器的输出分别为 $u=k_u\sqrt{2}U\sin\omega t$，$i=k_i\sqrt{2}I\sin(\omega t-\varphi)$，其中 k_u、k_i 分别为互感器变比，φ 为负载功率因数角，则霍尔输出电压的瞬时值为

$$u_H = KI_CB \propto ui = k_u\sqrt{2}U\sin\omega t \cdot k_i\sqrt{2}I\sin(\omega t - \varphi)$$
$$= k_uk_iU_L\cos\varphi - k_uk_iUI\cos(2\omega t - \varphi)$$
(3.95)

可见，u_H 中的直流分量即为有功功率。因此，必须将输出电压中的二次谐波分量滤掉，才能得到有功功率。

从以上分析可知，用霍尔元件组成功率传感器，其技术难点在于：如何确保霍尔元件的磁感应强度 B 与负载电压 u_L 同相位以及如何滤掉输出电压中的交流分量而不损失直流成分。

§3.5　半 导 体 传 感 器

半导体传感器（semiconductor sensor）是利用半导体材料的各种物理、化学和生物特性，把力、热、光、磁、气、湿度、射线、离子等一些物理量、化学量和生物量的变化转换为便于处理的电信号的传感器。随着材料科学和固体物理效应的不断发现，从而制成各种半导体传感器目前已有热敏、光敏、力敏、磁敏、气敏、湿敏等多种类型的传感器，在工业控制领域和人们的日常生活中得到越来越广泛的应用。

以半导体敏感元件为核心的半导体传感器，具有灵敏度高、响应速度快、结构简单、体积小、质量轻、成本低、便于集成化和智能化的优点。但是由于其特性的分散性、温度不稳定性和易受干扰的缺点，在某些情况下又限制了半导体传感器的应用。

3.5.1　气敏传感器

气敏传感器也称为气体传感器，是用来检测气体类别、浓度和成分的传感器。由于气体种类繁多、性质各不相同，不可能用一种传感器检测所有类别的气体，因此，能实现气与电转换的传感器种类很多，气敏传感器按构成材料可分为半导体和非半导体气敏传感器两大类。目前，实际使用最多的是半导体气敏传感器。

3.5.1.1　气敏传感器分类

半导体气敏传感器是利用待测气体与半导体表面接触时，产生的电导率等物理性质变化来检测气体的。按照半导体与气体相互作用时产生的变化只限于半导体表面或是深入到半导体内部，可分为表面控制型和体控制型气敏传感器，前者半导体表面吸附的气体与半导体间发生电子接收，结果使半导体的电导率等物理性质发生变化，但内部化学组成不变；后者半导体与气体的反应，使半导体内部组成发生变化，而使电导率变化。按照半导体变化的物理特性，又可分为电阻型和非电阻型气敏传感器，电阻型半导体气敏元件是利用敏感材料接触气体时，其阻值变化来检测气体的成分或浓度；非电阻型半导体气敏元件是利用其他参数，如二极管伏安特性和场效应晶体管的阈值电压变化来检测被测气体的。半导体气敏元件的分类见表 3-1。

表 3-1　　　　　　　　　　　　　半导体气敏元件的分类

分类	主要物理特性	类型	检测气体	气敏元件
电阻型	电阻	表面控制型	可燃性气体	SnO_2、ZnO 等烧结体、薄膜、厚膜
		体控制型	酒精、可燃性气体、氧气	氧化镁、SnO_2、氧化钛（烧结体）、$T-Fe_2O_3$

续表

分类	主要物理特性	类型	检测气体	气敏元件
非电阻型	二极管整流特性	表面控制型	氢气、一氧化碳、酒精	铂—硫化镉、铂—氧化钛、（金属—半导体结型二极管）
	晶体管特性		氧气、硫化氢	铂栅、钯栅 MOS 场效应管

3.5.1.2　半导体气敏传感器的机理

半导体气敏传感器是利用气体在半导体表面的氧化和还原反应导致敏感元件阻值变化而制成的。当半导体器件被加热到稳定状态，当气体接触半导体表面而被吸附时，被吸附的分子首先在表面物性自由扩散，失去运动能量，然后一部分分子被蒸发掉，另一部分残留分子产生热分解而固定在吸附处（化学吸附）。当半导体的功函数小于吸附分子的亲和力（气体的吸附和渗透特性）时，吸附分子将从器件夺得电子而变成负离子吸附，使半导体表面呈现电荷层。如氧气等具有负离子吸附倾向的气体，它们被称为氧化型气体或电子接收性气体。如果半导体的功函数大于吸附分子的离解能，吸附分子将向器件释放出电子，而形成正离子吸附。具有正离子吸附倾向的气体有 H_2、CO、碳氢化合物和醇类，它们被称为还原型气体或电子供给性气体。

当氧化型气体吸附到 N 型半导体上，还原型气体吸附到 P 型半导体上时，半导体的载流子减少，而使其电阻值增大；当还原型气体吸附到 N 型半导体上，氧化型气体吸附到 P 型半导体上时，则载流子增多，而使半导体电阻值下降。图 3-53 反映了气体接触 N 型半导体时所产生的器件阻值变化情况。由于空气中的含氧量大体上是恒定的，因此氧的吸附量也是恒定的，器件阻值也相对固定。若气体浓度发生变化，其阻值也将变化。根据这一特性，可以从阻值的变化得知吸附气体的种类和浓度。半导体气敏时间（响应时间）一般不超过 1min。N 型材料有 SnO_2、ZnO、TiO 等，P 型材料有 CrO_3 等。

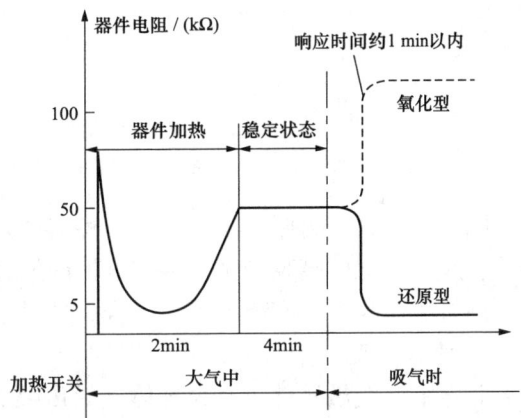

图 3-53　N 型半导体吸附气体时器件阻值变化图

3.5.1.3　半导体气敏传感器的类型及结构

1. 电阻型半导体气敏传感器

图 3-54 (a) 为烧结型气敏器件。这类器件以 SnO_2 半导体材料为基体，将铂电极和加热丝埋入 SnO_2 材料中，用加热（温度为 $700\sim900℃$）、加压的制陶工艺烧结成形。因此，被称为半导体陶瓷，简称半导瓷。半导瓷内的晶粒直径为 $1\mu m$ 左右，晶粒的大小对电阻有一定影响，但对气体检测灵敏度无很大的影响。烧结型器件制作方法简单，器件寿命长；但由于烧结不充分，器件机械强度不高，电极材料较贵重，电性能一致性较差，因此应用受到一定限制。

图 3-54 (b) 为薄膜型器件。它采用蒸发或溅射工艺，在石英基片上形成氧化物半导体薄膜（其厚度约在 100nm 以下），制作方法也很简单。实验证明，SnO_2 半导体薄膜的气敏

特性最好，但这种半导体薄膜为物理性附着，因此器件间性能差异较大。

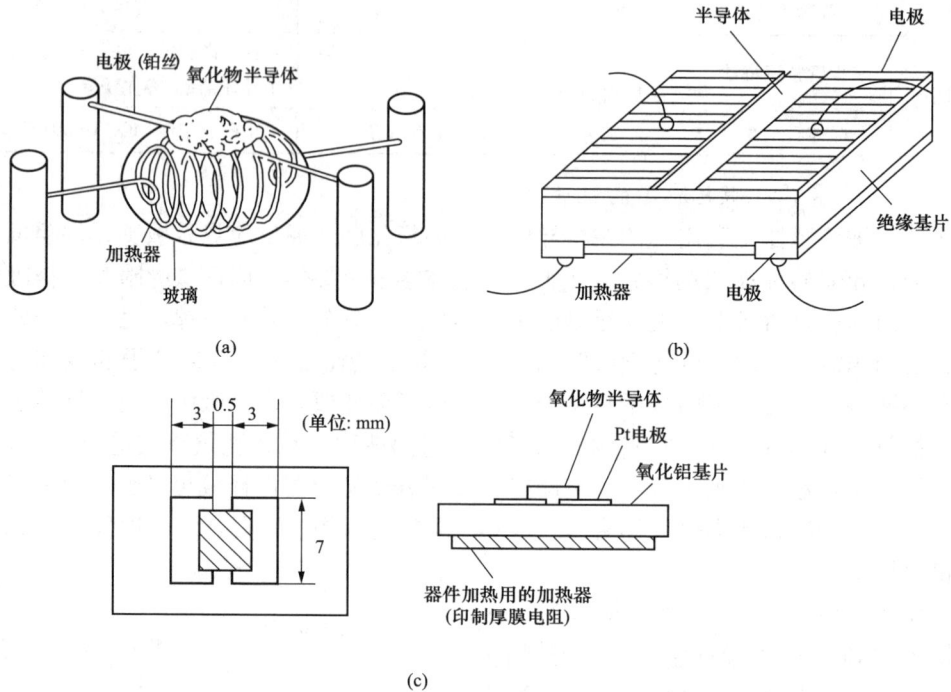

图 3 - 54　电阻型半导体气敏传感器的器件结构
(a) 烧结型气敏器件；(b) 薄膜型器件；(c) 厚膜型器件

图 3 - 54（c）为厚膜型器件。这种器件是将氧化物半导体材料与硅凝胶混合制成能印刷的厚膜胶，再把厚膜胶印刷到装有电极的绝缘基片上后，经烧结制成的。由于这种工艺制成的元件机械强度高、离散度小，适合大批量生产。

2. 非电阻型半导体气敏传感器

非电阻型气敏器件也是半导体气敏传感器之一。它是利用 MOS 二极管的电容电压特性的变化以及 MOS 场效应晶体管（MOSFET）的阈值电压的变化等物性而制成的气敏元件。由于这类器件的制造工艺成熟，便于器件集成化，所以其性能稳定且价格便宜。另外，利用特定材料还可以使器件对某些气体特别敏感。

（1）MOS 二极管气敏器件。MOS 二极管气敏元件制作过程是在 P 型半导体硅片上，利用热氧化工艺生成一层厚度为 $50\sim100nm$ 的二氧化硅（SiO_2）层，然后在其上面蒸发一层钯（Pd）的金属薄膜，作为栅电极，如图 3 - 55（a）所示。由于 SiO_2 层电容 C_a 固定不变，而 Si 和 SiO_2 界面电容 C_s 是外加电压的函数，其等效电路如图 3 - 55（b）所示，因此，总电容 C 也是栅偏压的函数。这个函数关系称为该类 MOS 二极管的 C- U 特性，如图 3 - 55（c）曲线 a 所示。由于钯对氢气（H_2）特别敏感，当钯吸附了 H_2 以后，会使钯的功函数降低，导致 MOS 管的 C- U 特性向负偏压方向平移，如图 3 - 55（c）中曲线 b 所示。根据这一特性就可以测定 H_2 的浓度。

（2）MOS 场效应晶体管气敏器件。钯 - MOS 场效应晶体管（Pd - MOSFET）的结构，如图 3 - 56 所示。由于 Pd 对 H_2 很强的吸附性，当 H_2 吸附在 Pd 栅极上时，会引起 Pd 的功

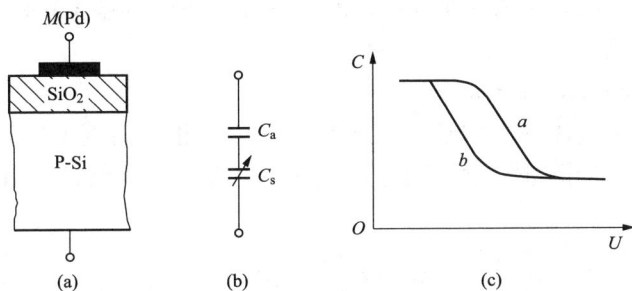

图 3 - 55 MOS 二极管结构和等效电路
(a) 结构;(b) 等效电路;(c) *C - U* 特性

函数降低。由 MOSFET 工作原理可知,当栅极(G)、源极(S)之间加正向偏压 U_{GS},且 $U_{GS} > U_T$(阈值电压)时,栅极氧化层下面的硅从 P 型变为 N 型。这个 N 型区就将源极和漏极连接起来,形成导电通道,即为 N 型沟道,MOSFET 进入工作状态。若此时,在源(S)、漏(D) 极之间加电压 U_{DS},则源极和漏极之间有电流(I_{DS})流通。I_{SD} 随 U_{DS} 和 U_{GS} 的大小而变化,其变化规律即为 MOSFET 的伏安特性。当 $U_{GS} < U_T$ 时,MOSFET 的沟道未形成,故无漏源电流。U_T 的大小除了与衬底材料的性质有关外,还与金属和半导体之间的功函数有关。Pd - MOSFET 气敏器件就是

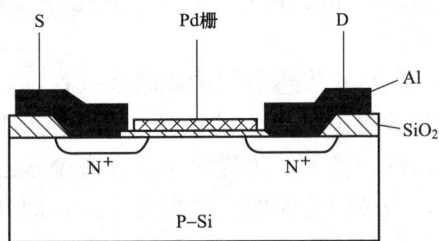

图 3 - 56 钯 - MOS 场效应晶体管的结构

利用 H_2 在钯栅极上吸附后引起阈值电压 U_T 下降这一特性来检测 H_2 浓度的。

3.5.2 湿敏传感器

湿敏传感器由湿敏元件和转换电路等组成,能感受外界湿度(通常将空气或其他气体中的水分含量称为湿度)变化,并通过器件材料的物理或化学性质变化,将环境湿度变换为电信号的装置。20 世纪 50 年代,人们研究出了氯化锂湿敏电阻,近年来又制成了半导瓷湿敏电阻。

3.5.2.1 湿度表示法

湿度是空气中所含有水蒸气的量,表明大气的干、湿程度,常用绝对湿度和相对湿度表示。

1. 绝对湿度(absolute humidity)

绝对湿度是在一定的温度及压力下,每单位体积的混合气体中所含水蒸气的质量,一般用符号 *AH* 表示,其定义为

$$AH = \frac{m_V}{V} \tag{3.96}$$

式中 m_V——待测空气中的水蒸气含量;

V——待测空气的总体积。

在实际生活中,许多与湿度有关的现象,如水分蒸发的快慢、人体的自我感觉、植物的枯萎等,并不直接与空气的水汽气压有关,而是与空气中的水汽分压和同温度下水的饱和水汽压之间的差值有关。如果这一差值过小,人们就感到空气过于潮湿;差值过大会使人们感

到空气干燥。因此，有必要引入一个与空气的水汽分压和在同温度下的水的饱和水汽压有关的物理量——相对湿度。

2. 相对湿度（Relative Humidity）

相对湿度是指被测气体中的水蒸气气压和该气体在相同温度下饱和水蒸气气压的百分比。相对湿度给出大气的潮湿程度，因此，它是一个无量纲的值，一般用符号%RH 表示，其表达式为

$$RH = \frac{P_v}{P_w} \times 100\% \tag{3.97}$$

式中　P_v——温度 T 时的水蒸气分压；

　　　P_w——待测空气在同温度 T 下的饱和水蒸气气压。

3.5.2.2　氯化锂湿敏电阻

氯化锂湿敏电阻是典型的电解质湿敏元件，利用吸湿性盐类潮解，离子电导率发生变化而制成的测湿元件。典型的氯化锂湿敏传感器有登莫式和浸渍式传感器两种，如图 3-57 所示。

登莫式传感器结构如图 3-57（a）所示，A 为涂有聚苯乙烯薄膜的圆管，B 为用聚苯乙烯醋酸覆盖在 A 上的钯丝。登莫式传感器是用两根钯丝作为电极，按相等间距平行绕在聚苯乙烯圆管上，再浸涂一层含有聚苯乙烯醋酸脂（PVAC）和氯化锂（LiCl）水溶液的混合液，当被涂溶液的溶剂挥发干后，即凝聚成一层可随环境湿度变化的感湿均匀薄膜，然后，在一定的温度（20~50℃）和相对湿度（20%RH~90%RH）下，经过 7~15 大老化处理后制成的。

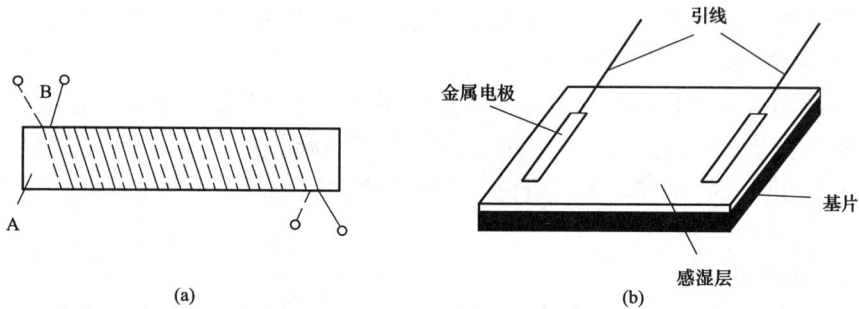

图 3-57　典型的氯化锂湿敏传感器
（a）登莫式；（b）浸渍式

浸渍式传感器结构如图 3-57（b）所示，由引线、基片、感湿层和金属电极组成。它是在基片材料上直接浸渍氯化锂溶液构成的，其浸渍基片材料为天然树皮。浸渍式传感器结构与登莫式传感器不同，部分地避免了高温下所产生的湿敏膜的误差。由于它采用了面积大的基片材料，并直接在基片材料上浸渍氯化锂溶液，因此具有小型化的特点，适用于微小空间的湿度检测。

在氯化锂的溶液中，Li 和 Cl 均以正、负离子的形式存在，而 Li^+ 对水分子吸引力强，离子水合程度高，其溶液中的离子导电能力与浓度成正比。当溶液置于一定温度的环境中，若环境的相对湿度高，溶液将吸收水分，使浓度降低，其溶液电阻率增高；反之，环境的相对湿度低，则溶液浓度高，其电阻率下降。因此，氯化锂湿敏电阻的阻值将随环境相对湿度

的改变而变化，从而实现湿度的测量。

氯化锂湿敏元件的优点是滞后小，不受测试环境风速的影响，检测精度一般可达到 $\pm 5\%$。但是，单片氯化锂湿敏传感器测湿范围窄，而多片组合体积大、成本高、不抗污染、怕结露、耐热性差，难于在高湿或低湿的环境中使用，工作温度不高、寿命短、响应时间较慢，且电源必须用交流，以避免出现极化。

3.5.2.3　半导体陶瓷湿敏电阻

半导体陶瓷湿敏电阻是一种电阻型的传感器，根据微粒堆集体或多孔状陶瓷体的感湿材料吸附水分可使电导率改变这一原理检测湿度。由于具有使用寿命长、可在恶劣条件下工作、响应时间短、测量精度高、测温范围宽（常温湿敏传感器的工作温度在 $150℃$ 以下，高温湿敏传感器的工作温度可达 $800℃$）、工艺简单、成本低廉等优点，所以是目前应用较为广泛的湿敏传感器。

制作半导体陶瓷湿敏电阻的材料主要是不同类型的金属氧化物。这些材料有 $MgCr_2O_4$-TiO_2 系、ZnO-Li_2O-V_2O_5 系、Si-Na_2O-V_2O_5 系、Fe_3O_4 系等。有些半导体陶瓷材料的电阻率随湿度增加而下降，称为负特性湿敏半导体陶瓷；还有一类半导体陶瓷材料的电阻率随湿度增大而增大，称为正特性湿敏半导体陶瓷。

半导体陶瓷湿敏电阻按其结构可以分为烧结型和涂覆膜型湿敏电阻两大类。

1. 烧结型湿敏电阻

烧结型湿敏电阻感湿体为 $MgCr_2O_4$-TiO_2 系多孔陶瓷，利用它制得的湿敏元件，具有使用范围宽、湿度温度系数小、响应时间短，对其进行多次加热清洗后性能仍较稳定等优点。

$MgCr_2O_4$-TiO_2 材料表面的电阻率能在很宽的范围内随着湿度变化，是负特性半导体陶瓷，随着相对湿度的增加，电阻值基本按指数规律急剧下降。由于陶瓷的化学稳定性好、耐高温、多孔陶瓷的表面积大、易于吸湿和去湿，因此湿敏电阻的响应时间可以小至几秒。

这种陶瓷湿敏传感器的不足之处是性能还不够稳定，需要加热清洗，这又加速了敏感陶瓷的老化，对湿度不能进行连续测量。

2. 涂覆膜型 Fe_3O_4 湿敏器件

除了烧结型陶瓷外，还有一种由金属氧化物通过堆积、黏结或直接在氧化金属基片上形成感湿膜的湿敏元件，称为涂覆膜型湿敏器件，其中比较典型且性能较好的是 Fe_3O_4 湿敏器件。

Fe_3O_4 湿敏器件是一种体效应器件，当环境湿度发生变化时，水分子要在数十微米厚的感湿膜体内充分扩散，才能与环境湿度达到新的平衡。这一扩散和平衡过程需时较长，使器件响应缓慢，并且由于吸湿和脱湿过程中响应速度有差别，器件具有较明显的迟滞效应，高湿时的滞后效应比低湿时大。

Fe_3O_4 湿敏器件可以利用单片器件进行宽量程测量，重复性、一致性较好，在高温环境中也较稳定，有较强的抗结露能力，而且工艺简单、价格便宜、在受少量醇、酮、酯等气体污染及尘埃较多的环境中也能使用。

3.5.3　色敏传感器

色敏传感器式是基于半导体的内光电效应，将光电信号变为电信号的光辐射探测器件，它可以直接用来测量从可见光到近红外光波段内单色辐射光波，是近年来出现的一种新型光敏器件，已被广泛地用于色标判别、产品涂料调色、彩色码读入、几何形状检测和表面质量检查等。

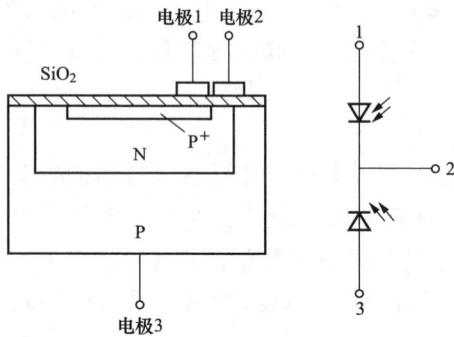

图 3-58　半导体色敏传感器
结构及等效电路

3.5.3.1　半导体色敏传感器的基本原理

半导体色敏传感器相当于两只结构不同的光电二极管的组合，故又称光电双结二极管，其结构及等效电路如图 3-58 所示。为了说明色敏传感器的工作原理，有必要了解光电二极管的工作机理。

1. 光电二极管的工作原理

对于用半导体硅制造的光电二极管，在受光照射时，若入射光子的能量 $h\upsilon$ 大于硅的禁带宽度 E_g，则光子就激发价带中的电子跃迁到导带而产生一对电子—空穴。这些由光子激发而产生的电子—空穴统称为光生载流子。光电二极管的基本部分是一个 PN 结，产生的光生载流子只要能扩散到势垒区的边界，其中少数载流子（专指 P 区中的电子和 N 区的空穴）就受势垒区强电场的吸引而被拉向对面区域，这部分少数载流子对电流做出贡献。多数载流子（P 区中的空穴或 N 区中的电子）则受势垒区电场的排斥而留在势垒区的边缘。在势垒区内产生的光生电子和光生空穴，则分别被电场扫向 N 区和 P 区，它们对电流也有贡献。

用能带图来表示上述过程，如图 3-59（a）所示。E_c 表示导带底能量；E_v 表示价带顶能量；"o"表示带正电荷的空穴；"·"表示电子；I_L 表示光电流，它由势垒区两边能运动到势垒边缘的少数载流子和势垒区中产生的电子—空穴对构成，其方向是由 N 区流向 P 区，即与无光照射 PN 结的反向饱和电流方向相同。

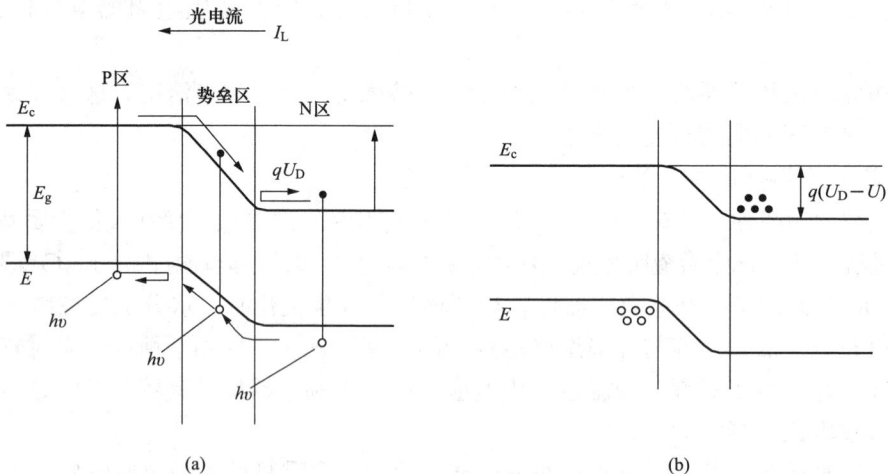

图 3-59　光照下的 PN 结
（a）光生电子和空穴的运动，光电流产生；（b）外电路开路，光生电压出现

当 PN 结外电路短路时，这个光电流将全部流过短接回路，即从 P 区和势垒区流入 N 区的光生电子将通过外短接回路全部流到 P 区电极处，与 P 区流出的光生空穴复合。因此，

短接时，外回路中的电流是 I_L，其方向由 P 端经外接回路流向 N 端。这时，PN 结中的载流子浓度保持平衡值，势垒高度，图 3-59（a）中的 qU_D 也无变化。

当 PN 结开路或接有负载时，势垒区电场收集的光生载流子便要在势垒区两边积累，从而使 P 区电位升高，N 区电位降低，造成一个光生电动势，如图 3-59（b）所示。该电动势使原 PN 结的势垒高度下降为 $q(U_D-U)$，其中 U 为光生电动势。它相当于在 PN 结上加了正向偏压，只不过这是由光照形成，而不是电源提供的，称为光生电压，这种现象就是光生伏特效应。

光在半导体中传播时的衰减是由于价带电子吸收光子而从价带跃迁到导带的结果，这种吸收光子的过程称为本征吸收。硅的本征吸收系数随入射光波长变化的曲线如图 3-60 所示。由图 3-60 可见，在红外部分吸收系数小，紫外部分吸收系数大。这就表明，波长短的光子衰减快，穿透深度较浅，而波长长的光子则能进入硅的较深区域。

对于光电器件而言，还常用量子效率来表征光生电子流与入射光子流的比值大小。它的物理意义是指单位时间内每入射一个光子所引起的流动电子数。根据理论计算可以得到，P 区在不同结深时量子效率随波长变化的曲线如图 3-61 所示，x_j 表示结深。浅的 PN 结有较好的蓝紫光灵敏度，深的 PN 结则有利于红外灵敏度的提高，半导体色敏器件正是利用了这一特性制成。

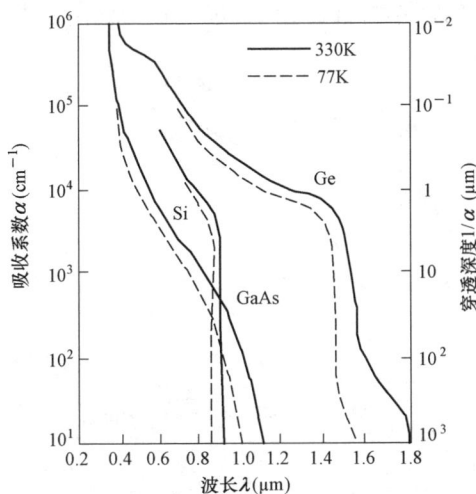

图 3-60 硅的本征吸收系数随波长变化的曲线　　　图 3-61 量子效率随波长变化的曲线

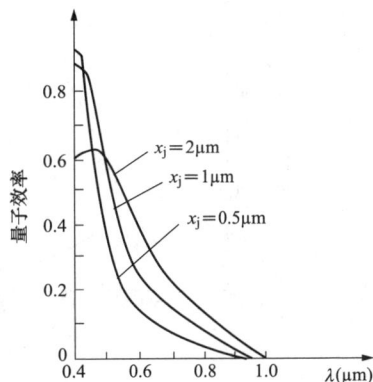

2. 半导体色敏传感器工作原理

在图 3-58 中所表示的 P^+-N-P 不是晶体管，而是结深不同的两个 PN 结二极管，浅结的二极管是 P^+N 结；深结的二极管是 PN 结。当有入射光照射时，P^+、N、P 三个区域及其间的势垒区中都有光子吸收，但效果不同。如上所述，紫外光部分吸收系数大，经过很短距离已基本吸收完毕，而红外部分吸收系数较小，这类波长的光子则主要在深结区被吸收。因此，浅结的光电二极管对紫外光的灵敏度高，深结的那只光电二极管对红外光的灵敏度较高。

这就是说，在半导体中不同的区域对不同的波长具有不同的灵敏度。这一特性给我们提供了将这种器件用于颜色识别的可能性，也就是可以用来测量入射光的波长。将两只结深不同的光电二极管组合，就构成了可以测定波长的半导体色敏传感器。在具体应用时，应先对该色敏器件进行标定。然后，测定不同波长的光照射下该器件中两只光电二极管短路电流的比值 I_{SD2}/I_{SD1}。I_{SD1}是浅结二极管的短路电流，它在短波区较大；I_{SD2}是深结二极管的短路电流，它在长波区较大，因此二者的比值与入射单色光波长的关系就可以确定。根据标定的曲线，实测出某一单色光时的短路电流比值，即可确定该单色光的波长。

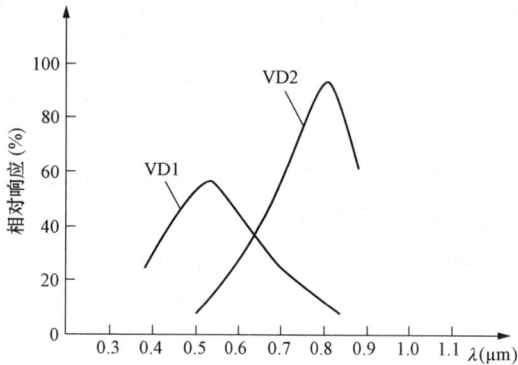

图 3-62   硅色敏管中 VD1 和 VD2 的光谱响应曲线

图 3-62 表示了不同结深二极管的光谱响应曲线。VD1 代表浅结二极管，VD2 代表深结二极管。

3.5.3.2 半导体色敏传感器的基本特征

1. 光谱特性

半导体色敏器件的光谱特性是表示它所能检测的波长范围，不同型号之间略有差别。图 3-63（a）给出了国产 CS-1 型半导体色敏器件的光谱特性，其波长范围是 400~1000nm。

2. 短路电流比—波长特性

短路电流比—波长特性是表征半导体色敏器件对波长的识别能力，是赖以确定被测波长的基本特性。图 3-63（b）表示上述 CS-1 型半导体色敏器件的短路电流比—波长特性曲线。

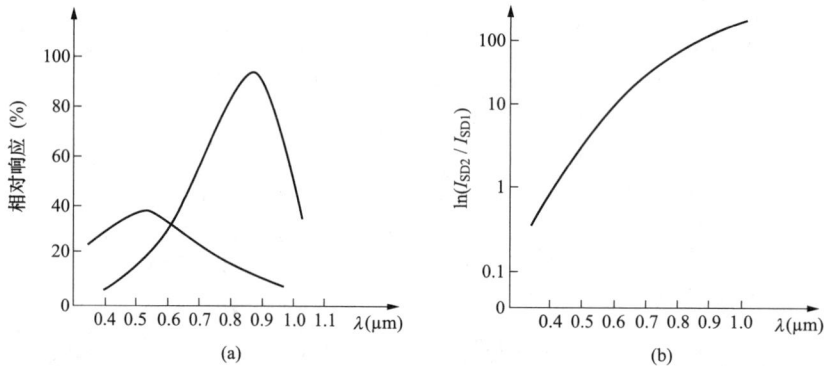

图 3-63   半导体色敏器件特性
（a）光谱特性；（b）短路电流比—波长特性

3. 温度特性

由于半导体色敏器件测定的是两只光电二极管短路电流之比，而这两只光电二极管是做在同一块材料上的，具有相同的温度系数，这种内部补偿作用使半导体色敏器件的短路电流比对温度不十分敏感，因此通常可不考虑温度的影响。

3.5.4 光敏式传感器

光敏式传感器是最常见的传感器之一，它的种类繁多，主要有：光电管、光电倍增管、光敏电阻、光敏三极管、太阳能电池、红外线传感器、紫外线传感器、光纤式光电传感器、色彩传感器、CCD 和 CMOS 图像传感器等。光传感器是目前产量最多、应用最广的传感器之一，它在自动控制和非电量电测技术中占有非常重要的地位。最简单的光敏传感器是光敏电阻，当光子冲击接合处就会产生电流。光敏电阻的实物图如图 3 - 64 所示。

1. 光敏式传感器工作原理

光敏电阻器又称光感电阻，其工作原理是基于内光电效应。光敏传感器内装有一个高精度的光电管，光电管内有一块由"针式二管"组成的小平板，当向光电管两端施加一个反向的固定压时，任何光子对它的冲击都将导致其释放出电子，结果是，当光照强度越高，光电管的电流也就越大，电流通过一个电阻时，电阻两端的电压被转换成可被采集器的数模转换器接受的 0～5V 电压，然后采集器以适当的形式把结果保存下来。其原理图如图 3 - 65 所示。简单地说，光敏传感器就是利用光敏电阻受光线强度影响而阻值发生变化的原理向主机发送光线强度的模拟信号。

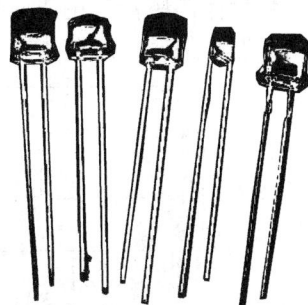

图 3 - 64　光敏电阻实物图

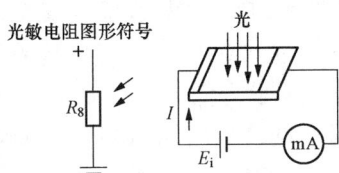

图 3 - 65　光敏式传感器原理图

光敏电阻是利用半导体的光电效应制成的一种电阻值随入射光的强弱而改变的电阻器；入射光强，电阻减小，入射光弱，电阻增大。光敏电阻器一般用于光的测量、光的控制和光电转换（将光的变化转换为电的变化）。

光敏传感器是利用光敏元件将光信号转换为电信号的传感器，它的敏感波长在可见光波长附近，包括红外线波长和紫外线波长。光传感器不只局限于对光的探测，它还可以作为探测元件组成其他传感器，对许多非电量进行检测，只要将这些非电量转换为光信号的变化即可。一般其光谱范围：从紫外线区到红外线区。并具备灵敏度高、体积小、性能稳定、价格较低等优点。

光敏电阻不受光照时的电阻称为暗电阻，此时流过的电流称为暗电流。在受到光照时的电阻称为亮电阻，此时电流称为亮电流。暗电阻越大越好，亮电阻越小越好。实际应用时，暗电阻大约在兆欧级，亮电阻大约在几千欧以下。其伏安特性如下：

（1）所加电压 U 越大，光电流 I 也越大，且无饱和现象。

（2）在给定的光照下，U - I 曲线是一直线，说明电阻值与外加电压无关。

（3）在给定的电压下，光电流的数值将随光照的增强而增强。

2. 光敏式传感器的应用

光敏式传感器主要应用于太阳能草坪灯、光控小夜灯、照相机、监控器、光控玩具、声光控开关、摄像头、防盗钱包、光控音乐盒、生日音乐蜡烛、音乐杯、人体感应灯、人体感应开关等电子产品光自动控制领域。

光敏传感器中最简单的电子器件是光敏电阻（伏安特性如图 3 - 66 所示），它能感应光线的明暗变化，输出微弱的电信号，通过简单电子线路放大处理，可以控制 LED 灯具的自动开关。因此在自动控制、家用电器中得

图 3 - 66　光敏式传感器的伏安特性

到广泛的应用。例如：在电视机中作亮度自动调节，照相机作自动曝光等；另外，在路灯、航标等自动控制电路、卷带自停装置及防盗报警装置中有应用。

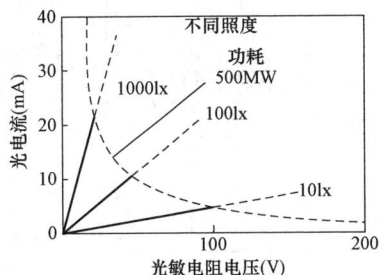

3.5.5 半导体传感器应用

半导体传感器的主要应用领域是工业自动化、遥测、工业机器人、家用电器、环境污染监测、医疗保健、医药工程和生物工程等。

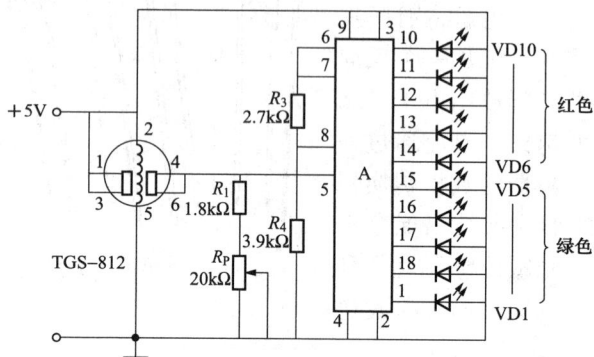

图 3-67 酒精测试仪电路

1. 酒精测试仪

图 3-67 所示为酒精测试仪电路，气体传感器选用 TGS-812。A 为显示驱动电路，其输出端连接发光二极管，它共有 10 个输出端，每个输出端可以驱动一个发光二极管，显示驱动电路 A 根据第 5 脚电压高低来确定依次点亮发光二极管的级数，酒精含量越高则点亮二极管的级数越大。上面 5 个发光二极管为红色，表示超过安全水平；下面 5 个发光二极管为绿色，代表安全水平，酒精含量不超过 0.05%。当气体传感器 TGS-812 探测不到酒精时，其 1、4 间电阻较大，使 A 的第 5 脚电平为低电平，A 不工作，发光二极管不亮；当气体传感器探测到酒精时，其 1、4 间电阻变低，从而使 A 的第 5 脚电平变高，推动 A 工作，驱动发光二极管点亮；酒精含量越高，则 TGS-812 的内阻阻值越小，A 脚的电平越高，依次点亮发光二极管就多。TGS-812 的 2 和 5 脚是加热丝，加热可以去除附着在敏感元件表面的尘垢、油污，加速气体的吸附，提高器件的灵敏度和响应速度。R_P 的作用是为了调节 5 脚的电压，使 5 脚在进行气体探测前处于低电平状态。

2. 直读式湿度计

图 3-68 所示为直读式湿度计电路，其中 RH 为氯化锂湿度传感器。由 V1、V2、T1 等组成测湿电桥的电源，其振荡频率为 250～1000Hz。电桥输出经变压器 T2，C_3 耦合到 V3，经 V3 放大后的信号，由 VD1～VD4 桥式整流后，输入给微安表，指示出由于相对湿度的变化引起电流的改变，经标定把湿度刻画在微安表盘上，就成为一个简单而实用的直读式湿度计了。

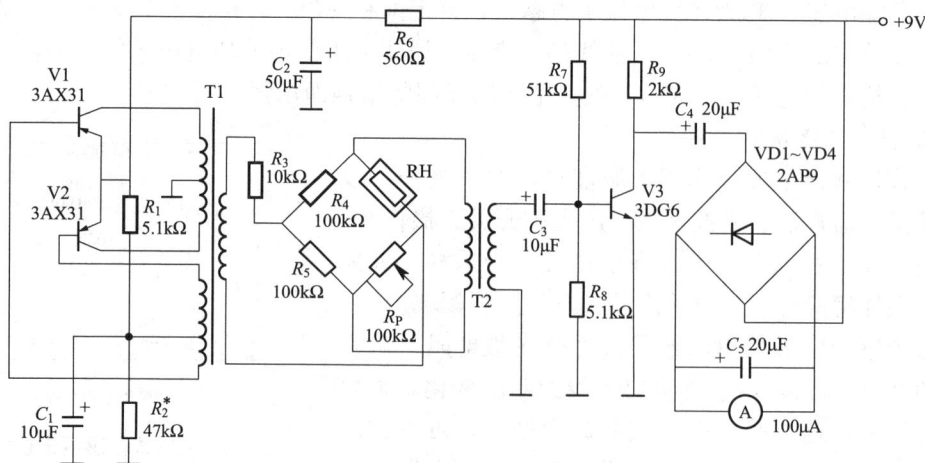

图 3-68 直读式湿度计电路

3. 彩色信号处理电路

图 3 - 69 所示为检测光波长（即颜色）处理电路。它由色敏半导体传感器、两路对数放大器电路及运算放大器 OP3 构成。

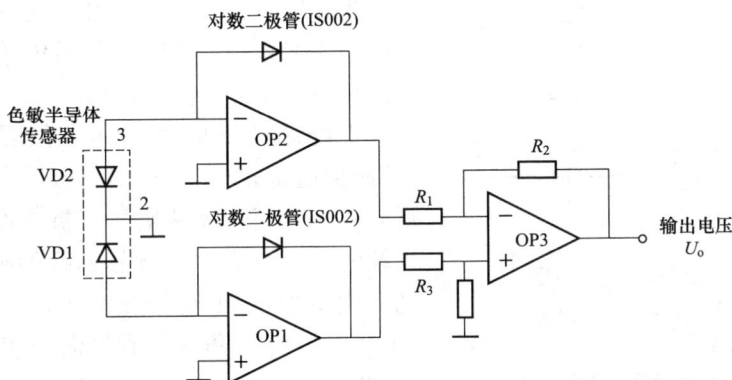

图 3 - 69　检测光波长（即颜色）处理电路

要识别色彩，必须获得两只光电二极管的短路电流比。故采用对数放大器电路，在电流较小的时候，二极管两端加上的电压和流过电流之间存在近似对数关系，即 OP1、OP2 输出分别跟 $\ln I_{SD1}$、$\ln I_{SD2}$ 成比例，OP3 输出它们的差。则输出为

$$U_{\circ} = C(\ln I_{SD2} - \ln I_{SD1}) = C\ln\left(\frac{I_{SD2}}{I_{SD2}}\right) \tag{3.98}$$

其正比于短路电流比 I_{SD2}/I_{SD1} 的对数，其中 C 为比例常数。将电路输出电压经 A/D 变换、处理后即可判断出与电平相对应的波长（即颜色）。

§3.6　光纤传感器

光纤传感器（optical fiber sensor）是近年来随着光导纤维技术的发展而出现的一种新型传感器。光纤传感器以光作为信息的载体，它与以电作为信息载体的传感器相比具有许多固有的优点。例如：

（1）传输光的媒体光纤是由石英玻璃等绝缘材料制作，具有良好的电绝缘性和抗电磁干扰性，适用于强电系统的测试。

（2）光纤信息传输损耗低，具有极高的灵敏度，适用于精密测量和遥测技术。

（3）光纤可以任意弯曲，柔性极好，适用于探测其他传感器无法测试的地方。

（4）光纤耐水浸、耐腐蚀、耐高温等，环境适应性好，有利于在核电工业、航天器械、医疗器械、石油化工等特殊环境下使用。

目前已研制出多种光纤传感器，可用于位移、速度、加速度、液位、压力、流量、振动、水声、温度、电压、电流、磁场、核辐射等方面的测量。

3.6.1　光纤结构及导光原理

1. 光纤结构

光纤的结构示意图如图 3 - 70 所示，光纤呈圆柱形，它通常由玻璃纤维芯（纤芯）、玻璃包皮（包层）两个向心圆柱的双层结构组成。

纤芯位于光纤的中心部位，光主要在这里传输；纤芯折射率比包层折射率略大些，两层之间形成良好的光学界面，光线在这个界面上反射传播。

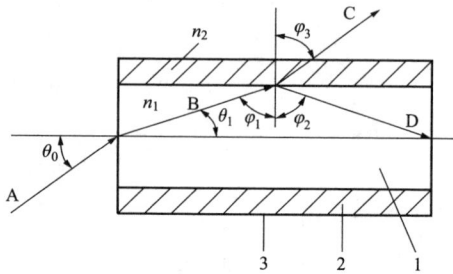

图 3-70　光纤的结构示意图
1—纤芯；2—包层；3—外护套

2. 光纤导光原理及数值孔径

光在空间是直线传播的。在光纤中，光的传输限制于光纤中，并随光纤能传送到很远的距离，光的传输基于光的全内反射。

设纤芯的折射率为 n_1，包层的折射率为 n_2（其典型值是 $n_1=1.46 \sim 1.51$，$n_2=1.44 \sim 1.50$），且 $n_1 > n_2$。当光线从空气（折射率为 n_0）中射入光纤的一个端面，并与其轴线的夹角为 θ_0，则在光纤内折射成角 θ_1 的光线 B，然后光线 B 以 φ_1（$\varphi_1 = 90° - \theta_1$）角入射到纤芯与包层的交界面上。由于纤芯与包层的折射率不等（即 $n_1 \neq n_2$），光线 B 的一部分光被反射，成为反射光 D；另一部分光折射成为折射光 C。这时入射光线与折射光线应满足

$$n_1 \sin\varphi_1 = n_2 \sin\varphi_3 \tag{3.99}$$

由于 $n_1 > n_2$，当 φ_1 为某值时，可使 $\varphi_2 = 90°$，即折射光沿界面传播，此现象称为全反射。使 $\varphi_3 = 90°$ 的 φ_1 角称为临界角，以 φ_0 表示。由式（3.99）可知（因 $\sin\varphi_2 = 1$），其临界角为

$$\varphi_1 = \varphi_0 = \arcsin\frac{n_2}{n_1} \tag{3.100}$$

若继续加大入射角 φ_1，（即 $\varphi_1 \geqslant \varphi_0$），光不再产生折射，而形成了光的全反射，光线被限制在纤芯中传播，即

$$\varphi_1 \geqslant \varphi_0 = \arcsin\frac{n_2}{n_1} \tag{3.101}$$

为满足光在光纤内的全反射，光入射到光纤端面的临界入射角 θ_c 应满足

$$n_1 \sin\theta_1 = n_1 \sin\left(\frac{\pi}{2} - \varphi_0\right) = n_1 \cos\varphi_0 = n_1 \sqrt{1 - \sin^2\varphi_0} = \sqrt{n_1^2 - n_n^2}$$

所以

$$n_0 \sin\theta_c = \sqrt{n_1^2 - n_2^2} \tag{3.102}$$

实际工作时需要光纤弯曲，但只要满足全反射条件，光线仍继续前进。可见这里的光线"转弯"实际上是由光的全反射形成的。

一般光纤所处环境为空气，则 $n_0 = 1$，由式（3.102）得

$$\sin\theta_c = \sqrt{n_1^2 - n_2^2} \tag{3.103}$$

这样在界面上产生全反射，在光纤端面上的光线入射角为

$$\theta_0 \leqslant \theta_c = \arcsin\sqrt{n_1^2 - n_2^2} \tag{3.104}$$

纤维光学中把式（3.103）中 $\sin\theta_c$ 定义为"数值孔径"NA。数值孔径反映纤芯接收光的入射角范围，其意义是：无论光源发射功率有多大，只有入射光处于 $2\theta_0$ 的光锥内，光纤才能导光。纤芯与包层的折射率差值越大，数值孔径就越大，光纤的集光能力越强。

以上讨论光纤的传光原理时，忽略了光在传播过程中的各项损耗。实际上入射于光纤中的光，存在有损耗（如费涅耳反射损耗、光吸收损耗、全反射损耗、弯曲损耗等），其中一部分光在传播途中就损失了，因此光纤不可能百分之百地将入射光的能量传播出去。

3.6.2　光纤传感器及其分类

3.6.2.1　光纤传感器的结构原理

我们之前讲到的以电为基础的传统传感器是一种把被测量的状态转变为可测的电信号的装置；光纤传感器则是一种把被测量的状态转变为可测的光信号的装置。它由光发送器、敏感元件（光纤或非光纤的）、光接收器、信号处理系统以及光纤构成。光发送器发出的光经光纤引导至敏感元件，光的某一性质受到被测量的调制，然后已调光经接收光纤耦合到光接收器，使光信号变为电信号，最后经信号处理系统得到我们所期待的被测量。

从本质上分析，光就是一种电磁波，其波长范围从极远红外的 1nm 到极远紫外线的 10nm。电磁波的物理作用和生物化学作用主要因其中的电场引起的。因此，在讨论光的敏感测量时必须考虑电矢量 E 的振动。通常用下式表示

$$E = A\sin(\omega t + \varphi) \tag{3.105}$$

式中　A——电场 E 的振幅矢量；

　　　ω——光波的振动频率；

　　　φ——光相位；

　　　t——光的传播时间。

可见，只要使光的强度、偏振态、频率和相位等参量之一随被测量状态的变化而变化，或者说受被测量调制，那么，就有可能通过对光的强度调制、偏振调制和相位调制等进行解调，获得所需要的被测量的信息。

3.6.2.2　光纤传感器的分类

光纤传感器根据光纤在传感器中的作用一般分为传感型（或称功能型）和传光型（或称非功能型）传感器两大类。

1. 功能型光纤传感器

功能型光纤传感器是利用对外界信息具有敏感能力和检测能力的光纤（或特殊光纤）作传感元件，将"传"和"感"合为一体的传感器。光纤不仅起传光作用，而且还利用光纤在外界因素（弯曲、相变）的作用下，其光学特性（光强、相位、偏振态等）的变化来实现"传"和"感"的功能。因此，传感器中光纤是连续的。另外，由于光纤连续，增加其长度，可提高灵敏度。

2. 非功能型光纤传感器

光纤仅起导光作用，只"传"不"感"，对外界信息的"感觉"功能依靠其他物理性质的功能元件完成。此类光纤传感器无须特殊光纤及其他特殊技术，比较容易实现，成本低，但灵敏度也较低，用于对灵敏度要求不太高的场合。

光纤传感器根据光受被测对象的调制形式，又可分为强度调制型、偏振调制、频率调制、相位调制。

（1）强度调制型光纤传感器。强度调制型光纤传感器是一种利用被测对象的变化引起敏感元件的折射率、吸收或反射等参数的变化，而导致光强度变化来实现敏感测量的传感器。

有利用光纤的微弯损耗；各物质的吸收特性；振动膜或液晶的反射光强度的变化；物质因各种粒子射线或化学、机械的激励而发光的现象；以及物质的荧光辐射或光路的遮断等来制成压力、振动、温度、位移、气体等各种强度调制型光纤传感器。

（2）偏振调制光纤传感器。偏振调制光纤传感器是一种利用光偏振态变化来传递被测对象信息的传感器。有利用光在磁场中媒质内传播的法拉第效应做成的电流、磁场传感器；利用光在电场中的压电晶体内传播的泡尔效应做成的电场、电压传感器；利用物质的光弹效应制成的压力、振动或声传感器；以及利用光纤的双折射性制成温度、压力、振动等传感器。这类传感器可以避免光源强度变化的影响，因此灵敏度高。

（3）频率调制光纤传感器。频率调制光纤传感器是一种利用单色光射到被测物体上反射回来的光的频率发生变化来进行监测的传感器。有利用运动物体反射光和散射光的多普勒效应的光纤速度、流速、振动、压力、加速度传感器；利用物质受强光照射时的喇曼散射制成的测量气体浓度或监测大气污染的气体传感器；以及利用光致发光的温度传感器等。

（4）相位调制光纤传感器。相位调制光纤传感器的基本原理是利用被测对象对敏感元件的作用，使敏感元件的折射率或传播常数发生变化，而导致光的相位变化，使两束单色光所产生的干涉条纹发生变化，通过检测干涉条纹的变化量来确定光的相位变化量，进而得到被测对象的信息。通常有利用光弹效应的声、压力或振动传感器；利用磁致伸缩效应的电流、磁场传感器；利用电致伸缩的电场、电压传感器，以及利用光纤赛格纳克（Sagnac）效应的旋转角速度传感器（光纤陀螺）等。这类传感器的灵敏度很高。但由于须用特殊光纤及高精度检测系统，因此成本高。

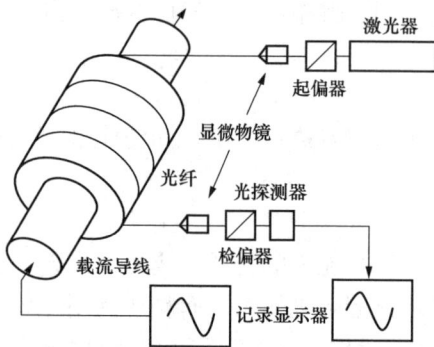

图 3-71 法拉第磁光效应

3.6.3 光纤传感器的应用

1. 光纤电流传感器

法拉第磁光效应（见图 3-71）表明，在磁场作用下，偏振光的振动面发生旋转，旋转的角度 θ 与光在物质中通过的距离 L 及磁场强度 H 成正比，即

$$\theta = V_d L H \tag{3.106}$$

式中 V_d——物质的费尔德常数。

利用法拉第磁光效应可测量高压大电流。通过高压输电线的电流为 I，在高压输电线上绕有 N 圈光纤，光纤中传输的线偏振光在高压输电线形成的磁场作用下，偏振面旋转的角度为 θ。利用 $\theta = V_d L H$ 可得

$$I = \frac{\theta}{V_d N} \tag{3.107}$$

如果这个磁场是由长直载流导线产生的，根据安培环路定律

$$H = I/2\pi R \tag{3.108}$$

式中 I——载流导线中的电流强度；

R——光纤缠绕半径。

根据法拉第磁光效应，引起光纤中线偏振光的偏转角为

$$\theta = VlH = VlI/2\pi R \tag{3.109}$$

由检测及信号处理后的输出信号为

$$P = \frac{I_1 - I_2}{I_1 + I_2} = \sin 2\theta \approx \frac{VlI}{\pi R} = 2VNI \tag{3.110}$$

式中　l——受磁场作用光纤长度；

　　　N——光纤圈数。

由于光纤材料的 V_d 非常小，故用此法测量的电流值可达几十到几十万安。

2. 光纤加速度传感器

光纤加速度传感器的结构如图 3-72 所示，它是一种简谐振子的结构形式。激光束通过分光板后分为两束光，透射光作为参考光束，反射光作为测量光束。当传感器感受到加速度时，由于质量块对光纤的作用，从而使光纤被拉伸，引起光程差的改变。相位改变的激光束由单模光纤射出

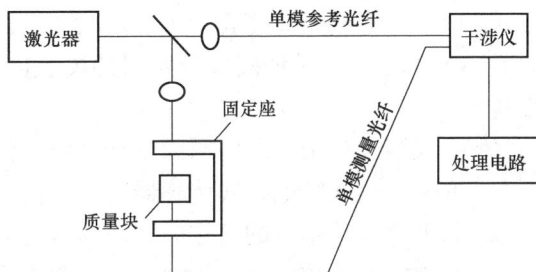

图 3-72　光纤加速度传感器的结构

后与参考光束会合产生干涉效应。激光干涉仪的干涉条纹的移动可由光电接收装置转置为电信号，经过处理电路处理后便可正确地测出加速度值。

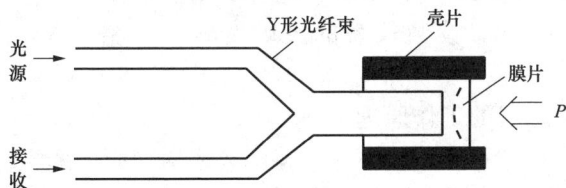

图 3-73　膜片反射式光纤压力传感器

3. 光纤压力传感器

利用弹性体的受压变形，将压力信号转换成位移信号，从而对光强进行调制。因此，只要设计好合理的弹性元件光纤结构，就可以实现压力的检测。图 3-73 所示为简单的利用 Y 形光纤束的膜片反射型光纤压力传感器。在 Y 形光纤束前端放置一感压膜片，当膜片受压变形时，使光纤束与膜片间的距离发生变化，从而使输出光强受到调制。

在一定范围内，膜片中心挠度与所加的压力呈线性关系。若利用 Y 形光纤束检测位移特性的线性区，则传感器的输出光功率亦与待测压力呈线性关系。

这种传感器结构简单、体积小、使用方便。但由于膜片材料是恒弹性金属，因此还需要考虑温度补偿。另外，如果光源不稳定或长期使用后膜片的反射率下降，会影响其精度。

§ 思 考 题

1. 电阻应变片的种类有哪些？各有什么特点？

2. 试分析差动测量电路在应变电阻式传感器测量中的好处。

3. 应变片产生温度误差的原因及减小或补偿温度误差的方法是什么？

4. 说明电阻应变片的组成和种类；电阻应变片有哪些主要特性参数？

5. 一个量程为 10kN 的应变式测力传感器，其弹性元件为薄壁圆筒轴向受力，外径 20mm，内径 18mm，在其表面粘贴八个应变片，四个沿轴向粘贴，应变片的电阻值均为 120Ω，灵敏度为 2.0，波松比为 0.3，材料弹性模量 $E = 2.1 \times 10^{11}$ Pa。要求：

（1）绘出弹性元件贴片位置及全桥电路。

（2）计算传感器在满量程时，各应变片电阻变化。

（3）当桥路的供电电压为 10V 时，计算传感器的输出电压。

6. 试分析差动测量电路在应变电阻式传感器测量中的好处。

7. 电感式传感器有哪些种类？它们的工作原理是什么？

8. 分析变间隙式电感传感器出现非线性的原因，并说明如何改善。

9. 已知变气隙厚度电感式传感器的铁芯截面积 $S=1.5\text{cm}^2$，磁路长度 $L=20\text{cm}$，相对磁导率 $\mu_r=5000$，气隙初始厚度 $\delta_0=0.5\text{cm}$，$\Delta\delta=\pm0.1\text{mm}$，真空磁导率 $\mu_0=4\pi\times10^{-7}\text{H/m}$，线圈匝数 $N=3000$，求单线圈式传感器的灵敏度 $\Delta L/\Delta\delta$。若将其做成差动结构，灵敏度将如何变化？

10. 引起零点残余电压的原因是什么？如何消除零点残余电压？

11. 在使用螺线管电感式传感器时，如何根据输出电压来判断衔铁的位置？

12. 根据电容传感器的工作原理说明它的分类，电容传感器能够测量哪些物理参量？

13. 总结电容式传感器的优缺点，主要应用场合以及使用中应注意的问题。

14. 某一电容测微仪，其传感器的圆形极板半径 $r=4\text{mm}$，工作初始间隙 $d=0.3\text{mm}$，问：

（1）工作时，如果传感器与工件的间隙变化量 $\Delta d=2\mu\text{m}$ 时，电容变化量为多少？

（2）如果测量电路的灵敏度 $S_1=100\text{mV/pF}$，读数仪表的灵敏度 $S_2=5$ 格/mV，在 $\Delta d=2\mu\text{m}$ 时，读数仪表的示值变化多少格？

15. 简述变磁通式和恒磁通式磁电感应传感器的工作原理。

16. 为什么磁电感应式传感器的灵敏度在工作频率比较高时，将随频率增加而下降？

17. 磁电式传感器与电感式传感器有哪些不同？磁电式传感器主要用于测量哪些物理参数？

18. 什么是霍尔效应？霍尔电动势与哪些因素有关？

19. 某霍尔元件尺寸（l、b、d）为 $1.0\text{cm}\times0.35\text{cm}\times0.1\text{cm}$，沿 l 方向通以电流 $I=1.0\text{mA}$，在垂直 lb 面加有均匀磁场 $B=0.3\text{T}$，传感器的灵敏度系数为 22V/（A·T），求其输出的霍尔电动势和载流子浓度。

20. 气敏传感器有哪几种类型？为什么多数气敏传感器都附有加热器？

21. 如何提高半导体气敏传感器的选择性？试举例说明。

22. 氯化锂和半导体陶瓷湿敏电阻各有什么特点？半导体陶瓷湿敏传感器的工作原理是什么？

23. 湿敏传感器检测电路为什么不宜采用直流信号源？采用交流信号源时其信号频率大小应如何考虑？

24. 什么是光生伏特效应？

25. 简述半导体色敏传感器工作原理。

26. 什么是光电效应？

27. 简述光纤的结构和传光原理。

28. 光纤传感器的性能有何特殊之处？主要有哪些应用？

29. 试列举你所知的光纤传感器在其他领域的应用的例子，或者提出一些能应用光纤传感器检测的场合。

第4章　传感器信号调理与处理

§4.1　电　　桥

电桥是将电阻、电容、电感等参数的变化转换为电压或电流输出的一种测量电路，它是测量电路中应用最广泛的电路。电桥利用比较法中的平衡原理进行测量，对微小信号有较高的灵敏度，有利于获得准确的测量结果。根据所采用的激励电源类型的不同分为直流电桥和交流电桥；根据工作原理的不同又分为平衡电桥和不平衡电桥；按桥臂接入的阻抗元件不同还可以分为电阻电桥、电容电桥和电感电桥。

4.1.1　直流电桥

直流电桥是利用四个桥臂中的一个或数个阻值变化而引起电桥输出电压的变化，如图 4-1 所示。

电桥中，a 和 b 之间与 a 和 d 之间的电位差分别为

$$U_{ab} = I_1 R_1 = \frac{R_1}{R_1 + R_2} e_0 \qquad (4.1)$$

$$U_{ad} = I_2 R_4 = \frac{R_4}{R_3 + R_4} e_0 \qquad (4.2)$$

则电桥的输出电压为

$$e_y = U_{ab} - U_{ad} = \frac{R_1 R_3 - R_2 R_4}{(R_1 + R_2)(R_3 + R_4)} e_0 \qquad (4.3)$$

电桥平衡时 $e_y = 0$，即电桥无输出电压，根据式（4.3）可知

$$R_1 R_3 = R_2 R_4 \qquad (4.4)$$

图 4-1　直流电桥的结构形式

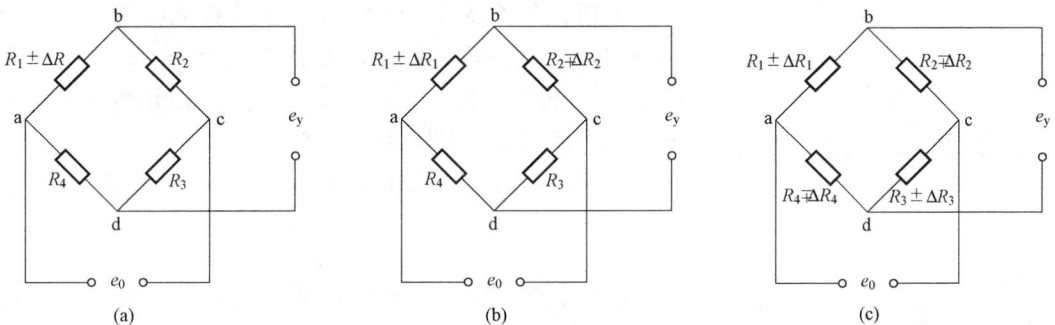

这就是电桥平衡的条件，即相邻的桥臂电阻的比值相同。

直流电桥的连接形式主要有半桥单臂、半桥双臂和全桥三种方式，如图 4-2 所示。

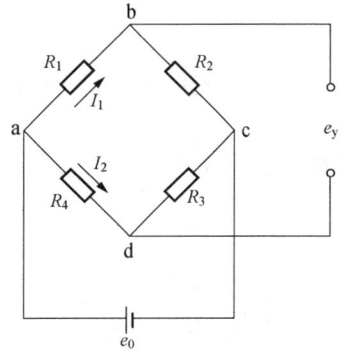

图 4-2　直流电桥的连接形式
（a）半桥单臂；（b）半桥双臂；（c）全桥

（1）半桥单臂连接法。工作时仅有一个桥臂电阻值随被测量而变化，设该电阻为 R_1，变化量为 ΔR，则由式（4.4）可得

$$e_y = \left(\frac{R_1 + \Delta R}{R_1 + R_2 + \Delta R} - \frac{R_4}{R_3 + R_4} \right) e_0 \tag{4.5}$$

设相邻桥臂的阻值相等，亦即：$R_1 = R_2 = R_0$，$R_3 = R_4 = R'_0$，又若 $R_0 = R'_0$，则

$$e_y = \frac{\Delta R}{4R_0 + 2\Delta R} e_0 \tag{4.6}$$

若 $\Delta R \ll R_0$ 则

$$e_y \approx \frac{\Delta R}{4R_0} e_0 \tag{4.7}$$

（2）半桥双臂连接法。工作时仅有两个桥臂电阻值随被测量而变化，设为 R_1 和 R_2，变化量为 ΔR_1 和 ΔR_2，即

$$R_1 \pm \Delta R_1 , R_2 \mp \Delta R_2 \tag{4.8}$$

当 $R_1 = R_2 = R_3 = R_4 = R_0$，且 $\Delta R_1 = \Delta R_2 = \Delta R$，且 $\Delta R \ll R_0$，则输出为

$$e_y \approx \frac{\Delta R}{2R_0} e_0 \tag{4.9}$$

（3）全桥连接法。四个桥臂的阻值均随被测量而变化，即

$$R_1 \pm \Delta R_1 , R_2 \mp \Delta R_2 , R_3 \pm \Delta R_3 , R_4 \mp \Delta R_4 \tag{4.10}$$

当 $R_1 = R_2 = R_3 = R_4 = R_0$，且 $\Delta R_1 = \Delta R_2 = \Delta R_3 = \Delta R_4 = \Delta R$，输出为

$$e_y = \frac{\Delta R}{R_0} e_0 \tag{4.11}$$

当四个桥臂的阻值变化同号时，即：$R_1 + \Delta R_1$，$R_2 + \Delta R_2$，$R_3 + \Delta R_3$，$R_4 + \Delta R_4$，而当 $R_1 = R_2 = R_3 = R_4 = R_0$ 时

$$e_y = \frac{1}{4} \left(\frac{\Delta R_1}{R} - \frac{\Delta R_2}{R} + \frac{\Delta R_3}{R} - \frac{\Delta R_4}{R} \right) e_0 \tag{4.12}$$

当桥臂阻值发生变化时，输出电压也会随着一定的规律发生变化，即电桥的和差特性：相邻两桥臂（如图 4-2 中的 R_1 和 R_2）电阻的变化所产生的输出电压为该两桥臂各阻值变化产生的输出电压之差；相对两桥臂（如图 4-2 所示中的 R_1 和 R_3）电阻的变化所产生的输出电压为该两桥臂各阻值变化产生的输出电压之和。

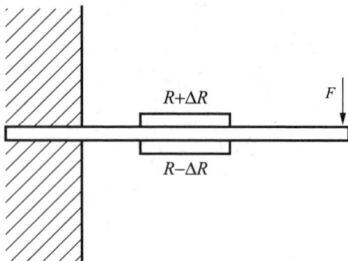

电桥的和差特性，可以运用在悬臂梁应变仪上，如图 4-3 所示。为提高灵敏度，常在梁的上、下表面各贴一片应变片，并将上述两应变片接入电桥的相邻两桥臂。根据输出电压的大小，判断梁的应变程度。

定义电桥的电压灵敏度为

$$S = \frac{\Delta e_y}{\Delta R / R_0} \tag{4.13}$$

图 4-3　悬臂梁应变仪结构

电压灵敏度越大，说明电阻应变片电阻相对变化相同的情况下，电桥输出电压越大，电桥越灵敏，这就是电压灵敏度的物理意义。根据其定义可知，电桥的灵敏度正比于电桥的供电电压，要提高灵敏度可以提高电源的电压，但要受到电阻应变片允许的功耗限制。

直流电桥平衡主要有串联平衡、差动串联平衡、并联平衡和差动并联平衡四种配置方式，如图 4-4 所示。

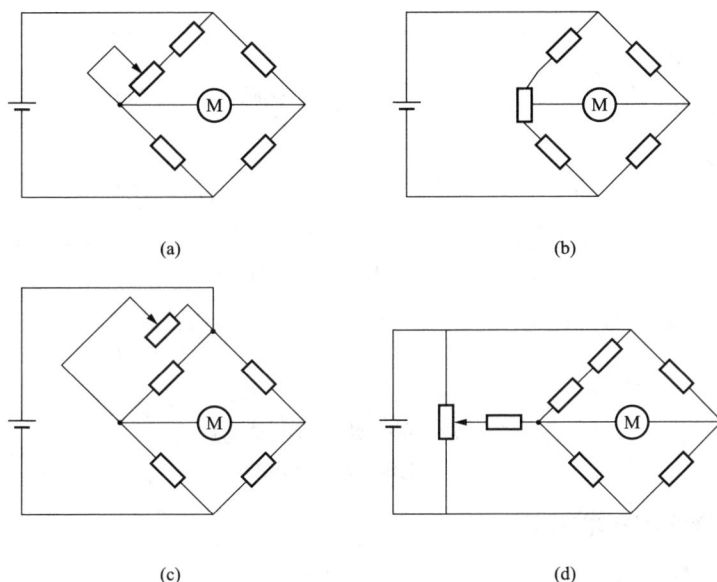

图 4 - 4　直流电桥平衡配置方式

（a）串联平衡；（b）差动串联平衡；（c）并联平衡；（d）差动并联平衡

4.1.2　交流电桥

交流电桥是电参数传感器的主要测量电路，其作用是将转换元件电参数（R、L、C 等）的变化转化为电桥的电压或电流输出。交流电桥与直流电桥的不同点主要在以下两点：

（1）激励电源为交流电源。

（2）桥臂可以是电阻、电感或电容。

交流电桥的结构如图 4 - 5 所示。由图可知，在测量前，若电桥输出电压为 0，可得电桥平衡条件

$$z_1 z_3 = z_2 z_4 \tag{4.14}$$

正弦交流电压供电情况下，各桥臂阻抗用复数表示为

$$z_i = |z_i| \, e^{j\phi_i} \tag{4.15}$$

将式（4.15）代入式（4.14）得

$$|z_1| |z_3| \, e^{j(\phi_1 + \phi_3)} = |z_2| |z_4| \, e^{j(\phi_2 + \phi_4)} \tag{4.16}$$

交流电桥平衡条件分为幅值和相角两个部分

$$\begin{cases} |z_1| |z_3| = |z_2| |z_4| \\ \phi_1 + \phi_3 = \phi_2 + \phi_4 \end{cases} \tag{4.17}$$

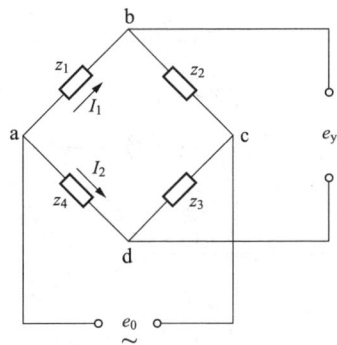

图 4 - 5　交流电桥的结构

其中，阻抗角表示桥臂电流与电压之间的相位差。当桥臂为纯电阻时，$\phi=0$；若为电感性阻抗时，$\phi>0$；若为电容性阻抗时，$\phi<0$。桥臂结构可采取不同的组合方式，以满足相对桥臂阻抗角之和相等这一条件。常见的交流电桥有电容式电桥和电感式电桥两种，如图 4 - 6 所示。

交流电桥测量精度主要受以下几个因素的影响：①电桥各元件之间的互感耦合；②泄漏电阻以及元件间、元件对地之间的分布电容；③邻近交流电路对电桥的感应影响等。

另外，交流电桥对其激励电源也有着严格的要求。激励电源的电压和频率必须具有很好的稳定性，否则交流电桥无法正常工作。

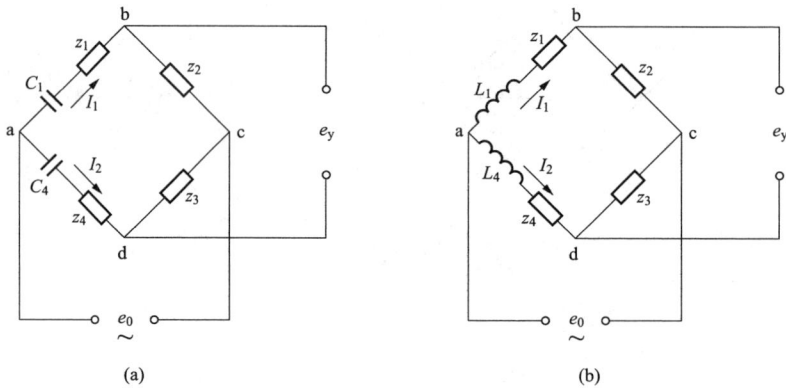

图 4-6 常见的交流电桥的结构形式
(a) 电容式电桥；(b) 电感式电桥

4.1.3 电桥操作的技术规范

1. 连接导线的补偿

当传感器与电桥距离较远的时候，为了保证电桥的正常工作，需要对电路进行补偿。图 4-7（a）表示一个具有远距离连接传感器的电桥；图 4-7（b）给出了一种带补偿电缆的电桥。

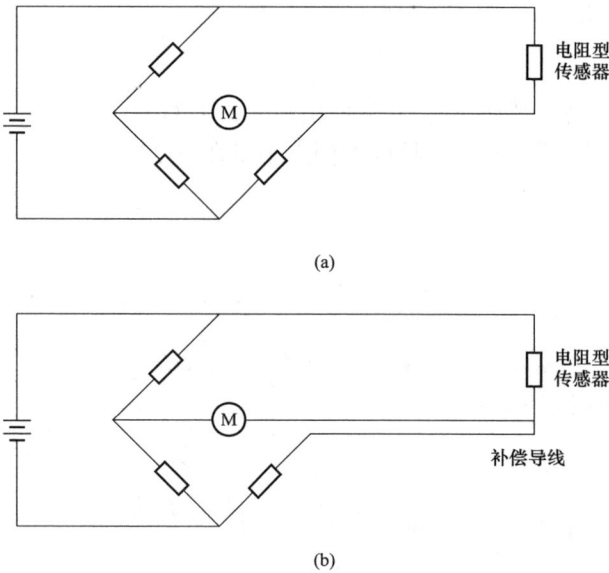

图 4-7 电桥接线的补偿方法
(a) 具有远距离连接传感器的电桥；(b) 带补偿电缆的电桥

2. 电桥灵敏度的调节

电桥灵敏度的调节方法如图 4-8 所示，在输入导线的一根或两根上加入一可变串联电阻 R_S。设电桥所有臂的电阻值均为 R，则由电压源所看到的电阻值亦将为 R。若如图 4-8 所示串联一电阻 R_S，根据分压电路原理，电桥的输入将被减小一个因子

$$n = \frac{R}{R + R_S} = \frac{1}{1 + (R_S/R)}$$

(4.18)

n 称为电桥因子。通过调节串联电阻 R_S 可以改变电桥的灵敏度，即 R_S 越小，电桥灵敏度越小；反之亦然。

3. 电桥的并联校正法

电桥的并联校正法如图 4-9 所示，采用的方法是对电桥直接引入一个已知的电阻变化从而来观察其对电桥输出的效果。

设引入电阻 R_C，则引起该电压输出的电阻改变值

$$\Delta R = R_1 - \frac{R_1 R_C}{R_1 + R_C}$$

(4.19)

电桥灵敏度为

$$s = \frac{e_{AC}}{\Delta R}(V/\Omega) \qquad (4.20)$$

可见，当 R_C 增大时，灵敏度增大，输出也同时增大电压；反之亦然。

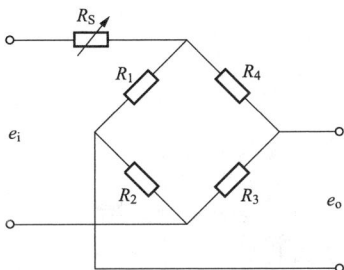

图 4 - 8　电桥灵敏度的调节方法　　　　　　图 4 - 9　电桥的并联校正法

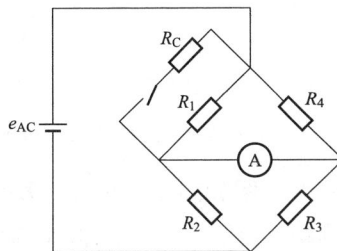

§4.2　调　制　与　解　调

在精密测量中，进入测量电路的除了传感器传输的测量信号外，往往还有各种噪声。而传感器的输出信号一般有很微弱，将测量信号从含有噪声的信号中分离出来是测量电路的一项重要任务。为了区别信号和噪声，往往给测量信号赋予一定的特征，这就是调制的主要作用。将调制过的测量信号与噪声分离，再经过放大处理后，从中提取出反映被测量值的测量信号，这个过程叫做解调。

调制就是对信号源的信息进行处理加到载波上，使其变为适合于信道传输的形式的过程，就是使载波随信号而改变的技术。它是利用某种信号来控制或改变普通高频振荡信号的某个参数（幅值、频率或相位），使其随着基带信号幅度的变化而变化来实现的。一般来说，信号源的信息含有直流分量和频率较低的频率分量，称为基带信号。基带信号往往不能作为传输信号，因此必须把基带信号转变为一个相对基带频率而言频率非常高的信号以适合于信道传输。这个信号叫做已调信号，而基带信号叫做调制信号。

一般根据被控制信号的类型，分为以下几种调制方式：当被控制的量是高频振荡信号的幅值时，称为幅值调制或调幅；当被控制的量为高频振荡信号的频率时，称为频率调制或调频；当被控制的量为高频振荡信号的相位时，则称为相位调制或调相。将控制高频振荡的低频信号称调制波；载送低频信号的高频振荡信号称为载波；而将经过调制过程所得的高频振荡波称已调制波。从时域上讲，调制过程是使载波的某一参量随调制波的变化而变化的过程，而在频域上，调制过程则是一个移频的过程。

解调则是将基带信号从载波中提取出来以便预定的接收者（也称为信宿）处理和理解的过程。解调过程大体上包含两个主要环节：首先把位于载波附近携带有用信息的频谱搬移到基带中，然后用相应的滤波器滤出基带信号，完成解调任务。调制方式不同，解调方法也不一样。

调制与解调（MODEM）是一对信号变换过程，在工程上常常结合在一起使用。

4.2.1　幅值调制

幅值调制简称调幅，是测量中最常用的调制方式，其特点是调制方式和解调电路比较简单。调幅就是使用调制信号去控制高频载波信号的幅值。设 $x(t)$ 为被测信号；$y(t)$ 为高频载波信号。若选择余弦信号：$y(t) = \cos 2\pi f_0 t$，则已调制信号 $x_m(t)$ 为 $x(t)$ 与 $y(t)$ 的乘积：$x_m(t) = x(t)\cos 2\pi f_0 t$。

由傅里叶变换性质知

$$x(t)y(t) \Leftrightarrow X(f) * Y(f) \tag{4.21}$$

则有

$$x(t)\cos 2\pi f_0 t \Leftrightarrow \frac{1}{2}X(f) * \delta(f + f_0) + \frac{1}{2}X(f) * \delta(f - f_0) \tag{4.22}$$

幅值调制的原理图如图 4-10（a）所示，图 4-10（b）表示时域调制，图 4-10（c）表示频域调制。调幅的过程在频域上就相当于一个移频的过程。

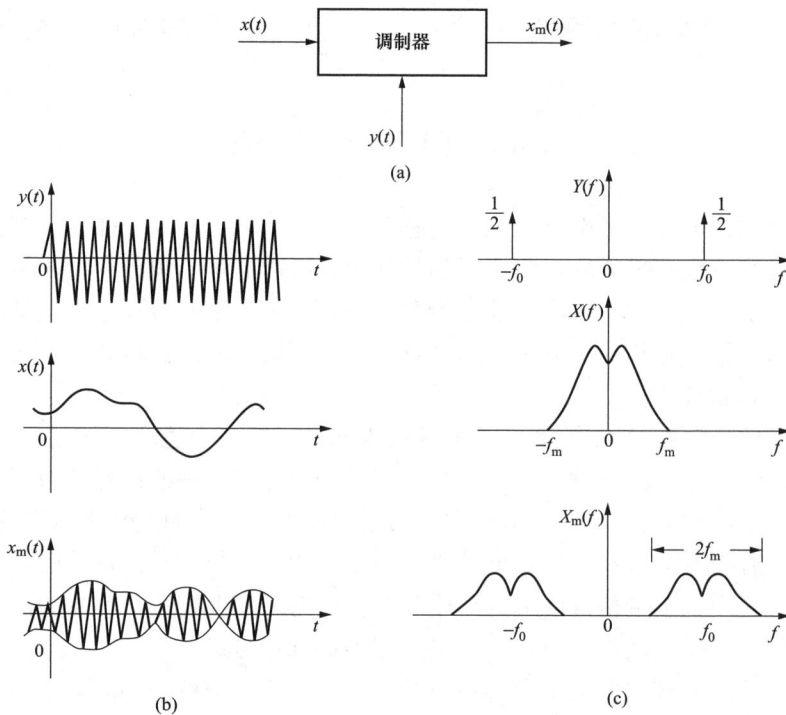

图 4-10　幅值调制原理

（a）原理图；（b）时域调制；（c）频域调制

若调制信号为正弦信号，设调制信号为 $x(t) = A_s \sin\omega_s t$，载波信号为 $y(t) = A_c \sin\omega_c t$，则经调制后的信号为

$$x_m = x(t) \cdot y(t) = A_s \sin\omega_s t \cdot A_c \sin\omega_c t \tag{4.23}$$

利用三角积化和差公式

$$\sin\alpha \cdot \sin\beta = \frac{1}{2}\cos(\alpha - \beta) - \frac{1}{2}\cos(\alpha + \beta) \tag{4.24}$$

可得

$$x_m = \frac{A_s A_c}{2}\big[\cos(\omega_c - \omega_s)t - \cos(\omega_c + \omega_s)t\big] \tag{4.25}$$

正弦信号的幅值调制如图 4-11 所示，其中，图 4-11（a）为时域调制；图 4-11（b）

为频域调制。由式（4.25）可以看出，已调制波信号的频谱是一个离散谱，仅仅位于频率 $\omega_c - \omega_s$ 和 $\omega_c + \omega_s$ 处，即以载波信号 ω_c 为中心，以调制信号 ω_s 为间隔的左右两频率（边频）处，其幅值大小则等于 A_s 与 A_c 乘积之半。

实现幅值调制信号的方式有很多，既可以在传感器内调制，也可以在传感器输出端进行调制。图 4-12 给出了一种常用的电桥调制方法，其中，电桥的电压为 5V，频率为 3000Hz。若测量的应变量其频率变化为 0～10Hz，则电桥输出信号的频谱在 2990～3010Hz 之间。

幅值调制装置实质上是一个乘法器，常采用电桥来作调制装置，其中若以高频振荡电源供给电桥作为装置的载波信号，则电桥输出 e_y 便为调幅波。

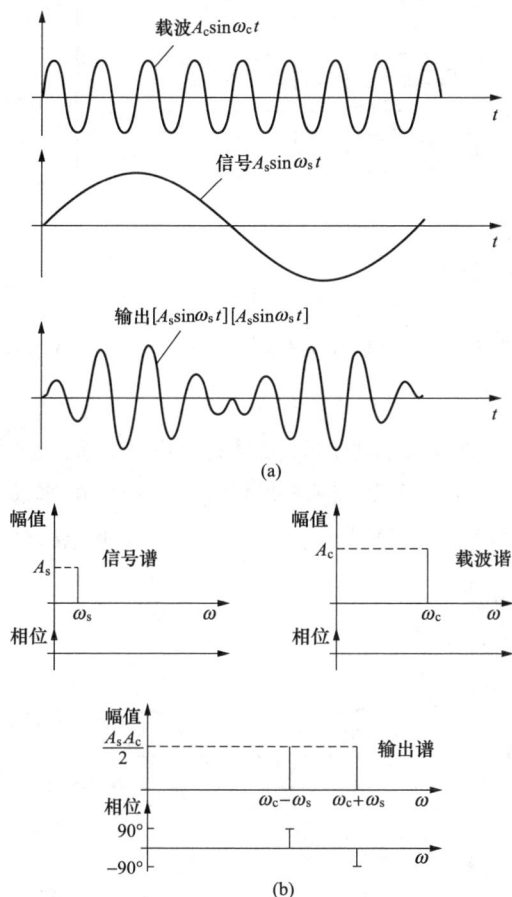

图 4-11　正弦信号的幅值调制
（a）时域调制；（b）频域调制

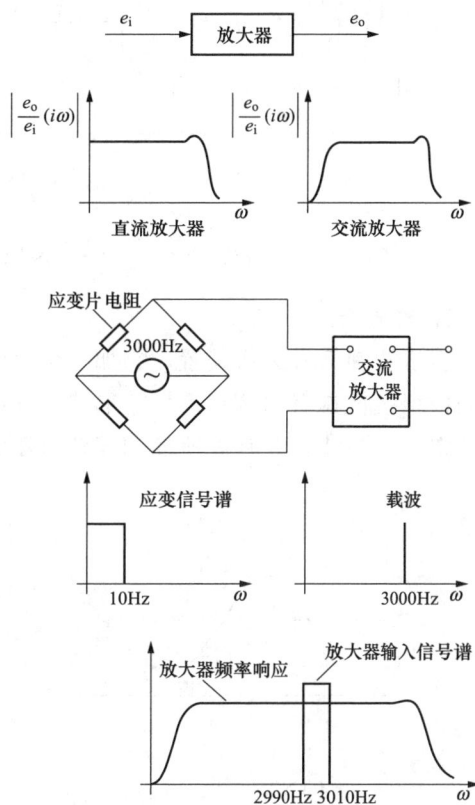

图 4-12　常用的电桥调制方法

4.2.2　幅值调制的解调

1. 同步解调法

将调幅波再经一乘法器与原载波信号相乘，则调幅波的频谱在频域上将再次被进行移频。由于载波信号的频率仍为 f_0，因此，再次移频的结果是使原信号的频谱图形出现在 0 和 $2f_0$ 频率处。由于在解调过程中所乘的信号与调制时的载波信号具有相同的频率与相位，因此这一解调的方法称为同步解调，其原理图如图 4-13 所示。在时域分析上有

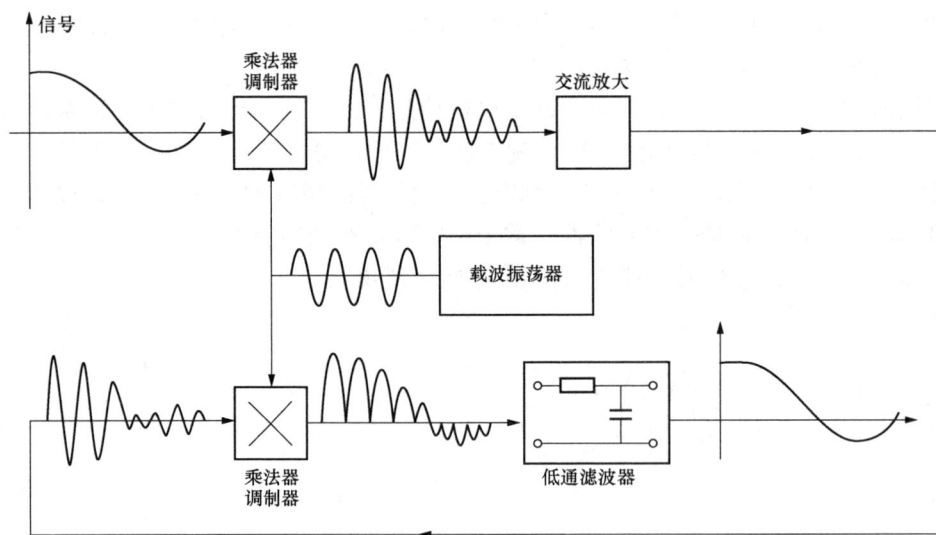

图 4-13　同步解调原理图

$$x(t)\cos 2\pi f_0 t \cdot \cos 2\pi f_0 t = \frac{x(t)}{2} + \frac{1}{2}x(t)\cos 4\pi f_0 t \tag{4.26}$$

2. 整流检波

　　若把调制信号进行偏置，叠加一个直流分量，使偏置后的信号都具有正电压，那么调幅波的包络线将具有原调制信号的形状，如图 4-14（a）所示。把该调幅波进行简单的半波或全波整流、滤波，并减去所加的偏置电压就可以恢复原调制信号。这种方法叫做整流检波。

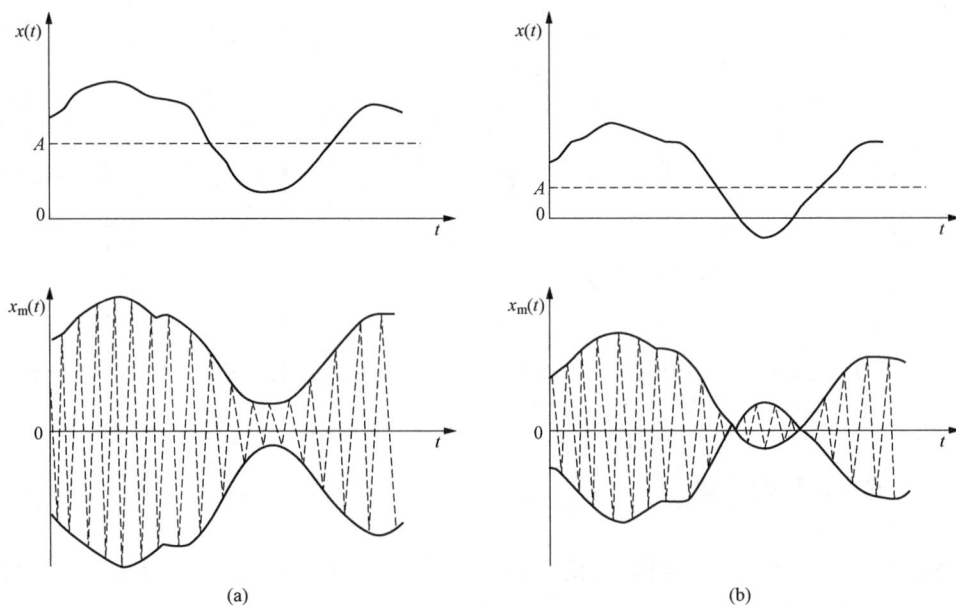

(a)　　　　　　　　　　　(b)

图 4-14　调制信号加偏置的调幅波

（a）偏置电压足够大；（b）偏置电压不够大

　　整流检波是一种对调幅信号进行解调的方法，其原理是利用二极管所具有的单向导电性能，截去信号的下半部，再利用滤波器滤除其高频成分，从而得到按调幅波变化的调制信号。具体是：对调制信号偏置一个直流分量 A，使偏置后的信号具有正电压值；然后，对该信号作调幅后得到的已调制波 $x_m(t)$ 的包络线将具有原信号形状；最后，对该调幅波 $x_m(t)$ 作简单的整流（全波或半波整流）和滤波便可恢复原调制信号。

　　3. 相敏解调

　　若所加的偏置信号电压未能使信号电压在零线的一侧，则对调幅波只是简单的整流就不能恢复原调制信号，如图 4 - 14（b）所示，这就需要相敏解调（或相敏检波）技术。

　　相敏解调能用来鉴别调制信号的极性，利用交变信号在过零位时其正、负极性发生突变，使调幅波相位与载波信号相比较也相应地产生 180° 相位跳变，从而既能反映原信号的幅值又能反映其相位。图 4 - 15 所示为二极管相敏检波器的工作原理图。

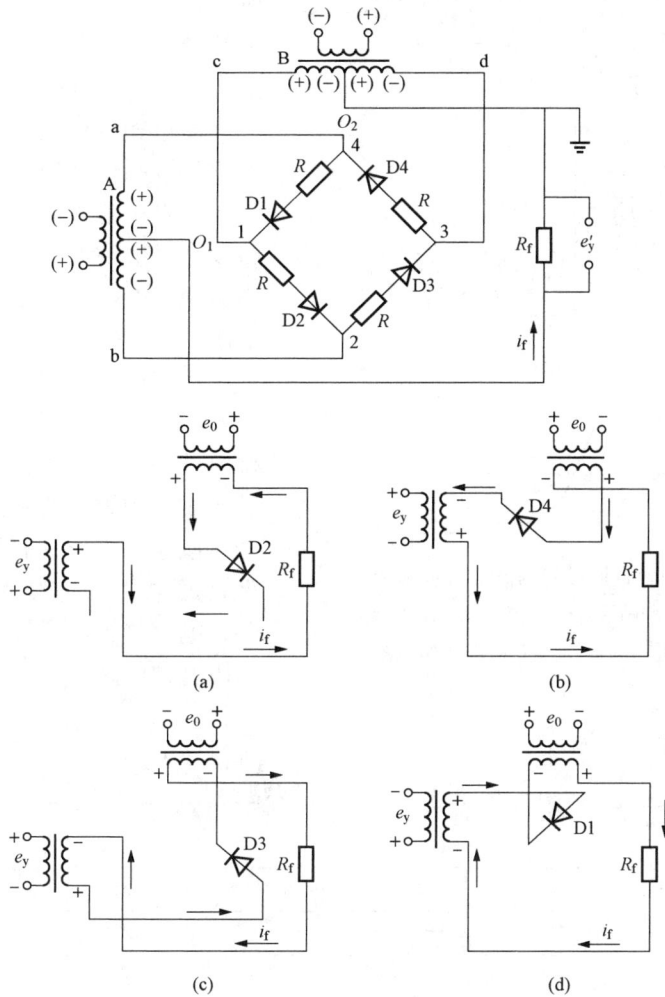

图 4 - 15　二极管相敏检波器的工作原理图
(a) $R(t) > 0, 0 \sim \pi$；(b) $R(t) > 0, \pi \sim 2\pi$；(c)、(d) $R(t) < 0$

　　当调制信号 $R(t) > 0$ 时，即图 4 - 16（c）中的 $0 \sim t_1$ 时间内，检波器相应输出为 e'_y。从

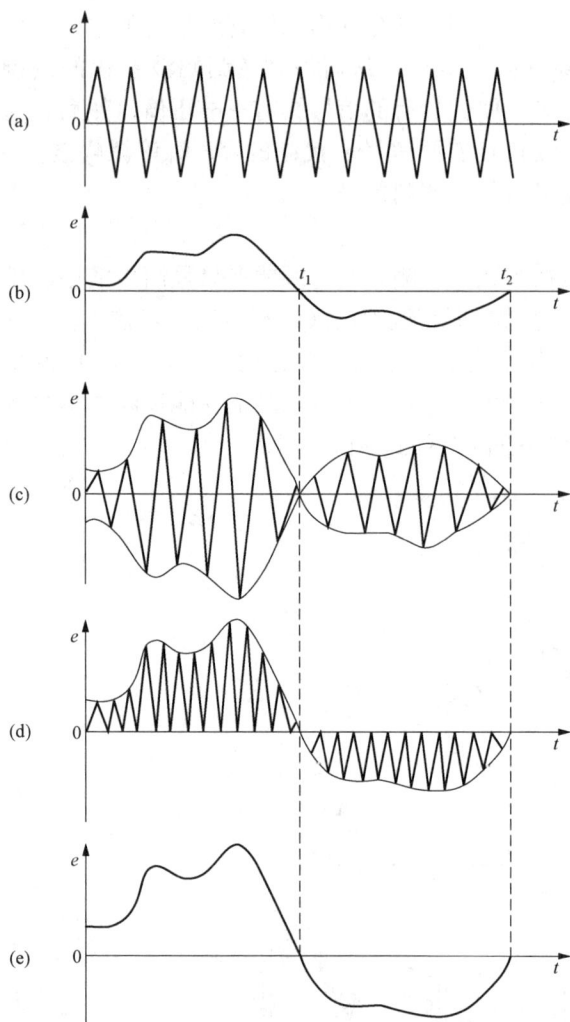

图 4-16 相敏解调过程的波形转换情形
（a）载波；（b）调制信号；（c）放大后的调幅波；
（d）相敏检波后的波形；（e）滤波后的波形

图 4-15（a）和图 4-15（b）中可以看到，无论在 $0\sim\pi$ 或 $\pi\sim2\pi$ 时间里，电流 i_f 流过负载 R_f 的方向不变，即此时输出电压 e'_y 为正值。

当 $R(t)=0$ 时，即图 4-16（b）中的 t_1 点，负载电阻 R_f 两端电位差为零，因此无电流流过 R_f，此时输出电压 $e'_y=0$。

当调制信号 $R(t)<0$ 时，即图 4-16（b）中的 $t_1\sim t_2$ 段，调幅波 e_y 相对于载波 e_0 的极性正好相差 $180°$，此时从图 4-15（c）和（d）中可看到，电流流过 R_f 的方向与前相反，即此时输出电压 e'_y 为负值。

通过相敏检波可得到一个幅值和极性均随调制信号的幅值与极性改变的信号，它真正地重现了原被测信号。在电路设计时应注意的是，变压器 B 副边的输出电压应大于变压器 A 副边的输出电压。

动态电阻应变仪是电桥调幅与相敏检波的典型实例。如图 4-17 所示，电桥由振荡器提供等幅高频振荡电压，经过放大、相敏检波和滤波去除被检测信号。该电路称作动态电阻应变仪，是因为它最早用于应变测量。实际上，电感、电容传感器所接交流电路电桥都是采用这种电路。

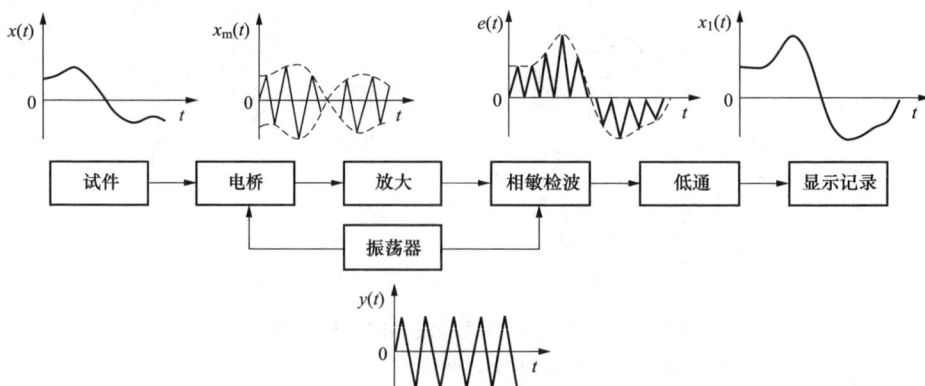

图 4-17 动态电阻应变仪

§4.3　滤　波　器

滤波器是一种交变信号处理装置，它将信号中的一部分无用频率分量衰减掉，让另一部分特定的频率分量通过。作为净化器，它将叠加在有用信号上的电源、导线传导耦合及检测系统自身产生的各种干扰滤除；作为筛选器，它将不同频率的有用信号进行分离，如频率分析和检波；它还可以作为补偿器，对检测系统的频率特性进行校正或补偿。

4.3.1　概述

滤波器按滤波方式可分为输入量滤波（简称输入滤波）和输出量滤波（简称输出滤波），如图 4 - 18 所示。

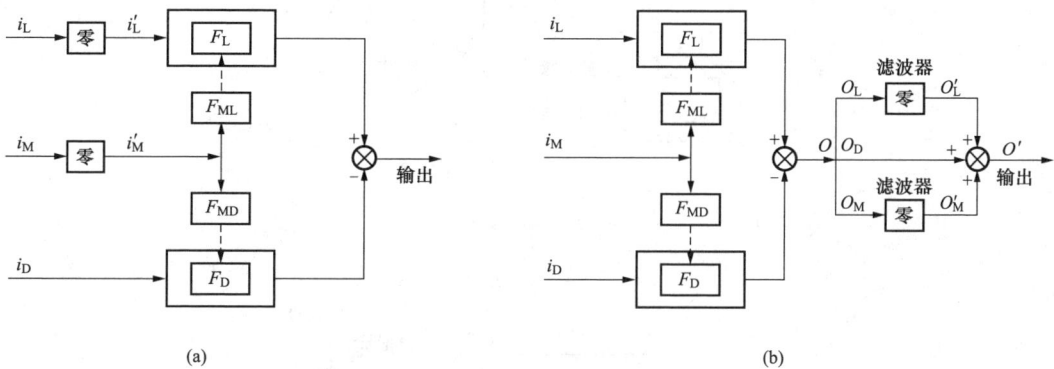

图 4 - 18　滤波的一般方式
（a）输入滤波；（b）输出滤波

系统的输入输出关系如图 4 - 19 所示，其中，i_D 表示期望输入，是仪器专门意图要测量的物理量；i_L 表示干扰输入，是仪器无意中所敏感的物理量；i_M 表示修正输入，是对期望输入和干扰输入的输入输出关系产生一种改变的量。图 4 - 20 给出了几种常见的滤波器。

滤波器是频率 f 的函数，用频率分析的方法来描述滤波器则

$$|A(f)| = \begin{cases} 1, & f_1 < f < f_2 \\ 0, & \text{其他} \end{cases} \quad (4.27)$$

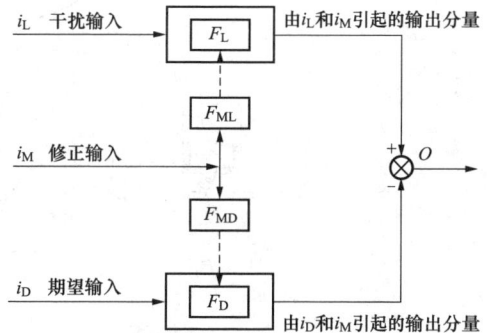

图 4 - 19　系统的输入输出关系

根据滤波器的选频作用分类，有低通、高通、带通和带阻滤波器四种。图 4 - 21 （a）表示低通滤波器，高通滤波器则是用低通滤波器做负反馈回路得到的；带阻滤波器可以用低通滤波器和高通滤波器组合得到，带通滤波器则是以带阻滤波器做负反馈回路获得的，不同滤波器的幅频特性如图 4 - 21 所示。

4.3.2　滤波器的一般特性

对于一个理想的线性系统来说，若要满足不失真测试的条件，该系统的频率响应函数应为 $H(f) = A_0 e^{-j2\pi f_0 t}$。若一个滤波器的频率响应函数 $H(f)$ 具有如下形式

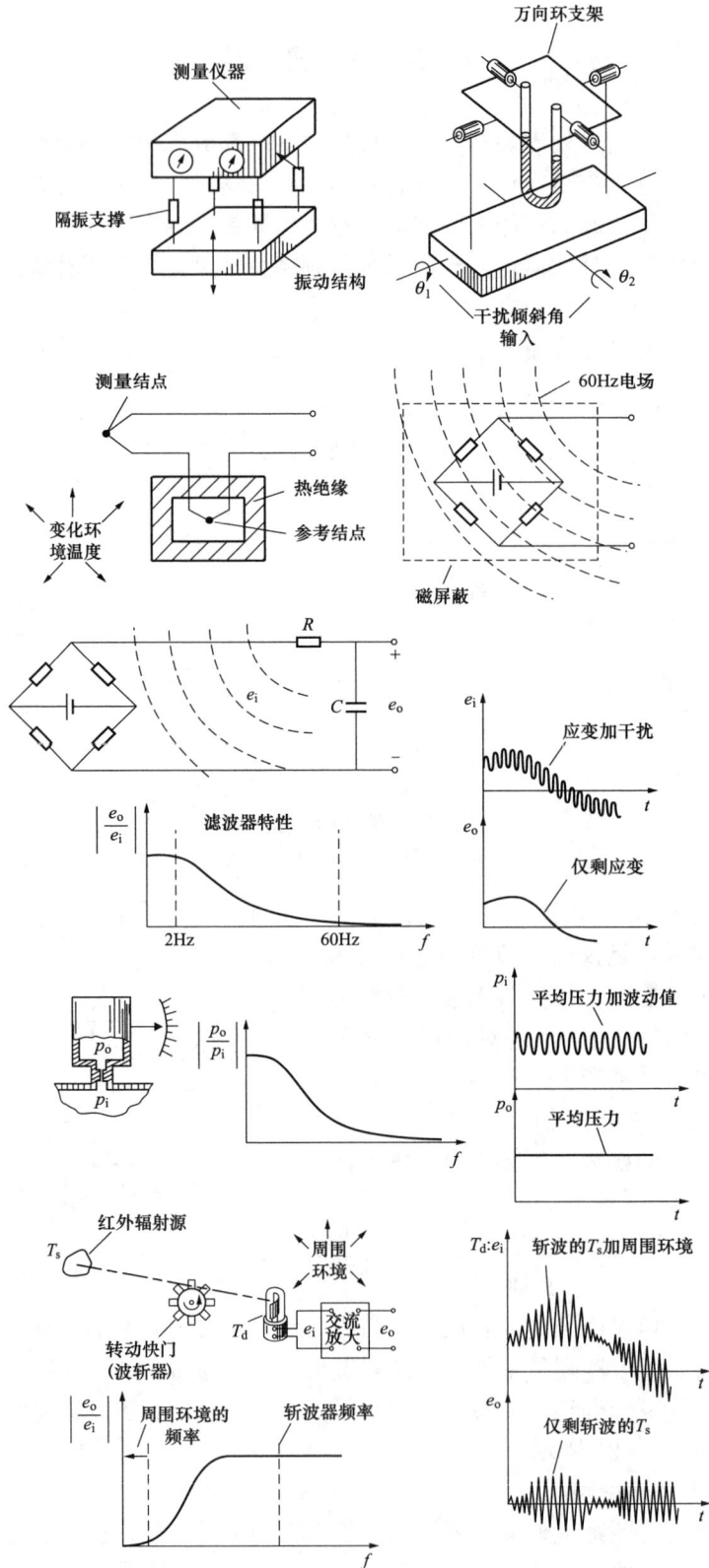

图 4-20 常见的滤波器

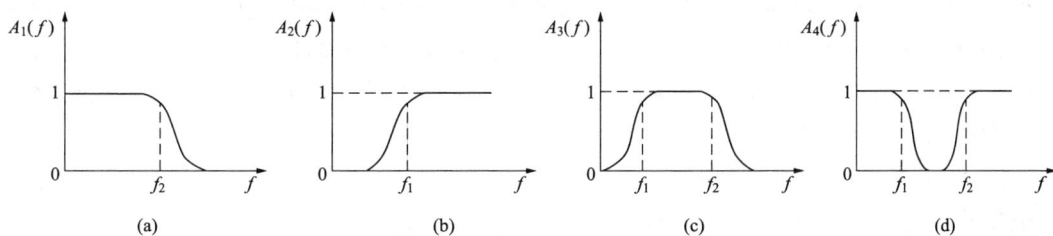

图 4 - 21 不同滤波器的幅频特性

(a) 低通；(b) 高通；(c) 带通；(d) 带阻

$$H(f) = \begin{cases} A_0 e^{-j2\pi f_0 t}, & |f| < f_c \\ 0, & \text{其他} \end{cases} \tag{4.28}$$

则该滤波器称为理想低通滤波器，其幅频和相频特性曲线如图 4 - 22 所示。

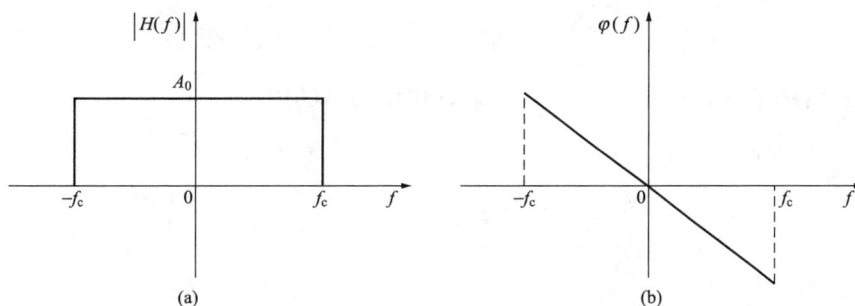

图 4 - 22 理想低通滤波器的幅频和相频特性

(a) 幅频特性；(b) 相频特性

1. 理想低通滤波器对单位脉冲的响应

将单位脉冲输入理想低通滤波器，则它的响应

$$h(t) = 2A_0 f_c \text{sinc}(2\pi f_c t) \tag{4.29}$$

若考虑 $t_0 \neq 0$，亦即有时延时

$$h(t) = 2A_0 f_c \text{sinc}[2\pi f_c (t - t_0)] \tag{4.30}$$

理想低通滤波器的脉冲响应曲线如图 4 - 23 所示。

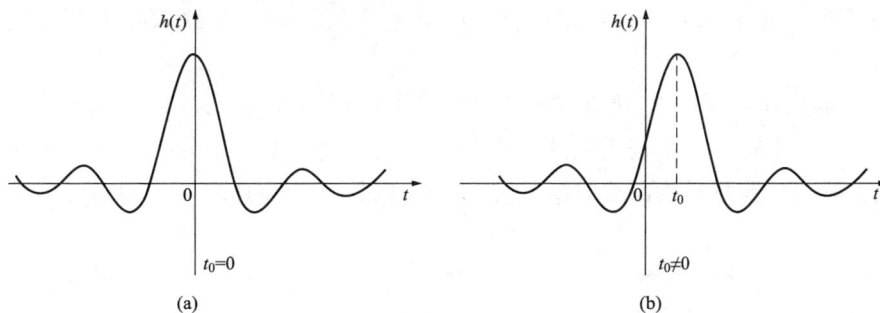

图 4 - 23 理想低通滤波器的脉冲响应曲线

理想低通滤波器的脉冲响应函数的波形在整个时间轴上延伸，且其输出在输入到来之前，亦即 $t<0$ 时便已经出现。它可以完全通过所选频率范围的信号，而衰减掉其他信号，甚至通过选择滤波器的通频带，将信号中的某一频率的谐波分量筛选出来或滤除掉。但是，这在物理上几乎是无法实现的。

2. 理想低通滤波器对单位阶跃的响应

给理想低通滤波器输入一阶跃函数

$$x(t) = \begin{cases} 1, & t>0 \\ \dfrac{1}{2}, & t=0 \\ 0, & t<0 \end{cases} \tag{4.31}$$

则滤波器的响应为

$$y(t) = h(t) \times x(t) = \frac{1}{2} + 2si\left[2\pi f_c(t-\tau)\right]$$

其中，$si\left[2\pi f_c(t-\tau)\right] = \int_0^{2\pi f_c(t-\tau)} \dfrac{\sin t}{t}\mathrm{d}t$。单位阶跃响应的曲线如图 4-24 所示，图 4-24（a）表示无相角滞后的情况，图 4-24（b）表示有相角滞后的情况。

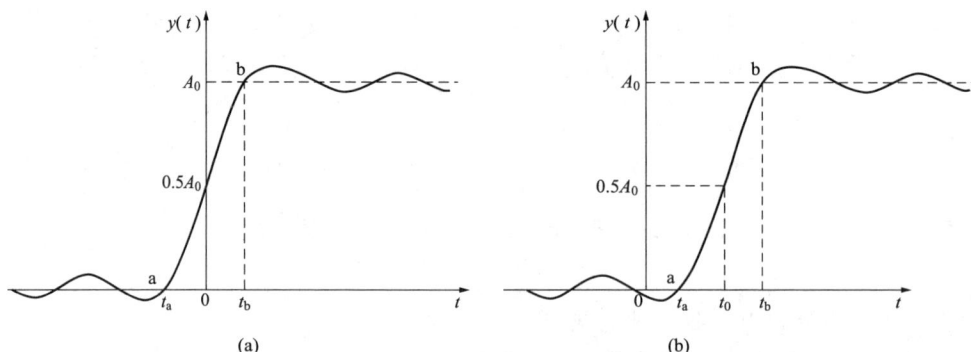

图 4-24　理想低通滤波器对单位阶跃输入的响应曲线

（a）无相角滞后，时移 $t_0=0$；（b）有相角滞后，时移 $t_0\neq0$

图 4-24 中，输出从零（图中 a 点）到稳定值 A_0（图中 b 点）经过的时间称为建立时间 T_e。输入信号突变处必然包含有丰富的高频分量，低通滤波器阻挡住了高频分量。通带越宽，衰减的高频分量便越少，信号便有较多的分量通过，因此导致较短的建立时间；反之则长。

低通滤波器的阶跃响应的建立时间 T_e 和它的带宽 B 成反比，或者说两者的乘积为常数，即 $BT_e=C$。滤波器带宽表示它的频率分辨能力，通带窄，则分辨力高。这一结论表明：滤波器的高分辨力与测量时快速响应是矛盾的。对定带宽的滤波器，一般采用 $BT_e(5\sim10)$ 便足够了。

3. 实际滤波器的特征参数

评价滤波器的质量，通常用一下特征参数来描述：

（1）截止频率。幅频特性值等于（−3dB）$\dfrac{A_0}{\sqrt{2}}$ 所对应的频率点称为截止频率。

（2）带宽 B 和品质因子 Q 值。带通滤波器的幅频特性如图 4 - 25 所示，$f_{c1} - f_{c2}$ 的通频带称为滤波器的带宽 B，$f_{c0} = \sqrt{f_{c1}f_{c2}}$ 称为带通滤波器的中心频率，而中心频率 f_{c0} 和带宽 B 之比称为品质因数，表示为 $Q = \dfrac{f_{c0}}{B}$。这两个指标是用来描述滤波器筛选信号的分辨力和分辨率的。

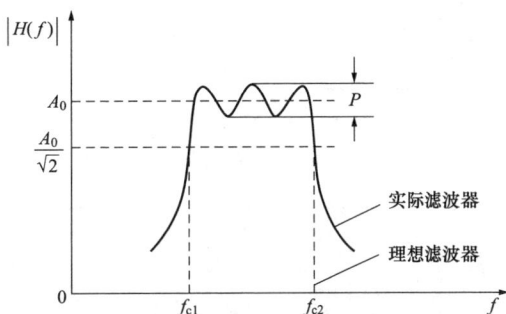

图 4 - 25　带通滤波器的幅频特性

（3）纹波幅度 d。通带中幅频特性值的起伏变化值称纹波幅度。纹波幅度 d 越大，则滤波器抑制谐波的能力越差，通常不超过 5%。

（4）倍频程选择性。倍频程选择性为上截止频率 f_{c2} 与 $2f_{c2}$ 之间或下截止频率 f_{c1} 与 f_{c1} 间幅频特性的衰减比，即频率变化一个倍频程的衰减量，以 dB 表示。衰减量越大，过渡带越窄，滤波器选择性越好。

（5）滤波器因数（矩形系数）。滤波器因数为滤波器幅频特性的 -60dB 带宽与 -3dB 带宽的比。滤波器因数越小，表明滤波器的选择性越好。

4.3.3　滤波器的主要类型介绍

1. 低通滤波器

常见的低通滤波器主要有一阶 RC 低通滤波器、一阶弹簧阻尼系统和液压计（以液压手段形成的一阶低通滤波器）。

图 4 - 26 所示的是最简单一阶 RC 低通滤波器幅频和相频特性，其电路的微分方程为

$$RC\frac{\mathrm{d}e_o}{\mathrm{d}t} + e_o = e_i \tag{4.32}$$

令 $\tau = RC$，可得出其传递函数为

$$h(s) = \frac{1}{RCs + 1} = \frac{1}{\tau s + 1} \tag{4.33}$$

将 $s = \mathrm{j}\omega$ 代入式（4.33），可得

$$H(\mathrm{j}\omega) = \frac{1}{\mathrm{j}\omega s + 1} = A(\omega)\mathrm{e}^{\mathrm{j}\varphi(\omega)} \tag{4.34}$$

其幅频特性为

$$A(\omega) = \frac{1}{\sqrt{1 + \tau^2\omega}} \tag{4.35}$$

相频特性为

$$\varphi(\omega) = \arctan(\tau\omega) \tag{4.36}$$

低通滤波器的上截止频率为

$$f = \frac{1}{2\pi RC} \tag{4.37}$$

但是，一阶系统的频率衰减速度慢，即它的倍频程选择性差。滤波器的特性曲线在过渡带会发生陡度较大的情况。为了改善过渡带曲线陡度，可以通过将多个 RC 环节级联的方式，如图 4 - 27（a）所示；或者采用电感元件替代电阻元件的方式，如图 4 - 27（b）所示。

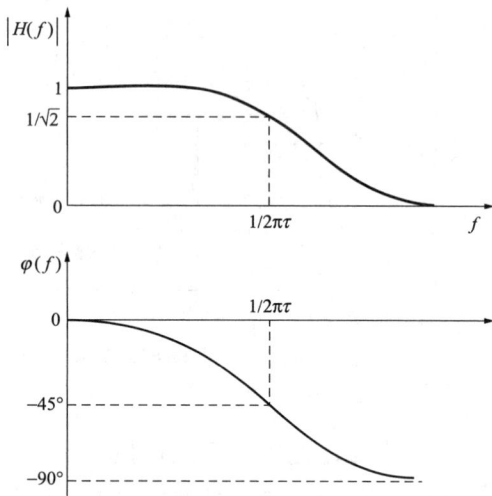

图 4-26   最简单一阶 RC 低通滤波器的
幅频和相频特性

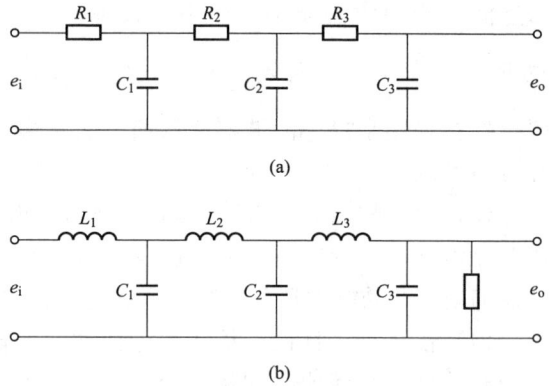

图 4-27   过渡带陡度改善电路
（a）多个 RC 环节级联的方式；
（b）电感元件替代电阻元件的方式

在实际应用中，必须考虑各级联环节之间的负载效应。解决负载效应的最好办法是采用运放来构造有源滤波器。典型模拟滤波器的设计方法主要有以下四种：巴特沃思（Butterworth）滤波器、切比雪夫（Chebyshev）滤波器、贝塞尔（Bessel）滤波器和考厄或椭圆（Cauer/Elliptical）滤波器。它们的幅频、相频特性曲线如图 4-28 所示。

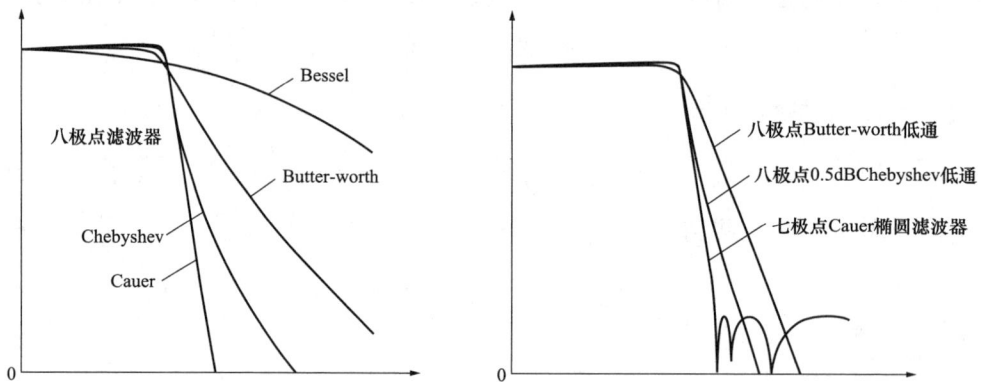

图 4-28   典型模拟滤波器幅频、相频特性曲线

有源滤波器是指用运算放大器和 R、L、C 元件组成的电路。与无源滤波器相比，具有较高的增益、输出阻抗低、易于实现、无须大电容和大电感等优点。图 4-29 给出了两种常见的一阶有源滤波器的电路示意图。图 4-29（a）中滤波器的截止频率：$f_{c2} = \dfrac{1}{2\pi RC}$，放大倍数：$K = 1 + \dfrac{R_F}{R_1}$；图 4-29（b）中滤波器的截止频率：$f_{c2} = \dfrac{1}{2\pi R_F C}$，放大倍数：$K = \dfrac{R_F}{R_1}$。

低通滤波器主要用做抗混叠滤波器使用。抗混叠滤波器用以在输出电平中把混叠频率分量降低到微不足道的程度。在数字信号处理系统中用做抗混叠滤波器，常常要求采用高级的有

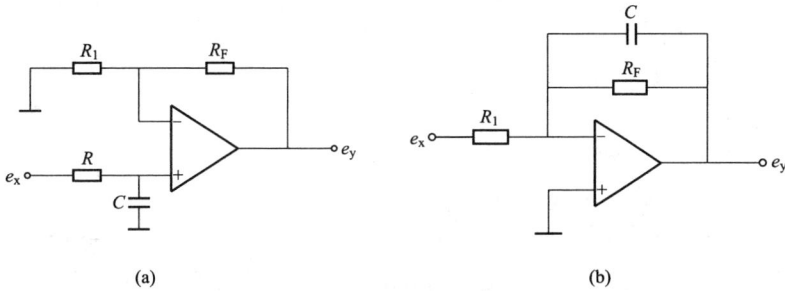

图 4-29　常见的一阶有源低通滤波器的电路示意图

（a）同相型；（b）反相型

源滤波器来提供高达 115dB/倍频程的频率衰减；在数字系统中常在 A/D 转换器前加一个抗混滤波器，滤除信号中的高频噪声和不感兴趣部分，通常采用椭圆滤波器来实现这一功能。一个 7 阶的椭圆滤波器，其典型的传递函数为

$$H(s) = \frac{\prod\limits_{j=1}^{3}(s^2/\omega_{mj}^2 + 1)}{(s/\omega_{n1} + 1)\prod\limits_{i=2}^{4}(s^2/\omega_{ni}^2 + 2\zeta_i s/\omega_{ni} + 1)} \qquad (4.38)$$

图 4-30 所示为椭圆滤波器的特性曲线。

2. 高通滤波器

高通滤波器是一个只允许比特定频率高的波通过，而阻止比这个特定频率低的波通过的系统。它去掉了信号中不必要的低频成分或者说去掉了低频干扰。图 4-31 给出了常见的几种高通滤波器的结构图和频率特性。

4.3.4　滤波器的综合运用

4.3.4.1　滤波器串联

为了使通带外的频率成分有更大的衰减，可以将两个具有相同中心频率的（带通）滤波器串联使用。

4.3.4.2　滤波器并联

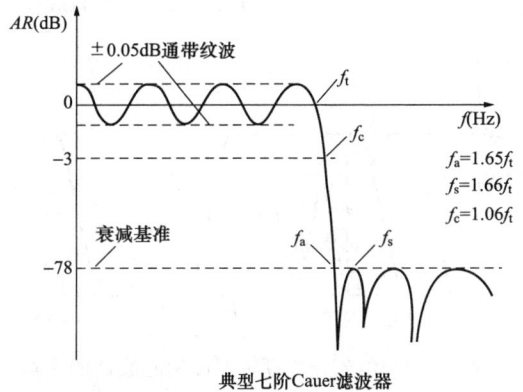

典型七阶Cauer滤波器

图 4-30　椭圆滤波器的特性曲线

滤波器并联常用于信号的频谱分析和信号中特定频率成分的提取。常用方式有：①采用中心频率可调的带通滤波器，通过改变滤波器的 RC 参数来改变其中心频率，使其通带追随所要分析的信号频率范围，其信号分析频带上带通滤波器的带宽分布如图 4-32 所示。②采用一组由多个各自中心频率确定的、频率范围遵循一定规律相互连接的滤波器组。为使各带通滤波器的带宽覆盖整个分析的频带，它们的中心频率应使得相邻滤波器的带宽恰好相互衔接。此外，滤波器组还应具有相同的放大倍数。

选择带通滤波器时，其中心频率必须满足以下的条件

对于恒带宽带通滤波器

$$f_o = \frac{1}{2}(f_{c2} + f_{c1}) \qquad (4.39)$$

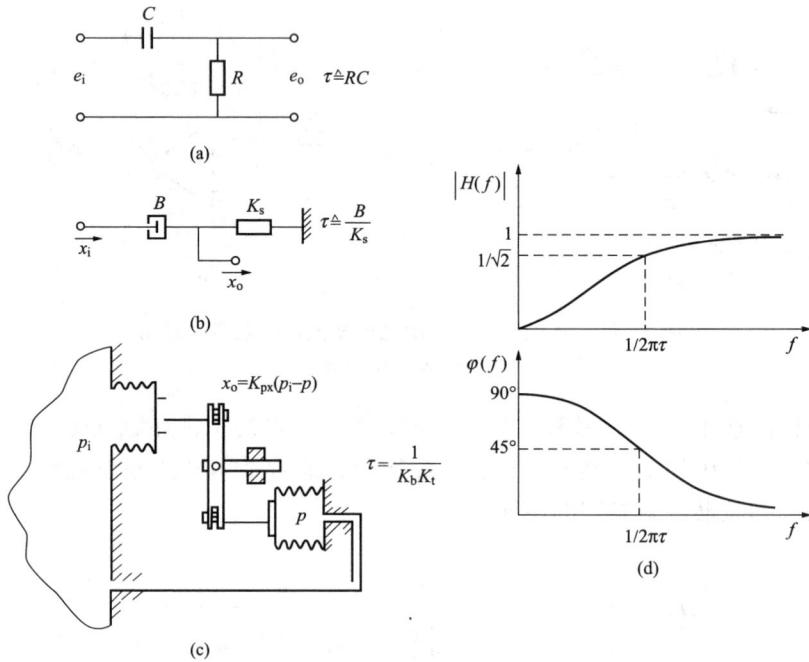

图 4 - 31　高通滤波器的结构图和频率特性
（a）电气式；（b）机械式；（c）液压—机械式；（d）频率特性

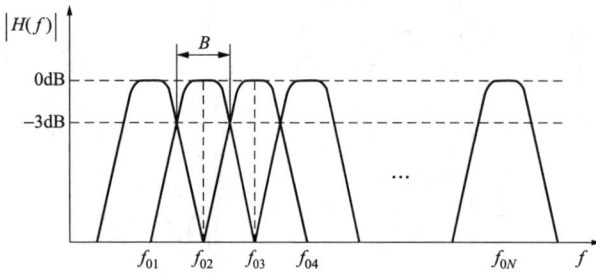

图 4 - 32　信号分析频带上带通滤波器的带宽分布

而对于恒带宽比带通滤波器

$$f_o = \sqrt{f_{c1} f_{c2}} \qquad (4.40)$$

理想的恒带宽比和恒带宽滤波器的特性如图 4 - 33 所示。

在做信号频谱分析时，要用一组中心频率逐级可变的带通滤波器，当中心频率变化时，各滤波器带宽则遵循一定的规则取值。对恒带宽比滤波器而言，滤波器的相对带宽是常数，即

$$b = \frac{B}{f_o} = \frac{f_{c2} - f_{c1}}{f_o} \times 100\% = 常数 \qquad (4.41)$$

对恒带宽滤波器，滤波器的绝对带宽为常数，即

$$B = f_{c2} - f_{c1} = 常数 \qquad (4.42)$$

恒带宽比滤波器的方式常采用倍频程带通滤波器，上、下截止频率之间应满足以下的关系，即

$$f_{c2} = 2^n f_{c1} \qquad (4.43)$$

式中：n 称为倍频程数。由于滤波器中心频率为

$$f_o = \sqrt{f_{c1} f_{c2}} \qquad (4.44)$$

则由式（4.43）可得

$$f_{c2} = 2^{\frac{n}{2}} f_o, f_{c1} = 2^{-\frac{n}{2}} f_o$$

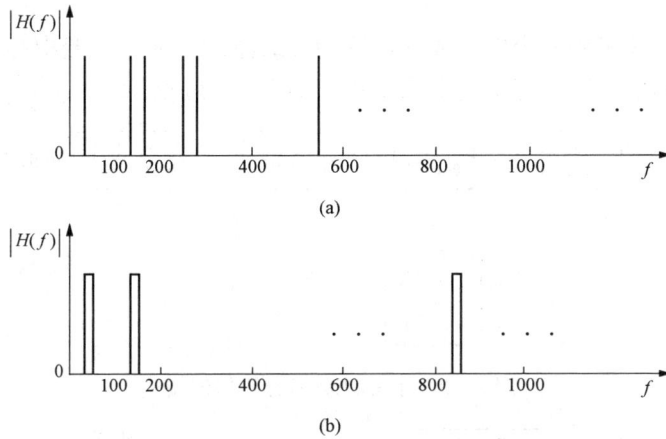

图 4-33 理想的恒带宽比和恒带宽滤波器的特性

(a) 恒带宽比滤波器；(b) 恒带宽滤波器

又根据

$$B = f_{c2} - f_{c1} = \frac{f_o}{Q}$$

可得

$$b = \frac{B}{f_o} = 2^{\frac{n}{2}} - 2^{\frac{n}{2}} \tag{4.45}$$

同理，一个滤波器组中，后一个滤波器的中心频率 f_{o2} 与前一个滤波器的中心频率 f_{o1} 间满足

$$f_{o2} = 2^n f_{o1} \tag{4.46}$$

4.3.4.3 带通滤波器在信号频率分析中的应用

1. 多路滤波器并联式

多路带通滤波器并联常用于信号的频谱分析和信号中特定频率成分的提取。使用时，常将被分析信号输入一组中心频率不同的滤波器，各滤波器的输出便反映了信号中所含的各个频率成分，如图 4-34 所示。为使各带通滤波器的带宽覆盖整个分析频带，它们的中心频率能使相邻的带宽恰好相互衔接，通常的做法是使前一个滤波器的 −3dB 上截止频率高端等于后一个滤波器的 −3dB 下截止频率低端。滤波器组还需具有相同的放大倍数。

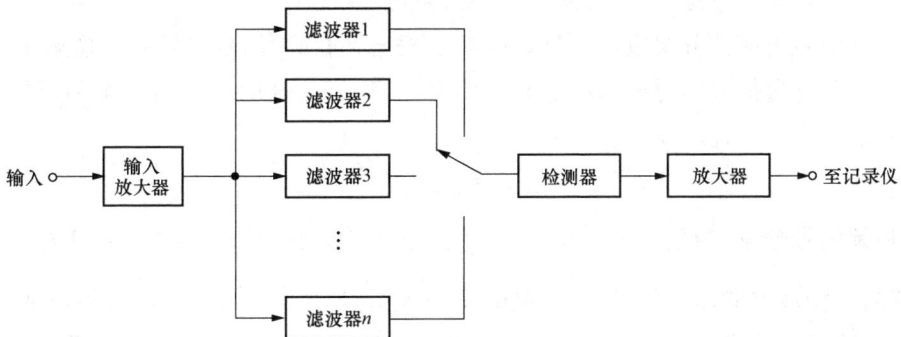

图 4-34 多路滤波器并联式

2. 扫描式

扫描式频率分析仪采用一个中心频率可调的带通滤波，通过改变中心频率使该滤波器的通带跟随所要分析的信号频率范围要求来变化，如图 4-35 所示。

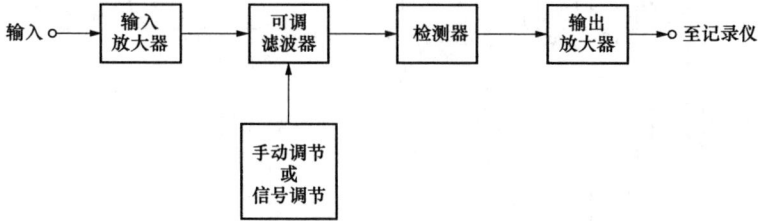

图 4-35 扫描式频率分析仪框图

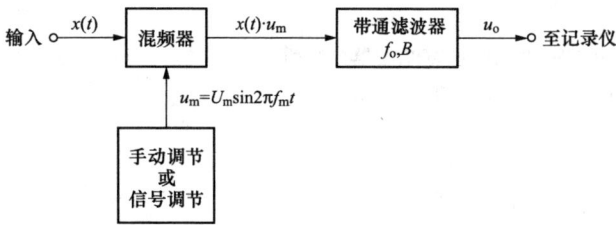

3. 外差式

外差式的原理类似于收音机中的超外差技术。外差式频率分析仪由载波信号发生器、混频器和具有固定中心频率的带通滤波器组成，其电路原理框图如图 4-36 所示。

图 4-36 外差式频率分析仪电路原理框图

设输入信号为

$$x(t) = U_s\sin(2\pi f_s t + \phi_s) + \sum_{i=1}^{\infty}U_i\sin(2\pi f_i t + \phi_i) + n(t) \tag{4.47}$$

第一项 $U_s\sin(2\pi f_s t + \phi_s)$ 为正在分析的频率分量，设为 U_s；第二项 $\sum_{i=1}^{\infty}U_i\sin(2\pi f_i t + \phi_i) + n(t)$ 为待分析的其他分量；第三项 $n(t)$ 为随机噪声。

设载波信号发生器输出

$$u_m = U_m\sin 2\pi f_m t \tag{4.48}$$

当与输入信号中的分量混频时，有

$$\begin{aligned}u_m u_s &= U_m U_s\sin(2\pi f_s t + \phi_s)\sin 2\pi f_m t \\ &= \frac{1}{2}U_m U_s\cos[2\pi(f_m - f_s)t - \phi_s] \\ &\quad - \frac{1}{2}U_m U_s\cos[2\pi(f_m + f_s)t + \phi_s]\end{aligned} \tag{4.49}$$

混频后的信号由两部分组成：一是频率为 $f_m + f_s$ 的和频信号，另一个是频率为 $f_m - f_s$ 的差频信号。两分量信号同时输入中心频率为 f_o、带宽为 B 的滤波器，若调谐信号发生器的频率 f_m 使 $f_m + f_s = f_o$，即

$$f_m = f_o - f_s \tag{4.50}$$

只有和频信号分量 $\frac{1}{2}U_m U_s\cos[2\pi(f_s + f_m)t + \phi_s]$ 能通过该滤波器。由于载波信号幅值 U_m 是不变的，滤波器的输出信号 u_o 中保留了输入信号 u_s 的幅值 U_s 和初相位 ϕ_s 信息，原信号频率 f_s 被置换成滤波器中心频率 f_o，输出 u_o 被送入检测器进行幅值检测和显示。

由于滤波器带宽为 B，只有下述频率范围内的信号分量

$$f_{s} - \frac{B}{2} \leqslant f \leqslant f_{s} + \frac{B}{2} \qquad (4.51)$$

经混频后落在滤波器通带 $f_{\circ} \pm \dfrac{B}{2}$ 之内才可通过。

§4.4 数字信号初步处理

数字信号处理（digital signal processing）是利用计算机或专用信号处理设备，以数值计算的方法对信号做采集、变换、综合、估值与识别等处理。数字信号处理的目的是对真实世界的连续模拟信号进行测量或滤波。因此，在进行数字信号处理之前需要将信号从模拟域转换到数字域，这通常通过模数转换器实现，而数字信号处理的输出经常也要变换到模拟域，这是通过数模转换器实现的。

4.4.1 离散傅里叶变换

傅里叶变换（DFT）就是在以时间为自变量的信号和以频率为自变量的频谱函数之间的一种变换关系。这种变换关系同样可以应用于其他的物理或数学的各种问题中，并且可以采用其他形式的变量。对于一个非周期的连续时间信号 $x(t)$ 来说，它的傅里叶变换应该是一个连续的频谱 $X(f)$，其运算公式为

$$X(f) = \int_{-\infty}^{+\infty} x(t) e^{-j\omega t} dt \qquad (4.52)$$

其逆变换为

$$x(t) = \frac{1}{2\pi} \int_{-\infty}^{+\infty} X(\omega) e^{j\omega t} d\omega \qquad (4.53)$$

这是熟悉的非周期连续时间信号及其频谱间的变换对，从其时间函数及其变换函数的形式可以看出，时域的连续函数造成频域的非周期谱，时域的非周期性造成频域的连续谱，结果得到一非周期连续时间函数对应于一非周期连续频谱变换函数。

对于无限连续信号的傅里叶变换共有以下四种情况：

（1）对于非周期连续信号 $x(t)$，频谱 $X(f)$ 是连续谱。

（2）对于周期连续信号，傅里叶变换转变为傅里叶级数，因而其频谱是离散的。

（3）对于非周期离散信号，其傅里叶变换是一个周期性的连续频谱。

（4）对于周期离散的时间序列，其频谱也是周期离散的。

其时域和频域曲线如图 4-37 所示。

总结以上四种傅里叶变换的情况，可以得如下结论：若 $x(t)$ 是周期的，频域中 $X(f)$ 必然是离散的，反之亦然；若 $x(t)$ 是非周期的，则 $X(f)$ 一定是连续的，反之亦然。第四种亦即时域和频域都是周期离散的信号，给我们利用计算机实施频谱分析提供了一种可能性。对这种信号的傅里叶变换，我们只需取其时域上一个周期（N 个采样点）和频域一个周期（同样为 N 个采样点）进行分析，便可了解该信号的全部过程。

当使用计算机对信号进行频谱分析时，要求信号必须以离散值作为输入，而计算机输出所得的频谱值自然也是离散的。所以，上述的四种情况，只有第四种形式对于数字信号处理有实用价值。要使用前三种形式都必须在频域或者时域上进行采样，最终获取第四种形式——离散傅里叶级数形式。

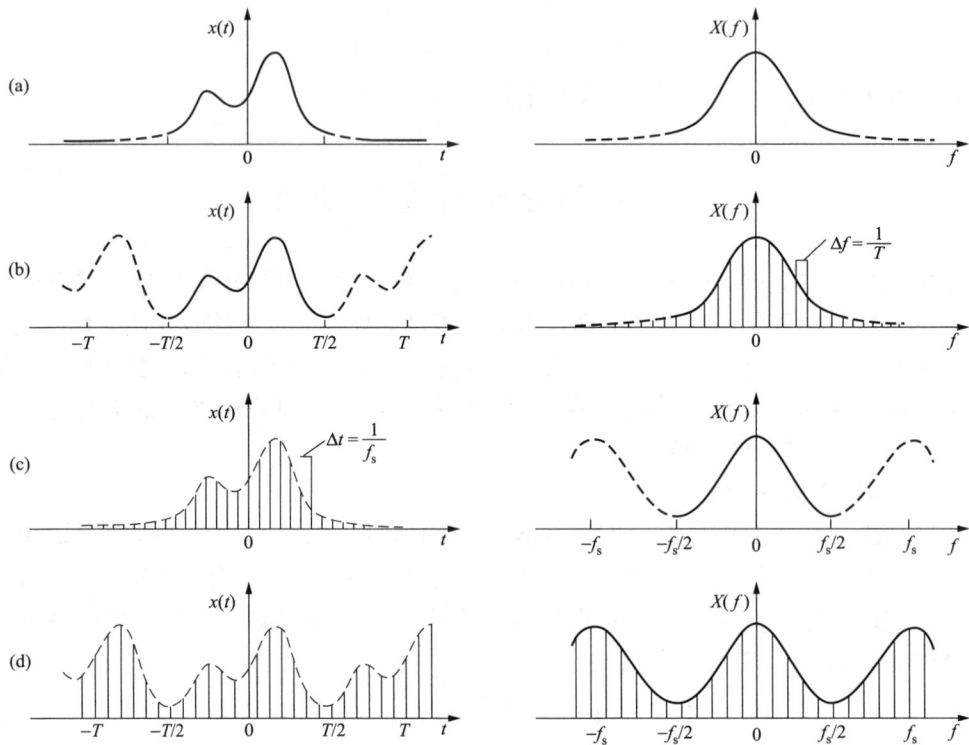

图 4 - 37　傅里叶变换的几种类型
(a) 非周期连续；(b) 周期连续；(c) 非周期离散；(d) 周期离散

离散傅里叶级数仍是周期序列，不便于计算机计算。但是离散傅里叶级数虽然是周期序列但是却只有有限个独立的重复值，只要知道它的一个周期的内容就可以得到整个序列的内容了。

对有限长度的离散时域或频域信号序列进行傅里叶变换或逆变换，得到同样为有限长度的离散频域或时域信号序列的方法，便称为离散傅里叶变换（Digital Fourier Transform，DFT）或其逆变换（IDFT）。离散傅里叶变换如下

$$X(k) = \sum_{n=0}^{N-1} x(n)e^{-j\frac{2\pi}{N}nk} = \sum_{n=0}^{N-1} x(n)W_N^{nk} \tag{4.54}$$

其逆变换为

$$x(n) = \frac{1}{N}\sum_{k=0}^{N-1} X(k)e^{j\frac{2\pi}{N}nk} = \frac{1}{N}\sum_{k=0}^{N-1} X(k)W_N^{-nk} \tag{4.55}$$

式中：$W_N = e^{-j\frac{2\pi}{N}}$。$x(n)$ 和 $x(k)$ 分别为 $\hat{x}(n\Delta t)$ 和 $\hat{X}(kf_0)$ 的一个周期，此处将 Δt 和 f_0 均为归一化变量。

离散傅里叶变换可以看成是连续函数在时域和频域取样构成的比变换，可以对任意连续的时域信号进行采样和截断并对其作离散傅里叶变换的运算，得到离散的频谱，该频谱的包络就是对原连续信号真正频谱的估计。而经过变换的有限长序列，便于计算机的计算，这样对连续函数的处理就可以用离散采样来替代了。

离散傅里叶变换主要包含以下三个过程：时域采样（sampling in t-domain）、时域截断（truncation in t-domain）、频域采样（sampling in f-domain），如图 4 - 38 所示。

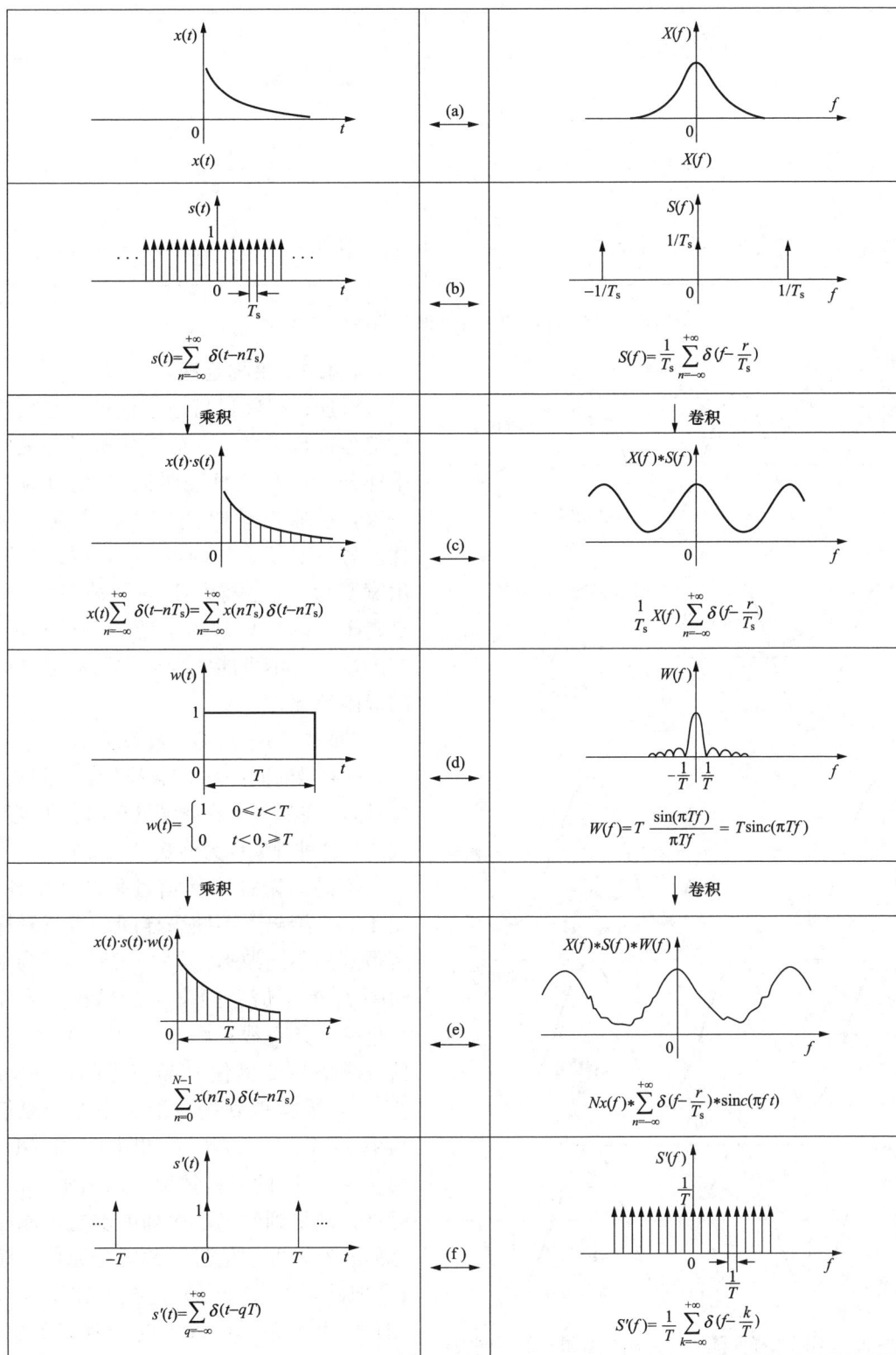

	(a)	
$x(t)$		$X(f)$

$$s(t)=\sum_{n=-\infty}^{+\infty}\delta(t-nT_{s})$$ (b) $$S(f)=\frac{1}{T_{s}}\sum_{n=-\infty}^{+\infty}\delta\left(f-\frac{r}{T_{s}}\right)$$

↓ 乘积　　　　　　　↓ 卷积

$$x(t)\sum_{n=-\infty}^{+\infty}\delta(t-nT_{s})=\sum_{n=-\infty}^{+\infty}x(nT_{s})\,\delta(t-nT_{s})$$ (c) $$\frac{1}{T_{s}}X(f)\sum_{n=-\infty}^{+\infty}\delta\left(f-\frac{r}{T_{s}}\right)$$

$$w(t)=\begin{cases}1 & 0\leqslant t<T\\0 & t<0,\geqslant T\end{cases}$$ (d) $$W(f)=T\frac{\sin(\pi Tf)}{\pi Tf}=T\mathrm{sinc}(\pi Tf)$$

↓ 乘积　　　　　　　↓ 卷积

$$\sum_{n=0}^{N-1}x(nT_{s})\,\delta(t-nT_{s})$$ (e) $$Nx(f)*\sum_{n=-\infty}^{+\infty}\delta\left(f-\frac{r}{T_{s}}\right)*\mathrm{sinc}(\pi ft)$$

$$s'(t)=\sum_{q=-\infty}^{+\infty}\delta(t-qT)$$ (f) $$S'(f)=\frac{1}{T}\sum_{k=-\infty}^{+\infty}\delta\left(f-\frac{k}{T}\right)$$

图 4 - 38　离散傅里叶变换的图解过程（一）

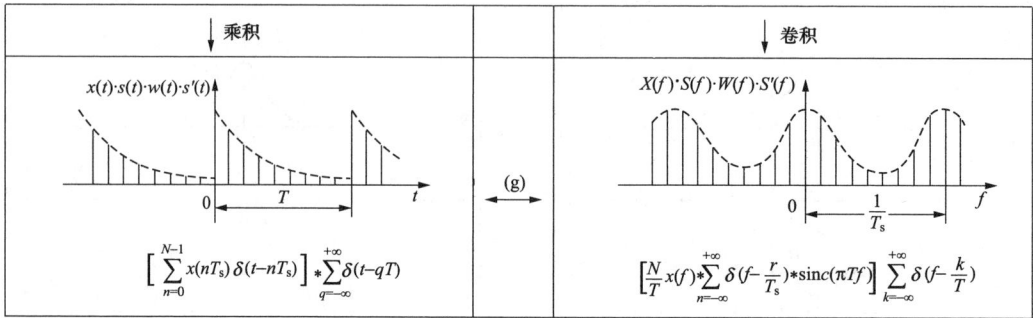

乘积	(g)	卷积

图 4-38　离散傅里叶变换的图解过程（二）

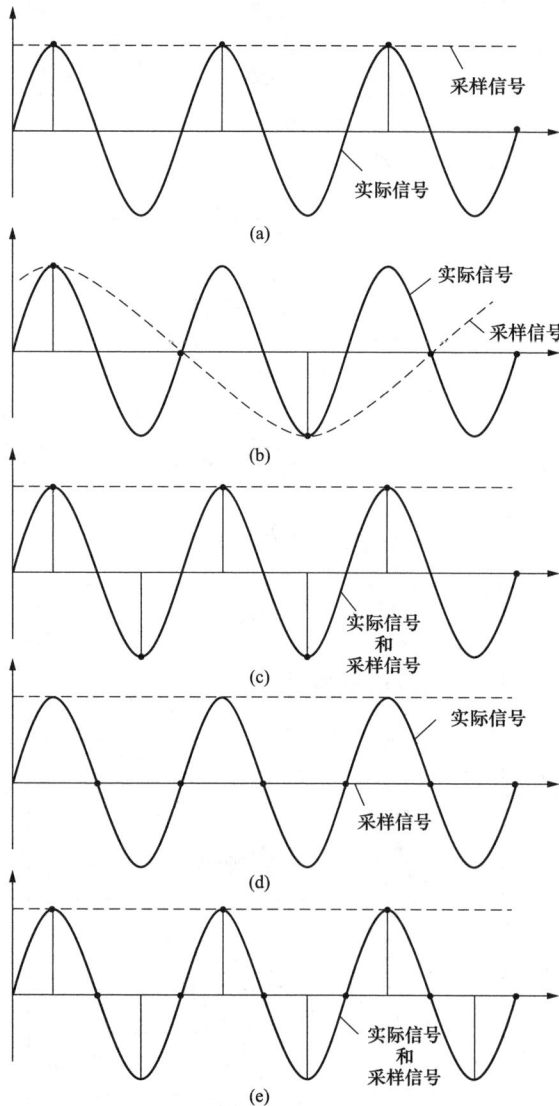

图 4-39　不同采样间隔进行采样时所得到的不同波形
(a) $f_s = f$；(b) $2f > f_s > f$；(c) $f_s = 2f$；
(d) $f_s = 2f$；(e) $f_s > 2f$

4.4.2　采样定理

对连续时间进行数字处理，必须首先对信号进行采样。一般选用电子开关作为采样开关，开关每隔时间 T 短暂地闭合一次，接通持续时间信号，实现一次采样。若每次闭合的时间为 t，则采样器输出宽度为 t，间隔为 T 的脉冲串。一般 t 是趋于零的，只是为了便于分析和记录，实际取样时不可能实现取样脉冲宽度为零的极限情况。

若采样率过低即采样间隔大，即 T 过大，则离散时间序列可能不能真正反映原始信号的波形特征，在频域处理时会出现频率混淆，这种现象称为混叠（Aliasing）。

不同的采样率使信号采样结果各异。图 4-39 给出了不同采样间隔进行采样时所得到的不同波形。图 4-39（a）为采样频率 f_s 等于信息频率 f 的情况，采样的结果是一条直线；图 4-39（b）中 f_s 在信号频率和 2 倍信号频率之间，即 $2f > f_s > f$，采样得到的波形频率低于原信号频率 f；图 4-39（c）和图 4-39（d）均为 $f_s = 2f$ 时的采样情况，从图 4-39（c）可见，被采到的离散序列能够复现原始信号的波形，即期信号频率等于原信号频率 f，但同样是 $f_s = 2f$ 情况，在图 4-39（d）中由于采样的起始时间延迟了1/4周期，其采样结果又变成了一条直线；图 4-39（e）为 f_s 大于 2 倍的信号频率的情况，只有 $f_s > 2f$ 时，所得到的采样序列才能正确复现原始信号。

可以看出当 $f_s < 2f$ 时，发生了混叠现象，采样信号与实际信号有着相当大的区别，无法反映出其波形特征。只有当 $f_s > 2f$ 时，才能保证现在信号与实际信号吻合。由图 4-40 可知，为避免混叠发生，要求的采样频率 f_s 必须高于信号频率成分中最高频率 f_{max} 的两倍，即

$$f_s > 2f_{max} \tag{4.56}$$

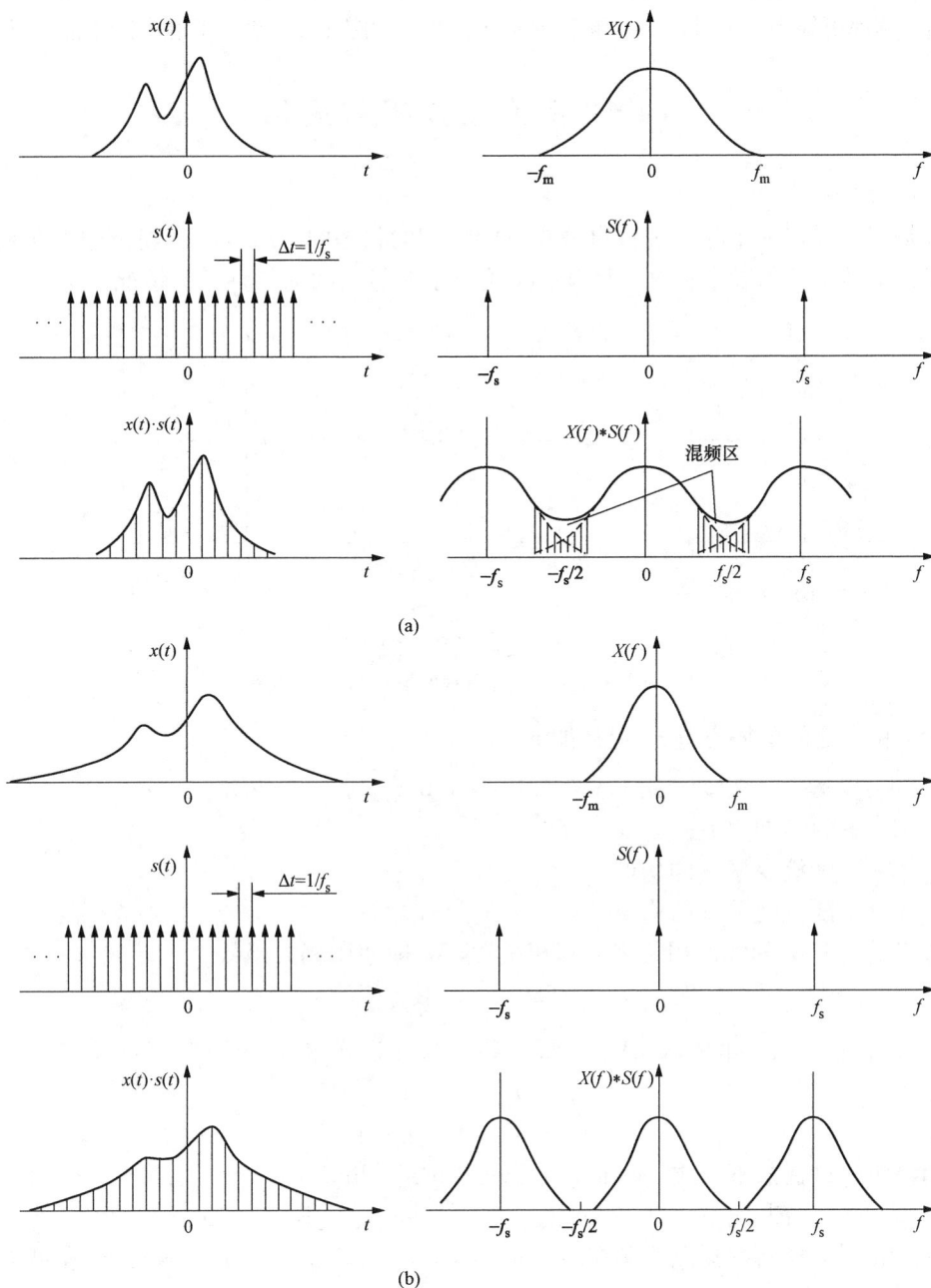

图 4-40 混叠产生的条件

(a) $f_s < 2f_m$ 产生频率混淆；(b) $f_s > 2f_m$ 无频率混淆

这就是著名的香农采样定理（shannon sampling theorem）。

在给定的采样频率 f_s 条件下，信号中能被分辨的最高频率为

$$f_{Nyq} = \frac{f_s}{2} \tag{4.57}$$

这个频率被称为乃奎斯特（Nyquist）频率。只有低于乃奎斯特频率的频率成分才能被精确地采样，亦就是，为避免频率混淆，应使被分析信号的最高频率 f_{max} 低于乃奎斯特频率。由采样定理和乃奎斯特频率可知当频率过低时，混叠现象就会产生。图 4-40 给出了混叠产生的条件。

§4.5 相关性分析与应用

4.5.1 相关

相关是用来描述一个随机过程自身在不同时刻的状态间，或者两个随机过程在某个时刻状态间线性依从关系的数字特征。图 4-41 给出了变量之间的几种相关情况。

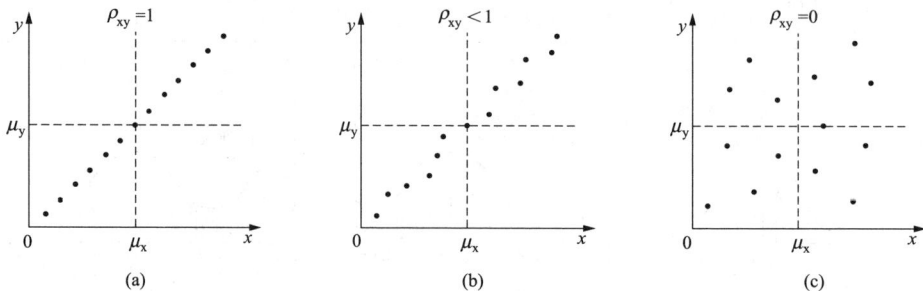

图 4-41　变量 x 和 y 的相关性
（a）精确相关；（b）中等程度相关；（c）不相关

变量 s 和 y 之间的协方差 σ_{xy} 定义如下

$$\sigma_{xy} = E[(x-\mu_x)(y-\mu_y)] = \lim_{N\to\infty} \frac{1}{N}\sum_{i=1}^{N}(x_i-\mu_x)(y_i-\mu_y) \tag{4.58}$$

式中　　E——数学期望值；

$\mu_x = E[x]$——随机变量 x 的均值；

$\mu_y = E[y]$——随机变量 y 的均值。

评价变量 x 和 y 间线性相关程度即相关性，一般使用相关函数 ρ_{xy}

$$\rho_{xy} = \frac{\sigma_{xy}}{\sigma_x\sigma_y} \quad -1\leqslant\rho_{xy}\leqslant 1 \tag{4.59}$$

其中 σ_x、σ_y 分别为 x、y 的标准偏差，而 x 和 y 的方差 σ_x^2 和 σ_y^2 分别为

$$\sigma_x^2 = E[(x-\mu_x)^2] \tag{4.60}$$

$$\sigma_y^2 = E[(x-\mu_y)^2] \tag{4.61}$$

利用柯西—许瓦兹不等式（cauchy-schwarz inequality）

$$E[(x-\mu_x)(y-\mu_y)]^2 \leqslant E[(E-\mu_x)^2]E[(y-\mu_y)^2] \tag{4.62}$$

当 $\rho_{xy}=1$ 时，所有数据点均落在 $y-\mu_y = m(x-\mu_x)$ 的直线上，因此 x、y 两变量是理想的线性相关。

当 $\rho_{xy}=0$ 时，$(x_i-\mu_x)$ 与 $(y_i-\mu_y)$ 的绝对值积之和等于其负积之和，因而其平均积 σ_{xy} 为 0，表示 x、y 之间完全不相关。

当 ρ_{xy} 介于 0~1 之间时，数据点是沿着直线 $y - \mu_y = m(x - \mu_x)$ 分布，但并不是完全落在直线上，表明 x, y 之间有一定的相关性，但是并不是理想的线性相关。

4.5.2 互相关函数与自相关函数

相关函数是指两个信号之间相似性的一种量度。信号可以是确定性的，也可以是随机性的。一般包括互相关函数与自相关函数。

对于各态历经过程，可定义时间变量 $x(t)$ 的自协方差（auto-covariance）函数为

$$
\begin{aligned}
C_x(\tau) &= \lim_{T \to \infty} \frac{1}{T} \int_0^T \{x(t) - \mu_x\}\{x(t + \tau) - \mu_x\} \mathrm{d}t \\
&= R_x(\tau) - \mu_x^2
\end{aligned}
\tag{4.63}
$$

其中

$$
R_x(\tau) = \lim_{T \to \infty} \frac{1}{T} \int_0^T x(t)x(t + \tau) \mathrm{d}t
\tag{4.64}
$$

称为 $x(t)$ 的自相关（auto-correlation）函数。图 4 - 42 （a）给出了典型自相关函数曲线。

相对地可以定义时间变量 $x(t)$ 和 $y(t)$ 的互协方差（cross-covariance）函数为

$$
\begin{aligned}
C_{xy}(\tau) &= E\big[\{x(t) - \mu_x\}\{y(t + \tau) - \mu_y\}\big] \\
&= \lim_{T \to \infty} \frac{1}{T} \int_0^T \{x(t) - \mu_x\}\{y(t + \tau) - \mu_x\} \mathrm{d}t \\
&= R_{xy}(\tau) - \mu_x\mu_y
\end{aligned}
\tag{4.65}
$$

式中

$$
R_{xy}(\tau) = \lim_{T \to \infty} \frac{1}{T} \int_0^T x(t)y(t + \tau) \mathrm{d}t
\tag{4.66}
$$

称为 $x(t)$ 和 $y(t)$ 的互相关（cross-correlation）函数，自变量 τ 称为时移。图 4 - 42 （b）给出了典型互相关函数曲线。

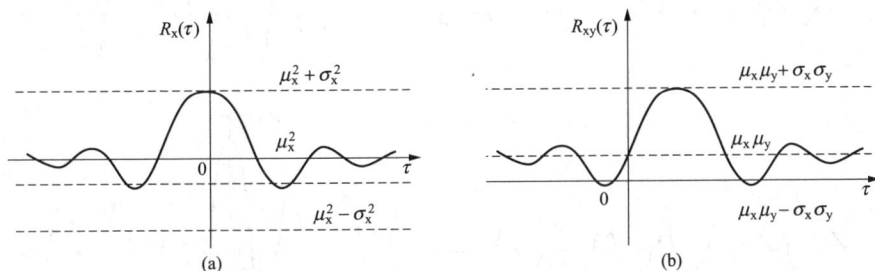

图 4 - 42 典型的自相关函数和互相关函数曲线
(a) 自相关函数曲线；(b) 互相关函数曲线

周期函数的自相关函数仍为周期函数，且两者的频率相同，但丢掉了相角信息。同时，两个信号之间如果频率相同则相关，不同频则不相关。

【例 4 - 1】 求正弦函数 $x(t) = A\sin(\omega t + \varphi)$ 的自相关函数。

解 正弦函数 $x(t)$ 是一个均值为零的各态历经随机过程，其各种平均值可用一个周期内的平均值来表示

$$
\begin{aligned}
R_x(\tau) &= \lim_{T \to \infty} \frac{1}{T} \int_0^T x(t)x(t + \tau) \mathrm{d}t \\
&= \frac{1}{T_0} \int_0^{T_0} A^2 \sin(\omega t + \phi)\sin[\omega(t + \tau) + \phi] \mathrm{d}t
\end{aligned}
\tag{4.67}
$$

令 $\omega t + \varphi = \theta$，则 $\mathrm{d}t = \dfrac{\mathrm{d}\theta}{\mathrm{d}\omega}$，由此得

$$R_{\mathrm{x}}(\tau) = \frac{A^2}{2\pi}\int_0^{2\pi}\sin\theta\sin(\theta+\omega\tau)\mathrm{d}\theta = \frac{A^2}{2}\cos\omega\tau \tag{4.68}$$

根据［例 4 - 1］可知，正弦函数的自相关函数是一个与原函数具有相同频率的余弦函数，它保留了原信号的幅值和频率信息，但失去了原信号的相位信息。

图 4 - 43 给出了几种典型信号的自相关函数曲线。

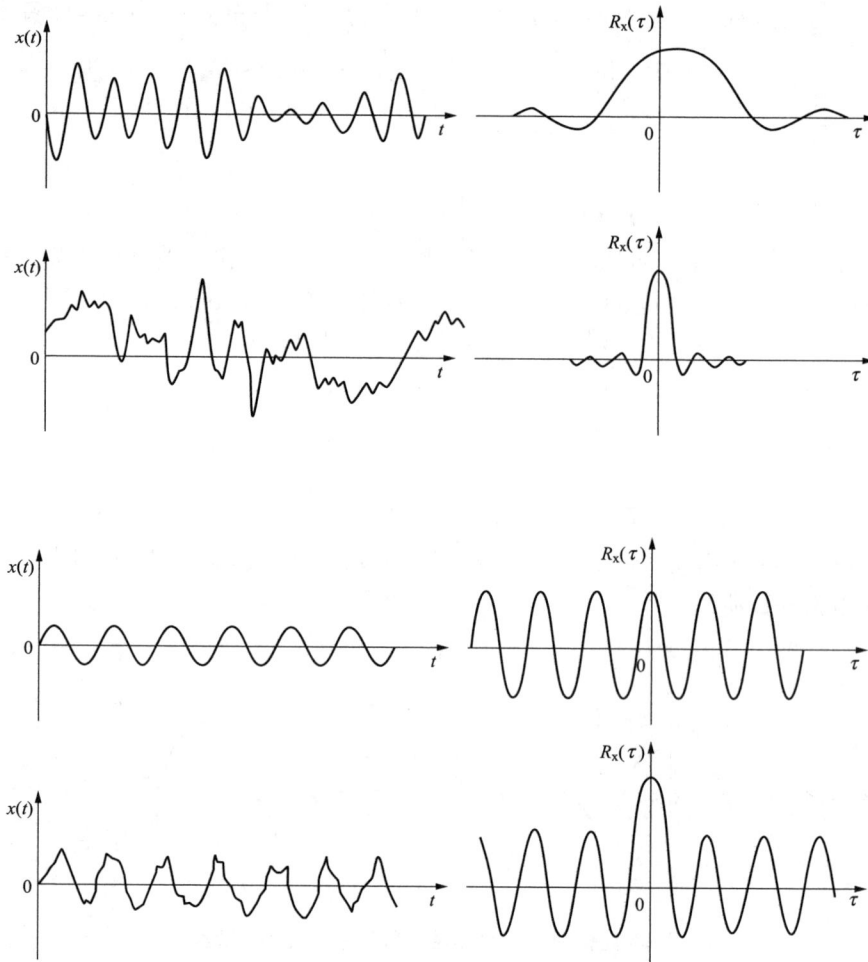

图 4 - 43　典型信号的自相关函数曲线

自相关和互相关函数的估计分别为：$\hat{R}_{\mathrm{x}}(\tau) = \dfrac{1}{T}\displaystyle\int_0^T x(t)x(t+\tau)\mathrm{d}t$ 和 $\hat{R}_{\mathrm{xy}}(\tau) = \dfrac{1}{T}\displaystyle\int_0^T x(t)y(t+\tau)\mathrm{d}t$。这是连续信号的表达式，经过离散化处理后，得到具有有限个数据点 N 的相关函数估计的数字处理表达式则为

$$\hat{R}_{\mathrm{x}}(r) = \frac{1}{N}\sum_{n=0}^{N-1}x(n)x(n+r), r = 0,1,2,\cdots,r < N \tag{4.69}$$

$$\hat{R}_{\mathrm{xy}}(r) = \frac{1}{N}\sum_{n=0}^{N-1}x(n)y(n+r), r = 0,1,2,\cdots,r < N \tag{4.70}$$

4.5.3 相关函数的工程意义及应用

相关函数在工程上有着相当广的应用，可以进行频谱分析、测量距离、测量速度和测量流量等。下面给出了几种工程上的运用的原理图。图 4 - 44 给出了相关滤波频谱分析仪原理框图，图 4 - 45 给出了运用相关法测量声音传播距离的原理图。

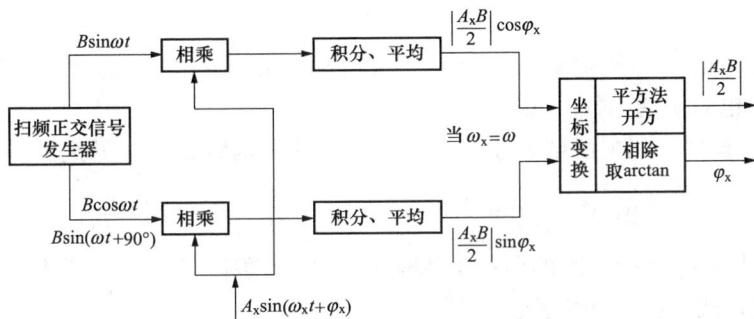

图 4 - 44　相关滤波频谱分析仪原理框图

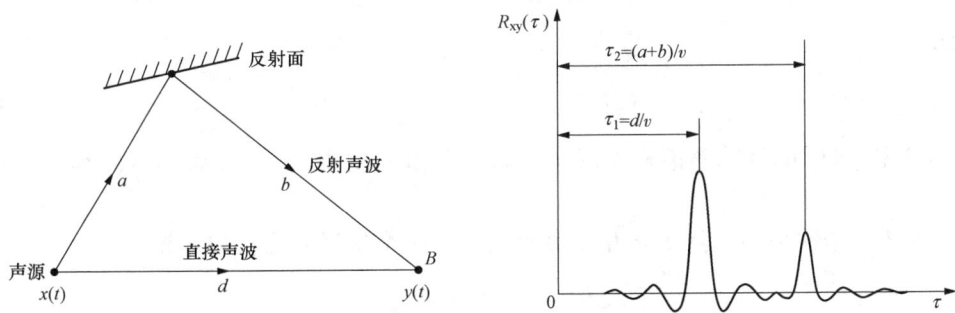

图 4 - 45　运用相关法测量声音传播距离的原理图

§4.6　功率谱分析与应用

4.6.1 自功率谱密度函数

设 $x(t)$ 为一零均值的随机过程，且 $x(t)$ 中无周期性分量，则其自相关函数 $R_x(\tau)$ 在当 $\tau \to \infty$ 时有

$$R_x(\tau \to \infty) = 0 \tag{4.71}$$

该自相关函数 $R_x(\tau)$ 满足傅里叶变换的条件

$$\int_{-\infty}^{\infty} | R_x(\tau) | \, \mathrm{d}\tau < \infty \tag{4.72}$$

对其作傅里叶变换可得

$$S_x(f) = \int_{-\infty}^{\infty} R_x(\tau) \mathrm{e}^{-\mathrm{j}2\pi f \tau} \mathrm{d}\tau \tag{4.73}$$

其逆变换为

$$R_x(\tau) = \int_{-\infty}^{\infty} S_x(f) \mathrm{e}^{\mathrm{j}2\pi f \tau} \mathrm{d}f \tag{4.74}$$

$S_x(f)$ 为 $x(t)$ 的自功率谱密度函数（Auto Power Spectrum），简称自谱或功率谱。当处理复数信号时，采用单边功率谱 $G_x(f)$ 分析；当处理实数信号时，采用双边功率谱 $S_x(f)$ 分析。

功率谱 $S_x(f)$ 与自相关函数 $R_x(\tau)$ 之间是傅里叶变换对的关系，即

$$R_x(\tau) \underset{IFT}{\overset{FT}{\Longleftrightarrow}} S_x(f) \tag{4.75}$$

式（4.73）和式（4.74）称为维纳—辛钦（Wiener-Khintchine）公式。由于 $R_x(\tau)$ 为实偶函数，因此 $S_x(f)$ 也为实偶函数。

当 $\tau=0$ 时，根据自相关函数 $R_x(\tau)$ 和自功率谱密度函数 $S_x(f)$ 的定义，可得

$$R_x(0) = \lim_{T \to \infty} \frac{1}{T} \int_{-\frac{T}{2}}^{\frac{T}{2}} x^2(t) \mathrm{d}t = \int_{-\infty}^{\infty} S_x(f) \mathrm{d}f \tag{4.76}$$

$S_x(f)$ 曲线下面和频率轴所包围的面积即为信号的平均功率。$S_x(f)$ 就是信号的功率谱密度沿频率轴的分布，故也称为功率谱。

4.6.2　互功率谱密度函数

若互相关函数 $R_{xy}(\tau)$ 满足傅里叶变换的条件 $\int_{-\infty}^{\infty} |R_{xy}(\tau)| \mathrm{d}\tau < \infty$，则定义 $R_{xy}(\tau)$ 的傅里叶变换

$$S_{xy}(\tau) = \int_{-\infty}^{\infty} R_{xy}(\tau) \mathrm{e}^{-\mathrm{j}2\pi f t} \mathrm{d}t \tag{4.77}$$

为信号 $x(t)$ 和 $y(t)$ 的互功率谱密度函数，简称互谱密度函数（Cross Power Spectrum）或互谱。

根据维纳—辛钦关系，互谱与互相关函数也是一个傅里叶变换对，即

$$S_{xy}(\tau) = \int_{-\infty}^{\infty} R_{xy}(\tau) \mathrm{e}^{-\mathrm{j}2\pi f t} \mathrm{d}f \tag{4.78}$$

因此 $S_{xy}(f)$ 的傅里叶逆变换为

$$R_{xy}(\tau) = \int_{-\infty}^{\infty} S_{xy}(f) \mathrm{e}^{\mathrm{j}2\pi f \tau} \mathrm{d}f \tag{4.79}$$

定义信号 $x(t)$ 和 $y(t)$ 的互功率为

$$\begin{aligned} P &= \lim_{T \to \infty} \frac{1}{T} \int_{-\frac{T}{2}}^{\frac{T}{2}} x(t) y(t) \mathrm{d}t \\ &= \int_{-\infty}^{\infty} \left[\lim_{T \to \infty} \frac{1}{T} Y(f) \cdot X^*(f) \right] \mathrm{d}f \end{aligned} \tag{4.80}$$

因此互谱和幅值谱的关系为

$$S_{xy}(f) = \lim_{T \to \infty} \frac{1}{T} Y(f) \cdot X^*(f) \tag{4.81}$$

正如 $R_{yx}(\tau) \neq R_{xy}(\tau)$ 一样，当 x 和 y 的顺序调换时，$S_{yx}(\tau) \neq S_{xy}(\tau)$。但根据 $R_{yx}(\tau) = R_{xy}(\tau)$ 及维纳—辛钦关系式，不难证明

$$S_{xy}(-f) = S_{xy}^*(f) = S_{yx}(f) \tag{4.82}$$

其中

$$S_{xy}(f) = \lim_{t \to \infty} \frac{1}{T} X(f) \cdot Y^*(f) \tag{4.83}$$

$S_{xy}(f)$ 也是含正、负频率的双边互谱，实用中也常取只含非负频率的单边互谱 $G_{xy}(f)$，由

此规定

$$G_{xy}(f) = 2S_{xy}(f) \quad f \geqslant 0 \tag{4.84}$$

自谱是 f 的实函数，而互谱则为 f 的复函数，实部 $C_{xy}(f)$ 称为共谱（Cospectrum），虚部 $Q_{xy}(f)$ 称为重谱（Quad Spectrum），即

$$G_{xy}(f) = C_{xy}(f) - jQ_{xy}(f) \tag{4.85}$$

写为幅频和相频的形式

$$\begin{cases} G_{xy}(f) = |G_{xy(f)}| e^{-j\phi_{xy}(f)} \\ |G_{xy}(f)| = \sqrt{C_{xy}^2(f) + Q_{xy}^2(f)} \\ \phi_{xy}(f) = \arctan \dfrac{Q_{xy}(f)}{C_{xy}(f)} \end{cases} \tag{4.86}$$

4.6.3　自谱和互谱的估计

定义功率谱即自谱的估计值

$$\hat{S}_x(f) = \frac{1}{T} |X(f)|^2 \tag{4.87}$$

互谱的估计为

$$\hat{S}_{xy}(f) = \frac{1}{T} X^*(f) \cdot Y(f) \tag{4.88}$$

$$\hat{S}_{yx}(f) = \frac{1}{T} Y^*(f) \cdot X(f) \tag{4.89}$$

4.6.4　工程应用

1. 求取系统的频响（Frequency Response）函数

线性系统的传递函数 $H(s)$ 或频响函数 $H(j\omega)$ 十分重要，在机器故障诊断等多个领域常要用到它。

例如，机器由于其轴承的缺陷而在机器运行中会造成冲击脉冲信号，此时若用安装在机壳外部的加速度传感器来接收时，必须考虑机壳的传递函数。

又如，当信号经过一个复杂系统被传输时，系统各环节的传递函数便必须要加以考虑。

一个线性系统的输出 $y(t)$ 等于其输入 $x(t)$ 和系统的脉冲响应 $h(t)$ 的卷积，即

$$y(t) = x(t) * h(t) \tag{4.90}$$

根据卷积定理，式（4.124）在频域中化为

$$Y(f) = H(f) \cdot X(f) \tag{4.91}$$

式中　$H(f)$——系统的频响函数。

2. 通过自谱和互谱来求取 $H(f)$

对式（4.91）两端乘以各自的复共轭并取期望值有

$$S_y(f) = |H(f)|^2 S_x(f) \tag{4.92}$$

上式反映出输入与输出的功率谱密度和频响函数间的关系，但是式中没有频响函数的相位信息，因此不可能得到系统的相频特性。

如果在式（4.91）两端乘以 $x(f)$ 的复共轭并取期望值，则有

$$Y(f)X^*(f) = H(f) \cdot X(f) \cdot X^*(f) \tag{4.93}$$

$$S_{xy}(f) = H(f) \cdot S_x(f) \tag{4.94}$$

由于 $S_x(f)$ 为实偶函数，因此频响函数的相位变化完全取决于互谱密度函数的相位变

化。式（4.91）将输入、输出的相位关系完全保留了下来，且在这里输入的形式并不一定限制为确定性信号，也可以是随机信号。通常一个测试系统往往受到内部和外部噪声的干扰，从而输出也会带入干扰。输入信号与噪声是独立无关的，因此它们的互相关为零。所以，在用互谱和自谱求取系统频响函数时不会受到系统干扰的影响。

§4.7 数字信号的智能压缩与应用

在传感器的测量系统中，为了精确测量一些动态物理量，需要对传感器输出信号进行高速、高分辨率采样。这样势必会产生大量需要存储的数据，占用很大的存储空间。但在一些传感器测量系统中，存储空间受工艺、成本等因素的限制，十分有限。因此，为了保证测量精度、采样频率、分辨率等指标达到一定要求，对传感器的输出信号进行压缩是十分必要的。

数字信号的压缩技术，就是用最少的数码来表示信号的技术。由于数字化的多媒体信息尤其是数字视频、音频信号的数据量特别庞大，如果不对其进行有效的压缩就难以在实际中应用。因此，数字信号的压缩技术已成为当今传感器技术、数字通信和多媒体娱乐中的一项关键的共性技术。

压缩的理论基础是信息论。从信息论的角度来看，压缩就是去掉信息中的冗余，即保留不确定的信息，去掉确定的信息（可推知的）。也就是用一种更接近信息本质的描述来替代原有的冗余描述。在香农提出的信息论中，他借用物理中度量无序性和混乱度的熵（entropy）来表示系统中各个状态概率分布的程度，即系统不确定性的量度。分布越随机，概率越平均，熵越大。即

$$H(s) = \sum_{s \in S} P(s) \cdot \log_2 \frac{1}{P(s)} \tag{4.95}$$

其中，$P(s)$ 表示 s 信号发生的概率。通过式（4.95）也可以看出概率分布越平均，熵就越大。相对应地，更大的信息熵表示需要更多的编码比特数。实际上熵可以看作信息编码的最小编码率，即压缩的极限编码率。

数字信号中常存在一些多余成分，既冗余度。如在一份计算机文件中，某些符号会重复出现、某些符号比其他符号出现得更频繁、某些字符总是在各数据块中可预见的位置上出现等，这些冗余部分便可在数据编码中除去或减少。冗余度压缩是一个可逆过程，因此叫做无损压缩，或称无失真压、保持型编码等。

数字信号中尤其是相邻的数据之间，常存在着相关性。如图片中常常有色彩均匀的背影，电视信号的相邻两帧之间可能只有少量的变化影物是不同的，声音信号有时具有一定的规律性和周期性等。因此，有可能利用某些变换来尽可能地去掉这些相关性。但这种变换有时会带来不可恢复的损失和误差，因此叫做有损压缩，或称不可逆压缩、有失真编码等。

此外，人们在欣赏音像节目时，由于耳、目对信号的时间变化和幅度变化的感受能力都有一定的极限，如人眼对影视节目有视觉暂留效应，人眼或人耳对低于某一极限的幅度变化已无法感知等，故可将信号中这部分感觉不出的分量压缩掉或"掩蔽掉"。这种压缩方法同样是一种不可逆压缩。

对于数字信号的压缩技术而言，最基本的要求就是要尽量降低数字化的码数，同时仍保

持一定的信号质量。

不难想象，数据压缩的方法应该是很多的，但本质上不外乎上述完全可逆的冗余度压缩和实际上不可逆的熵压缩两类。冗余度压缩常用于磁盘文件、数据通信和气象卫星云图等不允许在压缩过程中有丝毫损失的场合中，但它的压缩比通常只有几倍，远远不能满足数字视听应用的要求。在实际的数字视听设备中，差不多都采用压缩比更高但实际有损的熵压缩技术。

只要作为最终用户的人觉察不出或能够容忍这些失真，就允许对数字音像信号进一步压缩以换取更高的编码效率。熵压缩主要有特征抽取和量化两种方法，指纹的模式识别是前者的典型例子，后者则是一种更通用的熵压缩技术。

4.7.1　常用的压缩编码方法及压缩标准

现有压缩编码的方法有很多，这些编码方法所依据的原理也各不相同。有的压缩编码方法只针对每个数据进行单独处理，不考虑数据间的相关性。这类方法包括脉冲编码调制（pulse code modulation，PCM）、熵编码等。还有一些编码方法旨在去除相邻数据间的相关性和冗余性，只对新的信息进行编码，这类方法称之为预测编码。还有一类变换编码将数据从一个域转换到另一个域，使得大量的信息能用较少的数据来表示，从而达到压缩的目的。这类方法包括离散傅里叶变换、离散余弦变换等。下面主要介绍两种常见的压缩编码方法，霍夫曼编码和行程编码。

（1）霍夫曼编码。霍夫曼编码是由美国计算机科学家大卫·霍夫曼（david albert huffman）于 1952 年攻读博士期间发明的，是一种用于无损数据压缩的熵编码。熵编码，是指对出现的每个不同符号，创建分配一个唯一的前缀码。前缀码是一种可变长度码，并且每个码字都具有前置性，即每个码字都不会被其他码字作为前置部分。霍夫曼编码的原理是，为出现频率更高的字符分配更短的编码。通过这种方式，可以减少平均自信息量，使编码长度趋于信息熵。目前广泛使用的压缩算法都是使用霍夫曼编码作为编码方式的，如文件压缩格式 gzip、PKZIP，以及图片压缩格式 PNG、JPEG 等。

（2）行程编码。行程编码又称游程编码，是一种统计编码。主要技术是检测重复的比特或字符序列，并用它们的出现次数取而代之。行程编码的编码技术相对简单，主要思路是将一个相同值的连续串用一个代表值和串长来代替。例如，有一个字符串"aaabccddddd"，经过行程编码后可以用"3a1b2c5d"来表示。为了达到较好的压缩效果，有时行程编码和其他一些编码方法混合使用。

基于现有的压缩编码方法，国际标准化协会 ISO、国际电子学委员会 IEC、国际电信协会 ITU 等国际组织，于 20 世纪 90 年代领导制定了多个重要的数字信号编解码标准，如 JPEG、MPEG 标准系列等。

（1）JPEG 标准。JPEG（joint photographic experts group，JPEG）标准是 1985 年提出，1992 年正式公布的国际标准。JPEG 是联合图像专家小组的英文缩写。JPEG 压缩编码方法称为 JPEG 算法。JPEG 是一个适用范围广泛的通用标准，也是国际上色彩、灰度、静止图像的第一个国际标准。JPEG 格式主要用于计算机静止图像的压缩，是目前网络上最流行的图像格式，因为其可以把文件压缩到最小的格式，占用空间小，下载速度快。

（2）MPEG 标准系列。MPEG-1 标准是 MPEG 标准系列的第一个音频压缩编码国际标准，1992 年公布。该标准主要用于运动图像及伴音的编码，码率达 1.5Mb/s。是世界上第一个集成视、音频编码标准，第一个只定义解码器（接收机）的标准，第一个独立于视频格式的视频编码，第一个以软件方式制定并含软件实施的标准。主要用于活动图像，如 VCD 等家用数字音像产品。其音频 3 层即 MP3 广泛应用于网络音乐。MPEG-1 视频压缩中主要用到两项基本技术：一种基于 16 块运动补偿，适用于预测编码和插补编码，用于减少帧序列的时间冗余度；一种基于变换域（DCT）的压缩技术，用于减少空间冗余度。

MPEG-2 标准是 1994 年公布的通用的运动图像视、音频编码国际标准。码率可达 9Mb/s。广泛应用于用于活动图像，如数字有线电视、数字机顶盒、DVD 和数字电视的信源编码。MPEG-2 标准的主要技术特点是其将一个或更多的音频、视频或其他的基本数据流合成单个或多个数据流，以适应存储和传送。

MPEG-4 标准是 1999 年形成的一种基于对象的可视和音频对象编码国际标准，视频码率 5Kb/s～5Mb/s，音频编码 2Kb/s～64Kb/s。它包容了以前的 MPEG-1 和 MPEG-2 标准，制定了大范围的级别和框架，广泛应用于数字存储媒体、会议电视/可视电话、数字电视、高清晰度电视、广播、通信、网络等流媒体领域。MPEG-4 标准将众多的多媒体应用集成于一个完整的框架内，旨在为多媒体通信提供标准算法和工具。用于实现视听数据的小编码及更为灵活地存取。

MPEG-7 标准 1997 年开始制订，2001 年达到国际标准。它是一种多媒体内容描述的标准，定义了描述符、描述语言和描述方案，便于对多媒体等内容的处理。应用于数字图书馆、各种多媒体目录业务、广播媒体的选择和对日益庞大的图像、声音信息的管理及其迅速检索。根据功能分为内容描述、内容管理、内容组织、导航和访问以及使用者交互 5 类。

4.7.2 压缩感知技术

压缩感知（compressed sensing），也被称为压缩采样（compressive sampling），稀疏采样（sparse sampling），压缩传感。它作为一个新的采样理论，是通过开发信号的稀疏特性，在远小于 Nyquist 采样率的条件下，用随机采样获取信号的离散样本，然后通过非线性算法重建完美的重建信号。压缩感知理论一经提出，就引起学术界和工业界中包括图像处理、地球科学、光学/微波成像、模式识别、无线通信、生物医学工程等领域的广泛关注，并被美国科技评论评为 2007 年度十大科技进展之一。

1. 压缩感知的基本原理

现代信号处理的一个关键基础是 Shannon 采样理论：一个信号可以无失真重建所要求的离散样本数由其带宽决定。但是 Shannon 采样定理是一个信号重建的充分非必要条件。在过去的几年内，压缩感知作为一个新的采样理论，它可以在远小于 Nyquist 采样率的条件下获取信号的离散样本，保证信号的无失真重建。

在该理论框架下，采样速率不再取决于信号的带宽，而在很大程度上取决于两个基本准则：稀疏性和非相关性，或者稀疏性和等距约束性。压缩感知理论主要包括三部分：

（1）信号的稀疏表示。

（2）设计测量矩阵，要在降低维数的同时保证原始信号 x 的信息损失最小。

（3）设计信号恢复算法，利用 M 个观测值无失真地恢复出长度为 N 的原始信号。

其理论依据包括（见图 4-46）：

（1）设长度为 N 的信号 X 在某个正交基 Ψ 上是 K-稀疏的（即含有 k 个非零值）；

（2）如果能找到一个与 Ψ 不相关（不相干）的观测基 Φ；

（3）用观测基 Φ 观测原信号得到长度 M 的一维测量值 M 个观测值 Y，$K<M\ll N$；

（4）那么就可以利用最优化方法从观测值 Y 中高概率恢复 X。

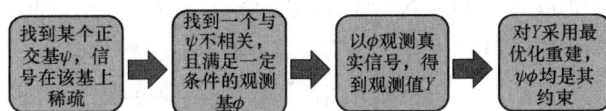

图 4-46　压缩感知的理论依据

下面将讨论压缩感知理论的数学表达，设 x 为长度 N 的一维信号，稀疏度为 k（即含有 k 个非零值），A 为 $M \times N$ 的二维矩阵（$M<N$），$y=\Phi x$ 为长度 M 的一维测量值。压缩感知问题就是已知测量值 y 和测量矩阵 Φ 的基础上，求解欠定方程组 $y=\Phi x$ 得到原信号 x。Φ 的每一行可以看作是一个传感器，它与信号相乘，拾取（acquisition）了信号的一部分信息。而这一部分信息足以代表原信号，并能找到一个算法来高概率恢复原信号。整个过程如图 4-47 所示。

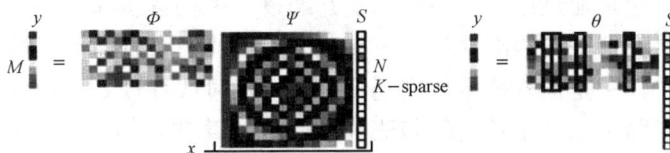

图 4-47　压缩感知过程

一般的自然信号 x 本身并不是稀疏的，需要在某种稀疏基上进行稀疏表示

$$x = \Psi s \tag{4.96}$$

其中 Ψ 为稀疏基矩阵，s 为稀疏系数 [s 只有 K 个是非零值（$K\ll N$）]。则压缩感知方程为

$$y = \Phi x = \Phi \Psi s = s \tag{4.97}$$

将原来的测量矩阵 Φ 变换为 $\theta = \Phi \Psi$（称之为传感矩阵），解出 s 的逼近值 s'，则原信号 $x' = \Psi s'$。

信号的稀疏性可以简单理解为信号中非 0 元素数目较少，或者说大多数系数为 0（或者绝对值较小）。自然界存在的真实信号一般不是绝对稀疏的，而是在某个变换域下近似稀疏，即为可压缩信号。或者说从理论上讲任何信号都具有可压缩性，只要能找到其相应的稀疏表示空间，就可以有效地进行压缩采样。信号的稀疏性或可压缩性是压缩感知的重要前提和理论基础。

如果长度为 N 的信号 x，在变换域 Φ 中只有 K 个系数不为零（或者明显大于其他系数），且 $K\ll N$，那么可以认为信号 x 在 Φ 域中是稀疏的并可称为 K - 稀疏（不是严格的定义）。那么在该域下，如果只保留这 M 个大系数，丢弃其他的系数，则可以减小储存该信号需要的空间，达到了压缩（有损压缩）的目的。同时，以这 M 个系数可以重构原始信号 x，不过一般而言得到的是 x 的一个逼近。故而稀疏表示的意义是：只有信号是 K 稀疏的（且 $K<M\ll N$），才有可能在观测 M 个观测值时，从 K 个较大的系数重建原始长度为 N 的信号。也就是当信号有稀疏展开时，可以丢掉小系数而不会失真。长度为 N 的信号 X 可以用一组基 $\Psi^T = [\Psi_1, \cdots, \Psi_M]$ 的线性组合来表示：$x=\Psi s$，Ψ 为稀疏基（$N \times N$ 矩阵），s 为稀疏系数（N 维向量），当信号 x 在某个基 Ψ 上仅有 $K\ll N$ 个非零系数或远大于零的系数

s 时，称 Ψ 为信号 x 的稀疏基。需要合理地选择稀疏基，使得信号的稀疏系数个数尽可能少。

观测矩阵（也称测量矩阵）$M \times N$（$M \ll N$）是用来对 N 维的原信号进行观测得到 M 维的观测向量 Y，然后可以利用最优化方法从观测值 y 中高概率重构 x。也就是说原信号 X 投影到这个观测矩阵（观测基）上得到新的信号表示 y。观测矩阵的设计目的是采样得到 M 个观测值，并保证从中能重构出长度为 N 的信号 x 或者稀疏基 Ψ 下等价的稀疏系数向量。为了保证能够从观测值准确重构信号，其需要满足一定的限制：观测基矩阵与稀疏基矩阵的乘积满足 RIP 性质（有限等距性质）。这个性质保证了观测矩阵不会把两个不同的 K - 稀疏信号映射到同一个集合中（保证原空间到稀疏空间的一一映射关系），这就要求从观测矩阵中抽取的每 M 个列向量构成的矩阵是非奇异的。从数学上来说，压缩感知就是在一定的条件下求解欠定（不适定）方程，条件包括 x 要是稀疏的，测量矩阵要满足 RIP 条件，那么欠定（不适定）方程就会有很大的概率有唯一解。

目前，压缩感知的重构算法主要分为两大类：

（1）贪婪算法，它是通过选择合适的原子并经过一系列逐步递增的方法实现信号矢量的逼近。此类算法主要包括匹配跟踪算法、正交匹配追踪算法、补空间匹配追踪算法等。

（2）凸优化算法，它是把 0 范数放宽到 1 范数，通过线性规划求解的。此类算法主要包括梯度投影法、基追踪法、最小角度回归法等。凸优化算法比贪婪算法所求的解更加准确，但是需要更高的计算复杂度。

最近几年，对稀疏表示研究的另一个热点是信号在冗余字典下的稀疏分解。这是一种全新的信号表示理论：用超完备的冗余函数库取代基函数，称之为冗余字典，字典中的元素被称为原子。目前信号在冗余字典下的稀疏表示的研究集中在两个方面：一是如何构造一个适合某一类信号的冗余字典，二是如何设计快速有效的稀疏分解算法。目前常用的稀疏分解算法大致可分为匹配追踪和基追踪两大类。

2. 压缩感知技术的应用

压缩感知理论在无线通信、地球科学、生物医学等多个领域得到了高度关注。下面介绍压缩感知的几个潜在应用方向。

在信道编码领域，压缩传感理论中关于稀疏性、随机性和凸最优化的结论可以直接应用于设计快速误差校正编码，这种编码方式在实时传输过程中不受误差的影响。在压缩编码过程中，稀疏表示所需的基对于编码器可能是未知的．然而在压缩传感编码过程中，它只在译码和重构原信号时需要，因此不需考虑它的结构，可以用通用的编码策略进行编码。Haupt 等通过实验表明如果图像是高度可压缩的或者信噪比充分大，即使测量过程存在噪声，压缩传感方法仍可以准确重构图像。

在无线电领域，宽带谱感知技术是认识无线电应用中一个难点和重点。它通过快速寻找监测频段中没有利用的无线频谱，从而为认知无线电用户提供频谱接入机会。传统的滤波器组的宽带检测需要大量的射频前端器件，并且不能灵活调整系统参数。普通的宽带接收电路要求很高的采样率，它给模数转换器带来挑战，其输出的大量数据处理给数字信号处理器带来负担。针对宽带谱感知的难题，将压缩感知方法应用到宽带谱感知中：采用一个宽带数字电路，以较低的频谱获得欠采样的随机样本，然后在数字信号处理器中采用稀疏信号估计算法得到宽带谱感知结果。

在视觉成像领域，运用压缩传感原理，RICE 大学成功研制了单像素压缩数码照相机。设计原理首先是通过光路系统将成像目标投影到一个数字微镜器件上，其反射光由透镜聚焦到单个光敏二极管上，光敏二极管两端的电压值即为一个测量值 y，将此投影操作重复 M 次，得到测量向量，然后用最小全变分算法构建的数字信号处理器重构原始图像。数字微镜器件由数字电压信号控制微镜片的机械运动以实现对入射光线的调整。由于该相机直接获取的是 M 次随机线性测量值而不是获取原始信号的 N（M，N）个像素值，为低像素相机拍摄高质量图像提供了可能。

在医学领域，压缩感知技术可以以少量的 K - space 样本中无失真的重建医学图像。因为需要获取的样本大大减少，从而加快了成像时间，避免了医学成像中长时间获取造成的过量照射、运动伪影等。且当前医学监护中需要采集各种生理信号，连续长时间的无线脑电图监测需要采样、传输、存储和处理大量的数据，导致设备尺寸和功率消耗随之增大，从而破坏设备的便携性，舒适度，适用范围等。压缩感知采用随机欠 Nyquist 采样的方式直接获得信号的压缩样本，用非线性信号估计算法从压缩样本重建信号。它具有采样率低、低功耗、所需存储量小等优点。

在雷达领域，应用压缩感知技术可以实现两个重要改进：在接收端省去脉冲压缩匹配滤波器，同时由于避开了对原始信号的直接采样，降低了接收端对模数转换器件带宽的要求。设计重点可以由传统的设计昂贵的接收端硬件转化为设计新颖的信号恢复算法，从而简化雷达成像系统。

思 考 题

1. 直流电桥的连接形式有哪几种？分别画出其电路原理图。
2. 交流电桥与直流电桥有哪些不同点？
3. 什么是调制？什么是解调？
4. 什么是滤波器？简述滤波器的原理。常见的低通滤波器有哪些？
5. 什么是香农采样定理？
6. 什么是自相关和互相关？

第 5 章 参 数 检 测

§5.1 参数测量的基本原理

在人们对几何量、机械量及其他物理量进行检测中，首先要借助一定的检测手段取得必要的测量数据，然后对所测得的数据进行分析从而获得测量结果。但因测量设备、仪表、测量对象，以及测量方法和测量者本身都不同程度受到本身和周周各种不断变化因素的影响；另外，被测量对测量系统施加作用之后，才能使测量系统给出测量结果，也就是说，测量过程一般都会改变被测对象原有的状态。故测量结果反映的并不是被测对象的真实情况，往往不可避免地总存在测量误差，可以说误差存在于一切科学实验和测量过程中。在科技迅速发展的当今社会，人们对产品的精度要求越来越高，对测量技术的精确度寄以更高的期望，因此研究测量误差，了解其特性，熟悉相应的处理原则，有效地减少和消除测量误差的影响，进而做出相应的科学判断与决策，具有重大的理论意义和实用应用价值。

5.1.1 测量概述

测量是指人们用实验的方法，借助于一定的仪器或设备，将被测量与同性质的单位标准量进行比较，并确定被测量对标准量的倍数，从而获得关于被测量的定量信息。

测量的结果包括数值大小和测量单位两部分。数值的大小可以用数字表示，也可以是曲线或图形。无论表现形式如何，在测量结果中必须注明单位。

还有，测量过程的核心是比较。

5.1.2 测量方法

测量方法是实现测量过程所采用的具体方法，应当根据被测量的性质、特点和测量任务的要求来选择适当的测量方法。按照测量手段可以将测量方法分为直接测量和间接测量；按照获得测量值的方式可以分为偏差式测量、零位式测量和微差式测量；根据传感器是否与被测对象直接接触，可区分为接触式测量和非接触式测量；根据被测对象的变化特点又可分为静态测量和动态测量等。

1. 直接测量与间接测量

（1）直接测量。用事先分度或标定好的测量仪表，直接读取被测量结果的方法称为直接测量。直接测量是工程技术中大量采用的方法，其优点是直观、简便、迅速，但不易达到很高的测量精度。

（2）间接测量。首先，对和被测量有确定函数关系的几个量进行测量，然后，再将测量值代入函数关系式，经过计算得到所需结果。这种测量方法，属于间接测量。测量结果 y 和直接测量值 $x_i (i = 1, 2, 3\cdots)$ 之间的关系式为：$y = f(x_1, x_2, x_3\cdots)$。间接测量手续多、花费时间长，所以当被测量不便于直接测量或没有相应直接测量的仪表时才被采用。

2. 偏差式测量、零位式测量和微差式测量

（1）偏差式测量。在测量过程中，利用测量仪表指针相对于刻度初始点的位移（即偏差）来决定被测量的测量方法，称为偏差式测量。它以间接方式实现被测量和标准量的比较。

　　偏差式测量仪表在进行测量时，一般利用被测量产生的力或力矩，使仪表的弹性元件变形，从而产生一个相反的作用，并一直增大到与被测量所产生的力或力矩相平衡时，弹性元件的变形就停止了，此变形即可通过一定的机构转变成仪表指针相对标尺起点的位移，指针所指示的标尺刻度值就表示了被测量的数值。偏差式测量简单、迅速，但精度不高，这种测量方法广泛应用于工程测量中。

　　（2）零位式测量。用已知的标准量去平衡或抵消被测量的作用，并用指零式仪表来检测测量系统的平衡状态，从而判定被测量值等于已知标准量的方法称作零位式测量。用天平测量物体的质量就是零位式测量的一个简单例子。

　　（3）微差式测量。这是综合零位式测量和偏差式测量的优点而提出的一种测量方法，基本思路是将被测量 x 的大部分作用先与已知标准量 N 的作用相抵消，剩余部分即两者差值 $\Delta = x - N$，这个差值再用偏差法测量。微差式测量中，总是设法使差值 Δ 很小，因此可选用高灵敏度的偏差式仪表即使差值的测量精度不高，最终结果仍可达到较高的精度。

5.1.3　测量误差

　　在检测过程中，被测对象、检测系统、检测方法和检测人员都会受到各种变动因素的影响。并且，对被测量的转换，有时也会改变被测对象原有的状态。这就造成了检测结果和被测量的客观真值之间存在一定的差值。这个差值称为测量误差。测量误差的主要来源可以概括为工具误差、环境误差、方法误差和人员误差等。

　　在分析测量误差时，人们采用的被测量真值是指在确定的时间、地点和状态下，被测量所表现出来的实际大小。一般来说，真值是未知的，所以误差也是未知的。但有些值可以作为真值来使用，例如理论真值，它是理论设计和理论公式的表达值；还有计量学约定真值，它是由国际计量学大会确定的长度、质量、时间等基本单位。

5.1.3.1　误差产生的原因

产生误差的原因多种多样，根据检测系统的各个环节可分类如下：

（1）被检测物理模型的前提条件属于理想条件，与实际检测条件有出入。

（2）测量器件的材料性能或制作方法不佳使检测特性随时间发生劣化。

（3）电气、空气压、油压等动力源的噪声及容量的影响。

（4）检测线路接头之间存在接触电势或接触电阻。

（5）检测系统的惯性，即迟延传递特性不符合检测的目的要求，因此要同时考虑系统静态特性和动态特性。

（6）检测环境的影响，包括温度、气压、振动、辐射等。

（7）不同采样所得测量值的差异造成的误差。

（8）人为地造成误读，包括个人读表偏差、知识和经验的深浅、体力及精神状态等因素。

（9）测量器件进入被测对象，破坏了所要测量的原有状态。

（10）被测对象本身变动大，易受外界干扰以致测量值不稳定等。

5.1.3.2　绝对误差与相对误差

1. 绝对误差

绝对误差是仪表的指示值 x 与被测量的真值 x_0 之间的差值，记作 δ

$$\delta = x - x_0 \qquad (5.1)$$

绝对误差有符号和单位，它的单位与被测量相同。引入绝对误差后，被测量真值可以表示为

$$x_0 = x - \delta = x + c \tag{5.2}$$

式中：c 为误差修正值，含有误差的指示值加上修正值之后，可以消除误差的影响。在计量工作中，通常采用加修正值的方法来保证测量值的准确可靠。修正值可以是数值、曲线、公式或数表等。仪表送上级计量部门检定，其主要目的就是获得一个准确的修正值。

绝对误差越小，说明指示值越接近真值或测量精度越高。但这一结论只适用于被测量值相同的情况，而不能说明不同值的测量精度。例如，某测量长度的仪器，测量 10mm 的长度，绝对误差为 0.001mm；另一仪器测量 200mm 长度，误差为 0.01mm。这就很难按绝对误差的大小来判断测量精度高低了，这是因为后者的绝对误差虽然比前者大，但它相对于被测量的值却显得较小。为此，引入相对误差的概念。

2. 相对误差

相对误差是仪表指示值的绝对误差 δ 与被测量真值 x_0 的比值，常用百分数表示，即

$$r = \frac{\delta}{x_0} \times 100\% = \frac{x - x_0}{x_0} \times 100\% \tag{5.3}$$

相对误差比绝对误差能更好地说明测量的精确程度。在上面的例子中

$$r_1 = \frac{0.001}{10}100\% = 0.01\%$$

$$r_2 = \frac{0.01}{200}100\% = 0.005\%$$

显然，后一种长度测量仪表更精确。

在实际测量中，由于被测量真值是未知的，而指示值又很接近真值。因此，可以用指示值 x 代替真值 x_0 来计算相对误差。

使用相对误差来评定测量精度，也有局限性。它只能说明不同测量结果的准确程度，但不适用于衡量测量仪表本身的质量。因为同一台仪表在整个测量范围内的相对误差不是定值，随着被测量的减小，相对误差变大。为了更合理地评价仪的表质量，采用了引用误差的概念。

引用误差是绝对误差与仪表量程上的比值，通常以百分数表示。引用误差

$$r_0 = \frac{\delta}{L} \times 100\% \tag{5.4}$$

如果以测量仪表整个量程中，可能出现的绝对误差最大值 δ_m 代替 δ，则可得到最大引用误差

$$r_{0m} = \frac{\delta_m}{L} \times 100\% \tag{5.5}$$

对一台确定的仪表或一个检测系统，最大引用误差就是一个定值。

测量仪表一般采用最大引用误差不能超过的允许值作为划分精度等级的尺度。工业仪表常见的精度等级有 0.1、0.2、0.5、1.0、1.5、2.0、2.5、5.0 级。精度密度和精确度等级为 1.0 的仪表，在使用时它的最大引用误差不超过 ±1.0%，也就是说，在整个量程内它的绝对误差最大值不会超过其量程的 ±1%。

在具体测量某个量值时，相对误差可以根据精度等级所确定的最大绝对误差和仪表指示值进行计算。

5.1.3.3 系统误差与随机误差

1. 系统误差

在相同的条件下，多次重复测量同一量时，误差的大小和符号保持不变，或按照一定的规律变化，这种误差称为系统误差。检测装置本身性能不完善、测量方法不完善、测量者对仪器使用不当、环境条件的变化等原因都可能产生系统误差。例如，某仪表刻度盘分度不准确，就会造成读数偏大或偏小，从而产生恒值系统误差；温度、气压等环境条件的变化和仪表电池电压随使用时间的增长而逐渐下降，则可能产生变值系统误差。

2. 随机误差

在相同条件下，多次测量同一量时，其误差的大小和符号以不可预见的方式变化，这种误差称为随机误差。随机误差是测量过程中，许多独立的、微小的，偶然的因素引起的综合结果。

精确度是测量的正确度和精密度的综合反映。精确度高意味着系统误差和随机误差都很小。精确度有时简称为精度。图5-1形象地说明了系统误差、随机误差对测量结果的影响，也说明了正确度、精密度和精确度的含义。

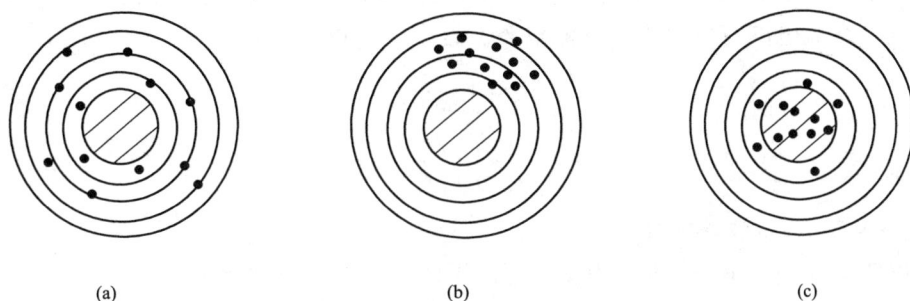

(a)　　　　　　　(b)　　　　　　　(c)

图5-1 系统误差、随机误差对测量结果的影响

图5-1（a）的系统误差较小，正确度较高，但随机误差较大，精密度低；图5-1（b）的系统误差大，正确度较差，但随机误差小，精密度较高；图5-1（c）的系统误差和随机误差都较小，即正确度和精密度都较高，因此精确度高。显然，一切测量都应当力求精密而又正确。

明显歪曲测量结果的误差称粗大误差，又称过失误差。粗大误差主要是人为因素造成的。例如，测量人员工作时疏忽大意，出现了读数错误、记录错误、计算错误或操作不当等；测量方法不恰当，测量条件意外的突然变化，也可能造成粗大误差。含有粗大误差的测量值称为坏值或异常值，应从测量结果中剔除。在实际测量工作中，由于粗大误差的误差数值特别大，容易从测量结果中发现，一经发现有粗大误差，可以认为该次测量无效，测量数据应剔除，从而消除它对测量结果的影响。

§5.2 电 量 测 量

5.2.1 交流信号电压的测量

1. 峰值

周期性交流电信号 $u(t)$ 偏离零电平的最大值称为峰值 U_P（或 U_m）。典型的周期性交流电

信号 $u(t)$ 是正弦信号，不含直流成分的正弦信号为

$$u(t) = U_\text{P}\sin(\omega t) \tag{5.6}$$

这种信号的正负峰值是对称的（相等）。如果交流电信号的正负峰值不对称的（不相等），可以用 $U_\text{P+}$、$U_\text{P-}$ 来分别表示信号的正负峰值。

2. 平均值 U

周期性交流电信号 $u(t)$ 的平均值 $\overline{U}$ 定义为

$$\overline{U} = \frac{1}{T}\int_0^T u(t)\,\text{d}t \tag{5.7}$$

式中：T 为信号的周期。显然，正弦信号的平均值为零。

在电子测量中，经常要测量交流信号检波（整流）后的平均值。交流信号的整流分为全波整流和半波整流两种，全波整流的平均值为

$$\overline{U} = \frac{1}{T}\int_0^T |u(t)|\,\text{d}t \tag{5.8}$$

3. 有效值 U 或 U_rms

如果某个交流电 $u(t)$ 和一个直流电 U 分别加在同一个纯电阻上，当它们产生的焦耳热相等时，这个交流电的有效值等于直流电 U。这个关系可以写成

$$\frac{U^2}{R}T = \int_0^T \frac{u^2(t)}{R}\,\text{d}t$$

$$U = \sqrt{\frac{1}{T}\int_0^T u^2(t)\,\text{d}t} \tag{5.9}$$

4. 波形因数 K_F、波峰因数 K_P

交流电压波形因数 K_F 的定义为该电压的平均值与有效值之比为

$$K_\text{F} = \frac{\overline{U}}{U} \tag{5.10}$$

而交流电压波峰因数 K_P 的定义为该电压的峰值与有效值之比为

$$K_\text{P} = \frac{U_\text{P}}{U} \tag{5.11}$$

不同的电压波形，其 K_F、K_P 亦不相同。了解到一些常见波形的 K_F、K_P，可以利用信号的峰值快速计算的它们有效值及平均值。电压波形与系数关系见表 5-1。

表 5-1　　　　　　　　　　电压波形与系数关系

名称	波形图	波形系数 K_F	波峰系数 K_P	有效值 U	平均值 $\overline{U}$
正弦波			$\sqrt{2}$ 1.414	$\dfrac{A}{\sqrt{2}}$	0
半整流波		$\dfrac{\pi}{2}$ 1.57	2	$\dfrac{A}{2}$	$\dfrac{A}{\pi}$

续表

名称	波形图	波形系数 K_F	波峰系数 K_P	有效值 U	平均值 $\overline{U}$
全整流波		$\dfrac{2\sqrt{2}}{\pi}$	$\sqrt{2}$	$\dfrac{A}{\sqrt{2}}$	$\dfrac{2A}{\pi}$
三角波			$\sqrt{3}$	$\dfrac{A}{\sqrt{3}}$	0
方波			1	A	0
锯齿波		$\dfrac{2}{\sqrt{3}}$	$\sqrt{3}$	$\dfrac{A}{\sqrt{3}}$	$\dfrac{A}{2}$
脉冲波		$\sqrt{\dfrac{t_x}{T}}$	$\sqrt{\dfrac{T}{t_x}}$	$\sqrt{\dfrac{t_y}{T}}\cdot A$	$\dfrac{t_y}{T}\cdot A$

5.2.2　电流的测量

电流的测量方法分为直接测量法和间接测量法。直接测量法是指在被测电流的通路中串入量程适当的电流表进行测量；间接测量法是指把电流转换成电压、频率、磁场强度等物理量进行测量。

1. 直接测量法

直接测量电流的方法通常是在被测电流的通路中串入适当量程的电流表，让被测电流的全部或一部分流过电流表。从电流表上直接读取被测电流值或被测电流分流值。

图 5-2 所示为电流表直接测量示意图，被测电流实际值为

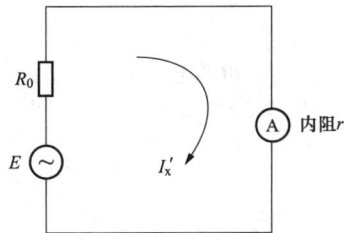

$$I_x = \frac{E}{R_0 + R_L} = \frac{E}{R} \tag{5.12}$$

式中　R_0、R_L——信号源内阻和负载电阻。

在图 5-2 的电路中串一个内阻为 r 的电流表，如图 5-3 所示，则流过电流表的电流为

$$I'_x = \frac{E}{R + r} = \frac{I_x}{1 + r/R} \tag{5.13}$$

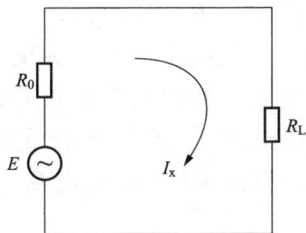

图 5-2　电流表直接测量示意图　　　图 5-3　电流表串接测量示意图

相对测量误差为

$$\delta = \frac{I'_x - I_x}{I_x} = \frac{r}{R+r} \tag{5.14}$$

为使电流表读数值 I'_x 尽可能接近被测电流实际值 I_x，要求电流表内阻 r 尽可能接近于 0。也就是说，电流表内阻越小越好。

$$|\delta| = \frac{r}{R+r} = \frac{1}{R/r+1} \tag{5.15}$$

在串入电流表不方便或没有适当量程的电流表时，可以采取间接测量的方法，把电流转换成电压、频率、磁场强度等物理量进行测量，再根据该测量值与被测电流的对应关系求得电流值。

2. 电流—电压转换法

在被测电流回路中串入很小的标准电阻 r（取样电阻），将被测电流转换为被测电压 U_x。

$$U_x = I'_x r \tag{5.16}$$

当满足条件 $r \ll R$ 时

$$I'_x = \frac{E}{R+r} = \frac{I_x}{1+r/R} \approx I_x \tag{5.17}$$

则 $U_x = I_x r$，或 $I_x = \frac{U_x}{r}$。

若被测电流 I_x 很大，可以直接用高阻抗电压表测量标准电阻两端电压；若被测电流 I_x 较小，应将 U_x 放大到接近电压表量程的适当值后，再由电压表进行测量。电压放大电路应具有极高的输入阻抗和极低的输出阻抗。

串入测量电路的标准电阻 r 要求很小，即满足 $r \ll R$，否则会影响测量结果。

3. 电流—磁场转换法

无论用电流表直接测量电流还是用电流—电压转换法间接测量电流，都需要切断电路接入测量装置。在不允许切断电路或被测电流太大的情况下，可采取通过测量电流所产生的磁场的方法来间接测得该电流的值，例如用霍尔式钳形电流表测量。

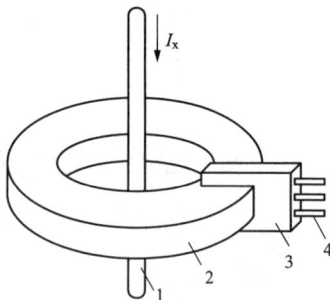

图 5-4 霍尔式钳形电流表
1—冷轧硅钢片圆环；2—被测电流导线；
3—霍尔元件；4—霍尔元件引脚

如图 5-4 所示，作用于霍尔片的磁感应强度 B 为

$$B = K_B \cdot I_x \tag{5.18}$$

式中 K_B——电磁转换灵敏度。

霍尔片输出电压 U_o 为

$$U_o = K_H \cdot I \cdot B = K_H K_B \cdot I \cdot I_x = K \cdot I_x$$

式中 I——霍尔片控制电流；

K_H——霍尔片灵敏度；

K——电流表灵敏度，$K = K_H K_B I$。

若 I_x 为直流，则 U_o 为直流；若 I_x 为交流，则 U_o 为交流。霍尔式钳形电流表可测的最大电流达 100kA 以上，可用来测量输电线上的电流，也可用来测量电子束、离子束等无法用普通电流表直接进行测量的电流。

4. 电流互感器法

采用电流互感器法也可以在不切断电路的情况下，测得电路中的电流，如图 5-5 所示。假设被测电流为 i_1，原边匝数为 N_1，副边匝数为 N_2，则副边电流为

$$i_2 = i_1(N_1/N_2) \qquad (5.19)$$

只要测得副边电流 i_2，就可得知被测电流
（原边电流）的大小。

5.2.3　电功率的测量

在第 3 章里我们学习了霍尔功率传感
器，在这一小节里，我们重点探讨下利用霍
尔传感器测量交流电功率的方法。

图 5-5　电流互感器法

1. 采用瞬时采样法测量交流电功率

随着微型机及单片机运算速度的提高，
以及高速 A/D 转换器的发展，使得直接采用交流采样的方法测量电参数成为可能。尤其是，
在被测波形为非正弦波或正弦波发生畸变的情况下，采用传统的直流采样技术会带来较大的
误差，因此，在高精度电量测量中，可考虑采用交流采样法，测得交流量的真有效值。交
流电功率的计算公式为

$$P = \frac{1}{T}\int_0^T ui\,\mathrm{d}t \qquad (5.20)$$

将其离散化，即在一个周期内采样 N 次，由采集到的瞬时值（以 P 为例）计算，即可
求得被测值

$$P = \frac{1}{N}\sum_{k=1}^{N} u_k \cdot i_k \qquad (5.21)$$

很显然，交流采样法的精度取决于一个周期内的采样点数 N 的多少，N 越大，精度就
越高。若单片机主频为 12MHz，A/D 转换器的转换时间为 μs 级，则 400Hz 的交流波形一
个周期内的采样点数可达几十个，基本可满足精度的要求。

交流瞬时采样原理图如图 5-6 所示。

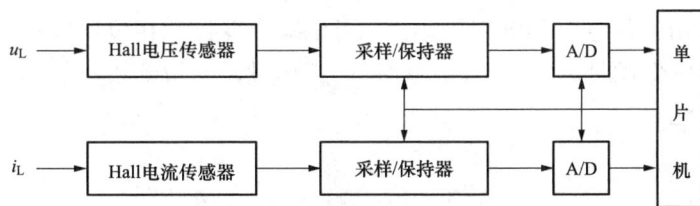

图 5-6　交流瞬时采样原理图

式（5.21）中的采样点数是确定的。但如果被测信号的频率是变化的，若一个周期内的
采样点数仍然固定不变，就会带来较大的测量误差。如频率升高，周期变小，则测得的值将
比实际值偏大；反之，当频率降低，周期变长时，测得的值就会偏小。因此，还需要采用频
率跟踪技术，以确保将一个周期均匀地等分为 N 点，进行瞬时采样，从而保证测量精度。
但这样又增加了系统的软、硬件复杂程度。

2. 采用霍尔传感器和直流采样法测量交流电功率

这一方法是基于正弦交流电有功功率的定义：$P = UI\cos\varphi$，其中，U、I 分别为电压和
电流的有效值，$\cos\varphi$ 为负载功率因数。这一方法的关键问题在于：如何准确测量出 U、I 和
相位差 φ。若采用电磁式电压电流互感器，由于互感器的非理想性，除存在变比误差外，更
主要的是存在较大的相位误差，这就使测得的 φ 值不能真实地反映负载的性质。为此，常采

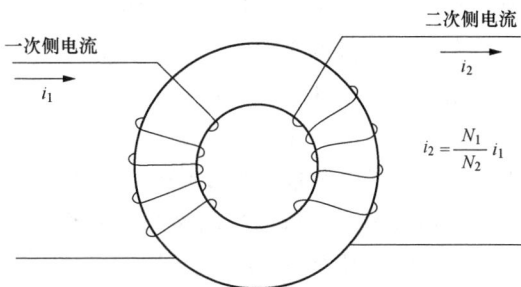

用软件补偿法。但由于互感器的相位误差与其工作状态有关，因此不易得到完全补偿；同时也会加大编制软件的工作量。

直流采样法测功率原理图如图 5-7 所示。霍尔传感器不仅可以不失真地传递原边的波形，使相位差的测量精度大大提高，测量原理更为简便；还可以测量从直流到 100kHz 的任意波形的交流量，从而克服了电磁式互感器有特定的额定频率的弊端。交、直流真值转换器可以将正弦波形或任意波形的交流量转换为直流量，且直流输出的大小正比于交流量的有效值，转换精度可达 0.5%。

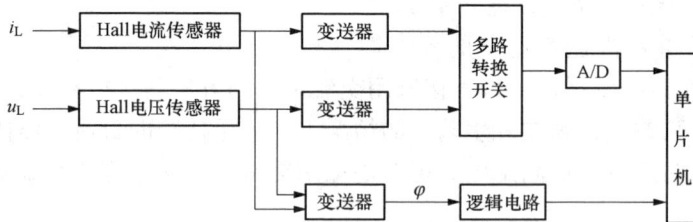

图 5-7　直流采样法测功率原理图

交流电压和电流经霍尔传感器隔离、衰减后，再经变送器转换为直流，直流的大小正比于交流信号的有效值。直流电压经 A/D 变换后存入微计算机。另外，将传感器副边输出的正弦交流信号转换为方波后即可求得电压与电流的相位差 φ，经查表后即可求得功率因数 $\cos\varphi$。

求得 U、I 及 $\cos\varphi$ 后，即可求得有功功率

$$P = UI\cos\varphi \tag{5.22}$$

如要求三相负载的总功率，则可分别测得每相电压、电流的有效值及功率因数，并计算得

$$P = U_a I_a \cos\varphi_a + U_b I_b \cos\varphi_b + U_c I_c \cos\varphi_c \tag{5.23}$$

由上可见，采用霍尔电压和电流传感器，可以减小变比和相位误差；若同时采用直流采样技术，可以大大降低硬件的成本，减小软件的工作量，并得到较高的测量精度，因而这是一种较为实用的方法。

§5.3　位　移　测　量

测量位移的方法很多，现已形成多种位移传感器，而且有向小型化、数字化、智能化方向发展的趋势。位移传感器又称为线性传感器，一般将位移测量分为模拟式测量和数字式测量两大类。在模拟式测量中，需要采用能将位移量转换为电量的传感器。这类传感器发展非常迅速，随着传感器技术及检测方法的进步，几乎包含了从传统到最新型传感器的各种类型。常见的有：电阻式传感器（电位器式和应变式）、电感式传感器（差动电感式和差动变压器式）、电容式传感器（变极距式、变面积式和变介质式）、电涡流式传感器、光电式传感器及光导纤维传感器、超声波传感器、激光及辐射式传感器、薄膜传感器等。将上述传感器与相应的测量电路结合在一起，即组成工程中常用的测量仪器和仪表，如电阻式位移计、电感测微仪、电容测微仪、电涡流测微仪、光电角度检测器、电容液位移计等。各种位移测量仪表的测量范围和测量精度各不相同，使用时应根据检测量任务的不同选择合适的测量方法

和测量仪表。数字式测量方法主要是指在精密数控装置如数控机床和三坐标测量仪等设备中，将直线位移或角度位移转换为脉冲信号输出的测量方法。常用的转换装置有感应同步器（直线式、圆形）、旋转变压器、磁尺（带状、线状、圆形）、光栅（直线式、圆式）和各种脉冲编码器等。

此外，根据传感器的原理和使用方法的不同，位移测量可分为接触式测量和非接触式测量两种方法；根据作用机理的不同，还可分为主动式测量和被动式测量等方法。

用于位移测量的传感器很多，因测量范围的不同，所用传感器也不同。小位移通常采用应变式、电感式、差动变压器式、电容式、霍尔式等传感器，测量精度可以达到0.5%～1.0%，其中电感式和差动变压器式传感器的测量范围要大一些，有些可达到100nm。小位移传感器主要用于测量微小位移，从微米级到毫米级，如进行蠕变测量、振幅测量等。大位移的测量则常采用感应同步器、计量光栅、磁珊、编码器等传感器。这些传感器具有较易实现数字化，测量精度高、抗干扰性能强、避免了人为的读数误差、方便可靠等特点，在测量线位移和角位移的基础上，还可以测量长度、速度等物理量，在检测与自动控制系统中得到广泛应用。表5-2所示为位移传感器类型和主要技术性能。一般来说，在进行位移检测时，要充分利用被测对象所在场合和具备的条件来选择和设计检测方法。

在第3章已经介绍了很多类型的位移传感器，下面举例说明位移传感器的应用。

表5-2 位移传感器类型和主要技术性能

类型			测量范围	准确度	线性度	特点
电阻式	滑线式	线位移	1～300mm	±0.1%	±0.1%	分辨率较好，可用于静态或动态测试，但机械结构不牢固
		角位移	0°～360°			
	变阻式	线位移	1～1000mm	±0.1%	±0.1%	结构牢固、寿命长，但分辨率差、电噪声大
		角位移	0～60rad			
应变式	非粘贴		±0.15%应变	±0.1%	±1%	不牢固
	粘贴		±0.3%应变	±(2～3)%		牢固
	半导体		±0.25%应变	±(2～3)%	满刻度20%	牢固，使用方便，需温度补偿和高绝缘电阻
电感式	自感式变气隙型		±0.2mm	±1%	±3%	只适用于微小位移测量
	螺管型		1.5～2mm		0.15%～1%	测量范围较自感式变气隙型宽，使用方便，动态性能较差
	特大型		200～300mm			
	差动变压器		±(0.08～75)%		±0.5%	分辨力好，受到杂散磁场干扰时需屏蔽
	电涡流式		±(2.5～250mm)	±(1～3)%	<3%	分辨力好，受到测物体材料、形状、加工质量影响
	微动同步器		±10°	±1%	±0.05%	线性误差与变比和测量范围有关
	旋转变压器		±60°		±0.1%	

续表

类型		测量范围	准确度	线性度	特点
电容式	变面积	0.001～100mm	±0.005%	±1%	介电常数受环境湿度、温度的影响
	变间距	0.001～10mm	±1%	±1%	分辨力很好，但测量范围很小，只能在小范围内近似保持线性
霍尔式			±1.5mm	±0.5%	结构简单，动态特性好
感应同步器	直线式	0.001～10⁴mm	2.5μm/250mm		模拟和数字混合式测量系统，数字显示（直线式感应同步器的分辨力可达 1μm）
	旋转式	0°～360°	±5″		
计量光栅	长光栅	0.001～10⁴mm	5μm/1mm		模拟和数字混合式测量系统，数字显示，长光栅分辨力 0.1～1μm
	圆光栅	0°～360°	±5″		
磁场	长磁栅	0.001～10⁴mm	5μm/1mm		模拟和数字混合测量系统，数字显示，长光栅分辨力 0.1～1μm
	圆磁栅	0°～360°	±1″		
角度编码器	非接触式	0°～360°	10^{-5} rad		分辨力好，可靠性高
	接触式	0°～360°	10^{-8} rad		

5.3.1 电阻式位移测量仪及其电路

图 5-8 所示为电阻式位移测量电路图，该电路由测量电桥、差分放大器及 A/D 转换器组成。将绕线电位器或滑线电位器连接成桥形式。电桥的输入电压由 1403 提供，电桥的输出接差分放大器。差分放大器接成电压跟随器，其电路本身的输入电阻远大于运算放大器本身的输入电阻。差分放大器的输入电阻就是 R_L，R_L 和测量电桥电阻的变化 ΔR 相比，可认为是开路。A/D 转换器为 ICL7139，其频率是由外接振荡电路 7555 提供约为 100kHz，调节 R_b（20kΩ）使其振荡频率在大约为 10kHz。7555 的工作电压为 U_+ 与 COM 之间的电压为 2.8V。本测量仪的精度为 0.01mm，可测量 40mm 以下的位移。

5.3.2 差动变压器测位移电路

图 5-9 所示为差动变压器的检测电路，其中 LVDT 为差动变压器。当衔铁在中间位置时，调节使变压器输出为零；当衔铁移动时，输出通过调节、放大，使输出电流与位移成比例变化。

5.3.3 测量角位移电路

图 5-10 所示为将角度传感器用于测量角位移的电路。该电路用于飞机、导弹、船舶、汽车、工业机器人等运动的姿态控制和稳定控制。

电路中，积分电路用于检测角位移；泄漏电阻补偿调节装置在反相或非反相输入端加入一个微小电压，以调整失调电压。

为了使倾斜角传感器能够获得长、短时间的两种正确信号，电路采用了将角速度传感器和精密振子相结合的特殊结构。它一方面利用积分电路将角速度传感器获得的角速度输出电压进行积分，获得位置倾斜角；另一方面将输出电压与振子产生的垂直参考信号相比较，将误差信号输入至时间常数比较大的滤波电路，再将它作为偏正反馈给角速度传感器。

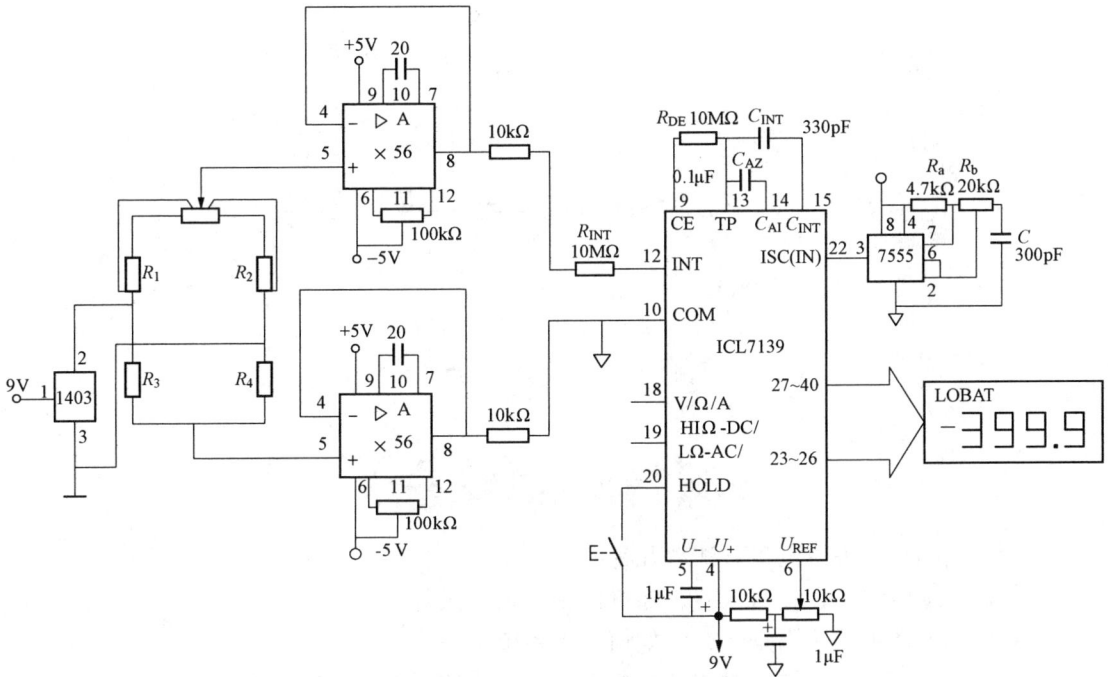

图 5-8　电阻式位移测量电路图

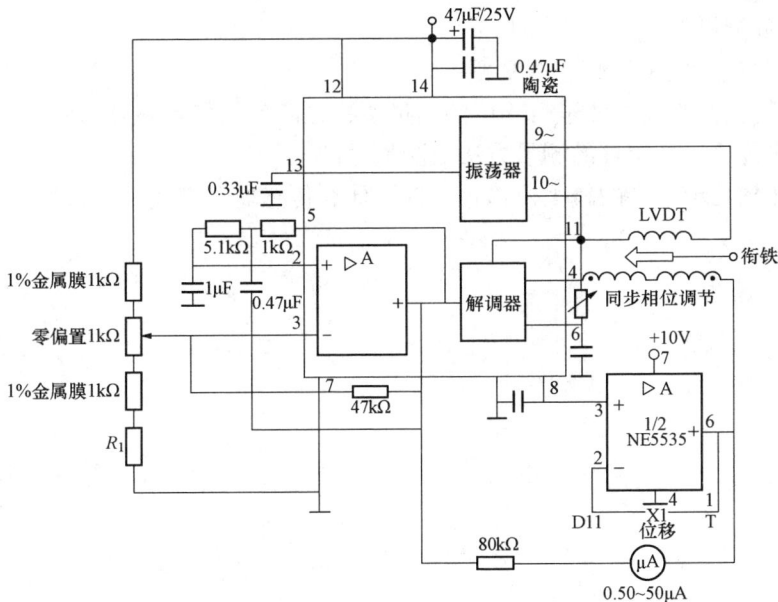

图 5-9　差动变压器的检测电路

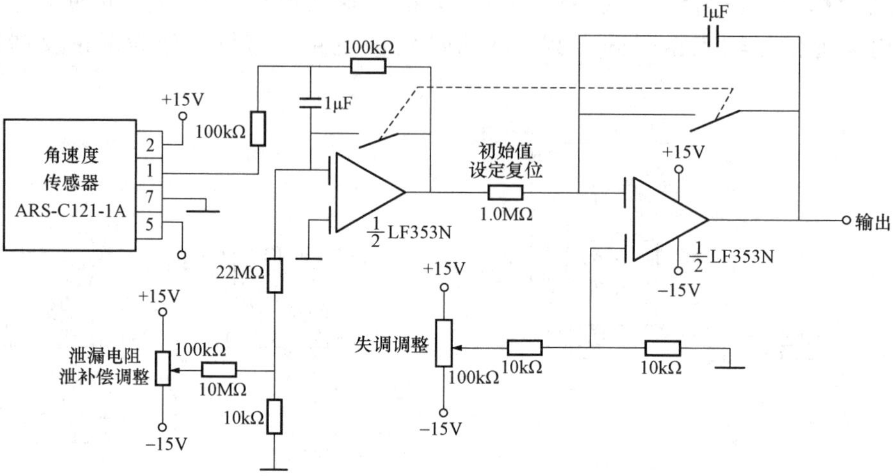

图 5-10　测量角位移电路

§ 思 考 题 §

1. 什么是测量原理？测量方法有几种？
2. 什么是绝对误差、相对误差、随机误差、系统误差？
3. 系统误差产生的原因是什么？如何减小系统误差？
4. 简述测量方法的分类，对比分析各种测量方法的特点以及使用的场合。
5. 简述典型的测量系统的结构。
6. 简述测量系统的分类，以及开环测量与闭环测量系统的区别。
7. 简述参数测量的一般方法。
8. 简述计数法测量频率的基本原理。
9. 什么是物位？为什么要进行物位的测量？物位测量的特点是什么？
10. 简述线位移、角位移的测量方法及测量原理。
11. 测量几到几十毫米的较大位移，可选用什么传感器？简述其工作原理。

第 6 章　传感器智能化的实现

　　智能传感器涉及的数据很多，包括检测到的数据、处理过程的数据和输出结果的数据，主要指输入非电量、输出电量和误差量，其数据处理的功能越来越强大。本章介绍常用的智能传感器实现智能化功能的方法，包括非线性校正、自校准、自补偿、自诊断和噪声的抑制等技术。

§6.1　非线性自校正技术

　　非线性是表征传感器输入—输出校准曲线与所选定的拟合直线（工作直线）之间的吻合（偏离）程度的性能指标。智能传感器能够通过软件等手段来校正由于输入—输出的非线性导致的误差，进而提高系统精度。

　　现在使用的电子传感器中大多数都是半导体工艺制作的，信号处理单元往往希望传感器的输出信号曲线尽可能是线性关系的，但实际情况并非如此，传感器大多数处理的是非线性关系，甚至是非常复杂的非线性关系。智能传感器系统，无论前段传感器输入—输出特性是多么复杂的非线性曲线，如图 6-1（b）所示，它都应该能够自动按照图 6-1（c）所示的反非线性特性进行刻度的转换，使转换后输出与输入呈理想的直线关系，如图 6-1（d）所示。图 6-1（a）是智能传感器系统进行非线性转换的框图。

6.1.1　查表法

　　查表法是一种分段线性插值法。根据精度的要求对非线性曲线进行分段，用若干段折线逼近曲线，如图 6-2 所示，将折点坐标存入数据表中，测量时首先查找出输入被测量 x_i 对应的电压值 u_i 处在哪一段，然后根据斜率进行线性插值，求得输出值 $y_i = x_i$。

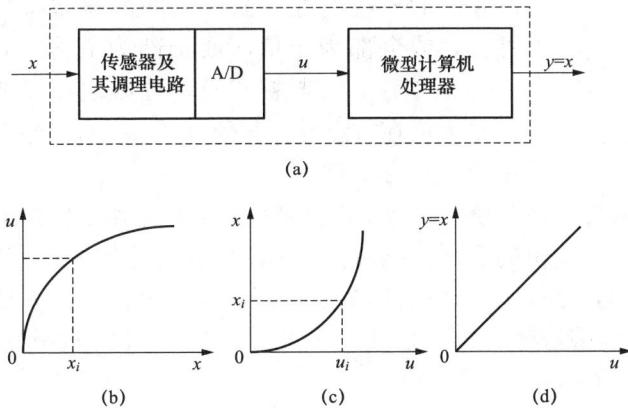

图 6-1　智能传感器系统非线性转换原理图

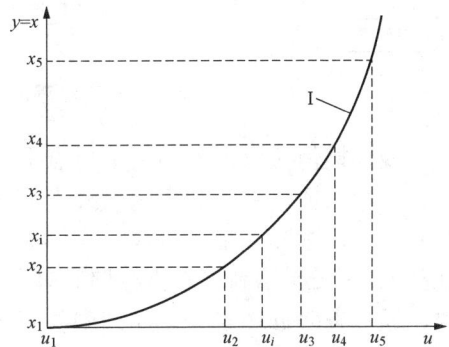

图 6-2　反非线性的折线逼近

　　逼近反非线性特性曲线的折线数量越多，输出值 y_i 越接近实际值，但是程序代码的编写也会越复杂。本节以四段折线逼近反线性特性曲线为例，折点横坐标分别为 u_1、u_2、u_3、

u_4、u_5；纵坐标分别为 x_1、x_2、x_3、x_4、x_5。u_i 在不同线性段对应的输出 x_i 表达式为

第 I 段：
$$y(\text{I}) = x(\text{I}) = x_1 + \frac{x_2 - x_1}{u_2 - u_1}(u_i - u_1)$$

第 II 段：
$$y(\text{II}) = x(\text{II}) = x_2 + \frac{x_3 - x_2}{u_3 - u_2}(u_i - u_2)$$

第 III 段：
$$y(\text{III}) = x(\text{III}) = x_3 + \frac{x_4 - x_3}{u_4 - u_3}(u_i - u_3)$$

第 IV 段：
$$y(\text{IV}) = x(\text{IV}) = x_4 + \frac{x_5 - x_4}{u_5 - u_4}(u_i - u_4)$$

输出 $y = x$ 表达式的通式为

$$y = x = x_k + \frac{x_{k+1} - x_k}{u_{k+1} - u_k}(u_i - u_k) \tag{6.1}$$

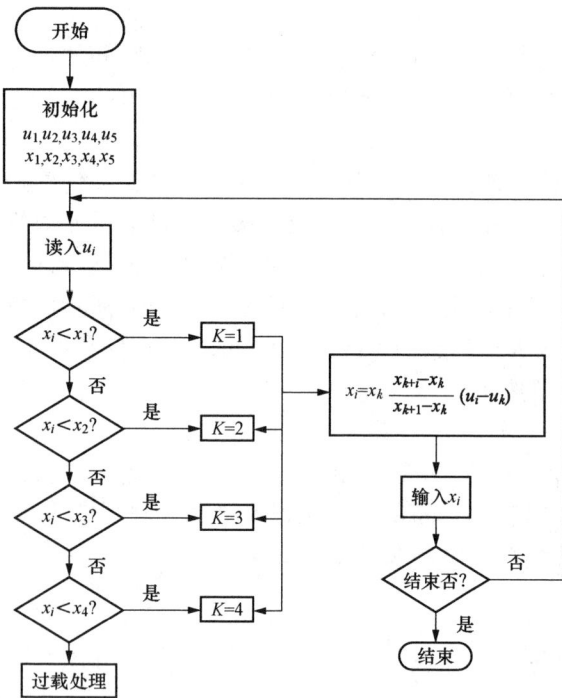

图 6-3　非线性自校正流程图

式中：k 为折点的序数，四条折线有五个折点 $k = 1$，2，3，4，5。图 6-3 所示为由 $x(i)$ 求 u_i 的非线性自校正流程图。

折线与折点的确定有两种方法：Δ 近似法与截线近似法，如图 6-4 所示。不论哪种方法所确定的折线段与折点坐标值都与所要逼近的曲线之间存在误差 Δ。按照精度要求，各点误差 Δi 都不得超过允许的最大误差界限 Δm，即 $\Delta i \leqslant \Delta m$。对于截线近似法，由于利用标定值作为折点，即折点在输入/输出特性曲线上，所以折点处误差很小，而折线段的中部与被逼近的曲线之间的误差最大，这个误差值应该控制在最大允许误差界限 Δm 以内。对于每一段折线，它们与被逼近的曲线之间的误差符号相同，或全部为正值，或全部为负值。对于 Δ 近似法，其与被逼近的曲线之间误差的最大值在折点处，其值在 $\pm \Delta m$ 的误差界限上，且有正有负。

线性插值法仅仅利用两个折点上的信息，精度较低。为了提高精度，可以采用二次插值法。二次插值法就是利用抛物线近似代替区间里的实际曲线 $X = f(u)$。在传感器 $u-x$ 特性曲线中，把输入量 u 分成 n 个均匀区间，这样每个区间的端点 u_i 都对应一个输出 x_i，把这些 $(u_i - x_i)$ 编制成表格存储起来。实际的检测值 (u_i, u_{i+2}) 一定会落在某个区间 (u_i, u_{i+2}) 内，通过查表 u 的自变量序列中位置为 $(0 \leqslant i \leqslant n-2)$，则

$$
\begin{aligned}
x = &\frac{(u - u_{i+1})(u - u_{i+2})}{(u_i - u_{i+1})(u_i - u_{i+2})}x_i + \frac{(u - u_i)(u - u_{i+2})}{(u_{i+1} - u_i)(u_{i+1} - u_{i+2})}x_{i+1} \\
&+ \frac{(u - u_i)(u - u_{i+1})}{(u_{i+2} - u_i)(u_{i+2} - u_{i+1})}x_{i+2}
\end{aligned}
\tag{6.2}
$$

由于在 (u_i, u_{i+2}) 领域内，把信号拟合成抛物线，使得拟合精度与线性插值法相比大大

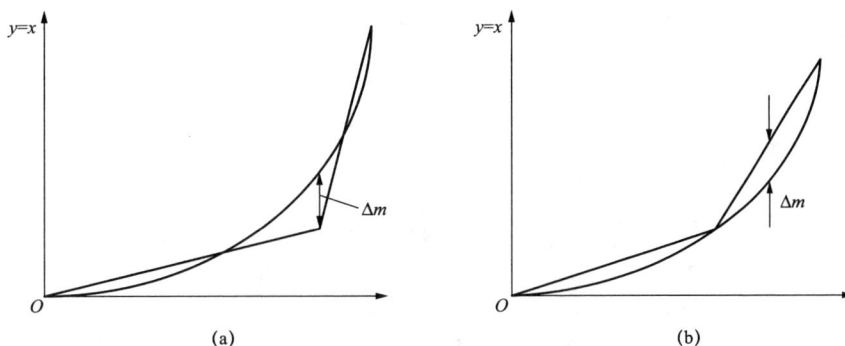

图 6-4　曲线的折线逼近

(a) Δ 近似法；(b) 截线近似法

提高，同时插值点值与插值点前后三个数据有关，与线性插值法相比减小了误差。因此在保证相同的计算精度条件下，可以把变量序列的步长取得相对较大，大大压缩了表格数据的存储。

6.1.2　曲线拟合法

在实际问题中，变量之间的关系可能是某种曲线，此时，变量之间关系的数学表示的确定称为曲线拟合。曲线拟合时，一般可以分成两个步骤：第一，确定函数的类型，具体的方法包括直接判断法、观察法，把这些测量点直接连接起来，根据曲线的形状、特征以及变化趋势，设法给出它们的数学模型，如常见的指数曲线、对数曲线、三角函数、双曲线、幂函数；第二，求解相关函数中的未知参数，一般通过转换变量代换把回归曲线转换成回归直线（例如指数函数 $y = ae^{bx}$ 可通过变量代换 $n=\ln y$，$m=\ln a$，从而变换成为 $n=m+bx$ 的一元线性回归问题），然后用前面介绍的方法进行求解。

曲线拟合是采用 n 次多项式来逼近反非线性曲线，该多项式方程的系数由最小二乘法确定。具体操作如下：

(1) 对传感器及其调理电路进行静态实验标定，得校准曲线。标定点的数据为输入：x_1，x_2，x_3，$\cdots x_n$，输出：u_1，u_2，u_3，$\cdots$，u_n。

(2) 假设反非线性特性曲线的拟合方程为

$$x_i(u_i) = a_0 + a_1 u_i + a_2 u_i^2 + a_3 u_i^3 + \cdots + a_n u_i^n \tag{6.3}$$

其中 n 的数值由所要求的精度确定。如果 $n=3$，则式 (6.3) 得

$$x_i(u_i) = a_0 + a_1 u_i + a_2 u_i^2 + a_3 u_i^3 \tag{6.4}$$

式中　a_0、a_1、a_2、a_3——待求解常数。

(3) 根据最小二乘法原则确定常数 a_0、a_1、a_2、a_3。基本思想是：由式 (6.4) 确定的各个 $x_i(u_i)$ 的值，与各个点的标定值 x_i 的均方差最小，即

$$\sum_{i=1}^{N}[x_i(u_i)-x_i]^2 = \sum_{i=1}^{N}[(a_0+a_1u_i+a_2u_i^2+a_3u_i^3)-x_i]^2$$
$$=最小值 = F(a_0,a_1,a_2,a_3)$$

为了求使函数 $F(a_0,a_1,a_2,a_3)$ 为最小值时的常数 a_0、a_1、a_2、a_3 的值，对函数求导并令其为零，即

令 $\dfrac{\partial F(a_0,a_1,a_2,a_3)}{\partial a_0} = 0$，得

$$\sum_{i=1}^{N}\left[(a_0+a_1u_i+a_2u_i^2+a_3u_i^3)-x_i\right]\times 1 = 0$$

令 $\dfrac{\partial F(a_0,a_1,a_2,a_3)}{\partial a_1} = 0$，得

$$\sum_{i=1}^{N}\left[(a_0+a_1u_i+a_2u_i^2+a_3u_i^3)-x_i\right]\times u_i = 0$$

令 $\dfrac{\partial F(a_0,a_1,a_2,a_3)}{\partial a_2} = 0$，得

$$\sum_{i=1}^{N}\left[(a_0+a_1u_i+a_2u_i^2+a_3u_i^3)-x_i\right]\times u_i^2 = 0$$

令 $\dfrac{\partial F(a_0,a_1,a_2,a_3)}{\partial a_3} = 0$，得

$$\sum_{i=1}^{N}\left[(a_0+a_1u_i+a_2u_i^2+a_3u_i^3)-x_i\right]\times u_i^3 = 0$$

整理后可得矩阵方程

$$\left.\begin{aligned}
a_0N+a_1H+a_2I+a_3J = D\\
a_0H+a_1I+a_2J+a_3K = E\\
a_0I+a_1J+a_2K+a_3L = F\\
a_0J+a_1K+a_2L+a_3M = G
\end{aligned}\right\} \tag{6.5}$$

式中　N——静态实验标定点的个数；

$$H = \sum_{i=1}^{N}u_i。$$

$$I = \sum_{i=1}^{N}u_i^2 ; J = \sum_{i=1}^{N}u_i^3 ; K = \sum_{i=1}^{N}u_i^4 ;$$

$$L = \sum_{i=1}^{N}u_i^5 ; M = \sum_{i=1}^{N}u_i^6 ; D = \sum_{i=1}^{N}x_i ;$$

$$E = \sum_{i=1}^{N}x_iu_i ; F = \sum_{i=1}^{N}x_iu_i^2 ; G = \sum_{i=1}^{N}x_iu_i^3$$

求解式（6.5）可得待定系数 a_0、a_1、a_2、a_3。

$$a_0 = \frac{\begin{vmatrix} D & H & I & J \\ E & I & J & K \\ F & J & K & L \\ G & K & L & M \end{vmatrix}}{\begin{vmatrix} N & H & I & J \\ H & I & J & K \\ I & J & K & L \\ J & K & L & M \end{vmatrix}} ; a_1 = \frac{\begin{vmatrix} N & D & I & J \\ H & E & J & K \\ I & F & K & L \\ J & G & L & M \end{vmatrix}}{\begin{vmatrix} N & H & I & J \\ H & I & J & K \\ I & J & K & L \\ J & K & L & M \end{vmatrix}} ;$$

$$a_2 = \frac{\begin{vmatrix} N & H & D & J \\ H & I & E & K \\ I & J & F & L \\ J & K & G & M \end{vmatrix}}{\begin{vmatrix} N & H & I & J \\ H & I & J & K \\ I & J & K & L \\ J & K & L & M \end{vmatrix}} ; a_3 = \frac{\begin{vmatrix} N & H & I & D \\ H & I & J & E \\ I & J & K & F \\ J & K & L & G \end{vmatrix}}{\begin{vmatrix} N & H & I & J \\ H & I & J & K \\ I & J & K & L \\ J & K & L & M \end{vmatrix}}$$

（4）存储常系数 a_0、a_1、a_2、a_3，并据此求取输入被测量值 x。重写式（6.4）为

$$x(u) = a_0 + a_1 u + a_2 u^2 + a_3 u^3 \tag{6.6}$$

每次只需要将采样值代入式（6.6）中即可求得对应于电压 u 的输入被测值 x。

§6.2　自校零与自校准技术

假设传感器系统经标定实验得到的静态输出/输入：$y = f(x)$ 特性如下所示

$$y = a_1 x + a_0 \tag{6.7}$$

式中　a_0——零位值，即当输入 $x=0$ 时的输出值；

　　　a_1——灵敏度，也称传感器系统的转换增益。

对于一个理想的传感器系统，a_0 与 a_1 应为保持恒定不变的常量。但是实际上，由于各种内在和外在的因素的影响，a_0、a_1 都不可能保持恒定不变。例如，决定放大器增益的外接电阻的阻值就会因温度变化而变化，因此就会引起放大器增益的改变，从而使得传感器系统总增益发生变化，也就是系统总的灵敏度发生改变。设 $a_1 = S + \Delta a_1$，S 为增益的恒定部分，Δa_1 为变化量；设 $a_0 = P + \Delta a_0$，P 为零位值的恒定部分，Δa_0 为变化量，则

$$y = (P + \Delta a_0) + (S + \Delta a_1)x \tag{6.8}$$

式中　Δa_0——零位漂移；

　　　Δa_1——灵敏度漂移。

由式（6.8）可以清楚地知道，由零位漂移将引入零位误差，灵敏度漂移会引入测量误差 $\Delta a_1 x$。

传统的传感器技术追求精心设计、精确制作、严格挑选高质量的材料和元器件，以期将 Δa_1 和 Δa_0，即灵敏度漂移和零位漂移，控制在一定的范围内。但是，这需要以高成本作为代价。

智能传感器系统是传感器与微处理器赋以智能的结合。它能够自动校正因零位漂移、灵敏度漂移而引入的误差。通常而言，采用以下三种方法实现自校准的功能。它们能够实现自校准的范围与自校准的完善程度是不相同的，所采用的标准量也各不相同，但是基本思想都是一致的，都是基于实时校准或者又称为实时标定。

6.2.1　实现自校准功能的方法一

实现自校准功能方法一的原理框图如图 6 - 5 所示，该实时自校准环节不含传感器。标准发生器产生的标准值 U_R、零点标准值与传感器输出量 U_X 为同类属性。例如，传感器输出参量为电压，则标准发生器产生的标准值 U_R 就是标准电压，零点标准值就是低电平。多

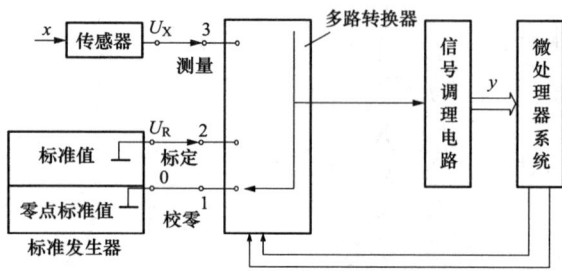

图 6-5　智能传感器系统实现自校准功能原理
框图——方法一（不含传感器自校）

路转换器是可传输电压信号的多路开关。微处理器在每一特定的周期内发送指令，控制多路转换器执行三步测量法，使自校准环节接入不同的输入信号，即：

（1）校零。输入信号为零点标准值，输出值为 $y_0 = a$。

（2）标定。输入信号为标准值 U_R，输出值为 y_R。

（3）测量。输入信号为传感器的输出 U_X，输出值为 y_x。

于是，被校环节的增益可根据式（6.8）得出

$$a_1 = S + \Delta a_1 = \frac{y_R - y_0}{U_R} \tag{6.9}$$

被测量信号 U_X 为

$$U_X = \frac{y_x - y_0}{a_1} = \frac{y_x - y_0}{y_R - y_0} U_R \tag{6.10}$$

可见，这种方法是实时测量零点，实时标定灵敏度或增益 a_1。

对于一个宽量程多增益系统而言，对每挡位增益值都应实时标定进行自校。因此，标准发生器给出的标准值也应有多个，一个增益值就需要设置一个标准值，这样很不方便，必须要采用特殊的方法，才能使用一个标准值对多个增益实时标定自校。

6.2.2　实现自校准功能的方法之二

实现自校准功能的方法二能够实时自校准包含传感器在内的整个传感器系统，其原理框图如图 6-6 所示。如果输入压力传感器的被测目标参量是压力 $p = x$，则由标准压力发生器产生的标准压力 $p_R = x_R$；若传感器测量的是相对大气压 p_B 的压差，那么零点标准值就是 $x_0 = p_B$。多路转转器则是非电型的可传输流体介质的气动多路开关——扫描阀。同样，微处理器在每一特定的周期内发出指令，控制多路转换器执行校零、标定、测量三步测量法，可得全传感器系统的增益/灵敏度 a_1 为

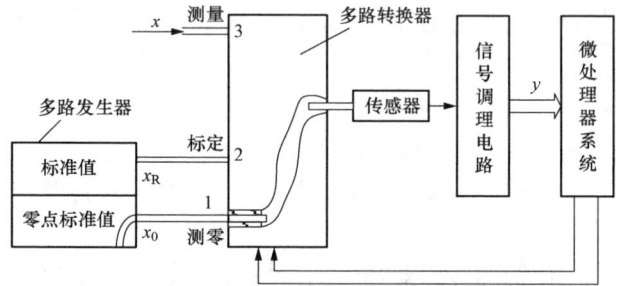

图 6-6　智能传感器系统实现自校准功能原理
框图——方法二（含传感器自校）

$$a_1 = S + \Delta a = \frac{y_R - y_0}{x_R} \tag{6.11}$$

被测目标参量 x 为

$$x = \frac{y_x - y_0}{a_1} = \frac{y_x - y_0}{y_R - y_0} x_R \tag{6.12}$$

式中　y_x——被测目标参量 x 为输入量时的输出值；

　　　y_R——校准值 x_R 为输入量时的输出值；

y_0——零点标准值 x_0 为输入量时的输出值。

整个传感器系统的精度由标准发生器产生的标准值的精度来决定。只要被校系统的各环节，如传感器、放大器、A/D 转换器等，在三步测量法所需时间内保持暂态稳定，那么，在三步测量所需时间间隔之前和之后产生的零点、灵敏度时间漂移、温度漂移等都不会引入测量误差。这种实时在线自校准功能，可以采用低精度的传感器、放大器、A/D 转换器等，达到高精度测量结果的目的。因此，具有自校准功能的智能传感器系统实现了高精度。

综上所述，实现自校准功能的两种方法都要求被校正系统的输出输入特性呈线性，即具有式（6.9）线性方程所描述的特性，这样就仅需要两个标准值（其中之一是零点标准值）就能完善地标定系统的增益/灵敏度。但是，对于输入输出特性呈非线性的系统，只采用两个标准值的三步测量法来进行自校准则是不够完善的。

6.2.3　实现自校准功能的方法之三

由于输出与输入特性出现零点、灵敏度的漂移，如果只按照标定时的输出与输入特性进行读数，就会产生很大误差。如果能在测量当时的工作条件下对传感器系统进行实时在线标定实验，确定出当时的输出/输入特性及其反非线性特性拟合方程式，并按其读数就可以消除干扰的影响。这是智能传感器系统实现自校准功能的最理想的一种方法。为了缩短实时在线标定的时间，标定点数不能够太多，但又要反映出输出输入特性的非线性，则标定点不能够少于三个。因此，要求标准发生器至少提供三个标准值。实时在线自校准功能的实施操作如下：

（1）对传感器系统进行现场、在线及测量前的实时三点标定，即依次输入三个标定值 x_{r1}、x_{r2}、x_{r3}，测得相应输出值 y_{r1}、y_{r2}、y_{r3}。

（2）列出反非线性特性拟合曲线方程

$$x(y) = C_0 + C_1 y + C_2 y^2 \tag{6.13}$$

（3）由标准值求反非线性特性曲线拟合方程的系数 C_0、C_1、C_2，按照最小二乘法原则，即方差最小，即

$$\sum_{i=1}^{3} [(C_0 + C_1 y_{Ri} + C_2 y_{Ri}^2) - x_{Ri}]^2 = F(C_0, C_1, C_2) = 最小$$

根据函数求极值（最小值）条件，令偏导数为零，即

令 $\dfrac{\partial F(C_0, C_1, C_2)}{\partial C_0} = 0$，得

$$\sum_{i=1}^{3} [(C_0 + C_1 y_{Ri} + C_2 y_{Ri}^2) - x_{Ri}] \times 1 = 0$$

令 $\dfrac{\partial F(C_0, C_1, C_2)}{\partial C_1} = 0$，得

$$\sum_{i=1}^{3} [(C_0 + C_1 y_{Ri} + C_2 y_{Ri}^2) - x_{Ri}] \times y_{Ri} = 0$$

令 $\dfrac{\partial F(C_0, C_1, C_2)}{\partial C_2} = 0$，得

$$\sum_{i=1}^{3} [(C_0 + C_1 y_{Ri} + C_2 y_{Ri}^2) - x_{Ri}] \times y_{Ri}^2 = 0$$

整理后得到矩阵方程

$$\left. \begin{array}{l} C_0 N + C_1 P + C_2 Q = D \\ C_0 P + C_1 Q + C_2 R = E \\ C_0 Q + C_1 R + C_2 S = D \end{array} \right\} \tag{6.14}$$

式中：$N=3$，为在线实时标定点个数。

$$P = \sum_{i=1}^{3} y_{Ri}; Q = \sum_{i=1}^{3} y_{Ri}^2; R = \sum_{i=1}^{3} y_{Ri}^3;$$

$$S = \sum_{i=1}^{3} y_{Ri}^4; D = \sum_{i=1}^{3} x_{Ri}; E = \sum_{i=1}^{3} x_{Ri}y_{Ri};$$

$$F = \sum_{i=1}^{3} x_{Ri}y_{Ri}^2$$

由标定值计算出 P、Q、R、S、D、E、F 后，解式（6.14）矩阵方程可得待定常系数 C_0、C_1、C_2 的表达式

$$C_0 = \frac{\begin{vmatrix} D & P & Q \\ E & Q & R \\ F & R & S \end{vmatrix}}{\begin{vmatrix} N & P & Q \\ P & Q & R \\ Q & R & S \end{vmatrix}}; C_1 = \frac{\begin{vmatrix} N & D & Q \\ P & E & R \\ Q & F & S \end{vmatrix}}{\begin{vmatrix} N & P & Q \\ P & Q & R \\ Q & R & S \end{vmatrix}}; C_2 = \frac{\begin{vmatrix} N & P & D \\ P & Q & E \\ Q & R & F \end{vmatrix}}{\begin{vmatrix} N & P & Q \\ P & Q & R \\ Q & R & S \end{vmatrix}}$$

已知 C_0、C_1、C_2 数值后，反非线性特性拟合方程式（6.13）即被确定，这时智能传感器系统可由转换开关转向测量状态，按照式（6.13）求出输出值 $x(y)$ 即代表系统测出的输入待测目标参量 x。因此，只要传感器系统在实时标定与测量期间保持输出/输入特性不变，传感器系统的测量精度就取决于实时标定的精度，其他任何时间特性的漂移带来的不稳定性都不会引入误差。

§6.3　噪声抑制技术

传感器获取的信号中常常夹杂着噪声及各种干扰信号。作为智能传感器系统，不仅具有获取信息的功能，而且还具有信息处理的功能，以便从噪声中自动准确地提取表征被检测对象特征的定量有用信息。如果信号和噪声的频谱不重合，则可用滤波器消除噪声；当信号和噪声频带重叠或噪声的幅值比信号大时就采用其他的噪声抑制方法来消除噪声。

6.3.1　干扰与噪声

1. 干扰与噪声的区别

噪声是绝对的，它的产生或存在不受接收者的影响；是独立的，与有用信号无关。干扰是相对有用信号而言的，只有噪声达到一定数值，并和有用信号一起进入仪器并影响其正常工作才形成干扰。

噪声与干扰是因果关系，噪声是干扰之因，干扰是噪声之果，是一个量变到质变的过程。

干扰在满足一定条件时才可以消除，噪声在一般情况下难以消除只能抑制。

2. 形成干扰的三个因素

噪声形成干扰必须具备三个条件，主要包括噪声源、对噪声敏感的接收电路和噪声源到接收电路之间的耦合通道，其关系如图 6-7 所示。

（1）干扰源。产生干扰信号的设备被称为干扰源，如变压器、继电器、微波设备、电机、无线电话和高压电线等都可以产生空间电磁信号等。

（2）传播途径。传播途径是指干扰信号的传播路径。

（3）接收载体。接收载体是指受影响的设备的某个环节，该环节吸收了干扰信号，并转化为对系统造成影响的电器参数。

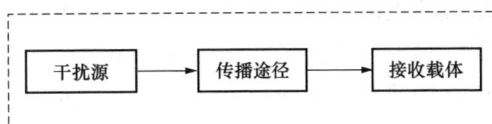

图 6 - 7　干扰的三要素

6.3.2　传感器的噪声

传感器系统中，除了被检测信号等有用信号外，出现的一切不需要的信号，即不希望有的动态分量，统称为传感器噪声。传感器噪声表现形式一般是不规则和随机的，但是也有规则的，如电压纹波、放大器自激振荡。

1. 放电噪声

各种电子设备的噪声干扰，多数由于放电现象。在放电过程中会向周围空间辐射出从低频到高频的电磁波，而且会传播得很远。这种干扰电磁波对各种电子设备都有影响。它主要有电晕放电噪声、放电管（如日光灯、霓虹灯）放电噪声和火花放电噪声等几种。

2. 电气干扰源

电气噪声干扰包括工频、电子开关和脉冲发生器的感应干扰等几种。

（1）工频干扰。大功率输电线是典型的工频噪声源。低电平的信号线只要一段距离与输电线相平行，就会受到明显的干扰。如果工频的波形失真较大（如供电系统接有大容量的晶闸管设备），由于高次谐波分量的增多，产生的干扰更大。

（2）射频干扰。高频感应加热、高频焊接等工业电子设备以及广播机、雷达等通过辐射或通过电源线会给附近的电子测量仪器带来干扰。

（3）电子开关。电子开关虽然在通断时并不产生火花，但由于通断的速度极快，使电路中的电压和电流发生急剧的变化，形成冲击脉冲，成为噪声干扰源。在一定电路参数条件下，电子开关的通断还会带来相应的阻尼振荡，从而构成高频干扰源。

3. 固有噪声源

由于检测装置内部元件的物理性的无规则波动所形成的固有噪声源有三种：热噪声、散粒噪声和接触噪声。

（1）热噪声。热噪声（又称电阻噪声）是由于电阻中电子的热运动所形成的。因为电子的热运动是无规则的，所以电阻两端的噪声电压也是无规则的，它所包含的频率成分是十分复杂的。电阻两端的热噪声电压有效值可表示为

$$U_t = \sqrt{4kTR\Delta f} \tag{6.15}$$

式（6.15）表明，热噪声电压的有效值与电阻值的平方根成正比。因此减小电阻、带宽和降低温度有利于降低热噪声。例如：设放大器输入回路电阻的带宽 $f = 10^6\,\mathrm{Hz}$，环境温度 $t = 27℃$，则其热噪声电压为

$$U_t = \sqrt{4kTR\Delta f} = \sqrt{4 \times 1.38 \times 10^{-23} \times 300 \times 5 \times 10^5 \times 10^6} = 91(\mu V)$$

（2）散粒噪声。散粒噪声存在于电子管和晶体管中，是由于晶体管基区的载流子的无规则扩散以及电子—空穴对的无规则运动和复合形成的。散粒效应的均方根噪声电流为

$$I_{sh} = \sqrt{2qI_{dc}\Delta f} \tag{6.16}$$

热噪声和散粒噪声都属于高斯白噪声，即幅度分布服从高斯分布，功率谱密度服从均匀

分布的噪声。高斯白噪声在功率谱上［以频率为横轴，信号功率为纵轴，如图 6 - 8（a）所示］趋近为常值，即噪声频率丰富，在整个频谱上都有成分。从概率密度角度来说，高斯白噪声的幅度分布服从高斯分布［以信号幅值为横轴，以出现的频率为纵轴，如图 6 - 8（b）所示］。

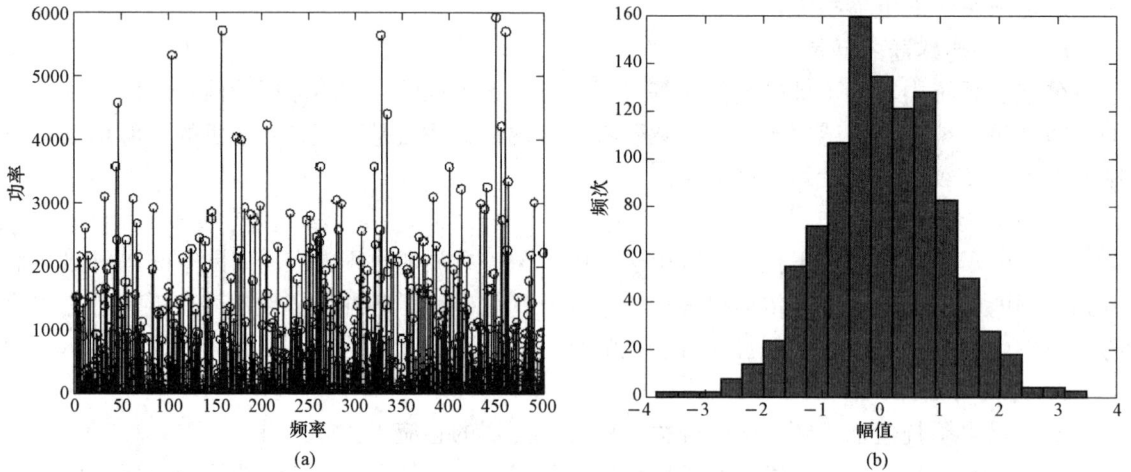

图 6 - 8　高斯白噪声的特性
(a) 功率谱；(b) 幅值直方图

　　(3) 接触噪声。接触噪声是由于两种材料之间不完全接触，形成电导率的起伏而产生的。它发生在两个导体连接的地方，如继电器的接点、电位器的滑动接点等。接触噪声正比于直流电流的大小，其功率密度正比于频率的倒数，大小服从正态分布。每平方根带宽的噪声电流可近似地表示为

$$\frac{I_{\mathrm{f}}}{\sqrt{B}} = \frac{KI_{\mathrm{dc}}}{\sqrt{f}} \tag{6.17}$$

式中　I_{dc}——平均直流电流；

　　　　K——由材料和几何形状确定的常数；

　　　　f——频率；

　　　　B——带宽。

　　由于接触噪声功率密度正比于频率的倒数，因此在低频时接触噪声可能是很大的。接触噪声通常是低频电路中最重要的噪声源。

　　(4) 噪声电压的叠加。噪声电压（或噪声电流）的产生若是彼此独立的，即不相关的，则其总噪声电压可表示为

$$U = \sqrt{U_1^2 + U_2^2 + \cdots + U_n^2} \tag{6.18}$$

　　若是两个相关噪声电压，则可表示为

$$U = \sqrt{U_1^2 + U_2^2 + 2\gamma U_1 U_2} \tag{6.19}$$

式中　γ——相关系数，它的取值范围在 $-1 \sim +1$ 之间。当 $\gamma=0$ 时，为非相关；当 γ 在 0 和 $+1$ 或 0 和 -1 之间时，则两电压为部分相关。

6.3.3　噪声的耦合方式

干扰源通过一定的耦合形式对设备形成干扰通道，研究干扰的耦合途径以切断干扰通道，是研究干扰最有效的措施。

噪声的耦合方式有以下几种。

1. 共阻抗耦合

共阻抗耦合是由于几个电路之间有公共阻抗，当一个电路中有电流流过时，在公共阻抗上产生一个压降，这一压降对其他与公共阻抗相连的电路形成干扰。这种干扰耦合形式主要产生在以下几种情况中：

（1）电源内阻共阻抗耦合。当一个电源对几个电子线路或传感器供电时，电源内阻抗产生共阻抗耦合。

（2）公共地线的耦合。在传感器系统的公共地线上，有各种信号电流流过。由于地线本身具有一定的阻抗，在其上必然形成压降，该压降就形成对有关电路的干扰电压。

（3）信号输出电路的相互干扰。当传感器系统的信号电路有几路负载时，任何一个负载的变化都会通过输出阻抗的共阻抗耦合而影响其他输出电路。

（4）模拟系统与数字系统共地耦合干扰。通常数字系统的入地电流比模拟系统大得多，并且有较大的波动噪声，数字电路和模拟电路共地时尤为严重。

消除或减小电阻耦合的方法是采用单点供电和单点接地。在相当多的电路中难免使用公共电源线和地线，此时应尽量将公共线缩短、线径加粗。

2. 静电耦合

它是由于两个电路之间存在着寄生电容，使一个电路的电荷影响到另一个电路。在一般情况下，静电耦合的等效电路如图 6-9 所示。

可以写出在 Z_i 上的干扰电压表达式为

$$U_n = j\omega C_m Z_i E_n \tag{6.20}$$

3. 电磁耦合

电磁耦合又称互感耦合，它是由于两个电路之间存在有互感，使一个电路的电流变化，通过磁交链影响到另一个电路。电磁耦合的等效电路如图 6-10 所示。

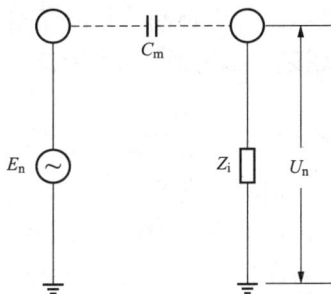

图 6-9　静电耦合的等效电路　　　　　　图 6-10　电磁耦合的等效电路

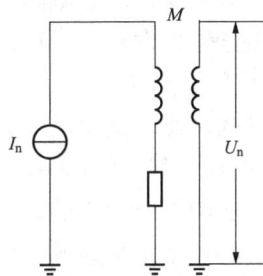

根据交流电路理论，可将 U_n 写成下式：$U_n = j\omega M I_n$。式中：ω 为噪声源电流的角频率。

分析上式可以得出：干扰电压 U_n 正比于噪声源电流角频率、互感系数 M 和噪声电流 I_n。

4. 漏电流耦合

由于绝缘不良，流经绝缘电阻 R 的漏电流所引起的噪声干扰叫做漏电流耦合，可用图

6-11表示其等效电路，U_n的表达式为

$$U_n = \frac{Z_i}{R+Z_i}E_n \tag{6.21}$$

漏电流耦合经常发生在：用仪表测量较高的直流电压时；检测装置附近有较高的直流电压源时；高输入阻抗的直流放大器中。

例如：设直流放大器的输入阻抗 $Z_i=10^8$，干扰源电动势 $E_n=15V$，绝缘电阻 $R=10^{10}$，如图6-12所示。根据上述给出的数据可以得出

$$U_n = \frac{Z_i}{R+Z_i}E_n = \frac{10^8}{10^{10}+10^8}\times 15 = 0.149(V)$$

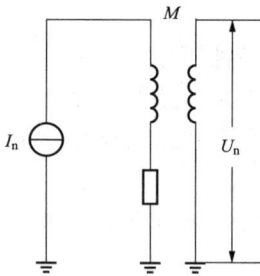

图6-11 漏电流耦合的等效电路　　图6-12 高输入阻抗放大器漏电干扰

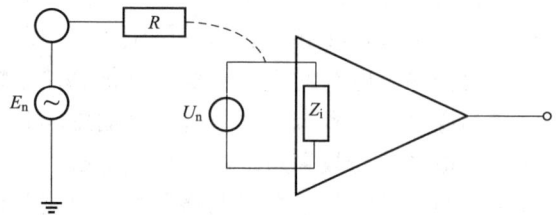

从上述估算可知，对于高输入阻抗放大器，即使是微弱的漏电流干扰，也将造成严重的后果。所以必须严密注意与输入端有关电路的绝缘水平。

5. 传导耦合

传导耦合是指经导线检测到噪声，再经它传输到接收电路而形成干扰的噪声耦合方式。最常见的是电源线经噪声环境，把交变电磁场感应到电源回路中而形成感应电势，再经这条电源线传送到各处进入电子装置，造成干扰。这种干扰不易被发现，且易被人们忽视。

6.3.4 传感器低噪化方法

对于噪声干扰的抑制是基于对干扰的确切分析。分析的内容应包括干扰的来源、性质、传播途径、耦合方式及传感器电路的形成、接收干扰的电路等。抑制干扰的基本方法是从形成干扰的"三要素"出发，在噪声源、耦合通道和干扰接收电路方面采取措施。

1. 消除或抑制噪声源

消除或抑制噪声源是最积极主动的措施，因为它能从根本上消除或减少干扰。在实际工作中，只有一部分在设计者管理权限范围内的噪声源可以消除或抑制，而大多数噪声源是独立存在的，是无法消除或抑制的，如自然噪声源、周围工厂的电器设备产生的噪声等。还有这种情况，本传感器系统视为噪声，而对另一设备则是有用信号，对这类信号就不能进行抑制。总之，消除或抑制噪声源的方法是有一定限度的。

2. 破坏干扰的耦合通道

干扰的耦合通道，即传递方式可分为两大类，一种是以"路"的形式；另一种是以"场"的形式。对不同传递形式的干扰，可采用不同的对策。

（1）对与以"路"的形式侵入的干扰，可以采用阻截或给予低阻通路的方法，使干扰不能进入接收电路。例如提高绝缘电阻以抑制漏电干扰；采用隔离技术来切断地环路干扰；采

用滤波、屏蔽、接地等技术给干扰以低阻通路，将干扰引开；采用整形、限幅等措施切断数字信号干扰的途径等。

（2）对于以"场"的形式侵入的干扰，一般采用屏蔽措施并兼用"路"的抑制干扰措施，使干扰受到阻截并难以以"路"的形式侵入电路。

3. 消除接收电路对于干扰的敏感性

不同的电路结构形式对于干扰的敏感程度（即灵敏度）不同。一般高输入阻抗电路比低输入阻抗电路易接收干扰；模拟电路比数字电路易于接收干扰；布局松散的电子装置比结构紧凑的易于接收干扰。为削弱电路对干扰的敏感性，可以采用滤波、选频、双绞线、对称电路和负反馈等措施。

4. 采用软件抑制干扰

对于有些已进入电路的干扰，用硬件的抑制措施又不易实现或不易奏效，可以考虑在采用微处理器的智能传感器系统中，通过编入一定的程序进行信号处理和分析判断，达到抑制干扰的目的。

§6.4　自　补　偿

在实际运行过程中，传感器会因为多种误差因素的影响而性能下降，所以误差补偿技术的应用势在必行，特别是时域中的温度误差补偿，以及频域中工作频带的扩展。

（1）温度补偿。对于非温度传感器而言，温度是传感器系统中最主要的干扰量，在经典传感器中主要采用结构对称的方式来消除影响。智能传感器系统中，通常采用监控补偿法，即通过对干扰量的检测，再通过对相应的软件处理达到误差补偿的目的。

（2）频域补偿。频域补偿的实质就是拓宽智能传感器系统的带宽以改善系统的动态性能，目前，主要采用数字滤波技术和频域校正技术。

6.4.1　温度补偿

温度是传感器系统最主要的干扰量，在经典传感器中主要采用结构对称来消除其影响。在智能传感器的初级形式中，主要采用以硬件电路实现的补偿技术，其效果仍不能满足实际测量的要求。在传感器与微处理器/微计算机相结合的智能传感器系统中，则是采用监测补偿法，通过对干扰量的检测，然后由软件实现补偿。

压阻式压力传感器由半导体材料制成，易受工作温度的影响，为了改善其温度性能，人们进行了长期的努力，使之成为最早进行集成化与智能化的一种传感器，目前应用非常广泛。本节以压阻式压力传感器为例介绍温度的检测补偿法。

6.4.1.1　温度信号的获得

一般来说，为了消除哪个干扰量的影响，就要放置敏感该干扰量的传感元件去监测它。为消除温度干扰量对压力传感性能的影响，就应放置测温元件去监测压力传感器的工作温度。但是对于压阻式压力传感器而言，可以通过"一桥二测"技术由它自身来提供温度信号。

已知基于压阻效应的压力传感器由 4 个压敏电阻组成全桥差动电路，如图 6 - 13 所示。当采用恒流源 I 供电时，电源端 A、C 点之间的电压差 U_{AC} 即为温度输出信号；另外一对桥顶 B、D 点之间的电压差 U_{BD} 就是压力传感器的测压输出信号。

当在测压输出端 B、D 接高输入阻抗放大器时，可视为开路，则 A、C 两端的等效电阻

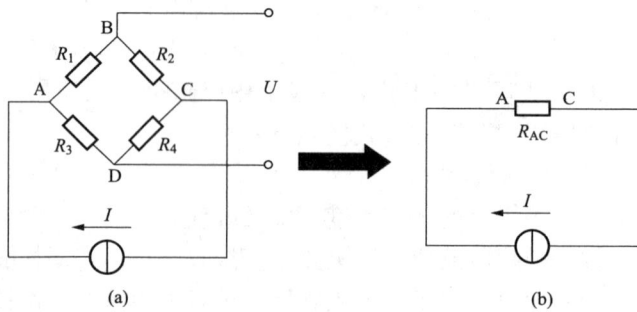

图 6-13　压阻式压力传感器

(a) 原理图；(b) 等效电路

R_{AC} 为桥臂电阻的串并联电阻，即

$$R_{AC} = (R_1 + R_2) \mathbin{/\!/} (R_3 + R_4) \tag{6.22}$$

因为桥臂电阻 R_1、R_2 与 R_3、R_4 均由传感器中的差动电阻变换器组成，在理想条件下，4 个桥臂电阻初始值相同 (R)；由被测压力 p 引起各桥臂电阻呈差动变化，但电阻改变量的绝对值相同 (ΔR)；由温度干扰引起的各桥臂电阻的改变量不仅数值 (ΔR_T) 相同，而且符号也相同，故是共模干扰信号。这样，在被测压力 p 与干扰量温度 T 同时作用下，各桥臂的阻值表达为

$$R_1 - R_4 - R + \Delta R + \Delta R_T$$
$$R_2 = R_3 = R - \Delta R + \Delta R_T$$

代入式（6.22），得等效电阻 R_{AC} 为

$$R_{AC} = 2(R + \Delta R_T) \mathbin{/\!/} 2(R + \Delta R_T) = R + \Delta R_T \tag{6.23}$$

R_{AC} 两端的电压差 U_{AC} 为

$$U_{AC} = IR_{AC} = I(R + \Delta R_T) = IR + I\Delta R_T \tag{6.24}$$

式中　I——恒流源的电流值，是常量；

　　　R——压力传感器桥臂电阻初始值，是常量；

ΔR_T 由温度改变引起的桥臂电阻的改变量。

由式（6.24）可知，U_{AC} 随 ΔR_T 变化，故是温度的函数。因此只要进行了 U_{AC}-T 的标定，由检测电压 U_{AC} 和通过 U_{AC}-T 关系曲线就可知传感器的工作温度 T。这样，由一个压力传感器可以获得同一空间位置的两个参量的信号。而且，温度信号能真实反映压力传感器所在处的温度，因为两者本身就是同一体。

下面介绍两种综合补偿方法。在进行温度补偿的同时也进行非线性校正。

6.4.1.2　综合补偿法之一：多段折线逼近法

1. 零位温漂的补偿

传感器的零点，即输入量为零时的输出值 U_0，随温度而漂移。传感器的类型、型号、生产厂家不同，其零位温漂移特性（U_0-T 特性）也各异。只要该传感器的 U_0-T 特性具有重复性，就可以补偿。补偿的基本思想与一般仪器消除零点的思想完全相同。传感器的工作温度若是 T，则应在传感器输出值 U 中减掉 T℃时的零位值 $U_0(T)$。关键步骤是要事先测出 U_0-T 特性，存于内存中，大多数传感器的零位（U_0）—温度（T）特性呈严重非线性，如图 6-14 所示。故由温度 T 求取该温度的零位值 $U_0(T)$，实际上是相同于非线性校正的线性化处理问题。

2. 灵敏度温度漂移的补偿

(1) 补偿原理。对于压阻式压力传感器，在输入压力保持不变（$p=$常量）的情况下，其输出值 $U(T)$ 将随温度的升高而下降，如图 6 - 15 所示，图中温度 $T>T_1$，其输出 $U(T)<U(T_1)$。如果 T_1 是传感器校准/标定时的工作温度，而实际工作温度却是 $T>T_1$，若仍按工作温度 T_1 时的输入（p）—输出（U）特性进行刻度转换求取被测输入量压力的数值是 p'，而真正的被测输入量是 p，产生很大的测量误差，其原因就是输入量 $p=$常量时，传感器工作温度 $T>T_1$，其输出由 $U(T_1)$ 降至 $U(T)$，即工作点由 B 降至 A 点，输出电压为 ΔU 为

$$\Delta U = U(T_1)-U(T) \quad 或 \quad \Delta U = U(p,T_1)-U(p,T) \tag{6.25}$$

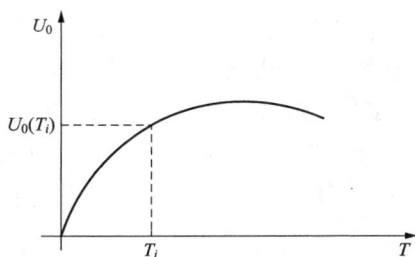

图 6 - 14　零位温漂特性

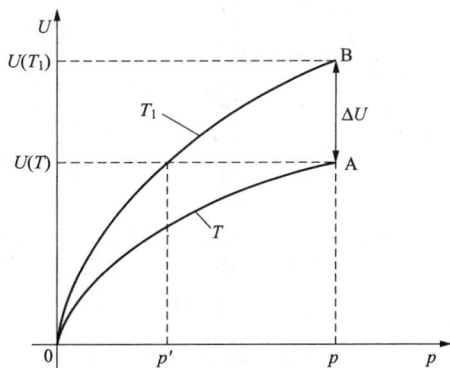

图 6 - 15　压阻式压力传感器的灵敏度温度漂移

故：

$$U(T_1) = U(T)+\Delta U \quad 或 \quad U(p,T_1) = U(p,T)+\Delta U \tag{6.26}$$

由式（6.26）可见，当在工作温度为 T 时测得的传感器输出量为 $U(T)$，给 $U(T)$ 值加一个补偿电压 ΔU 后，再按 $U(T_1)-p$ 反非线性特性进行刻度变换求取输入量压力值即为 p。因而问题归结为如何在各种不同的工作温度，获得所需要的补偿电压 ΔU。

(2) 补偿电压的分段获取。根据实验标定数据可知，通常，在工作温度 T 保持不变时，压阻式压力传感器输入（p）—输出（U）呈非线性特性；在输入量 p 保持恒定情况下，其输出电压 U（p）—工作温度（T）特性也是一条非线性特性曲线。因此可对非线性特性曲线进行分段，采用多段折线逼近非线性曲线的方法来求取补偿电压 ΔU。分段情况如图 6 - 16 所示。由标定实验所得曲线各折点的标定值列入表 6 - 1。

表 6 - 1　　　　　传感器的输入（p）、输出（U）、工作温度（T）的标定值

传感器的输入 p（$\times10^4$Pa）	工作温度 T/℃				
	T_1	T_2	$\cdots$	T_{i-1}	T_i
p_1	$U(p_1,T_1)$	$U(p_1,T_2)$	$\cdots$	$U(p_1,T_{i-1})$	$U(p_1,T_i)$
p_2	$U(p_2,T_1)$	$U(p_2,T_2)$	$\cdots$	$U(p_2,T_{i-1})$	$U(p_2,T_i)$
$\vdots$	$\vdots$	$\vdots$	$\vdots$	$\vdots$	$\vdots$
p_{j-1}	$U(p_{j-1},T_1)$	$U(p_{j-1},T_2)$	$\cdots$	$U(p_{j-1},T_{i-1})$	$U(p_{j-1},T_i)$
p_j	$U(p_j,T_1)$	$U(p_j,T_2)$	$\cdots$	$U(p_j,T_{i-1})$	$U(p_j,T_i)$

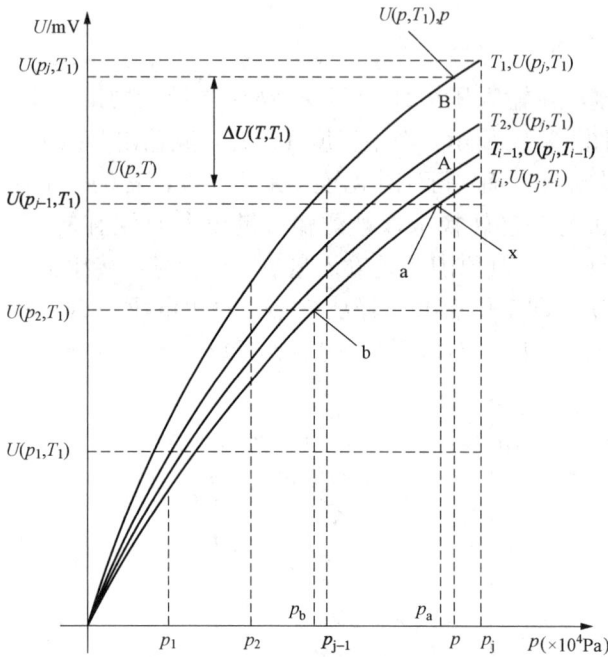

图 6-16　被补偿电压 ΔU 的分段获取

由表 6-1 所示折点坐标的标定值，可将输出电压分为 j 段，分段值为

$$U(p_1,T_1) < U(p_2,T_1) < \cdots$$
$$< U(p_{j-1},T_1) < U(p_j,T_1)$$

工作温度区间分为 $i-1$ 段，分段值为

$$T_1 < T_2 < \cdots < T_{i-1} < T_i$$

如果测得传感器在输入压力为 p 时输出电压为 $U(p,T)$，它的工作温度 T 由 $U_{AC}-T$ 的反非线性特性求出。设其为图 6-15 中的 A 点，它所在区域为

电压区间：

$$U(p_{j-1},T_1) < U(p,T) < U(p_j,T_1)$$

温度区间：　　$T_{i-1} < T < T_i$

则补偿电压 ΔU 的计算式为

$$\Delta U = \Delta U(T,T_1) = U(p_j,T_1) - U(p_j,T_{i-1}) + \Delta U(T,T_{i-1}) \tag{6.27}$$

式中：$\Delta U(T,T_{i-1})$ 项由线性插值求得

$$\Delta U = (T,T_{i-1}) = (T,T_{i-1})\frac{U(p_j,T_i) - U(p_j,T_{i-1})}{T_i - T_{i-1}} \tag{6.28}$$

求取 ΔU 补偿电压值所需采用的标定值数据，可按下述约定的规则进行：当 $0 < U(p,T) \leqslant U(p_1,T_1)$ 时，采用 $U(p_1,T_1),\cdots,U(p_1,T_{i-1}),U(p_1,T_i)$；当 $U(p_1,T_1) < U(p,T) \leqslant U(p_2,T_1)$ 时，采用 $U(p_2,T_1),\cdots,U(p_1,T_{i-1}),U(P_1,T_i)$；……当 $U(p_{j-1},T_1) < U(p,T) \leqslant U(p_j,T_1)$ 时，采用 $U(p_j,T_1),\cdots,U(p_j,T_{i-1}),U(p_1,T_i)$。

求出补偿电压 $\Delta U = \Delta U(T,T_1)$ 后，可按式（6.26）计算 $U(p,T_1)$，其值如下

$$U(p,T_1) = U(p,T) + \Delta U(T,T_1)$$

该电压值 $U(p,T_1)$ 就是工作点 B 的一个坐标值。它的另一个坐标值就是被测压力 p，p 值则由温度为 T_1 时的输入（p）—输出（U）特性的反非线性特性求出。

3. 综合补偿程序框图

（1）综合补偿主程序框图如图 6-17 所示。

（2）求取补偿电压 $\Delta U(T,T_1)$ 计算程序框图，如图 6-18 所示。

在补偿过程中多次遇到标度转换问题，即由 U_{AC} 求取工作温度 T；由 U 求取输入压力 p；由工作温度 T 求取零位漂移特性均呈现非线性特性值 U_0。由于 U_{AC}-T、U-p、U_0-T 特性均呈现非线性特性，一般均采用分段折线逼近法进行非线性校正处理，也就是采用式（6.1）的标度变换线性插值通式

$$H = H_k + \frac{H_{k+1} - H_k}{W_{k+1} - W_k}(W - W_k) \tag{6.29}$$

式中　W——可以为 U_{AC}、U 或 T；

H——可以为 T、p 或 U_0；

k——折点序数，也是标定点的序号，$k = 1, 2, 3\cdots$。

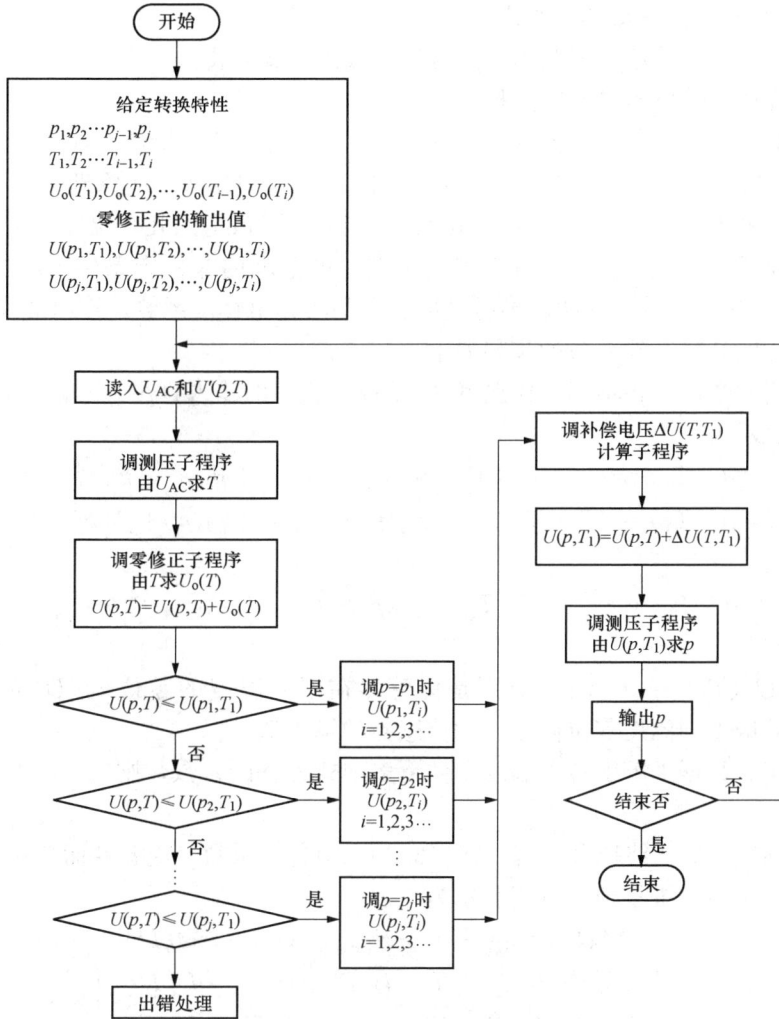

图 6-17　综合补偿主程序框图

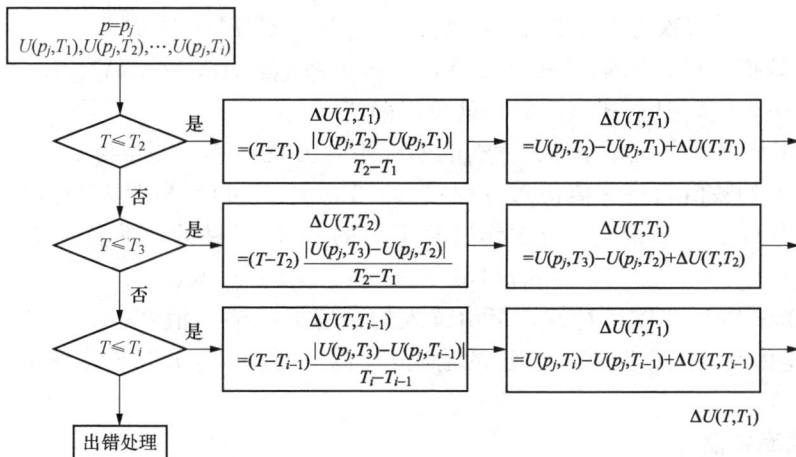

图 6-18　补偿电压 $\Delta U(T, T_1)$ 计算程序框图

6.4.1.3　综合补偿法之二：曲线拟合法

曲线拟合的标准化算法求解简单、融合精度较高，最后得到一个简洁的多项式方程，是低成本、高精度压力传感器最好的选择。

对应不同的工作温度，传感器有不同的输入（p）/输出（U）特性。如果能够确定工作温度为 T 时相应的 p-U 特性，并按其反非线性特性读出被测量 p，从原理上就不存在温度引入的误差。问题的困难在于：通过标定试验，只能在有限数量的几个温度值条件下，标定输入输出特性。而通过曲线拟合法，可以找出工作温度范围内非标定条件下的任一温度 T 状态的输入（p）—输出（U）特性。再通过最小二乘法算出补偿系数，算出准确的测量值。

曲线拟合法的计算补偿系数的步骤如下：

（1）标定实验数据。将不同工作温度 T_i 条件下获得的输入（p）—输出（U）特性用一维多项式方程表示为

$$\left.\begin{aligned}
\text{工作温度 } T_1 &: U(T_1) = U_1' - U_0(T_1) = \beta_{11}p + \beta_{21}p^2 + \beta_{31}p^3 + \beta_{41}p^4 + \beta_{51}p^5 + \cdots \\
\text{工作温度 } T_2 &: U(T_2) = U_2' - U_0(T_2) = \beta_{12}p + \beta_{22}p^2 + \beta_{32}p^3 + \beta_{42}p^4 + \beta_{52}p^5 + \cdots \\
&\vdots \\
\text{工作温度 } T_i &: U(T_i) = U_i' - U_0(T_i) = \beta_{1i}p + \beta_{2i}p^2 + \beta_{3i}p^3 + \beta_{4i}p^4 + \beta_{5i}p^5 + \cdots
\end{aligned}\right\}$$

$$(6.30)$$

式中：$U_0(T_1), U_0(T_2), \cdots, U_0(T_i)$ 分别是传感器在不同温度的零位值；$U(T_1), U(T_2), \cdots, U(T_i)$ 分别是对应不同温度零位修正后的传感器的输出值。

利用标定实验数据求解出各种温度条件下多项式方程的系数，则式（6.30）各方程式就可确定。

（2）建立系数 β 的曲线拟合方程。式（6.30）中各个系数 β 随温度而变化的规律通常不是线性的，故也可用一维多项式方程表示为

$$\left.\begin{aligned}
\text{一次项系数} &: \beta_1 = A_1T + B_1T^2 + C_1T^3 + D_1T^4 \\
\text{平方项系数} &: \beta_2 = A_2T + B_2T^2 + C_2T^3 + D_2T^4 \\
\text{立方项系数} &: \beta_3 = A_3T + B_3T^2 + C_3T^3 + D_3T^4 \\
\text{四次方项系数} &: \beta_4 = A_4T + B_4T^2 + C_4T^3 + D_4T^4 \\
\text{五次方项系数} &: \beta_5 = A_5T + B_5T^2 + C_5T^3 + D_5T^4
\end{aligned}\right\}$$

$$(6.31)$$

利用实验标定数据，可以求解出式（6.31）中各个系数：$A_1, \cdots, A_5$；$B_1, \cdots, B_5$；$C_1, \cdots, C_5$；$D_1, \cdots, D_5$，从而式（6.31）就可以确定了。

（3）确立工作温度 T 时的 p-U 特性的曲线拟合方程。读入 U_{AC} 与 $U(p, T)$。由 U_{AC} 求出工作温度 T 的数值后将该值代入方程式（6.31）中，可计算出该工作温度状态的各项系数：$\beta_1, \beta_2, \cdots, \beta_5$，从而可确立工作温度 T 时的 p-U 特性的一维多项式方程式为

$$U(T) = \beta_1p + \beta_2p^2 + \beta_3p^3 + \beta_4p^4 + \beta_5p^5 \tag{6.32}$$

根据式（6.32）式得反非线性特性，可由读入的传感器的输出值 $U(p, T)$ 解得被测输入量 p。这个 p 值是由它的工作温度 T 状态的输出 $U(T)$—输入（p）特性求解的，故原理上不存在温度误差。

6.4.2　频率补偿

设一个测量系统的频率特性为 $W(j\omega)$，其所有执行的功能用理想频率特性表示为 $W_N(j\omega)$，两者之间存在误差。动态幅值误差表示为

$$\gamma = \frac{|W(j\omega)| - |W_N(j\omega)|}{|W_N(j\omega)|} \times 100\% \tag{6.33}$$

式中　　　γ——动态幅值误差;

　$|W(j\omega)|$——测量系统频率特性的模;

　$|W_N(j\omega)|$——理想频率特性的模。

　　1. 一阶系统的动态误差

　　已知一阶系统的工作频段为

$$\omega \leqslant \omega_\tau$$

式中　ω——被测信号的角频率;

　$\omega_\tau = \dfrac{1}{\tau}$——系统转折角频率，$\tau$ 为系统的时间常数。

　　对于一阶系统，其频率特性为

$$H(\omega) = \frac{K}{1 + j\omega\tau} \tag{6.34}$$

式中　K——直流放大倍数。

　　令 $K=1$，则 $H(\omega)$ 的幅频特性为

$$|H(\omega)| = \frac{1}{\sqrt{1 + (\omega\tau)^2}} \tag{6.35}$$

一阶系统理想的频率特性的模为

$$|W_N(j\omega)| = |W(0)| \tag{6.36}$$

式中　$|W(0)|$——$\omega = 0$ 时一阶测量系统的直流放大倍数，为一常量。

　　将式 (6.36)、式 (6.35) 代入式 (6.33)，可得一阶系统动态幅值误差表达式为

$$\gamma = \frac{1}{\sqrt{1 + (\omega\tau)^2}} - 1 \tag{6.37}$$

　　2. 二阶系统的动态误差

　　已知二阶系统的工作频段为

$$\omega \ll \omega_n$$

式中　ω_n——无阻尼固有振荡角频率。

　　对于二阶系统，其频率特性为

$$H(\omega) = \frac{K}{\left[1 - \left(\dfrac{\omega}{\omega_0}\right)^2\right] + j2\xi\dfrac{\omega}{\omega_0}} \tag{6.38}$$

式中　K——直流放大倍数;

　　　ξ——阻尼比;

　　　τ——系统的时间常数。

　　令 $K=1$，则 $H(\omega)$ 的幅频特性为

$$|H(\omega)| = \frac{1}{\sqrt{\left[1 - \left(\dfrac{\omega}{\omega_0}\right)^2\right]^2 + \left(2\xi\dfrac{\omega}{\omega_0}\right)^2}} \tag{6.39}$$

二阶系统理想的频率特性的模为

$$|W_N(j\omega)| = |W(0)| \tag{6.40}$$

式中　　$|W(0)|$——$\omega=0$ 时二阶测量系统的直流放大倍数，为一常量。

将式（6.39）、式（6.40）代入式（6.33），可得一阶系统动态幅值误差为

$$\gamma=\frac{1}{\sqrt{\left[1-\left(\dfrac{\omega}{\omega_0}\right)\right]^2+\left(2\xi\dfrac{\omega}{\omega_0}\right)^2}}-1 \tag{6.41}$$

不同角频率的输入信号通过系统都将产生不同程度的动态误差。对于动态幅值误差来说，由式（6.37）、式（6.41）可知有表 6 - 2 所示的关系。

表 6 - 2　　　　　　　　　　　信号频率与动态幅值误差的关系

一阶系统	频率比 ω/ω_τ	1/10	1/7	1/6	1/5	1
	动态幅值误差 $|\gamma|$	0.5%	1%	1.4%	2%	29.3%
二阶系统 $0<\zeta<1$	频率比 ω/ω_0	1/10	1/7	1/6	1/5	1/3
	动态幅值误差 $|\gamma|$	1%	2%	3%	5%	10%

由表 6 - 2 可见，如果想要保证幅值误差 $\gamma\leqslant 2\%$，则二阶系统的无阻尼固有频率 f_0 应比信号频率 f 大 7 倍，即 $\omega/\omega_0=f/f_0<1/7$（二阶系统）；若是一阶系统，则转折频率 f_τ 应比信号频率 f 大 5 倍，即 $\omega/\omega_\tau=f/f_\tau<1/5$（一阶系统）。所以，当信号的频率高，而测量传感器的工作频带不能满足测量允许误差的要求时，则希望扩展系统的频带，以改善系统的动态性能。智能传感器系统具有强大的软件优势，能够补偿原有系统动态性能不足。通常，主要采用两种方法实现频率补偿：数字滤波法和频域校正法。

6.4.2.1　数字滤波法

数字滤波法的补偿思想是：给现有的传感器系统，传递函数为 $W(s)$，附加一个传递函数为 $H(s)$ 的环节，于是系统总传递函数 $I(s)=W(s)\cdot H(s)$ 满足动态性能的要求。这个需要附加的串联环节 $H(s)$，由软件编程设计的等效数字滤波器来实现。

1. 工作原理

以一阶环节为例说明数字滤波法扩展频带的原理。已知传感器为一阶系统，其传递函数 $W(s)$、频率特性 $W(\mathrm{j}\omega)$ 分别为

$$W(s)=\frac{1}{1+\tau s};W(\mathrm{j}\omega)=\frac{1}{1+\mathrm{j}\omega\tau}$$

现欲将其频带扩展 K 倍，即转折角频率 ω'_τ 为

$$\omega'_\tau=K\omega_\tau$$

也就是将它的时间常数 τ 减小为 $\dfrac{1}{K}$，即

$$\tau'=\frac{\tau}{K}$$

通过附加一个串联环节（称为校正环节）达到上述目的。

（1）校正环节的传递函数 $H(s)$。串入一个校正环节 $H(s)$ 后，与原传感器系统 $W(s)$ 组成一个新的系统 $I(s)$，如图 6 - 19 所示。$I(s)$ 应具有希望的动态特性，即

$$I(s)=\frac{Y(s)}{X(s)}=\frac{Y(s)U(s)}{U(s)X(s)}=W(s)H(s)$$

$$= \frac{1}{1+\tau' s} = \frac{1}{1+\dfrac{\tau}{K}s} \tag{6.42}$$

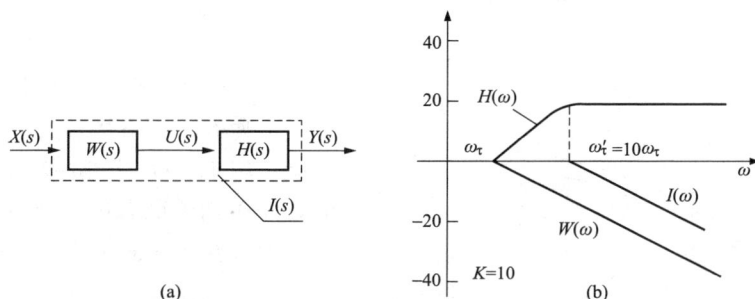

图 6 - 19　串联校正环节

(a) 系统框图；(b) $H(s)$、$W(s)$、$I(s)$ 对数幅频图

于是校正环节的传递函数 $H(s)$ 为

$$H(s) = \frac{I(s)}{W(s)} = \frac{1+(\tau s)}{\left(1+\dfrac{\tau}{K}s\right)} \tag{6.43}$$

（2）校正环节的实现。由后向差分法求得模拟滤波器 $H(s)$ 的等效数字滤波器为

$$H(z) = K\frac{1+cT-z^{-1}}{1+bT-z^{-1}}, c=\frac{1}{\tau}, b=Kc$$

其编程算式为

$$y(n) = \frac{1}{1+bT}[(1+cT)x(n)-x(n-1)+y(n-1)]$$

再将上式改写为

$$y(n) = p\left[\frac{1}{q}x(n)-x(n-1)+y(n-1)\right] \tag{6.44}$$

其中：

$$P = \frac{1}{1+bT}; b = \frac{K}{\tau} = 2\pi f_b$$

$$q = \frac{1}{1+cT}; c = \frac{1}{\tau} = 2\pi f_c$$

式中　f_c——传感器系统原有的转的频率；

　　　f_b——频带扩展后传感器系统的转折频率，$f_b = Kf_c$；

　　　n——采样时序序号；

　　　T——采样间隔。

实现了对式（6.44）的编程，就实现了所需要串联校正环节的等效数字滤波器，但是必须已知该扩展频带环节原有的动态特性，即必须已知表征一阶惯性环节动态特性的特征参数 τ。确定 τ 值的方法有两种：一是频率特性法，要求输入信号为频率可调、幅值恒定的正弦波信号；二是阶跃响应法，要求输入信号为阶跃信号。对于被测量是非电量的传感器系统，多采用阶跃响应法，因为获得非电量，如温度、压力的阶跃信号比获得正弦信号要容易得多。

2. 阶跃响应法测定时间常数 τ

（1）阶跃响应特性。一阶系统的输入信号 $x(t)$ 为如下阶跃函数时

$$x(t) \begin{cases} 0, & t \leqslant 0 \\ A = 常数, & t \geqslant 0 \end{cases}$$

该一阶系统的输出 $y(t)$ 为一指数函数

$$y(t) = A(1 - e^{\frac{t}{\tau}}) \tag{6.45}$$

$y(t)$ 为一阶系统的阶跃响应，如图 6-20 所示。初始状态 $t=0$，$y(0)=0$，随时间 t 增加 $y(t)$ 按指数规律上升，$t \to \infty$ 时，$y(t)$ 趋于稳态值 $y(\infty)$。

时间常数 τ 是这样一个时间，当 $t=\tau$ 时

$$y(t=\tau) = 0.632y(\infty)$$

输出值 $y(t)$ 到达 $0.632y(\infty)$ 的时间 $t(\tau)$ 越短，则 τ 值越小，系统的动态性能越好，对信号的响应越快。

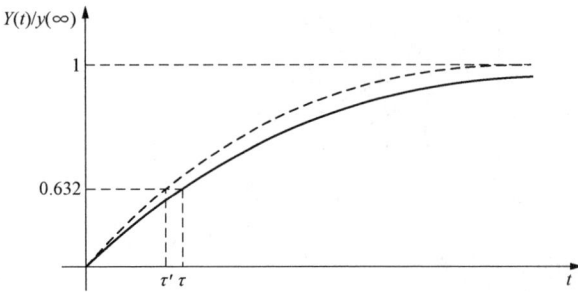

图 6-20　一阶系统的阶跃响应

（2）时间常数 τ 的确定。将式（6.45）改写为

$$e^{\frac{t}{\tau}} = 1 - \frac{y(t)}{A}$$

两边取对数得

$$-\frac{t}{\tau} = Z \tag{6.46}$$

式中：$Z = \ln\left[1 - \frac{y(t)}{A}\right]$；$A = y(\infty)$。

式（6.46）表明，Z 与时间 t 呈线性关系，如图 6-21 所示。故由 Z-t 图可求时间常数 τ 为

$$\tau = -\frac{\Delta t}{\Delta Z}$$

6.4.2.2　频域校正法

图 6-22 所示为系统动态特性频域校正法的过程。与数字滤波一样，它也必须已知系统的传递函数。否则，需要事先通过实验测定表征动态特性的特征参数，从而得出传递函数 $W(s)$ 或频域特性 $W(j\omega)$，然后用软件实现频域校正。

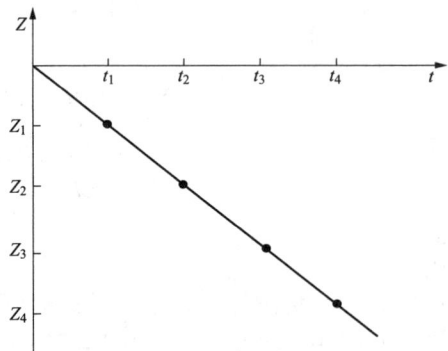

图 6-21　Z-t 图

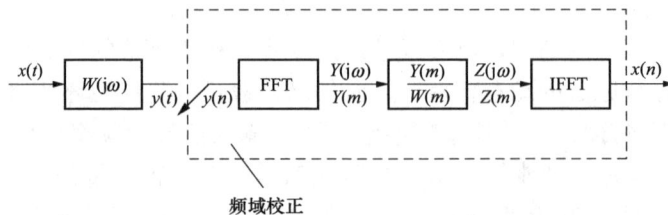

图 6-22　系统动态特性频域校正法的过程

频域校正步骤如下。

1. 采样

对输入信号 $x(t)$ 的输出响应信号 $y(t)$ 进行采样，得时间序列 $y(n), n=0, 1, 2, \cdots, N-1$。信号记录长度 $t_\mathrm{p}=NT_\mathrm{s}$，$T_\mathrm{s}$ 为采样间隔，$1/T_\mathrm{s}=f_\mathrm{s}$ 为采样频率。采样频率必须满足采样定理

$$f_\mathrm{s} > 2f_\mathrm{m}$$

式中　f_m——输入信号 $x(t)$ 的最高频率。

2. 频谱分析

对采样信号 $y(n)$ 进行频谱分析，即进行快速傅里叶变换（FFT），得出它的频谱 $Y(m), m=0, 1, \cdots, N/2-1$，其基波频率 $\Omega=2\pi/t_\mathrm{p}$。

3. 做复数除法运算

已知系统频率特性 $W(\mathrm{j}\omega)$ 为

$$W(\mathrm{j}\omega)=\frac{Y(\mathrm{j}\omega)}{X(\mathrm{j}\omega)}$$

式中　$Y(\mathrm{j}\omega)$——系统的输出信号的频谱；

　　　$X(\mathrm{j}\omega)$——系统输入信号的频谱。

因为计算机是离散时间系统，只能得到离散的谱线，即

$$\omega = m\Omega$$

式中　m——谱线序号，$m=0, 1, \cdots, N/2-1$。

故系统频率特性的离散时间表达式为

$$W(m)=\frac{Y(m)}{X(m)}$$

将 $W(m)$ 与 $Y(m)$ 做复数除法，可得

$$X(m)=\frac{Y(m)}{W(m)} \tag{6.47}$$

式中　$X(m)$——系统被测输入信号频谱。

4. 进行傅里叶反变换

对频谱 $X(m)$ 进行傅里叶反变换（IFFT）即可得原函数 $x(t)$ 的离散时间序列 $x(n)$，$n=0, 1, \cdots, N-1$。这个原函数 $x(t)$ 正是我们要测量的系统的输入信号的真值。这就意味着：若不施行频域校正，传感器系统输出的响应信号 $y(t)$ 是畸变了的，它用畸变了的 $y(t)$ 代表被测的输入信号 $x(t)$，当然就存在误差。频域校正是把畸变的 $y(t)$ 经过处理找到被测输入信号 $x(t)$ 的频谱 $X(m)$，进而获得了被测的输入信号 $x(t)$ 的真值，于是便消除了误差。

§6.5　增益的自适应控制

关于智能传感器系统的增益设置，要在系统自身数据容量与被测量范围、系统的精度与信噪比、系统的灵敏度与分辨率等诸多因素之间折中选择确定。若增益过小，数据的信息容量就会浪费，信噪比可能很低，测量误差大而不能满足要求；反之，增益过大，信息也会因为系统内的数据的信息容量不够而损失掉。所以增益设置必须仔细权衡，根据具体情况折中确定，没有一个通用的规则。下面的例子说明增益选择的基本规则。

【例 6-1】　考虑一个增益可控放大器跟随一个 8 位 A/D 转换器组成的子系统。由 A/D

转换器量化噪声产生的相对误差不得大于 0.5%，试确定量程切换的判据。

解　已知 $b=8$ 位 A/D 转换器的量化值 q 为

$$q = \frac{U_{\mathrm{H}}}{2^b} \tag{6.48}$$

式中　U_{H}——A/D 转换器满刻度输出时对应电压值；

　　　　b——A/D 转换器的位数。

尽管输入的是从 $0 \sim U_{\mathrm{H}}$ 连续变化的模拟量，但是 A/D 转换器的输出只能将 $0 \sim U_{\mathrm{H}}$ 的电压值用 2^b 个离散值来表示。如果某一输入电压 U_{i} 在 nq 与 $(n+1)q$ 之间，则：

(1) 当 $U_{\mathrm{i}} - nq < \dfrac{1}{2}q$ 时，A/D 转换器输出 nq；

(2) 当 $q > U_{\mathrm{i}} - nq > \dfrac{1}{2}q$ 时，A/D 转换器输出 $(n+1)q$。

因此，由 A/D 转换过程产生的量化误差可以看作为随机变量——噪声，由于采取舍入形式，量化误差 e 在 $\left[-\dfrac{q}{2}, \dfrac{q}{2}\right]$ 之内。在最坏的情况下，即

$$U_{\mathrm{i}} - nq = \frac{1}{2}q, (n+1)q - U_{\mathrm{i}} = \frac{q}{2}$$

最大量化误差

$$e_{\mathrm{m}} = \frac{1}{2}q \tag{6.49}$$

根据题意要求，由 A/D 转换器量化噪声产生的相对误差 δ 不得大于 0.5%，即

$$\delta = \frac{e_{\mathrm{m}}}{U_{\mathrm{i}}} \leqslant 0.5\% \tag{6.50}$$

则输入电压 $U_{\mathrm{i}} \geqslant \dfrac{e_{\mathrm{m}}}{\delta} = \dfrac{0.5q}{0.5\%} = 100q$。

上述表明：输入电压 U_{i} 的最小值 U_{imin} 不得小于 100bit。也就是说，当输入电压 U_{i} 经 A/D 转换后的数字量少于 100bit 时，必须指令前级放大器自动切换至高一挡的增益。如果允许输入电压 U_{i} 最大值 $U_{\mathrm{imax}} = U_{\mathrm{H}}$，那么 A/D 转换器的输出将达到 $255q$，这样会不可避免地损失信息，因为大于 U_{H} 的 U_{i} 值，也只能输出 $255q$，所以应将上限切换电压 U_{imax} 设置得小于 $255q$。譬如

$$U_{\mathrm{imax}} \leqslant 250q \tag{6.51}$$

这样，当 $U_{\mathrm{i}} > 250q$ 时，系统自动切换量程将前级放大器的增益换小一挡。于是可得量程切换的判据：$U_{\mathrm{i}} < \dfrac{e_{\mathrm{m}}}{\delta}$ 换小量程，增益增大；$U_{\mathrm{i}} > 250q$ 换大量程，增益减小。

由于增益自适应控制的情况千变万化，没有一个统一的规则，因此应当根据实际情况进行分析处理。但是，通过上述例子可以清楚地看出，增益自适应控制的出发点是固定增益电路出现了难以避免的不足，而增益自适应控制的优点也正是弥补了这个不足。最后应当强调的是：增益自适应控制是随着微控制器、大规模集成电路技术的发展应运而生的，这是实现增益自适应控制的硬件平台。

§ 6.6　自　诊　断

众所周知，科学技术的进步使得许多航天器应运而生，诸如火箭、导弹等飞行器在控制

系统中都应用了大量传感器，以监测系统运行过程中的参数。如果这些传感器在使用过程中发生故障，包括硬故障（传感器损坏）和软故障（传感器性能变差），都可能导致整个系统运行瘫痪。因此，当某个传感器发生故障后，希望能够及时进行检测并进行故障隔离。这项工作得到越来越广泛的重视。

目前为止，广泛应用的传感器故障诊断方法主要有三大类：硬件冗余方法、解析冗余方法和人工神经网络方法。每种方法都有优势与不足，下面简介硬件冗余方法和解析冗余方法的优缺点。

6.6.1　硬件冗余方法

硬件冗余方法是最早采用的诊断方法，其核心思想就是对容易失效的传感器设置一定的备份，然后通过表决器的方法进行管理。也就是说，硬件是由两个、三个或者多个完全一样的，且是测量相同的被测量的设备构成的。对冗余设备输出量进行相互比较，可以验证整个系统输出的一致性。

一般而言，双重冗余配置只能判断有无传感器故障，不能分离故障；三重冗余系统就可以判断故障的有无，以及进行故障的分离。硬件冗余方法的优点是不需要被控对象的数学模型，且鲁棒性很强；缺点是设备复杂、体积和质量很大、成本较高。对于一些重要系统，如火箭、航天飞机等，利用硬件冗余备份方法是现实可行的；而对于大多数情况，特别是需要测量很多参量的情况下，硬件冗余方法的不足就显现出来了。

6.6.2　解析冗余方法

解析冗余方法的实质就是建立被测对象（含传感器）的动态模型，通过对比模型输出和实际输出之间的差异来判断传感器是否发生故障，其原理框图如图 6-23 所示。

可以看出，解析冗余方法的步骤大致如下：

（1）模型设计．根据被控对象的特性、传感器的类型、故障类型和系统要求等，建立相应的被控对象的数学模型。

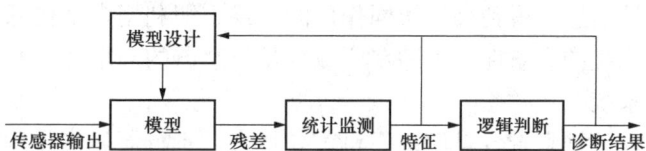

图 6-23　解析冗余方法原理框图

（2）设计与传感器故障相关的残差。在相同控制量的作用下，传感器输出信号和由模型所得值之差，即为残差。在没有传感器故障时，残差应为零。当有传感器故障时，残差不再为零，其包含了传感器故障信号。

（3）进行统计检验和逻辑分析，以诊断某些类型的传感器故障。

根据数学模型产生方法的不同，有不同类型的解析冗余方法。目前主要有：观测器组方法、故障检测滤波器方法、一致性空间方法、状态和参数辨识方法和基于知识的方法等。总的来说，用解析冗余方法进行传感器故障诊断，能够定位故障来源，也就是说能够确定哪个传感器发生了故障，并可以估计故障大小和严重程度。同时，解析冗余方法还不需要增加硬件设备，因此成本较低。

但是，这种方法也存在不足。当系统参数存在不确定性，以及系统参数随时间变化时，或者系统中有未知的输入干扰时，都会给诊断结果带来不利影响。因此，必须要求方法具有鲁棒性，也就是说，对应的传感器故障诊断和检验算法必须对系统参数时变、未知输入干扰等干扰因素具有抑制能力。另外，这种方法也必须知道被控对象的精确数学模型，因此，当系统存在高度非线性，而且难以得到系统的数学模型时，这种方法就无能为力了。最后要说明的是，这种方法能够进行传感器的故障诊断，但不能恢复故障传感器的信号。

对于解析冗余方法的具体步骤可以参考查阅容错控制方面的书籍加以了解。

§6.7 多传感器信息融合

6.7.1 概述

1. 数据融合的起源

集成与融合是智能信息处理与控制系统的两大发展方向。科学技术的发展使得传感器的性能大大提高，社会生产的进步使各种面向复杂应用背景的多传感器信息系统大量涌现。在大多数传感器系统中，信息表现形式的多样性、信息容量以及信息处理速度的要求已大大超出了传统信息处理方法的能力，作为一种新的信息综合处理方法，数据融合技术应运而生。

一个智能化的检测、控制系统想要获得有关周围环境的认知，或者更新优化已有的认知，必须应用传感器技术。因此，传感器是智能系统感知外部世界信息的"感觉"，具有数据融合的智能系统，是对人类高智能化信息处理能力的一种模仿。

与低层次的单传感器信号处理相比，多传感器数据源融合可以更大程度上获得被检测目标和环境的信息量。多传感器数据融合所处理的多传感器信息更具有复杂的方式，而且可以在不同信息层次上出现，这些信息抽象层次包括数据层、特征层、决策层。

2. 数据融合的目的

数据融合的目的是通过数据组合而不是出现在输入信息中的任何个别元素，推导出更多的信息，得到最佳协同作用的结果，即利用多个传感器共同或联合操作的优势，提高传感器系统的有效性，消除单个或少量传感器的局限性。数据融合的最终目的是构造高性能智能化系统。

信息融合是解决飞机、导弹之类飞行器航迹预测与跟踪的一种行之有效的方法，而且是智能信息处理领域最有发展前景的一个研究方向。随着智能检测系统的发展，数据融合将成为构建智能检测系统的一种重要技术手段。

3. 数据融合的定义

数据融合可以这样定义，是指采集并集成各种信息源、多媒体和多格式信息，从而生成完整、准确、及时和有效的综合信息过程。多传感器融合技术研究如何结合多源信息以及辅助数据所得的相关信息以获得比单个传感器更准确、更明确的推理结果。

传感器是数据的来源，传感器不一定是物理形式的，数据源或信息源甚至人工数据源都称为传感器；融合是一种数据加工过程，算法将随着数据源的不同、融合的目标的不同而不同。从功能意思上讲，多传感器数据融合的确具有很强的适用性。而这种适用性的评价在于融合系统的性能评估。

4. 数据融合的特点

（1）可扩展系统的时间和空间覆盖范围。

（2）可增加系统的信息利用率。

（3）可提高系统容错功能。当一个甚至几个传感器同时出现故障时，系统仍可利用其他传感器获取信息，以维持系统的正常运行。

（4）提高精度。在传感器测量中，不可避免地存在各种噪声，而同时使用描述同一特征的多个信息，可以减少这种由测量不精确所引起的不确定性，显著提高系统的精度。

（5）可增强目标的检测与识别能力。多种传感器可以描述目标的多个不同特征，这些互补的特征信息，可以减少对目标理解的歧义，提高系统正确决策的能力。

（6）可降低系统的投资。数据融合提高了信息的利用效率，可以用多个较廉价的传感器获得与昂贵的单一高精度传感器同样甚至更好的性能，因此可大大降低系统的成本。

6.7.2 数据融合的基本原理

多传感器数据融合的基本原理就像人脑综合处理信息一样，充分利用多个传感器的资源，通过对传感器及其观测信息的合理支配和利用，把多个传感器在时间和空间上可冗余或互补信息依据某种准则进行组合，获得被测对象的一致性解释或描述，使该信息系统由此获得比它的各个组成部分的子集所构成的系统更加优越的性能。多传感器融合技术可以最大限度上获得被测目标或环境的信息量，并取得最有用的解释或判断。

1. 数据融合的层次

（1）原始层（或数据层）。数据级融合（图6-24）又称像素级融合，它是最低层次的融合，是在采集到的传感器的原始信息层次上（未经处理或只做很小的处理）进行融合，在各种传感器的原始测报信息未经预处理之前就进行信息的综合分析。其优点是保持了尽可能多的战场信息；其缺点是处理的信息量大、所需时间长、实时性差。这种融合通常用于：多源图像复合、图像分析和理解，同类（同质）雷达波形的直接合成以改善雷达信号处理的。

该层典型的融合技术为经典的状态估计法，例如卡尔曼滤波。

（2）特征层。特征级融合（图6-25）属于融合的中间层次，兼顾了数据层和决策层的优点。它利用从传感器的原始信息中提取的特征信息进行综合分析和处理。也就是说，每种传感器提供从观测数据中提取的有代表性的特征，这些特征融合成单一的特征向量，然后运用模式识别的方法进行处理。这种方法对通信带宽的要求较低，但由于数据的丢失使其准确性有所下降。

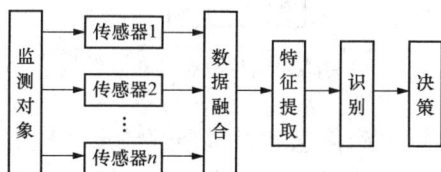

图6-24 原始层信息融合

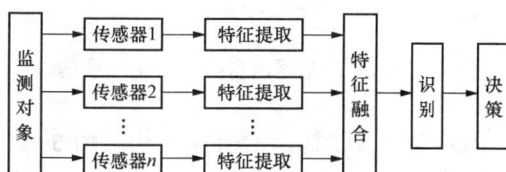

图6-25 特征层信息融合

该层典型的融合技术为模式识别技术，例如人工神经网络、模糊聚类方法。

（3）决策层。决策层融合（图6-26）将多个传感器的识别结果进行融合。这一层融合是在高层次上进行的，融合的结果为指挥控制决策提供依据。决策层融合的优点是：具有很高的灵活性，系统对信息传输带宽要求较低；能有效地融合反映环境或目标各个侧面的不同类型信息，具有

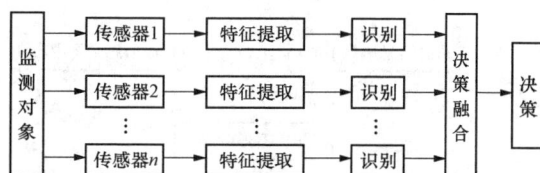

图6-26 决策层信息融合

很强的容错性；通信容量小、抗干扰能力强；对传感器的依赖性小，传感器可以是异质的；融合中心处理代价低。

该层典型的融合技术主要有经典推论理论、Bayes 推论方法、Dempster-Shafer 证据推论、加权决策方法等。

2. 多传感器信息融合的结构

多传感器信息融合的结构模型主要有 4 种形式：集中式、分布式、混合式和分级式。

（1）集中式结构。集中式结构（图 6 - 27）中所有传感器将原始信息传输到融合中心，由中央处理设施统一处理。集中式融合的最大优点是信息损失最小，但数据互联较困难，并且它只有当接收到来自所有的传感器信息后，才对信息进行融合。所以，通信负担重，融合速度慢，系统的生存能力也较差。

（2）分布式结构。分布式结构（图 6 - 28）的特点是：每个传感器的信息进入融合以前，先由它自己的数据处理器进行处理。融合中心依据各局部检测器的决策，并考虑各传感器的置信度，然后在一定准则下进行综合分析，做出最后的决策。在分布式多传感器信息融合系统中，每个节点都有自己的处理单元，不必维护较大的集中数据库，都可以对系统做出自己的决策，融合速度快，通信负担轻，不会因为某个传感器的失效而影响整个系统正常工作，所以，它具有较高的可靠性和容错性。但由于信息压缩导致信息丢失，因而会影响融合精度。

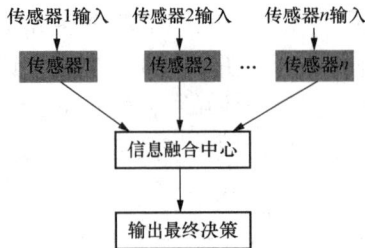

图 6 - 27 多传感器信息融合集中式结构

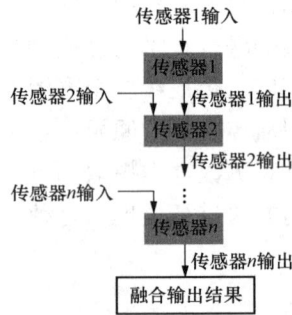

图 6 - 28 多传感器信息融合分布式结构

（3）混合式结构。混合式结构（图 6 - 29）同时传输探测信息和经过局部节点处理后的信息，它保留了上述两类结构的优点，但在通信和计算上要付出昂贵的代价。

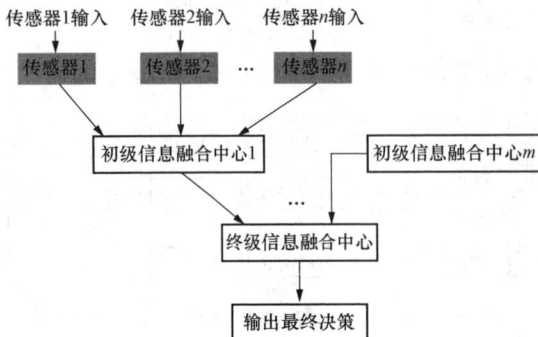

图 6 - 29 多传感器信息融合混合式结构

（4）分级式结构。分级式结构又分为有反馈结构和无反馈结构。在分级融合中，信息从低层到高层逐层参与处理，高层节点接收低层节点的融合结果，在有反馈时，高层信息也参与低层节点的融合处理。分级融合结构各传感器之间是一种层间有限联系，其计算和通信负担介于集中式结构和分布式结构之间。

6.7.3 多传感器信息融合技术

数据融合是整个信息处理系统的关键

技术，它本身的准确性直接关系到整个系统的效率和数据融合的准确性、可靠性。目前，数据融合的常用方法基本上可以概括为随机和人工智能两大类。

6.7.3.1　随机类方法

1. 加权平均法

加权平均法是信号级融合方法中最简单、最直观的方法。该方法是将一组传感器提供的冗余信息进行加权平均，结果作为融合值，是一种直接对数据源进行操作的方法。

2. Bayes 估计

Bayes 概率推理法用于在多传感器数据融合时，通常把被测对象的观测值与被选假设进行比较，以确定哪个假设能最佳地描述观测值。Bayes 理论用测量值的概率描述和先验知识计算每个假设的一个概率值。当系统获得一个新的检测值时，依据 Bayes 方法可由先验知识对这一新的检测值对应的假设的可信度进行更新。

Bayes 概率推理法的具体过程：设定被观测对象的假设矢量为 H，并利用关于 H 的先验知识得到其先验概率 $P(H)$，而 x_i 表示多传感器系统中某一个传感器对被观测对象的观测值，并由该传感器的特性得到相应的条件概率 $P(x_i \mid H)$，然后使用 Bayes 条件概率公式和先验概率，求后验概率 $P(X \mid H)$，其中 $X = (x_1, x_2 \cdots, x_n)$，$n$ 为传感器的个数，最后利用某一决策规则，如最大后验概率规则，来选择对被测对象的最佳假设估计。另外，在 Bayes 方法基础上，提出了多 Bayes 系统。该系统实质上是一种多级 Bayes 概率推理系统，将各种传感器作为不同的 Bayes 估计器，而且它们组成一个具有队结构的决策系统。

3. Dempster-Shafer 证据推理

Dempster-Shafer 证据推理是 Bayes 方法的扩展，但又不同于 Bayes 方法。Bayes 估计只使用一个代替概率为真的值，当前提相互关联时，Bayes 方法难以保证估计的一致性。D-S 方法使用一个不稳定区间，通过不稳定未知前提的先验概率来避免 Bayes 方法的不足。D-S 证据推理特别适合多传感器集成系统的数据融合问题，现已成为数据融合的一个理论基础。

D-S 证据推理到的基础是证据的合并和信任函数的更新。其中，鉴别框架、基本概率赋值函数、信任函数和似然函数是该理论的基本概念。鉴别框架是 D-S 理论最基本的实体，每一个信息源相当于一个证据体。多传感器数据融合实质上就是在同一个鉴别框架下，将不同的证据体合成一个新的证据体的过程，而这种合并是通过 D-S 合并规则实现的。D-S 证据推理的优点是算法确定后，无论是静态还是时变的动态证据组合，其具体的证据组合算法都有共同的算法结构；其最大优点是能够很好地表示缺失信息的程度；其缺点的是当对象或环境的识别特征数增加时，证据组合的计算量会以指数速度增加。

4. 卡尔曼滤波（KF）

用于实时融合动态的低层次冗余传感器数据，该方法利用测量模型的统计特性，递推决定统计意义下最优融合数据合计。如果系统具有线性动力学模型，且系统噪声和传感器噪声可用高斯分布的白噪声模型来表示，KF 为融合数据提供唯一的统计意义下的最优估计，的递推特性使系统数据处理不需要大量的数据存储和计算。KF 分为分散卡尔曼滤波（DKF）和扩展卡尔曼滤波（EKF）。DKF 可实现多传感器数据融合的完全分散化，其优点是：每个传感器节点的失效不会导致整个系统失效；而 EKF 的优点是：可有效克服数据处理的不稳定性或系统模型线性程度的误差对融合过程产生的影响。

5. 产生式规则

产生式规则是人工智能中常用的控制方法，产生式系统一般由产生规则、总体数据库和控制机构三部分组成。它的规则要通过对具体使用的传感器的特性和环境特性的分析来人为地产生，其产生不具有一般性。因此，当系统在改换或增减传感器时，其规则要重新产生。所以这种方法的扩展性比较差。

6.7.3.2　人工智能类方法

1. 模糊逻辑推理

模糊逻辑实质上是一种多值逻辑，将每个命题和推理算子赋予 $0 \sim 1$ 间的实数值，以表示其在数据融合过程中的可信度，称为确定因子，然后使用多逻辑推理法，利用各算子对各传感器提供的信息进行合并计算，从而实现信息的融合。当然，要得到统一的结果，首先必须系统地建立大量传感器信息和算子以及 $[0，1]$ 区间的映射关系，并且要适当选择进行合并运算时使用的算子。模糊逻辑推理被广泛地使用在移动机器人目标识别和路径规划方面。

2. 神经网络方法

神经网络具有大规模并行和分散处理信息的能力。在数据融合处理中，神经网络根据当前系统接收到的样本的相似性，确定分类标准，即确定网络权值，并采用其特点的学习算法来获取知识，得到不确定性推理机制。神经网络多传感器数据融合的实现主要分为三个步骤。

（1）根据智能系统要求和传感器数据融合的形式，选择其拓扑结构。

（2）将各传感器的输入信息综合处理为一个总体输入函数，并将此函数映射定义为相关单元映射函数，通过神经网络与环境的交互作用，把环境的统计规律反映为网络本身结构。

（3）对传感器的输出信息进行学习、理解，确定权值的分配，完成数据融合，进而对输入模式做出解释，将输入数据向量转换成高层逻辑概念。

基于神经网络方法的多传感器数据融合的优点如下：

（1）自适应学习。基于数据的训练，能够学习如何完成任务，而无须任何先验信息。

（2）自组织性。能够自动将来源于传感器的数据进行分类。

（3）并行结构。能够同时适应硬件层的宏并行和芯片级的为并行，具有大规模并行信息处理能力，使得系统信息处理速度很快。

（4）噪声滤波。反馈网络和自组织网络能降低输入信号的噪声。

（5）容错性。神经网络的分散、并行、交互处理能力，可以改善非本地信息的存储，提高其容错性。

3. 智能融合方法

在进行多传感器数据融合的过程中，要处理大量反映数据间关系含义的抽象数据，因此要使用推理，而人工智能、专家系统的符号处理功能正好可用于获得这些推理能力。专家系统存在各种示例信息，可以利用这些信息的辅助传统的分类进行身份的估计。由于人工智能技术在多传感器数据融合中有许多重要应用，而且多传感器数据融合学科和 AI 技术的相对不成熟，因此要使这两门学科很好地结合在一起尚有很多问题需要解决，如时变动态输入数据、实时操作要求、各种数据类型和知识类型、处理和消息传输的延迟、传感器的空间分布、背景的真实描述、专家系统和知识获取与表示、决策过程的多级抽象、搜索技术、知识库规模太大等。

6.7.4 数据融合系统的应用

数据融合作为消除系统的不确定因素、提供准确的观测结果和新的观测信息的智能化处理技术，可以作为智能传感器检测系统、智能控制系统和军事控制系统的一个基本信息处理单元，因此数据融合可直接用于检测、控制、态势评估和决策过程。数据融合可用于以下基本领域：

（1）过程或状态监视。工业过程监视是一个明显的数据融合应用领域，融合的目的是识别引起系统状态超出正常运行范围的故障条件，并据此触发若干报警器。目前，数据融合技术在核反应堆和石油平台监视系统中获得应用。对于运动目标的过程监视（跟踪）也是一类典型的应用。数据融合技术还可以用于监视较大范围内的人和物。如根据各种医疗传感器、病例、气候、季节等观测信息，可实现对病人的自动监护；从空中和地面传感器监视庄稼的生长情况可预测产量；根据卫星云图、气流、温度、压力等观测信息可预报天气。

（2）智能检测系统。利用智能检测系统的多传感器进行数据融合技术，可以消除单个或单类传感器检测的不确定性，提高检测系统的可靠性，获得对检测对象更准确的认识。

（3）机器人。随着使用灵活、价格便宜、结构合理的传感器的不断发展，可在机器人上设置更多的传感器，使机器人更自由地运动和更灵活地动作；而计算机则根据多传感器的观测信息完成各种数据融合，控制机器人的动作，实现机器人的功能。

（4）空中交通管制。目前的空中交通管制系统主要由雷达和无线电提供空中图像，并由空中交通管理器承担数据处理任务。数据融合技术的应用将有助于提高空中交通管制的准确性和效率。

（5）军事。随着隐身技术、反辐射导弹和电子对抗技术的迅速发展，单个传感器的观测能力和生存能力受到越来越大的挑战，需要将不同类型的传感器与大容量的信息处理系统结合起来，进行综合处理和分析，从而在短时间内做出最优的策略，这就是军事应用上的多传感器数据融合技术。数据融合在军事上应用最为广泛，涉及战术或战略上的检测、指挥、控制、通信和情报任务的各个方面。

§ 思 考 题

1. 智能传感器中如何处理非线性问题？
2. 实现传感器自校准的方法有哪几种，它们的区别是什么？
3. 常见的消除噪声的方法有哪些？分别作简要的介绍。
4. 什么是数据融合？它的意义是什么？
5. 试比较数据融合的三个层次：原始层、特征层、决策层。
6. 简述多传感器数据融合的方法。
7. 如何理解多传感器数据融合技术存在局限性？
8. 简述 Bayes 概率推理法。
9. 举例说明数据融合系统的应用。
10. 智能传感器为什么要进行自检验？自检验常用的方法有哪几类？
11. 目前已经应用的传感器故障诊断有哪几类？其中解析冗余法的优、缺点是什么？

第7章　几种新型智能传感器及应用

目前，自动化领域所取得的一项重大进展就是智能传感器的发展与广泛使用。根据 Honeywell 工业测量与控制部产品经理 Tom Griffiths 的定义："一个良好的'智能传感器'是由微处理器驱动的传感器与仪表套装，并且具有通信与板载诊断等功能，为监控系统和/或操作员提供相关信息，以提高工作效率及减少维护成本。"智能传感器集成了传感器、智能仪表全部功能及部分控制功能，具有很高的线性度和低的温度漂移，降低了系统的复杂性、简化了系统结构。前面章节已经介绍了智能传感器的相关理论基础知识，在这一章将会对目前行业内的几款具有代表性的先进智能传感器进行原理和应用上的简介。

§7.1　微机电传感器及其应用

微机电（Micro - Electro - Mechanical System，MEMS）传感器是在半导体制造技术基础上发展起来，采用微电子和微机械加工技术制造出来的新型传感器。近年来，MEMS 技术研究不断深入，基于 MEMS 技术传感器的应用逐渐多了起来，很多传统传感器逐渐被MEMS 传感器所替代。

7.1.1　MEMS 压力传感器

MEMS 压力传感器是一种薄膜元件，受到压力时变形。可以利用应变仪（压阻型感测）来测量这种形变，也可以通过电容感测两个面之间距离的变化来加以测量。工厂、汽车等综合电子控制系统一直是 MEMS 压力传感器的主要应用领域之一，可用于测量进气管压、大气压、机油油压、气压。最流行的 MEMS 压力传感器采用压阻式力敏原理，这是现有几种压力传感器中用量最大的一种，已经经历过几代产品的迭代，年产量为数千万只。这种传感器用单晶硅作材料，以 MEMS 技术在材料中间制作成力敏膜片，然后在膜片上扩散杂质形成 4 只应变电阻，再以惠斯顿电桥方式将应变电阻连接成电路，来获得高灵敏度，其输出大多为 0~5V 的模拟量，测量范围取决于力敏膜片的厚度，一枚晶片上可同时制作许多个力敏芯片，易于批量生产，力敏芯片受温度影响性可采用调理电路补偿。压阻式微压力传感器结构如图 7-1 所示。

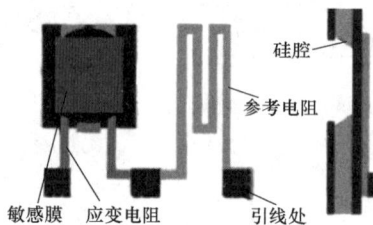

图 7-1　压阻式微压力传感结构

在工业领域，微型硅压阻式 MEMS 压力传感器可用于工厂或车辆的废气循环系统，替代陶瓷电容式压力传感器，此外空调压缩机中的压力测量也是 MEMS 压力传感器应用的一个很大市场。MEMS 压力传感器在工业领域的主要应用还包括水平面测量、准确的高度气压测量、飞机引擎、襟翼等其他部件的压力的测量。在汽车行业，轮胎气压自动监测系统也是该类型传感器极具市场前景的应用。MEMS 压力传感器适合于任何类型的轮胎，在轮胎胎壁埋设一小块感压力敏芯片，自动测量轮胎气压、温度、转速和其他一些数据，并用特定的代码发送出来。目前，已有不少实时胎压监测系统问世，使轮胎始终保持良好的应用性能，可提高安全系数，缩短制动距离 5％～10％，并能降低油耗 10％左右。此外，在医疗领域，压力传感器主要充当外科手术使用的一次性低成本导管。它们也可用于昂贵的设备之中，如在连续气道正压通气（CPAC）机中感测压力与差流。

7.1.2　MEMS 加速度计

MEMS 加速度计是基于牛顿的经典力学定律设计的。MEMS 加速度计通常由悬挂系统和检测质量系统组成，通过微硅质量块的偏移实现对加速度的检测，如图 7 - 2 所示。MEMS 加速度计由一个平行的悬臂梁构成，梁的一端固定在边框架上，另一端悬挂一个小质量物体块（约 $10\mu g$），无加速度时质量块不运动，而当有垂直方向的加速度时，质量块运动，对加速度敏感，并转换为电信号，经转变、放大解调输出。

按检测方式，MEMS 加速度计有压阻式、电容式、隧道式、共振式、热形式等几种。其中，电容式微机械加速度计质量块在有加速度时向下运动，与边框上的另一个电极的距离发生变化，通过检测电容的变化可获得质量块运动的位移，主要结构分为悬臂摆片式和梳齿状的折叠梁式，并变异成其他类型。前者结构相对简单些，制作上也多采用一体硅加工方法。简单的摆片式结构由上、下固定电极和可动敏感硅悬臂梁

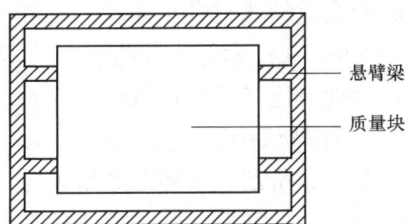

图 7 - 2　典型的微机械加速度结构

电极组成，用半导体平面工艺各向异性腐蚀，静电封接技术封装完成制作。后者可看作是悬臂梁的并、串组合，设计上要复杂得多，微加工方法则以表面牺牲层技术为主，多晶硅材料的各向同性可保证微机械性能的对称性，批量加工精度高。采用这种结构的敏感部分尺寸可做得很小，实现与外围电路的单片集成。电容式微加速度计的灵敏度高、噪声低、漂移小、结构简单，在汽车安全气囊系统和防滑系统获得广泛应用。微机械加速度计以其体积小、可靠性高、测量范围宽和适宜批量生产等特点，受到了发达国家的高度重视。

在机器人控制领域，MEMS 加速度计可以帮助机器人了解它现在身处的环境，包括可以感知机器人是否在上下坡、感知机器人是否处于正确的运动状态或者是摔倒。而对于飞行类的机器人来说，通过使用 MEMS 加速度计可以获得至关重要的姿态控制等关键信息。在家用电器领域，目前大部分笔记本电脑里就内置了 MEMS 加速度计，能够动态监测出笔记本在使用中的振动，根据这些振动数据，系统会智能地选择关闭硬盘还是让其继续运行，这样可以最大程度地避免由于振动，比如颠簸的工作环境，或者不小心摔了电脑所造成的硬盘损害，最大程度地保护硬盘中的数据。目前在一些先进的移动硬盘上也使用了这项技术。MEMS 加速度计另外一个用处就是在目前的数码相机和摄像机里，使用 MEMS 加速度计来检测拍摄时候的手部的振动，并根据这些振动，自动调节相机的聚焦。由此可见 MEMS 加速度计可以在我们的生活中发挥重要作用。归纳其应用主要有以下几个方面：振动检测、姿态控制、安防报警、消费应用、动作识别、状态记录等。

7.1.3　MEMS 陀螺

MEMS 陀螺是一种角速率传感器，主要用于运动体导航的 GPS 信号补偿及其控制系统，应用潜力极大。MEMS 陀螺主要有振动式、转子式等几种，目前应用最多的 MEMS 陀螺属于振动陀螺，其工作原理如图 7 - 3 所示。

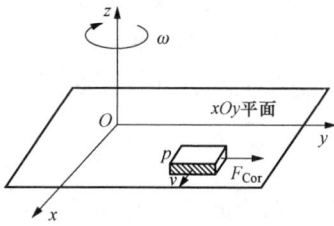

图 7-3 典型的 MEMS 陀螺结构

质量块 p 固连在旋转坐标系 xOy 平面，假定其沿 x 轴方向以相对旋转坐标系速度 v 运动，旋转坐标系绕 z 轴以角速度 ω 旋转。因哥氏效应产生哥氏力：$F_{Cor} = -2m\ (\omega \times v)$，则质量块 p 在旋转坐标系的正 y 轴方向产生哥氏 $F_{Cor} = 2m\omega v$，其中，m 为质量块 p 的质量。可以看出哥氏力直接与作用在质量块 p 上的输入角速度 ω 成正比，并会引起质量块 p 在 y 轴方向的位移，获得该信息也即获得了输入角速度 ω 的信息。

MEMS 技术发展的初期，MEMS 陀螺由于其相对较复杂的结构，产品化进程较 MEMS 加速度计落后很多，但随着世界各国学者对 MEMS 陀螺技术研究的集中和深入，MEMS 陀螺的商品化问题得到了解决，相继出现了一些较成功的产品。例如，日本 Amagasaki 公司利用 MEMS 技术使中间振动环直径只有 6mm，成功将电路集成封装在一起构成 MEMS 陀螺，因此其比其他陀螺仪的可靠性高、功耗低、尺寸小、成本低，并且具有更高的鲁棒性。MEMS 陀螺仪用于测量运动体的旋转速度（转弯或者打滚），它与低加速度计一起构成主动控制系统。所谓主动控制系统就是一旦发现运动体的状态异常，系统在尚未脱离预期轨迹时及时纠正这个异常状态或者正确应对这个异常状态以阻止运动体脱离预期的轨迹。一个典型的例子就是汽车在转弯时，系统通过陀螺仪测量角速度就知道方向盘打得过多还是不够，主动在内侧或者外侧车轮上加上适当的刹车以防止汽车脱离车道。在 MEMS 广泛的应用领域，压力计和加速度计仍占较大份额，但是随着民众对安全性能的要求越米越高，尤其是在北美和欧洲稳定性主控系统的安装率节节攀升，MEMS 陀螺仪的市场占有率的增长明显比前两类要快得多，并且仍然有持续增长的可能。

7.1.4 MEMS 角度传感器

图 7-4 为典型的 MEMS 角度传感器的结构。角度传感器的敏感部分是由两个扭转杆支撑的悬浮可动多晶硅结构形成的微机械摆。悬浮结构与下方的多晶硅薄膜组成以空气为介质的电容器 C_1 和 C_2。当有水平、非轴向的外加恒定磁场存在时，由于洛仑兹力的作用，悬浮的多晶硅结构会转动一个角度 v 那么电容器 C_1 和 C_2 的值就会发生相应的变化，使用的特殊的电荷放大器将这变化检测并放大后，就可以电压的形式向外输出。由于传感器的位置确定以后，电流 I 的流向已确定。所以，磁场 B 与电流 I 之间夹角 α 变化可以通过测量输出电压的变化而获得。

角度传感器提供一种简单高效的且无须机械连接结构的方式监测角度变化，可以通过持续监测倾斜角度来显著提升移动机械、平台监测或医疗设备的安全性能。倾角仪相比起旋转编码器更容易安装，同时能降低成本，可以广泛地应用于角度测量、水平调整、零位调整、机械臂或者大坝、桥梁等建筑物的角度测量、汽车四轮定位等场合。

7.1.5 MEMS 传感器的特点

各类 MEMS 传感器的主要作用就是提升系统

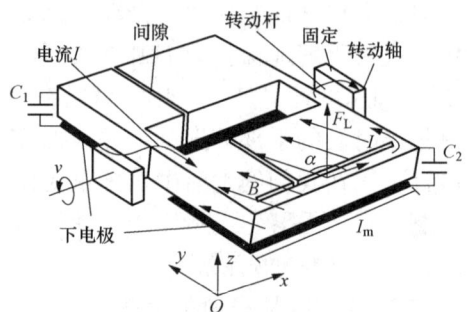

图 7-4 典型的微机械角度传感器结构

的信息化水平，在各子系统控制过程中进行信息的反馈，实现自动控制。事实上，它们往往并不是直接感受系统外界的真实情况，而是通过诸多间接量，例如加速度、速度、角度等对系统的控制进行辅助，像是系统的"神经元"。

MEMS 具有较为明显的优势，是未来智能传感器应用系统的主要选择之一，其优势主要体现在微型化、硅基加工工艺、批量生产和集成化 4 个方面。

1. 微型化

MEMS 器件体积小，单个尺寸以毫米甚至微米作为计量单位，质量轻，耗能低。MEMS 更高的表面体积比（表面积比体积）可以提高表面传感器的敏感程度。在未来各种控制系统上无疑会搭载更多的传感器，MEMS 传感器的微型化相较于传统传感器大大节约了空间，便于更多其他需要的设备的搭载。

2. 硅基加工工艺

硅基加工工艺在低功耗、小尺寸等方面具有独特的优势，并且方便与其他硅基芯片集成在一起，将会大大提升整个系统的整体性，方便模块化的设计。

3. 批量生产

以单个 5mm×5mm 尺寸的 MEMS 传感器为例，用硅微加工工艺在一片 8 英寸的硅片晶元上可同时切割出大约 1000 个 MEMS 芯片，批量生产可大大降低单个 MEMS 的生产成本。目前，例如汽车等控制密集的系统往往集成了数百枚传感器，在未来这个数字会更大，生产成本的控制会使得被控制的系统可以搭载更多的传感器，获得更好的感知效果，提高整体的可靠性。

4. 集成化

一般来说，单颗 MEMS 往往在封装机械传感器的同时，还会集成 ASIC 芯片，控制MEMS 芯片以及转换模拟量为数字量输出。期望控制的系统因为要处理其他任务，往往会搭载算力强劲的中央计算设备，由传感器模块直接将采集到的模拟量转换为数字量，省去由中央计算设备执行这一步，可以降低计算设备的负担、节约算力，有效提高整个系统的实时性表现。

§7.2　雷达类智能传感器及其应用

雷达，是英文 Radar 的音译，源于 radio detection and ranging 的缩写，意思为"无线电探测和测距"，即用无线电的方法发现目标并测定它们的空间位置。因此，雷达也被称为"无线电定位"。雷达是利用电磁波探测目标的电子设备。雷达发射电磁波对目标进行照射并接收其回波，由此获得目标至电磁波发射点的距离、距离变化率（径向速度）、方位、高度等信息。

事实上，早在"第一次世界大战"期间的英国与德国交战时，雷达就已经作为英国率先使用的一种能探测空中金属物体的技术出现。传统的雷达理应不算是智能传感器的一种，但是后来随着微电子等各个领域科学进步，雷达技术的不断发展，其内涵和研究内容都在不断地拓展。雷达的探测手段已经由从前的只有雷达一种探测器发展到了红外光、紫外光、激光以及其他光学探测手段融合协作。近年来的雷达系统不仅仅包含了狭义的雷达的发射与接收装置，往往还带有微处理器实时处理结果。针对于近年来涌现出的先进的雷达系统选取了其中的激光雷达和一种原理上近似毫米波雷达的智能传感器分别介绍它们的应用。

7.2.1 激光雷达

激光雷达是一种综合的光探测与测量系统，其工作原理是向目标发射探测信号（激光束），然后将接收到的从目标反射回来的信号（目标回波）与发射信号进行比较，作适当处理后，分析激光遇到目标对象后的折返时间，就可获得目标的有关信息，如目标与本车的距离、方位、速度，甚至形状等参数。它通常由激光发射器、激光接收器、转台（由马达和壳体组成，车用激光雷达等小型激光雷达有取代转台的发展趋势，称为固态激光雷达）和信息处理系统等组成。激光发射器将电脉冲变成光脉冲发射出去，激光接收器再把从目标反射回来的光脉冲还原成电脉冲，送到系统的信息处理子系统。激光雷达结构如图 7-5 所示。

具体来说，激光雷达就是用激光器作为发射光源，采用光电探测技术手段的主动遥感设备。激光雷达是激光技术与现代光电探测技术结合的先进探测方式。它由发射系统、接收系统、信息处理系统、控制系统等部分组成。发射系统是各种形式的激光器，如二氧化碳激光器、掺钕钇铝石榴石激光器、半导体激光器及波长可调谐的固体激光器以及光学扩束单元等组成；接收系统采用望远镜和各种形式的光电探测器，如光电倍增管、半导体光电二极管、雪崩光电二极管、红外和可见光多元探测器件等组合。激光雷达采用脉冲或连续波 2 种工作方式，探测方法按照探测的原理不同可以分为米散射、瑞利散射、拉曼散射、布里渊散射、荧光、多普勒等激光雷达。目前常见的有 8 线、16 线、32 线激光雷达。激光雷达线束越多，测量精度越高，安全性越高。激光雷达也并不是新鲜事物，早已在航空航天、测绘等领域进行了应用。随着汽车智能化等新兴技术的发展，各种环境感知的应用中开始使用激光雷达，由于其高精度、实时 3D 环境建模的特点将成为现阶段中环境感知最为关键的传感器。激光雷达工作原理图如图 7-6 所示，工作效果如图 7-7 所示。

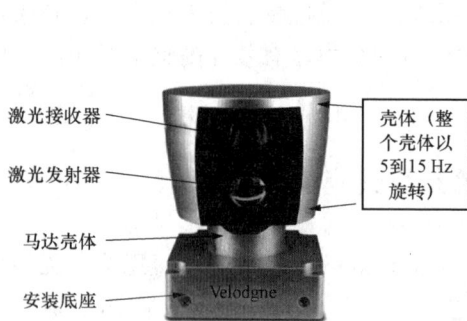

图 7-5　激光雷达结构

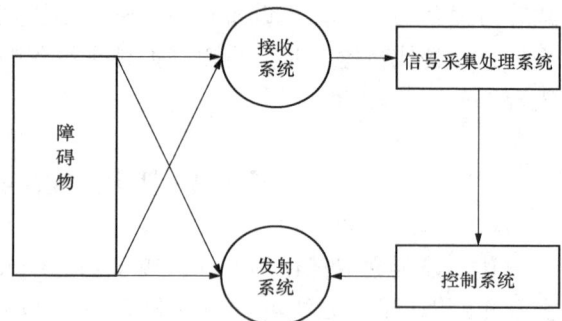

图 7-6　激光雷达工作原理示意图

1. 激光雷达的特点

激光雷达与普通微波雷达相比，激光雷达由于使用的是激光束，工作频率较微波高了许多，因此带来了分辨率高，抗有源干扰能力强和体积小、质量轻等优点。

（1）分辨率高。激光雷达可以获得极高的角度、距离和速度分辨率。激光雷达的角分辨率极高，其可以在较远距离上分辨两个相距极为接近的目标（这是微波雷达无论如何也办不到的），并可同时跟踪多个目标；距离分辨率可达 0.1m。距离和速度分辨率高，意味着可以利用距离——多普勒成像技术来获得目标的清晰图像。分辨率高，是激光雷达

图 7 - 7　激光雷达工作效果

的最显著的优点，其多数应用都是基于此。激光雷达的运用可以有效提高系统对周围环境的感知能力。

（2）抗有源干扰能力强。激光直线传播、方向性好、光束非常窄，且激光雷达的发射系统（发射望远镜）口径很小，可接收区域窄，有意发射的激光干扰信号进入接收机的概率极低；另外，与微波雷达易受自然界广泛存在的电磁波影响的情况不同，自然界中能对激光雷达起干扰作用的信号源不多，因此激光雷达抗有源干扰的能力很强，适于工作在日益复杂的高度信息化的环境中。

（3）体积小、质量轻。通常普通微波雷达的体积庞大，整套系统质量较大，给搭载系统的硬件提出了较高的要求，不适宜技术的普及。而激光雷达就要轻便、灵巧得多，发射望远镜的口径一般只有厘米级，整套系统的质量的只有几十千克，架设、拆收都很简便。而且激光雷达的结构相对简单，维修方便，操纵容易。

激光雷达与普通微波雷达相比虽然有很多优点，但是其同样存在一些劣势，主要表现在两个方面：

（1）受天气影响大。激光雷达工作时受天气和大气影响大。激光一般在晴朗的天气里衰减较小，传播距离较远，而在大雨、浓烟、浓雾等坏天气里，衰减急剧加大，传播距离大受影响。如工作波长为 $10.6\mu m$ 的二氧化碳激光，是激光中大气传输性能较好的，其在坏天气的衰减是晴天的 6 倍。而且，大气环流还会使激光光束发生畸变、抖动，直接影响激光雷达的测量精度。

（2）价格昂贵且工艺复杂。根据各个研发公司官网激光雷达产品价格，单个激光雷达传感器价值在 3 万～8 万美元。激光雷达龙头企业 Velodyne 16 线产品需要 0.8 万美元，32 线产品 4 万美元，64 线产品约 8 万美元。高昂的产品价格也抑制了激光雷达在环境感知系统中的应用。此外，为了保证激光雷达传递接受信号的精准性，其复杂的组装和调校过程拉长了其交货周期。

但是激光雷达固态化是未来趋势，即激光雷达存在可进一步小型化、高精度的优势。目前已经有很多方案被提出以解决上述缺陷，业内降低激光雷达成本主要有两个方式：①取消机械旋转结构、采用固态化技术根本性降低激光雷达成本。固态激光雷达体积更小，方便集成，并且系统可靠性提升，因此激光雷达有向固态发展的趋势。②降低激光雷达线数，组合使用多个低线数激光雷达。从机械旋转式过渡到混合固态再到纯固态激光雷达，随着量产规模的扩大、技术迭代更新，成本不断降低，激光雷达就可以不断向小型化、低功耗、集成化发展。

2. 激光雷达在生产生活中的应用

事实上，经过前面的讲述，激光雷达在环境感知系统中的作用已经相当明显了：为环境感知系统获取目标障碍物与本系统的相对距离、相对方位、相对速度，甚至形状等参数，实时绘制出本系统周围环境的地图，让决策子系统在此基础上进行决策，并且由于其精度比其他同类型的方案更高，探测距离也相对较远，其将是未来环境感知系统的主流传感器之一。激光雷达与其他主流传感器的对比如图 7-8 所示。

传感器	最远探测距离（m）	探测精度	优势	劣势
摄像头	50	一般	●分辨率高 ●能探测物体质地和颜色 ●成本低	●逆光或光影复杂情况效果差 ●受恶劣天气影响 ●受视野影响
超声波雷达	10	高	●成本低 ●测距方法简单	●受天气影响大 ●测试距离范围小
毫米波雷达	250	较高	●不受物体形状和颜色影响 ●探测精度高，受环境影响小 ●性价比高	●无法探测行人
激光雷达	200	极高	●探测精度高 ●可以绘制出3D环境地图	●成本高昂 ●受不良天气影响较大

图 7-8 激光雷达与其他主流传感器的对比

7.2.2 微波雷达

微波是波长很短的无线电波，微波的方向性很好，速度等于光速。微波遇到障碍物立即被反射回来，再被接收器接收。微波乃是类似广播传送器所发出的电波，只不过频率高出许多。其工作原理和雷达十分相似，但是最重要的区别就是其工作利用的微波比雷达利用的电磁波波长更长。雷达的学名叫"电磁波探测器"，雷达就是通过放出间歇型的电磁波，接收返回的电磁波，根据时间差就可以求出物体运动的速度、与本雷达的距离。微波雷达也就是发射微波（远比电磁波的波长长），可以沿地面发射，让微波在地面附近传播，（电磁波不可能做到，这与波长的长度有关），也就是说，雷达是探测天空不明物体的探测器，微波雷达则是用来探测地面不明物体（如坦克，装甲车等）的探测器。而毫米波严格意义上属于微波的一个子段，下面重点介绍其在信息化时代的新应用。

毫米波雷达技术是一种相对成熟的技术，事实上本小节要介绍的新型智能传感器系统是基于该技术的一种应用：这是来自 2015 年的谷歌 IO 大会发布 Soli 项目。该项目利用毫米波雷达技术实现多维度的人机交互，并构建了一整套服务于行为感知的智能传感器系统。并且在经过数年迭代后，在 2019 年该系统所需要的 13dBm 发射功率通过了 FCC 认证，Soli 项目即将迎来真正的商用化。图 7-9 展示了一款搭载了 Soli 智能传感器系统的手表，其通过雷达感受手势的变化，从而可以实现并不接触手表但是对手表进行控制，即其支持通过一些预定义的手势"隔空操作"，实现三维的手势识别。

1. Soli 项目的原理

在正式分析 Soli 项目的原理之前，需要了解几个概念：触控，三维触控以及手势识别。触控这个概念简而言之就是用户通过接触屏幕与屏幕做互动，每天生活中使用的智能手机触摸屏就是触控的典型例子。目前，触控主要是用二维触控，即触摸屏可以识别用户在屏幕平面上的按压，拖动等动作。在二维触控技术成熟之后，业界一直在寻找突破二维平面限制的方法。随着增强现实（AR）/虚拟现实（VR）等下一代智能设备概念渐渐落地，伴随着这些新设备的新交互方式也提上了

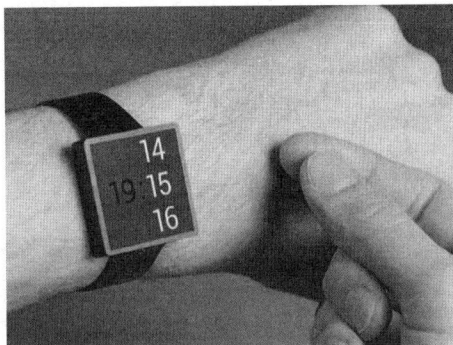

图 7 - 9　一款搭载了 Soli 智能
传感器系统的手表

议事日程。众所周知，AR/VR 等新一代设备需要沉浸感和体感体验，因此使用传统的二维触控难以满足这类下一代智能设备的需求。另外，随着智能家电概念的进一步普及，越来越多的家电接入互联网并且搭载了各自的智能操作系统，传统的二维触控已经不能满足操作的需求，根据应用场合，不少家电也在寻找非接触式的操作（例如吸油烟机的隔空控制操作，避免了用户直接用手去触摸油腻的操作面板，极大地提升使用体验）。随着这些需求的兴起，突破二维平面的触控方法就成为人机交互的新热点。

超越二维的触控又可以细分为两种方法。一种方式是三维触控。在三维触控中，用户无需真正物理接触触摸屏就可以完成触摸屏上的点击、拖拽等操作，可以想象成隔空操作二维触摸屏。此外，三维触摸屏还支持记录用户手指距离屏幕的距离信息，从而支持一些三维空间的新手势操作。与三维触控相对的是三维手势识别。三维触控会精确记录用户手在空间的三维 (x, y, z) 坐标，并根据该坐标的时间变化来完成相应交互。三维触控关注用户手的绝对坐标，因此能完成软键盘打字、按键等操作。而三维手势识别关注的是用户手的整体在三维空间中的相对移动（而非绝对位置），并根据该相对移动来检测手势并完成交互。Soli 项目的技术主要针对三维手势识别应用，而三维触控则需要使用其他技术来实现。Soli 项目识别手势的示意图如图 7 - 10 所示。

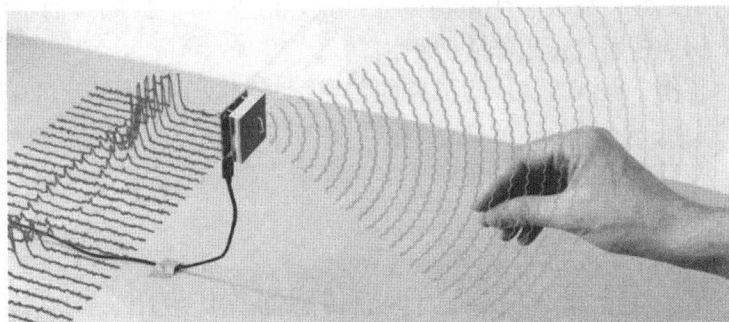

图 7 - 10　Soli 项目识别手势的示意图

Soli 项目使用的是毫米波雷达技术。与雷达的原理相似，Soli 项目的雷达传感器芯片首先发射出电磁波，而发射的电磁波经过用户的手反射回到传感器端，就能根据回波来检测用户手的位置和动态，并借此完成三维非接触手势检测。Soli 项目的雷达使用的是 57～

64GHz 的频段，理论上可以达到毫米级别的分辨精度。该雷达系 Google 和英飞凌合作设计，雷达传感器芯片可以集成到硬币大小的芯片中，从而可以安装在各类设备上。图 7 - 11 是 Soli 项目使用的毫米波雷达传感芯片。芯片大小约为 8mm×10mm，芯片上还有天线阵列（灰色框内）用来实现波束成型，根据官方信息该芯片上集成了四个发射机和两个接收机，使用波束成形来提升分辨率。总体而言，集成度相当高。

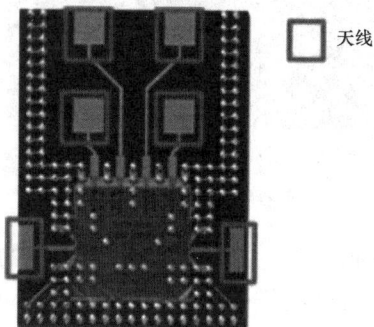

图 7 - 11　Soli 项目使用的
毫米波雷达传感芯片

2. Soli 项目的特点

使用微波雷达的优势首先是系统硬件比较简单，不需要一个物理屏幕，只需要一个雷达传感器模组就足够了。另一方面，通过雷达回波的信号处理和机器学习分析，可以做到手势识别之外的其他功能，例如物体检测，物体材质检测等，有可能在未来开启一些新的智能的应用。

然而，使用毫米波雷达也有局限性。首先，毫米波雷达如果需要做高精度高分辨率检测需要使用复杂的天线或多个雷达收发阵列。在 60GHz 频段上，复杂的天线阵列的体积很大，因此在智能家电等应用上就难以使用。而如果使用多个雷达收发阵列则会大大增加系统功耗。其次，Soli 项目选择的 60GHz 频段（主要理由是因为该频段受到的政府管制较少，且免费使用）存在一个大的问题就是它在空气中衰减特别大，因为 60GHz 是氧气的共振频率，所以许多这个频段的电磁波能量在传播过程中就被空气吸收了。因此，使用 60GHz 实际上限制了 Soli 项目的检测距离，另外由于电磁波能量被空气吸收也会降低信噪比，即降低检测精度。正因如此，Soli 项目向美国 FCC 申请提高 60GHz 频段输出功率，主要为了提升检测距离和精度。

3. Soli 项目的应用

结合 Soli 项目毫米波雷达的优势和局限，并结合应用的成本、体积、功耗限制，我们不难发现，Soli 项目最适合的应用就是智能家电和设备上的近场手势识别，即检测距离在 1m 以内的手势识别。这是因为 Soli 项目的检测精度有限，难以做到三维触控所需的绝对位置高精度检测，但是足以完成手势识别任务；此外由于 60GHz 频段的空气衰减问题，限制了其检测距离，因此较适合做近场手势识别。

总的来说，这种基于微波雷达原理的智能传感器，突破了二维平面的限制，为 AR/VR 等下一代智能设备提供了一种合适的交互手段，弥补了传统的二维触控难以满足这类下一代智能设备的缺憾。并且由于这种智能传感器集成度相当高，除了家电行业，其在一些可穿戴设备上一定也会有相对亮眼的表现。

§7.3　相机类智能传感器及其应用

随着科技的快速发展，大数据带给我们的便利无处不在，其中的图像数据应用十分广泛，也最为直观，因此对于图像数据采集以及识别的研究日益深入。近年来，随着人工神经网络的蓬勃发展，将其运用于图像识别领域已经成为业内的研究热点，并且该类方法已经取得了巨大成功，其中的一些优秀模型在封闭数据集上的识别正确率已经超过人类平均水平。

然而上述方法应用在现实复杂场景的识别系统中仍然有其局限性，其中很大一部分缺陷来自相机。

这是因为上述方法均是作用于传统相机输出的图像的（传统相机即被动地以外部时钟指定的速率，例如 30 帧/秒，获取完整图像的标准相机）。虽然传统相机相较于其他类型传感器，具有体积小、成本低、易部署、能够提供丰富的信息等优点，并且传统相机凭借其自身的优势，在识别领域中被广泛地应用，但是传统的 CMOS 相机（Active Pixel Sensor，APS）存在着不少缺陷：其每个像素需要统一时间曝光，快速运动时图像容易产生运动模糊；相机获取信息的频率受曝光时间的限制；在高动态范围（High Dynamic Range，HDR）的场景下容易出现图像部分过曝或部分欠曝的现象，导致场景细节丢失。这些缺陷的存在极大地限制了整个图像识别系统在现实复杂使用场景中的表现，尤其是前两点给整个系统带来的时延很大，降低了整个识别系统的实时性、快速性。因此，这一节挑选了几种近年来新涌现出的基于相机的智能传感器并且介绍了它们的一些应用。

7.3.1 事件相机

1. 传统相机的限制

在图像研究领域，对高速运动物体的图像研究是十分重要的一部分，因为高速摄像涉及的领域非常广泛，包括：轨迹分析、燃烧研究、爆炸试验、航空航天飞行试验、喷射及粒子分析等。因此，发展能够快速、完整地记录高速运动物体的瞬态过程的高速、低时延的摄像器件对于国防军事、航空航天均具有重要的意义。

然而广泛应用于计算机视觉领域并且取得了巨大成功的传统相机在高速运动物体的识别任务中暴露了其局限性：基于传统相机输出的图像的系统往往达不到要求的实时性指标。传统的 CMOS 相机存在着不少缺陷：①在识别系统中往往需采用多个相机，其产生了海量数据。例如，根据英特尔的估计，未来一台自动驾驶车辆一天会产生 4TB 的数据，其中与摄像头相关的数据占 60% 以上，海量数据若不能实时处理，将极大影响识别结果和系统安全，如果一味地让识别系统使用昂贵的算力强大的 GPU 提升算力，这就直接提升了智能识别系统的成本、功耗和体积，直接导致了阻碍快速运动物体识别系统真正商业化落地；②其每个像素需要统一时间曝光，快速运动时图像容易产生运动模糊；③相机获取信息的频率受曝光时间的限制；④在高动态范围的场景下容易出现图像部分过曝或部分欠曝的现象，导致场景细节丢失。这些缺陷的存在极大地限制了传统相机在快速运动物体识别领域应用的实际效果，尤其是其给整个系统带来的时延很大，降低了整个识别系统的实时性、快速性。

2. 事件相机的工作原理

为了解决传统相机应用在快速识别领域时带来的种种问题，学界将一类新型的基于事件的动态视觉传感器（Dynamic Version Sensor，DVS）应用于快速识别领域中，并且在一系列的快速运动场景识别任务中，改良后的系统的高帧频感知能力相较于基于传统相机的系统确实得到了较大的提升。

基于事件的相机（简称事件相机）是一类异步（asynchronous）的相机，它的诞生是受到了生物视网膜的启发。事件相机不再像传统的相机那样需要外部信号来触发像素统一曝光而获得完整的图像，而是每个像素单独检测相对光照变化，并输出光照变化的像素地址—事件（Address - Event，AE）流。也因为事件相机对场景中的每个像素异步独立地响应亮度变化，所以，事件相机的输出是一个"事件"或"峰值"的可变数据序列，每个事件代表一个像素在特定时间内亮度的变化，这种编码的灵感来自生物视觉路径的尖峰性。每个像素在每次发送一个事件时都要记住此时的像素强度，并持续监控此存储值的以期发现足够大的变化。当变化超过阈值时，再发送一个事件，同时传输像素的绝对位置、时间，和 1 比特的极性标志位（代表此像素的亮度是增加还是降低了）。

简单地理解事件相机，即：当某个像素的亮度变化累计达到一定阈值后，输出一个事件。这里需要明确几个概念：①亮度变化：说明事件相机的输出和变化有关，而与亮度的绝对值没有关系。②阈值：当亮度变化达到一定程度时，将输出数据，这个阈值是相机的固有参数。③一个"事件"：事件具有三要素，时间戳、像素坐标与极性。一个事件表达的是"在什么时间，哪个像素点，发生了亮度的增加或减小"。

当场景中由物体运动或光照改变造成大量像素值变化时，会产生一系列的事件，这些事件以事件流方式输出。事件流的数据量远小于传统相机传输的数据，且事件流没有最小时间单位，所以不像传统相机定时输出数据、具有低延迟特性。由于事件相机的成像原理，我们可以发现只要亮度一有变化就会输出，且输出变化的数据仅占用很小的带宽，同时由于事件相机更擅长捕捉亮度变化，所以在较暗和强光场景下也能输出有效数据。事件相机具有低延迟（<1微秒）、高动态范围（140db）、极低功耗（1mw）等特性，这完美地解决了传统相机应用在快速运动物体识别领域中的问题。传统相机与事件相机对比如图 7-12 所示。

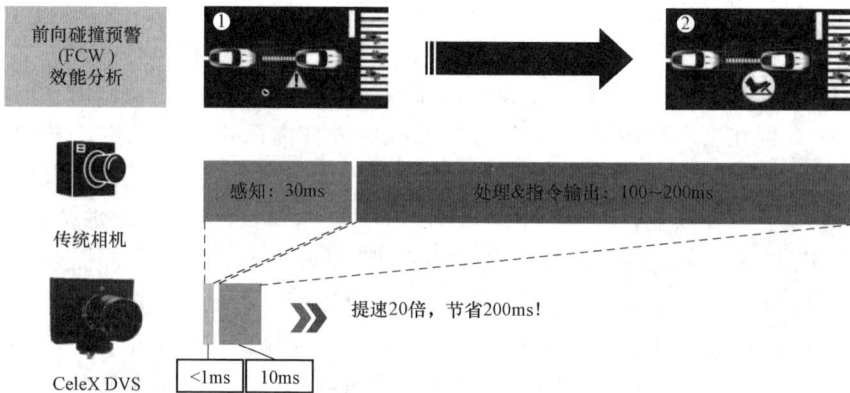

图 7-12　传统相机与事件相机的对比

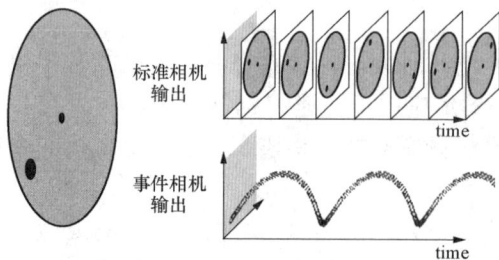

图 7-13　标准相机和事件相机拍摄
低速运动物体的效果示意图

3. 事件相机的特点

在使用了事件相机之后，相比较传统相机其给整个识别系统带来了巨大的优势；图 7-13 和图 7-14 中分别展示了一个带黑色圆点的匀速旋转圆盘，分别由传统相机和事件相机拍摄产生的结果。当圆盘以较低的速度旋转时（图 7-13），在不同时刻，传统相机拍到了不同位置的黑点，事件相机的结果则是被激发的像素点在时空上形成的一条螺旋线。当传统相机曝光的周期恰好等于旋转的周期时或者拍摄静止物体时（图 7-14），因为传统相机的曝光时间是固定的，即便某个像素上的光照没有发生变化，它也会重复曝光，传统相机的这种工作原理导致其输出的图像有高延迟、高冗余、高功耗的缺点，而事件相机只输出由光照变化所触发的"事件"，因此其输出的事件流是稀疏的、低延迟以及低冗余的，当被拍摄的物体静止时，事件相机不会输出任何信息。当圆盘旋转的速度变快时（图 7 - 15），传统相机就会得到带有运动模糊的图像。然而事件相机则没有采集到带有运动模糊情形的图像，因为事件相机的响应速度是纳秒级别的。由此可见，用事件相机取代快速运动物体识别系统中的传统相机是正确的，具有可行性的，其将提高整个系统的实时性表现。

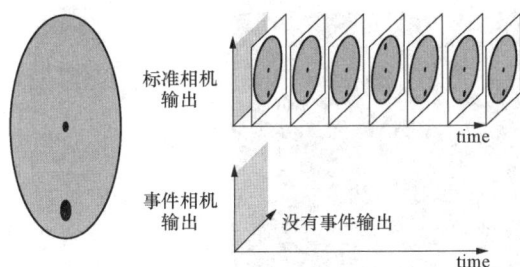

图 7 - 14　标准相机和事件相机拍摄
静止物体的效果示意图

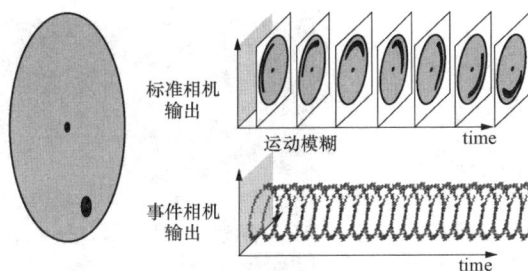

图 7 - 15　标准相机和事件相机拍摄
快速移动物体的效果示意图

4. 事件相机的应用前景

摄像头作为环境感知的主要传感器。虽然摄像头分辨率高、可以探测到物体的质地与颜色，但在逆光或者光影复杂、快速运动等情况下视觉效果较差，极易受恶劣天气影响，因此传统相机获取的图像信息在某些情况难以使用，造成了环境感知的困难。

到目前为止，视觉仍是人类感知世界和与大脑一起学习新事物的主要感官。近年来，仿生硅视网膜技术（事件相机）技术引起了学术界和产业界的广泛关注。这是由于事件相机的可用性和其提供的优势，能解决目前用标准相机（提供频闪同步序列的 2D 图片）不可行的问题。其优势巨大，尽管起步晚，直到 2008 年才投入商用，但是已经有很多学者和科技公司决定投入研发，这也同样说明了开发这种可用于自动驾驶领域、机器人、增强和虚拟现实（AR/VR）等应用的新型视觉传感器具有巨大的研究价值，也即证明了其巨大的需求。事件相机及检测算法工作效果示意图如图 7 - 16 所示。

此外，因为事件相机的工作方式与标准相机根本不同，它测量每个像素亮度的变化与以恒定速率测量"绝对"亮度不同，需要新的方法来处理它们的输出并释放它们的潜力。如果将"第三代神经网络"脉冲神经网络与之匹配，研发一种与动态视觉传感器相对应的识别模型将会获得更好的效果，这样就获得了一款识别效果精准且迅速的智能传感器。参考目前学界在计算机视觉领域仍多采用第二代神经网络，这种硬件与算法同时提升的智能传感器必将有巨大的应用前景，将给自动驾驶领域的发展带来巨大的活力。

7.3.2　深度相机

随着机器视觉、自动驾驶、机器人技术的火爆，采用深度相机采集环境的深度信息然后进行物体识别、环境建模的方案越来越普遍；相对于传统 2D 相机，3D 相机增加了一维的深息，因而能够更好地对真实世界进行描述；在许多领域如安防、监控、机器视觉、机器人等，深度相机的运用给行业的发展带来了新的活力、拓展了更多的可能；如自动驾驶中的物

图 7-16　事件相机及检测算法工作效果示意图

体识别和障碍物检测，工业中散乱码放物体的识别、分拣、拆垛、码垛，物流场景中物体的货架抓取等。

1. 深度相机的分类

深度相机，顾名思义，指的是可以测量物体到相机距离（深度）的相机，从原理上来讲，深度相机测量深度主要分为两大类：

（1）基于特征匹配的深度测量原理，如基于红外散斑结构光原理的 Kinect 1，基于红外条纹结构光的 Intel RealSense，基于可见条纹结构光的 Enshape，甚至单纯采用双目视觉的 BumbleBee 等；上述几类相机无论采用哪种结构光或者不采用结构光，其最终计算深度时本质上采用的均可以看作是特征匹配的方法。在这种类型的深度相机中，又可以通过系统是否配置主动投射光源，将这类继续细分为主动投射结构光深度相机和被动双目深度相机。

（2）基于反射时间的深度测量原理，如 Kinect 2.0，MESA 的 SR4000，SR4500，Google Tango 项目采用的 PMD Tech 的相机，Intel 的 SoftKinect DepthSense 甚至包括无人驾驶领域 L3 和 L4 的分水量激光雷达等；上述几类相机在计算深度信息时无一例外地均采用发射光与反射光之间的时间差计算深度。

2. 主动投射结构光深度相机

结构光深度相机的基本原理是：加载一个激光投射器，在激光投射器外面放一个刻有特定图样的光栅，激光通过光栅进行投射成像时会发生折射，从而使得激光最终在物体表面上的落点产生位移。当物体距离激光投射器比较近的时候，折射而产生的位移就较小；当物体距离较远时，折射而产生的位移会相应的变大。这时使用一个摄像头来检测采集投射到物体表面上的图样，通过图样的位移变化，就能用算法计算出物体的位置和深度信息，进而复原整个三维空间。

通过对原理的分析，可以看出结构光深度相机的优势就是实现方式简单、编程难度小，只需要投射一些特殊的光斑，通过相机采集最终在反光平面上光斑的图像计算得到深度信息，并且由于特征经过特殊设计，因而，特征的提取与匹配非常简单；同时，经过合理的设计，能够在一定范围内达到较高的精度，因而，在实际应用中使用相对较多，如 Kinect 1.0，Intel RealSense，Enshape，Ensenso 等，采用的均为主动投射光源的方案；但与此同时，在投射光源的特征固定的情况下，物体距离相机越远，光斑越大，因而，相对应的测量精度越差，即相机精度随着距离的增大而大幅降低；因而，基于主动投影的深度相机往往在测量距离较近时应用较多，所以 1～4m 是其最佳应用范围。另外，基于主动投射光源的深度相机，由于存在外部光源，因而非常适合在黑暗环境中使用；但如果应用在室外环境中，则对主动投射光源的功率有较高要求；常见的低成本的结构光相机如 Kinect 1.0，Intel RealSense，Ensenso 在室外强光环境中均未产生较大的测量误差；采用较大功率的主动投射光源则意味着成本的大大增加。Kinect 一代实物图如图 7 - 17 所示。

3. 被动双目深度相机

被动双目（Multi - camera）技术的基本原理是使用两个或者两个以上的摄像头同时摄取图像，就好像是人类用双眼、昆虫用多目复眼来观察世界，通过比对这些不同摄像头在同一时刻获得的图像的差别，使用算法来计算深度信息，从而获得深度信息。

图 7 - 17　Kinect 一代实物图

Multi - camera 工作效果示意图如图 7 - 18 所示。在这里以两个摄像头成像来解释一下：双摄像头测距是根据几何原理来计算深度信息的。使用两台摄像机对当前环境进行拍摄，得到两幅针对同一环境的不同视角照片，实际上就是模拟了人眼工作的原理。因为两台摄像机的各项参数以及它们之间相对位置的关系是已知的，只要找出相同物体在不同画面中的位置，就能通过算法计算出这个物体距离摄像头的深度了。

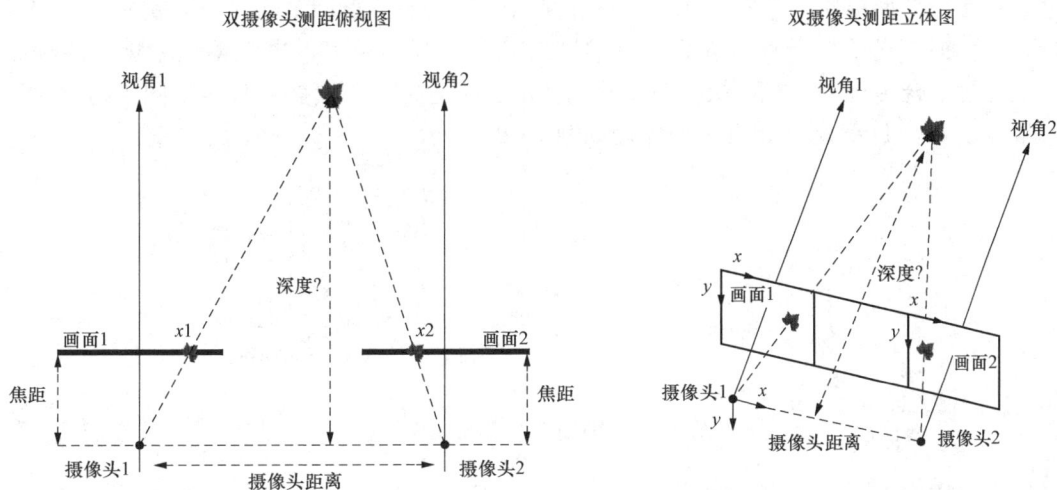

图 7 - 18　Multi - camera 工作效果示意图

采用被动双目深度相机最大的优势就是其对硬件的要求比较低，成本在三类深度相机方案中最低。这主要是因为其直接在环境光中采集图像，一般不需要外部光源，也因此其非常适合于室外环境中使用。与此同时，反光对系统的影响比结构光方案小得多，在室外大光比、复杂场景的深度感知比结构光方案也好得多。但是双目深度相机目前最大的问题在于，分别基于两幅图像，从图像中寻找特征点，进一步地进行特征匹配，整个过程中需要大量异常复杂的算法和巨大的计算量，并且最终的计算结果并不稳定。另外对于一些图像特征非常不明显的领域，如平整的地面，一望无际的沙漠等，采用双目视觉进行匹配，相对比较困难。

就目前来看，被动双目深度相机目前还正处在产品应用与开发的早期阶段，一些公司推出的如 STEROLABS 推出的 ZED 2K Stereo Camera，Point Grey 公司推出的 BumbleBee，以及一些国内创业公司推出的一系列被动双目相机，目前还都处于实验结果，距离稳定可靠的产品以及大规模的应用还具有一定的距离。Multi-camera 被动双目深度相机实物图如图 7-19 所示。

ZED 2K Stereo Camera

Bumblebee Stereo Camera

图 7-19　Multi-camera 被动双目
深度相机实物图

总而言之，被动双目深度相机不需要任何额外的特殊设备，而是完全依赖于计算机视觉算法来匹配两张图片里的相同目标，因此它不能说是一种新型传感器，而应当是一种新型的传感器应用手段，其想法类似于多传感器融合，只不过多传感器融合是将多种不同类型的传感器数据进行融合，而 Multi-camera 则是把两个或者多个相同类型的摄像机数据集合到一起共同分析、还原所处的环境。相比于结构光或者光飞时间这两种技术成本高、功耗大的缺点，多角成像能提供"价廉物美"的三维手势识别效果。

4. 反射时间测量原理（Time of Flight，TOF）

反射时间测量技术的基本原理是加载一个发光元件，发光元件发出的光子在碰到物体表面后会反射回来。使用一个特别的 CMOS 传感器（一般是光敏而激光或雪崩的二极管组成的感光单元）来捕捉这些由发光元件发出、又从物体表面反射回来的光子，就能得到光子的飞行时间。根据光子飞行时间进而可以推算出光子飞行的距离，也就得到了物体的深度信息。此外再结合传统的相机拍摄，就能将物体的三维轮廓以不同颜色代表不同距离的地形图方式呈现出来。TOF 深度相机工作原理如图 7-20 所示。

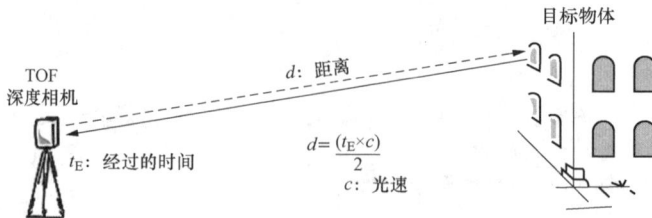

图 7-20　TOF 深度相机工作原理

根据上述原理可以看出，就计算上而言，TOF 是三类深度感知方案中最简单的，不需要任何计算机视觉方面的计算。并且由于通过反射时间测量距离，TOF 相机可以通过调节发射脉冲的频率改变相机测量距离，所以在测量距离要求比较大的场合，如无人驾驶领域，TOF 相机具有非常明显的优势。此外，与基于特征匹配的深度相机不同，TOF 相机的精度不会随着测量距离的增大，误差增大，其测量误差在整个测量范围内基本上是固定的，这也导致了 TOF 深度相机在大距离的深度感知应用中优势最大。图 7-21 即为根据 TOF 传感器到手的距离将颜色映射到每个像素（红色表示距离近，蓝色表示距离远）。

但是，值得注意的是，TOF 相机对上述时间测量的精度要求非常高，即使相机的电子快门打开仅仅比预期的时间晚了 33ps，那么计算出的结果对比真实距离也已经相差 1cm，因而，即使采用最高精度的电子元器件，TOF 相机也很难达到 mm 级的精度，这也限制了其在一些高精度领域的应用。

就目前来看，在近距的应用领域，许多公司已经基于 TOF 原理推出了一系列商用的产品，如微软的 Kinect 2.0，MESA 的

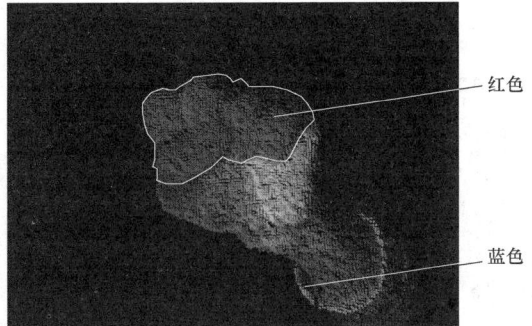

图 7-21　TOF 传感器拍摄结果

SR4000，Google Project Tango 中使用的 PMD Tech 的 TOF 相机，Intel 的 SoftKinect DepthSense，Basler 基于松下的芯片开发的 TOF 相机以及国内一些初创公司基于 TI 的方案开发的 TOF 相机等；这些产品已经在民用的体感识别，环境建模等领域取得了大量应用；但总的来说，在近距测量领域，尤其是 1m 左右范围内，TOF 相机的精度与前两种基于特征匹配的精度还具有较大的差距，从而限制了其在高精度领域的应用。在远距的应用领域，如无人驾驶领域等，目前基本上所有的方案都是基于 TOF 原理，基于 TOF 原理的深度测量方法在远距领域具有明显的优势。三种深度相机方案对比如图 7-22 所示。

性能指标	主动投射结构光	被动双目视觉	TOF
测量范围	0.1~10m	中距	0.1~100m
精度	短工作范围内能够达到高精度 0.01~1mm	短工作范围能够达到高精度 0.01mm~1cm	典型精度 (1cm)
软件复杂度	中	非常高	低
帧率	较低，几十 Hz	低到中 < 百 Hz	非常高
户外工作情况	影响较大，功率小的时候基本无法工作	无影响	有影响但较低，功率小的时候影响较大
黑暗环境能否工作	可以	不可以	可以
价格	随精度价格不同:1mm级精度千元量级;0.1mm级万元量级;0.01mm级几十万量级	非常便宜：千元量级	依测量范围、帧率不同：几千～几百万
典型应用场景	1.近距体感识别、VR、AR；2.近距物体识别、姿态检测、测量	近距物体识别、姿态检测、测量	1.近距体感识别、VR、AR；2.近距物体识别、姿态检测、测量等；3.远距环境建模、物体识别、测量等

图 7-22　三种深度相机方案对比

§7.4　多传感器融合的应用

总体来看，智能化时代背景下，环境感知显得尤为重要，不同传感器的原理和功能各不

相同，在不同的场景里发挥各自的优势，难以相互替代。因此多传感器融合是未来感知系统的必然的发展方向之一。各种智能传感器在处理速度、数据复杂度、高动态范围等方面相比较同类型的传统传感器优势突出，必然会取代传统传感器成为未来环境感知系统的主力传感器。

7.4.1　Tango 项目

事实上，已经有许多研究者和项目在进行这个方面的探索和实验。Tango 项目就是其中之一，Tango 项目是谷歌公司的一项研究项目，2014 年 2 月谷歌已经成功为该项目研发出了一款 Android 手机原型机，配备了一系列传感器包括红外发射器、intel RealSense 3D 结构光深度相机、相机、广角相机、加速度计、陀螺仪、气压计等，能实时为用户周围的环境进行 3D 建模。简单来讲，Tango 项目（又叫 Tango）可以让移动设备"看见"周边环境，观看的方式和人类基本一样。通过先进的传感器，移动设备可以为室内空间绘图，知道空间内移动设备所在的位置。

Tango 项目包含三部分技术：运动追踪（Motion Tracking），深度感知（Depth Perception）和区域学习（Area Learning），其中每一个部分都与各种传感器息息相关，需要多个传感器协同工作，才能达到感知周围区域的目的。

1. 运动追踪

运动追踪技术是让设备能够理解自己的位置和方向。Tango 项目的第一个核心技术"运动追踪"的三维动态捕捉就是利用了移动相机时不断地一帧一帧进行拍摄，因为拍摄到的光点的相对位置在不断变化（这里"变化"是指拍摄到的两帧之间同一个光点的相对位置变化），通过计算我们可以得到相机的移动距离。简单来说 Tango 设备在不断循环的一个过程就是：拍摄——识别特征点——匹配特征点——筛去错误匹配——坐标换算。当然 Tango 项目的运动追踪不仅如此，他还能通过一个内置的 6 轴惯性传感器（加速度计和陀螺仪）来捕捉相机的加速度和运动方向。当融合了以上两类传感器的数据之后 Tango 项目就"完美"实现了三维运动追踪。Tango 项目演示如图 7 - 23 所示。

图 7 - 23　Tango 项目演示

2. 区域学习

运动追踪只是单纯得到了相机移动的轨迹，然而对于相机所处的场景是零认知。所以一旦设备被关掉，它之前的运动轨迹就会被"忘掉"。最大的问题还是运动追踪中所累积的误差，或者叫漂移，在长距离使用后真实位置会和运算位置有很大差异。

为了让 Tango 设备具有一定记忆，而不再像一个被蒙着眼睛的人一样需要靠数自己走了多少步来计算距离，Tango 项目可以让用户预先录入某个场景，当用户重回这个场景的时 Tango 设备会自动用录入的数据来纠正运动追踪的数据，这个纠正的过程中录入场景里的那些特征点会被当作观测点，一旦发现与当下特征点匹配的观测点，系统便会修正当下的追踪数据。这就是 Tango 项目的第二大技术核心——区域学习。

3. 深度感知

Tango 采用了前面提到的 RealSense 3D 结构光深度相机来感知深度信息，除了结构光技术之外，Tango 项目还将支持使用 TOF 深度相机来获取深度信息。这些深度传感器输出为"点云"的数据，包含了所有被采集到深度的点的三维信息。因为 Tango 设备是在一边移动一边采集的，Tango 项目巧妙地结合运动追踪的轨迹数据达到了对"点云"的实时拼接。

4．应用

Tango 项目原型机配备有特制的传感器和与之匹配的软件，可以绘制出周围环境的 3D 模型，这样的模型可以成为多种应用的基础，例如在大型购物中心和其他室内空间向用户提供方向导航，帮助用户寻找某家商店或某个物体。除了绘制周围的 3D 场景外，Google 还指出，这项技术有无限宽广的应用场景，包括绘制 3D 地图，帮助盲人在陌生的地方导航；让人们能利用家中的环境玩拟真的 3D 游戏等。

按照谷歌的描述，Tango 项目是一个平台，通过多传感器融合，它可以赋予手机、平板全新的空间感知能力。这套感知周围环境的方案并不是设计全新的传感器，而是对于光学传感器和惯性传感器与计算机视觉技术的巧妙结合。利用光学传感器来校正惯性传感器的误差累计或者说"漂移"问题，利用惯性传感器的小尺寸，低成本，以及实时信息输出来降低光学传感器的运算量，再配合上成熟的深度感应器，从而实现了这个黑科技。Tango 项目的价值并不是把某个技术做到了登峰造极，而是将多种传感器数据完美融合在一起，做到了 1＋1＋1 大于 3 的功效。由此可见，智能化时代背景下，多传感器融合是未来感知系统的必然的发展方向之一。

7.4.2　惯性导航系统

从广义上讲从起始点将航行载体引导到目的地的过程统称为导航。从狭义上讲导航是指给航行载体提供实时的姿态、速度和位置信息的技术和方法。早期人们依靠地磁场、星光、太阳高度等天文、地理方法获取定位、定向信息，随着科学技术的发展，无线电导航、惯性导航和卫星导航等技术相继问世，在军事、民用等领域广泛应用。近年来，导航技术和产品的市场需求不断变大。截至目前，为普通消费者所熟知的导航手段，如美国的 GPS、欧盟的伽利略、我国的北斗导航均属于卫星导航技术的一种。然而，民用卫星导航系统遇到卫星信号丢失的情况，并不罕见。目前，美国的 GPS 系统在全球部署了 24 颗导航卫星，接收机至少要接收到其中 4 颗卫星发出的信号才能做出定位。所以当遇到建筑物、茂密树木、金属物等的遮蔽时，导航系统时常会出现无法搜星定位的情况。这时，惯性导航系统（INS, Inertial Navigation System）的作用会非常显著。图 7-24 所示为惯性导航仪实物图。

惯性导航是使用装载在运载体上的陀螺仪和加速度计来测定运载体姿态、速度、位置等信息的技术方法。实现惯性导航的软、硬件设备称为惯性导航系统，简称惯导。其不依赖于外部信息，也不是向外部辐射能量（如无线电导航那样）的自主式导航系统。具体来说惯性导航系统属于一种推算导航方式。即从一已知点的位置根据连续测得的运载体航向角和速度推算出其下一点的位置，因而

图 7-24　惯性导航仪实物图

可连续测出运动体的当前位置。其工作环境不仅包括空中、地面，还可以在水下。惯性导航的基本工作原理是以牛顿力学定律为基础，通过测量载体在惯性参考系的加速度，将它对时间进行积分，且把它变换到导航坐标系中，就能够得到在导航坐标系中的速度、偏航角和位置等信息。

1. 惯性导航系统的工作原理

首先我们要了解，空间中的运动体（如飞机）的运动可以分成两类，一是质心的移动，也称为线运动，相关联的导航参数有飞行速度、位置等；另一类是飞机绕质心的转动，也称为角运动，相应的导航参数有飞机的姿态角和航向角等。惯性导航工作的核心原理是：它从过去自身的运动轨迹推算出自己目前的方位。其可以正常工作离不开以下三条公式，牛顿第二定律告诉我们：$dv/dt=a$，而路程与时间的关系也显而易见：$ds/dt=v$，这样惯性导航系统就将路程、速度与加速度联系在了一起。之所以这样做是因为路程与速度都不能直接测量，但加速度可以，因此只要有加速度计，就能时刻知道当前速度与路程了。除了线运动，在三维立体空间中导航还需要知道角运动的情况。因此，还需要陀螺仪得到角速率，结合初始的角度值并对角速率进行积分，就可以知道系统当前的角度信息了，但是这样做往往会出现积分漂移的问题，所以有的惯性导航系统还配备有电子罗盘来矫正陀螺仪。

惯性导航的工作流程可以概括如下：首先，有外界（操作人员、卫星接收器等）给 INS 提供初始位置、初始朝向、初始姿态等；然后，用惯性测量单元（Inertial Measurement Unit，IMU）时刻检测物体运动的变化信息。其中，加速度计测量运动体的加速度，陀螺仪则测量运动体的角运动，还有电子罗盘确认运动体的朝向，这 3 个传感器可相互校正，得到较为准确的姿态参数。通过跟踪系统当前角速率及相对于运动系统测量到的当前线加速度，就可以确定参照系中系统当前线加速度。以起始速度作为初始条件，应用正确的运动学方程，对惯性加速度进行积分就可得到系统惯性速率，然后以起始位置座作初始条件再次积分就可得到惯性位置。

除了惯性导航这种对加速度计、陀螺仪进行累加的自主导航方式之外，也有类似的自主导航技术的原理和 INS 极其相似。例如汽车航位推算（Dead reckoning，DR），这种导航方式同样是对系统的状态进行累加，有区别的是 DR 累积的是系统的位移矢量，结合系统的初始位置和不断地累加位移矢量，就能实时获得系统的当前位置。这种自主导航方式同样运用多传感器融合技术，DR 通常采用码盘（记录车轮转数，获得汽车相对于上一采样时刻路程变化量）、惯性传感器（如陀螺仪、加速度计，得到汽车航向变化）来获得系统的运动状态。该系统的应用背景也和 INS 极其类似：导航中，由于山区丛林、隧道、高架桥等障碍导致反射卫星信号严重的多径效应，无法获得准确的车辆定位信息，为解决该问题，在车辆上加装航行传感器和距离传感器，通过 DR 算法自主确定定位信息。因为 DR 的原理是累加位移矢量，所以 DR 无法为飞机、潜艇等做三维运动的运动体导航，因此可以简单地认为 DR 是 INS 的二维简化方案。

2. 惯性导航系统的特点

惯性导航作为主流导航方式中唯一一种推算导航方式，其具有鲜明的优势：

（1）惯性导航定位不需要外源信息。惯性导航从原理上来讲已经相当成熟了，但在今天其仍旧没有被淘汰，这一个特点是主要原因。不管是卫星导航，还是无线电导航，都受限于外源信息。一旦卫星不可用，或者导航台不能正常工作，其他的导航系统就完全瘫痪了。也因为它是不依赖于任何外部信息，也不向外部辐射能量的自主式系统，故隐蔽性好不容易受外界电磁干扰的影响。

（2）全天候、全地域。不受气象条件限制，其可全天候工作于空中、地面乃至水下。

（3）数据更新率高、短期精度高。INS 能提供位置、速度、航向和姿态角数据，所产生的导航信息连续性好而且噪声低，数据更新率高、短期精度和稳定性好。INS 的连续性演示图如图 7-25 所示。

惯性导航系统的推算导航方式，给整个导航系统带来了鲜明优点的同时也带来了缺点：

（1）导航误差随时间发散。

由于导航信息经过积分推算产生，因此定位误差会随时间推移而增大，长期积累会导致精度差。

（2）对准时间长。

每次使用之前需较长的初始对准时间。惯性导航必须要进行初始对准来获取系统初始的姿态、速度信息，且对准复杂、对准时间较长。

（3）造假昂贵。

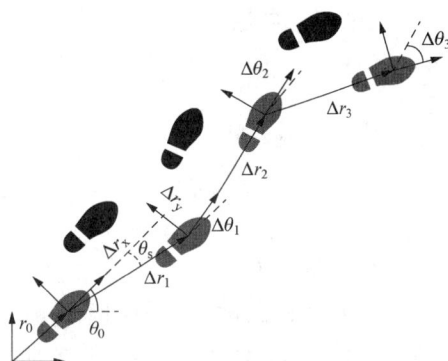

图 7-25　INS 的连续性演示图

相比较其他导航方式，精准的惯导系统价格昂贵，通常造价在几十到几百万之间。

3. 惯性导航系统的应用

作为主流导航方式中，唯一一个不需要外源信息的推算导航方式并且由于惯导系统的误差累积性和需要初始校准的前提要求，一般不能单独使用，只能作为其他定位导航技术（如 GNSS 定位、UWB 定位、WLAN 定位、地磁定位等）的辅助，比如车辆在 GPS 导航过程中，在失去 GPS 信号的情况下能够利用自带的加速度和陀螺仪进行惯性导航，惯导系统负责继续为运动载体提供位置、速度、姿态（航向角、俯仰角、横滚角）等信息。

惯性导航产业最早起步于军用，如航天、航空、制导武器、舰船、战机等领域，随着电子技术的发展和商业价值的挖掘，惯性导航技术的应用扩展到车辆导航、轨道交通、隧道、消防定位、室内定位等民用领域，甚至在无人机、自动驾驶、便携式定位终端（如智能手机、儿童/老人定位追踪器等）中也被广泛应用。并且不同应用领域对惯性元器件性能和惯导精度的要求各不相同。从精度方面来看，航空航天、轨道交通领域对即时定位精度要求高，且要求连续工作时间长；从系统寿命来看，卫星、空间站等航天器要求最高，因其发射升空后不可更换或维修；涉及到军事应用等领域，对可靠性要求较高；对于民用领域，如车辆导航、室内定位、无人机、自动驾驶等应用，对惯导系统的性价比要求高。

此外，为了改善 INS 下述两个缺点：①定位误差会随时间积累，②高精度惯性导航系统成本可达百万人民币，而低成本惯性导航系统精度较低，且误差扩散比较快。现在的解决方案就是把低精度惯性导航与 GNSS 高精度定位方式结合使用，这样的组合导航方式，正好能够满足一般的民用需求。最后形成以计算机为中心，将多个导航传感器的信息加以综合和最优化数学处理，然后综合输出导航结果的方案，一般称之为组合导航。组合导航是近代导航理论和技术发展的结果，因为每种导航系统都有各自的独特性能和局限性，把几种不同的系统组合在一起，就能利用多种信息源，互相补充，构成一种有冗余度和导航准确度更高的多功能系统。所以，将 INS、GNSS 等两种或多种系统组合在一起，形成的一种综合导航系统，是未来导航系统的重要发展方向之一。

　　事实上，无论是惯性导航系统还是汽车航位推算，都必须要对多传感器的数据进行融合，才能进一步地进行推算，实现获得当前运动体运动状态的目的，使系统获得持续的导航能力。并且整个方案中的原理、传感器的种类都是比较传统的、成熟的，但是通过对加速度计、陀螺仪、电子罗盘等传感器的有效整合，将多种传感器数据完美融合在一起，获得了单个先进传感器所不能达到的功能，使得惯性导航在目前的导航应用中仍旧不可替代。由此可见，在先进传感器层出不穷的背景下，多传感器融合技术使得老旧传感器仍旧能发挥其独特作用，并且性能并不比先进传感器逊色。因此，多传感器融合是传感器领域的必然的发展方向之一。

§ 思 考 题

1. 什么是 MEMS？
2. 激光雷达的优势和限制条件分别是什么？
3. 事件相机与传统的相机的区别有哪些？
4. 目前有哪些多传感器系统中用到了惯性导航组件？

第 8 章　智能技术在传感器中的应用

§8.1　智能算法概述

随着计算机技术的飞速发展，智能算法的应用领域也越来越广泛。智能算法也被称为"软计算"，是人们受自然（生物界）规律的启发，根据其原理，模拟求解问题的算法。从自然界得到启迪，模拟其结构进行发明创造，这就是仿生学。另外，我们可以利用仿生原理对算法进行设计，这就是智能算法的思想。这方面涉及的内容很多，如：模糊算法、人工神经网络、遗传算法、粒子群优化算法等。

当问题种类及规模不断扩大时，要寻找一种能以有限的代价来求解大规模复杂系统的通用方法是一个难题，因此建立以最大可能（概率）求解的方法是一个有必要研究的问题。而传统计算方法对以下问题（非凸可行域和具有多个局部极值问题）的处理比较困难：

（1）不连通的可行域。

（2）设计变量全部或部分是分散的、整型的。

（3）目标函数具有多个极值。

（4）难以求解目标函数和约束函数的梯度。

随着研究的不断深入，智能算法近年来在许多领域得到了成功的应用，受到了越来越多的关注与重视。

§8.2　智能算法的特点及发展

各种智能算法具有以下 4 个共同的特点。

（1）它们大都引入随机因素，因此具有不确定性，不少计算过程实际上是在计算机上做随机过程的模拟。

（2）它们大都具有自适应机制的动力体系或随机动力体系，有时在计算过程中体系结构还在不断调整。

（3）这些算法都是针对通用的一般目标而设计的，不同于针对特殊问题而设计的算法。

（4）不少算法在低维或简单情况下显得"笨"，但是到了高维复杂情形具有很强的适应性。

智能算法在解决实际问题中发挥了巨大的作用，但有些方面还有待于进一步研究：

（1）理论研究。研究算法计算的复杂性、证明智能计算方法的全局收敛性问题、探讨群体规模和算子的控制参数选取问题。智能计算在未来的研究重点将越来越倾向于实用，数学证明将结合具体的算法有针对性地进行。

（2）引入新的算子。对智能计算来说，算子在算法中起着重要作用，但传统算子有很大的局限性，为了提高算法的效率，必须引进新的、更高级的算子。此外，还必须加强算法搜索的目的性。

（3）不同的智能算法对于不同的问题有其应用优势和不足之处，各种算法有其互补性，应从解决具体问题的角度出发，融合有互补性的算法，这是解决应用问题的必然趋势。

（4）个性化的倾向越来越浓，目的性变得日益明确。一方面，不再拘泥于生物学约束和模拟自然现象之中，而仅将生物学和自然现象的发展看成是开阔视野的一种途径；另一方面，以探索智能形成机制为目标的研究者会越来越强调生物学和自然现象约束的重要性。新的生物学和自然现象将作为原始素材用于构建新的模型，而不是用来对旧有模型进行诠释和论证。

§8.3　模糊技术及其应用

传统的传感器测量是一种数值测量，它将被测量映射到实数集合中，以数值符号的形式来描述被测量的状态，因此称为数值传感器。它一方面具有精度高、无冗余的优点；另一方面又存在测量结果不易理解、数值存储量大、涉及人类自身行为和某些高层次逻辑信息时难以描述的问题。

基于模糊逻辑技术的模糊传感器的研究最早见于 20 世纪 80 年代，但到目前为止，尚没有严格、公认的定义。一般认为，模糊传感器是在经典传感器数值测量的基础上，经过模糊推理与知识集成，以自然语言符号描述的形式输出测量结果。

模糊传感器的"智能"之处在于它可以模拟人类感知的全部过程；核心在于知识性；知识的最大特点在于模糊性。它不仅具有智能传感器的一般优点和功能，而且还具有学习推理的能力，具有适应测量环境变化的能力，并且能够根据测量任务的要求进行学习推理。另外，模糊传感器还具有与上级系统交换信息的能力，以及自我管理和调节的功能。模糊理论应用在测量中的主要思想是将人们在测量过程中积累的对测量系统和测量环境的知识与经验融合到测量结果中，使测量结果更加接近人的思维。

模糊传感器由硬件和软件两部分构成；它的突出特点是具有丰富强大的软件功能；它与一般的基于计算机的智能传感器的根本区别在于它具有实现学习功能的单元和符号产生、处理单元，能够实现在专家指导下学习和符号的推理及合成，从而使模糊传感器具有可训练性。经过学习与训练，使得模糊传感器能适应不同测量环境和测量任务的要求。

8.3.1　模糊传感器

8.3.1.1　模糊传感器概述

模糊传感器是近年来出现的智能传感器之一，随着模糊理论技术的不断发展得到国内外学者的广泛关注。模糊传感器是在经典传感器数值测量的基础上，经过模糊推论和知识集成，以数值或自然语言符号描述的形式输出测量结果的智能传感器。一般认为模糊传感器是以数值测量为基础，并能产生和处理与其相关的测量符号信息的装置。具体地说，将被测量值范围划分为若干个区间，利用模糊集理论判断被测量值的区间，并用区间中值或相应符号进行表示，这一过程称为模糊化。对多参数进行综合评价测试时，需要将多个被测量值的相应符号进行组合模糊判断，最终得出测量结果。模糊传感器的一般结构框图如图 8-1 所示。信号的符号表示与符号信息系统是研究模糊传感器的核心与基石。

模糊传感器是一种智能测量设备，由简单的传感器和模糊推理器组成，将被测量转换为适于人类感知和理解的信号。由于知识库中存储了丰富的专家知识和经验，它可以通过简单、廉价的传感器测量相当复杂的数据。

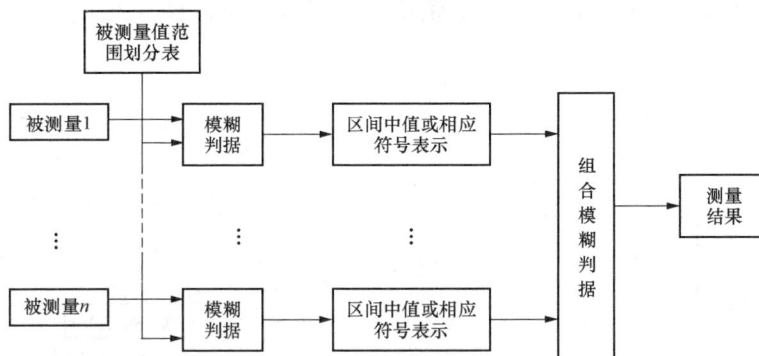

图 8-1　模糊传感器的一般结构框图

8.3.1.2　模糊传感器的基本功能

模糊传感器作为一种智能传感器，具有智能传感器的基本功能，即学习、推理、联想、感知和通信功能。

1. 学习功能

模糊传感器的特殊和重要的功能是学习功能。人类知识集成实现、测量结果高级逻辑表达等都是通过学习功能完成的。能够根据测量任务的要求学习有关知识是模糊传感器与传统传感器的重要区别。模糊传感器的学习功能是通过有导师学习算法和无导师自学习算法实现的。

2. 推理联想功能

模糊传感器可分为一维传感器和多维传感器两类。一维传感器接收外界刺激时，可以通过训练时记忆联想得到符号化测量结果。多维传感器接收多个外界刺激时，可通过人类知识的集成训练进行推理，实现时空信息整合、多传感器信息融合和复合概念的符号化表示结果。推理联想功能需要通过推理机构和知识库来实现。

3. 感知功能

模糊传感器与一般传感器一样，可以感知由传感器确定的被测量，但根本区别在于前者不仅可输出数值量，而且可以输出语言符号量。因此，模糊传感器必须具有数值/符号转换功能。

4. 通信功能

传感器通常作为大系统中的子系统，因此模糊传感器应该能与上级系统进行信息交换，所以通信功能是模糊传感器的基本功能。

8.3.1.3　模糊传感器的基本结构

1. 逻辑结构与物理结构

图 8-2 所示为模糊传感器的简化逻辑结构框图。所谓模糊传感器的逻辑结构，就是其在逻辑上要完成的功能。一般来讲，模糊传感器在逻辑上可以分为转换部分和符号处理与通信部分。从功能上看，有信息调理与转换层、数值/符号转换层、符号处理层、指导学习层和通信层。这些功能有机地集成在一起，完成数值/符号转换功能。

与模糊传感器逻辑功能相对应，一种典型的物理结构框图如图 8-3 所示。由图可知，模糊传感器是以计算机为核心，传统测量为基础，利用软件实现符号的生成和处理，在硬件支持下可实现有导师学习功能，并通过通信单元实现与外部的通信功能。

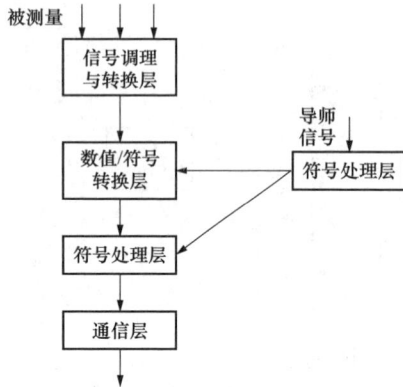

图 8-2　模糊传感器的简化逻辑结构框图　　　　图 8-3　模糊传感器的基本物理结构框图

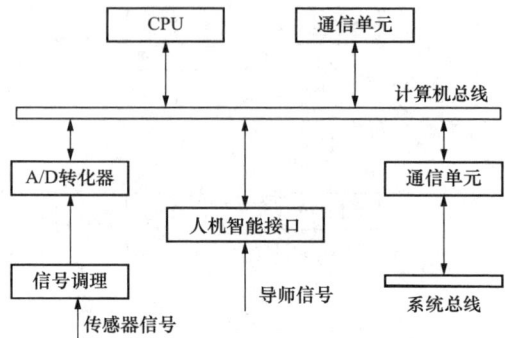

2. 多维模糊传感器结构

图 8-4 所示为多维模糊传感器的硬件结构框图。它是由敏感元件、信息调理以及 A/D 组成的基础测量单元完成传统的传感器测量任务；由数值预处理、数值/符号转换器、概念合成器、数据库、知识库构成的符号生成与处理单元实现模糊传感器核心工作——数值/符号转换。单一被测量的一维情况只是多维模糊传感器的一个特殊情况。

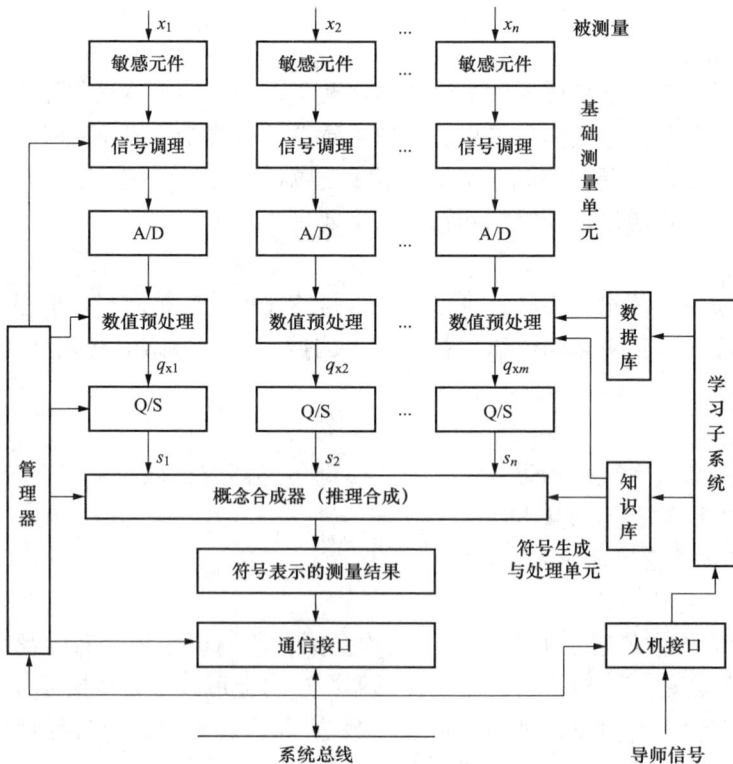

图 8-4　多维模糊传感器的硬件结构框图

（1）知识库。数值符号的模糊化必须有知识库中专家知识的支持，知识库中存放的知识主要有符号量化及其隶属函数、合成概念的推理合成规则、被测对象的背景知识和测量系统的有关情况等，具体体现在论域上语言符号概念隶属函数的产生上。知识库中经验隶属函数可以通过模糊统计法、选择比较法等方法产生；而对于不同的测量对象具体实现时的输入信息模糊化过程，则可以在知识库中经验的指导下，通过语义关系自动产生，也可以在导师指导下通过学习和训练来产生修正隶属函数曲线，这种方法通过调整符号量的隶属函数，可使模糊传感器适合不同的测量目的。

（2）数据库。通过训练若干点，模糊传感器可以自动产生一个概念序列放在数据库中，当有数值测量结果送入时，按最大隶属度原则选择一个符号量输出，即实现了数值/符号转换。

（3）学习系统。学习系统主要是为了调整概念而设计的，当测量系统用于不同的测量目的时，或者不同用户有不同要求时，用户通过学习系统来调整符号量的隶属关系（调整好的符号量放入知识库中），达到自己的测量目的。

（4）推理器。推理器主要用来实现复合概念的生成。由于复合概念是建立在经验知识基础上的，故测量结果不能通过公式计算，必须利用知识库中经验知识通过模糊推理来实现。为实现有导师学习，还必须具有输入设备，用户通过它实现对传感器的控制和调整概念。

（5）通信接口。通信接口实现模糊传感器与上级系统之间的信息交换，把测量结果（数值量与符号量）输出到系统总线，并从系统总线上接收上级系统的命令。人机接口是模糊传感器与操作者进行信息交流的通道。

（6）管理器。管理器主要是对测量系统自身进行管理，如接收上级系统的命令、开启/关闭测量系统、调节放大器的放大倍数、根据上级系统的要求决定输出量的类型（数值量或者语言符号量）等。

8.3.2　模糊传感器的应用举例

机器人检测障碍物是通过安装在上面的多个超声波传感器实现的，当检测到障碍物的信息时，需要对这些信息进行处理，其中涉及多传感器的信息融合。例如，将 5 个超声波传感器采集的距离和方向信息作为输入量，模糊化这两个输入量，即按照一定的关系把具体的物理值转换成模糊变量，图 8-5 所示为多个超声波传感器安装示意图。

模糊逻辑法模仿人脑模糊的思维方式，进行综合判断后处理模型未知的系统。机器人的周围环境比较复杂，本系统

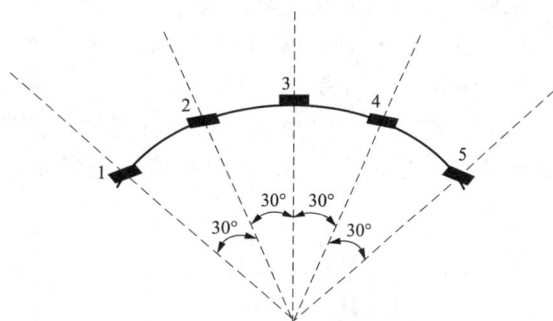

图 8-5　多个超声波传感器安装示意图

采用模糊逻辑法判断障碍物的位置为例进行说明。

超声波传感器采用 HC-SR04 超声波模块采集障碍物的距离信息，该模块测距范围广、测距精度高。它的基本工作原理如下：

（1）采用 I/O 口 TRIG 触发测距，给至少 $10\mu m$ 的高电平信号。

（2）HC-SR04 超声波模块自动发送 8 个频率为 40kHz 的方波，并自动检测是否有信号

返回。

图 8-6　超声波传感器实物图

（3）如果有信号返回，则通过 I/O 口 ECHO 输出一个高电平，这个高电平持续的时间就是超声波从发出到返回的时间，测试距离＝高电平时间×声速（340m/s）/2。

超声波传感器实物图如图 8-6 所示，VCC 接 5V 电源正极，TRIG 接触发控制信号输入，ECHO 接回响信号输出，GND 接数字地。

8.3.2.1　障碍物信息处理

1. 障碍物距离模糊化

设障碍物距离的模糊语言集合为：｛近，中，远｝。根据机器人的反应速度和行进速度，规定障碍物的距离在区间 [0m，1m] 范围内为近距离；障碍物的距离在区间 [1m，1.5m] 范围内为中等距离；障碍物的距离在区间 [1.5m，+∞) 范围内为远距离。设相应的模糊变量为：N（near）＝近，M（middle）＝中，F（far）＝远。

模糊变量与距离区间对应表见表 8-1。

表 8-1　　　　　　　　　　　模糊变量与距离区间对应表

区间	[0m，1m]	[1m，1.5m]	[1.5m，+∞)
模糊变量	N	M	F

距离隶属函数如图 8-7 所示，图中横坐标表示距离，单位为 m；纵坐标表示隶属度，为 0～1 之间的数。

2. 障碍物方向模糊化

设障碍物方向的模糊语言集合为：｛左方，左前，前方，右前，右方｝；相应的模糊变量为：L（left）＝左方，LF（left front）＝左前，F（front）＝前方，RF（right front）＝右前，R（right）＝右方。

规定机器人的左侧为负方向，右侧为正方向。方向隶属函数如图 8-8 所示，图中横坐标表示方向，单位为（°）；纵坐标表示隶属度，为 0～1 之间的数。

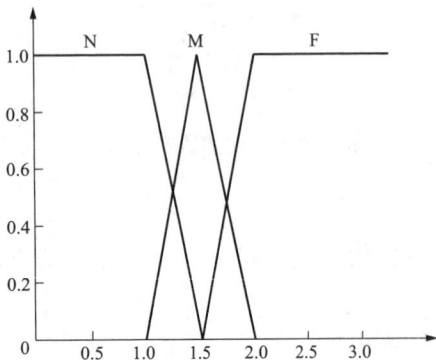

图 8-7　距离隶属函数

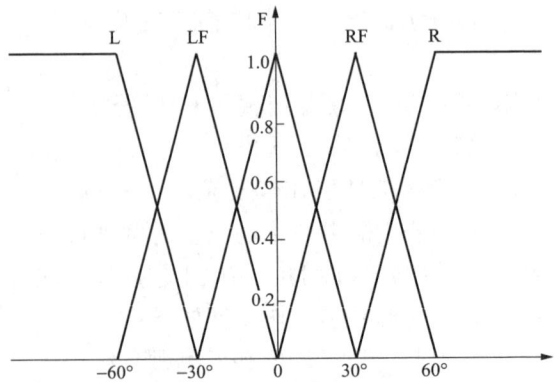

图 8-8　方向隶属函数

1～5 号超声波传感器的隶属度见表 8-2。

表 8-2　　　　　　　　　　　1～5 号传感器的隶属度

超声波传感器	L	LF	F	RF	R
1 号	1	0	0	0	0
2 号	0	1	0	0	0
3 号	0	0	1	0	0
4 号	0	0	0	1	0
5 号	0	0	0	0	1

8.3.2.2　避障决策

1. 控制规则制定

为方便处理，将障碍物距离小于 1m 看作距离近，大于 1m 看作距离远，当某个方向上的障碍物距离近时才考虑躲避该方向的障碍物。将五个方向上的超声波传感器检测的数据融合之后，做出逻辑判断。

设模糊控制语言集合为：{左转弯，左前转弯，前进，右前转弯，右转弯，停止}；相应的模糊变量为：TL=左转弯，TLF=左前转弯 GA=前进，TRF=右前转弯，TR=右转弯，ST=停止。

制定模糊控制规则如下：

(1) 如果机器人前方障碍物距离远，则机器人前进。

(2) 如果机器人左方、左前、前方、右前、右方障碍物距离近，则机器人停止。

(3) 如果机器人前方障碍物距离近，左前方障碍物距离远，则机器人左前转弯。

(4) 如果机器人前方障碍物距离近，右前方障碍物距离远，则机器人右前转弯。

(5) 如果机器人前方障碍物距离近，左前方障碍物距离近，左方障碍物距离远，则机器人左转弯。

(6) 如果机器人前方障碍物距离近，右前方障碍物距离近，右方障碍物距离远，则机器人右转弯。

机器人动作的详细规则见表 8-3（优先考虑机器人向左转弯，其中 N 表示障碍物距离近，F 表示障碍物距离远，GA 表示前进，ST 表示停止，TL 表示左转弯，TR 表示右转弯，TLF 表示左前转弯，TRF 表示右前转弯）。

表 8-3　　　　　　　　　　　机器人动作的详细规则

左方（L）	左前（LF）	前方（F）	右前（RF）	右方（R）	模糊控制
×	×	F	×	×	GA
N	N	N	N	N	ST
F	N	N	N	N	TL
N	F	N	N	N	TLF
N	N	N	F	N	TRF

续表

左方（L）	左前（LF）	前方（F）	右前（RF）	右方（R）	模糊控制
N	N	N	N	F	TR
F	F	N	N	N	TLF
F	N	N	F	N	TRF
F	N	N	N	F	TL
N	F	N	F	N	TLF
N	F	N	N	F	TLF
N	N	N	F	F	TRF
F	F	N	F	N	TLF
F	F	N	N	F	TLF
F	N	N	F	F	TRF
N	F	N	F	F	TRF
F	F	N	F	F	TLF

2. 避障执行

模糊控制量不能直接控制被控对象，需要将其清晰化以后，转换成精确量才能控制机器人的具体运动。模糊控制量与对应的操作函数见表 8-4。

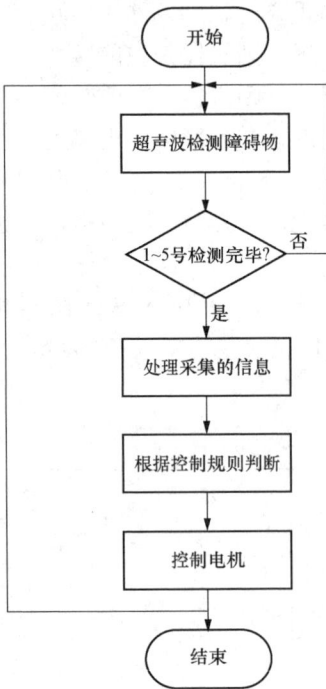

图 8-9　系统避障部分的程序流程图

表 8-4　模糊控制量与对应的操作函数

模糊控制量	对应函数	函数功能
GA	go ＿ ahead（ ）	控制机器人前行
ST	stops（ ）	控制机器人停止
TL	turn ＿ left（ ）	控制机器人左转弯
TR	turn ＿ right（ ）	控制机器人右转弯
TLF	turn ＿ leftfr（ ）	控制机器人左前转弯
TRF	turn ＿ rightfr（ ）	控制机器人右前转弯

当障碍物出现在机器人 1m 之内时，机器人开始避开障碍物方向 30°，就可以顺利避障，然后根据障碍物与机器人的相对位置不断调整行进方向。机器人前行表示左电机和右电机同向同速，机器人停止表示左电机和右电机的转速都为零，机器人左转弯表示向左方 60°方向转弯，右转弯表示向右方 60°方向转弯，左前转弯表示向左方 30°方向转弯，右前转弯表示向右方 30°方向转弯。系统避障部分的程序流程图如图 8-9 所示。

§8.4 小波分析及其在智能传感器系统中的应用

8.4.1 小波分析基础

8.4.1.1 小波分析与短时 Fourier 变换

短时 Fourier 变换，即时间信号加窗后的 Fourier 变换，其定义为

$$\omega_{\mathrm{b}} F(\omega) = \int_{-\infty}^{\infty} \mathrm{e}^{-\mathrm{j}\omega t} f(t) \overline{\omega(t-b)} \mathrm{d}t \tag{8.1}$$

式中　　$\omega(t)$ ——一个窗口函数。

窗口函数 $\omega(t)$ 的中心 t^* 与半径 $\Delta\omega$ 分别定义为

$$t^* = \frac{1}{\|\omega\|^2} \int_{-\infty}^{\infty} t \mid \omega(t) \mid^2 \mathrm{d}t \tag{8.2}$$

$$\Delta\omega = \frac{1}{\|\omega\|^2} \left\{ \int_{-\infty}^{\infty} (t-t^*) \mid \omega(t) \mid^2 \mathrm{d}t \right\}^{1/2} \tag{8.3}$$

这时，$\omega_{\mathrm{b}} F(\omega)$ 给出了时间信号在时间窗的局部信息

$$[t^* + b - \Delta\omega, \ t^* + b + \Delta\omega] \tag{8.4}$$

如果把短时 Fourier 变换中的窗口函数 $\omega_{\omega,\mathrm{b}}(t)$ 替代为 $\psi_{\mathrm{a},\mathrm{b}}(t)$，其中

$$\psi_{\mathrm{a},\mathrm{b}}(t) = \mid a \mid^{-1/2} \psi\left(\frac{t-b}{a}\right) \tag{8.5}$$

那么式 (8.1) 变为

$$\omega_{\psi} f(a,b) = \mid a \mid^{-1/2} \int_{-\infty}^{\infty} f(t) \overline{\psi\left(\frac{t-b}{a}\right)} \mathrm{d}t \tag{8.6}$$

此式即为小波变换定义式。

对应于式 (8.6)，小波逆变换为

$$f(t) = \frac{1}{C_{\psi}} \int_{-\infty}^{\infty} \int_{-\infty}^{\infty} \frac{1}{a^2} \omega_{\psi} f(a,b) \psi\left(\frac{t-b}{a}\right) \mathrm{d}b \mathrm{d}a \tag{8.7}$$

比较式 (8.1) 与式 (8.6)，可以看到短时 Fourier 变换与小波变换之间的类似性，它们都是函数 $f(t)$ 与另一个具有两个指标函数族的内积。

对于 $\psi(t)$ 的一个典型的选择是

$$\psi(t) = (1-t^2)\exp\left(-\frac{t^2}{2}\right) \tag{8.8}$$

它是 Gauss 函数二阶导数，有时称这个函数为墨西哥帽函数，因为它像墨西哥帽的截面。墨西哥帽函数在时间域与频率域都有很好的局部化功能，函数图形如图 8-10 所示。

短时 Fourier 变换与小波变换之间的不同可由窗口函数的图形来说明，如图 8-11 所示。对于 $\omega_{\omega,\mathrm{b}}$，不管 ω 值的大小，具有同样的宽度；相比之下，$\psi_{\mathrm{a},\mathrm{b}}$ 在高频（$1/a$ 相当于 Fourier 变换中的 ω，a 越大，频率越低）时很窄，低频时很宽。因此，在很短暂的高频信号上，小波变换能比窗口 Fourier 变换更好地进行"移近"观察。

8.4.1.2 离散小波

如果 a，b 都是离散值。这时，对于固定的伸缩步长

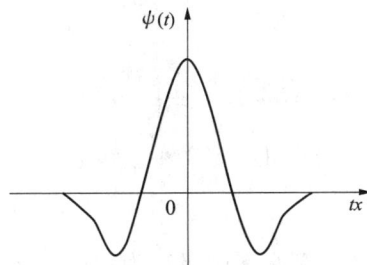

图 8-10 墨西哥帽函数图形

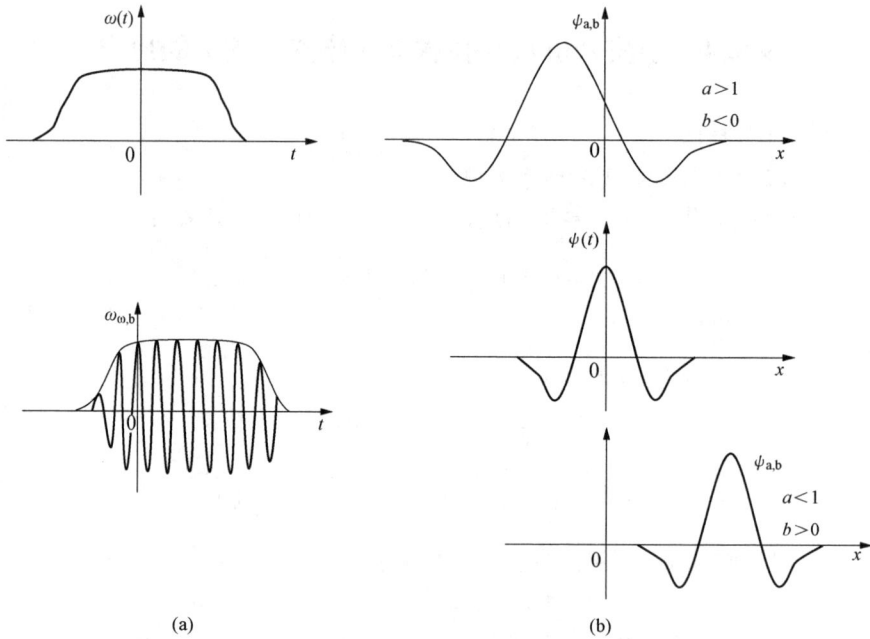

图 8 - 11　短时 Fourier 变换与小波变换比较

（a）窗口 Fourier 变换函数 $\omega_{\omega,\,b}$ 的形状；（b）小波 $\psi_{a,\,b}$ 的形状

$a_0 \neq 0$，可选取 $a = a_0^m$，$m \in Z$，不失一般性，可假设 $a_0 > 0$ 或 $a_0 < 0$。在 $m = 0$ 时，取固定的 b_0（$b_0 > 0$）整数倍离散化 b，选取 b_0 使 $\psi(x - nb_0)$ 覆盖整个实轴，选取 $a = a_0^m$，$b = nb_0a_0^m$，其中 m、n 取遍整个整数域，而 $a_0 > 1$，$b_0 > 0$ 是固定的。于是，相应的离散小波函数族为

$$\psi_{m,n}(t) = a_0^{-m/2}\psi\left(\frac{x - nb_0a_0^m}{a_0^m}\right) = a_0^{-m/2}\psi(a_0^{-m}x - nb_0) \tag{8.9}$$

对应的离散小波变换系数为

$$C_{m,n} = \int_0^\infty f(t)\psi_{m,n}^*(t)\,\mathrm{d}t \tag{8.10}$$

离散小波逆变换为

$$f(t) = C\sum_{-\infty}^{\infty}\sum_{-\infty}^{\infty}C_{m,n}\psi_{m,n}(t) \tag{8.11}$$

式中　C——常数。

8.4.1.3　小波级数

对应于 Fourier 级数的定义

$$f(x) = \sum_{k=-\infty}^{\infty}F(k\omega_0)\mathrm{e}^{\mathrm{j}k\omega_0t}\quad k = 0, \pm 1, \cdots \tag{8.12}$$

式中：$F(k\omega_0) = \dfrac{1}{T}\displaystyle\int_t^{t+T}f(x)\mathrm{e}^{-\mathrm{j}k\omega_0t}\,\mathrm{d}t$。

同样可以定义小波级数

$$f(x)\sum_{j,k\in Z\!\!\!Z}c_{j,k}\psi_{j,k}(x) = \sum_{j,k\in Z\!\!\!Z}d_{j,k}\tilde{\psi}_{j,k}(x) \tag{8.13}$$

式中：两个无限级数为"小波级数"，并且是 $L^2(R)$ 收敛的，即 $c_{j,k}$ 和 $d_{j,k}$ 的绝对值随着 j 和 k 的增大，最终趋于 0；$f(x)$ 在实数域内能量有限。

8.4.1.4 多分辨分析

1. 多分辨分析的概念

如何由 $f(x) \in L^2(R)$ 出发，使由 $f_{k,n}(x)$ 张成 $L^2(R)$ 的闭子空间

$$V_k = clos_{L^2(R)}\{\phi_{k,n}(x); n \in ZZ\} \tag{8.14}$$

$\{f(x-n): n \in ZZ\}$ 是 V_0 的一个 Riezz 基，$f(x)$ 称为尺度函数，这就是多分辨分析。

设 $f(x)$ 生成一个多分辨分析 $\{V_k\}$，由于 $f(x) \in V_0 \subset V_1$，所以 $f(x)$ 可以用 V_1 的基底 $\{f_{1,n}: n \in ZZ\}$ 表示。由于 $\{f_{1,n}: n \in ZZ\}$ 是 V_1 的一个 Riezz 基，因此存在唯一 l^2 序列 $\{p_n\}$，即离散的，且其平方和为有限值的 $\{p_n\}$，使

$$\varphi(x) = \sum_{n=-\infty}^{\infty} p_n \varphi(2x - n) \tag{8.15}$$

式 (8.15) 即为函数 $f(x)$ 的两尺度关系，系列 $\{p_n\}$ 称为两尺度序列。

对于模为 1 的复数 z，引入如下记号

$$P(z) = \frac{1}{2} \sum_{n=-\infty}^{\infty} p_n z^n \tag{8.16}$$

称为序列 $\{p_n\}$ 的符号。对式 (8.9) 两边作 Fourier 变换，则得到两尺度关系式

$$\hat{\varphi}(\omega) = P(z) \hat{\varphi}\left(\frac{\omega}{2}\right), z = e^{-j\omega/2} \tag{8.17}$$

同样地，由于 $\psi(x) \in W_0 \subset V_1$，因此存在唯一 l^2 序列 $\{q_n\}$，使

$$\psi(x) = \sum_{n=-\infty}^{\infty} q_n \varphi(2x - n) \tag{8.18}$$

引入序列 $\{q_n\}$ 的符

$$Q(z) = \frac{1}{2} \sum_{n=-\infty}^{\infty} q_n z^n \tag{8.19}$$

对式 (8.18) 两边作 Fourier 变换，类似地得到

$$\hat{\psi}(\omega) = Q(z) \hat{\varphi}\left(\frac{\omega}{2}\right), z = e^{-j\omega/2} \tag{8.20}$$

2. 分解算法与重构算法

由前所述可知，对于 $f(x) \in L^2(R)$，它有唯一分解

$$f(x) = \sum_{k=-\infty}^{\infty} g_k(x) = \cdots + g_{-1}(x) + g_0(x) + g_1(x) + \cdots \tag{8.21}$$

式中：$g_k(x) \in W_k$。令 $f_k(x) \in V_k$，则有

$$f_k = g_{k-1}(x) + g_{k-2}(x) + \cdots \tag{8.22}$$

并且

$$f_k(x) = g_{k-1}(x) + f_{k-1}(x) \tag{8.23}$$

令

$$M(z) = \begin{bmatrix} P(z) & P(-z) \\ Q(z) & Q(-z) \end{bmatrix}$$

在 $|z| = 1$ 上，作函数

$$G(z) = \frac{Q(-z)}{\det M(z)}, \ H(z) = \frac{-P(z)}{\det M(z)}$$

则

$$M^{\mathrm{T}}(z)^{-1} = \begin{bmatrix} G(z) & G(-z) \\ H(z) & H(-z) \end{bmatrix} \tag{8.24}$$

对于符号 $G(z)$、$H(z)$ 的序列 $\{g_n\}$，$\{h_n\} \in l^1$，存在如下的分解关系式

$$\varphi(2x-l) = \frac{1}{2}\sum_{n=-\infty}^{\infty}\{g_{2n-l}\varphi(x-n) + h_{2n-l}\psi(x-n)\}, l \in ZZ \tag{8.25}$$

若令 $a_n = g-n/2$，$b_n = h-n/2$，则式 (8.26) 变成

$$\varphi(2x-l) = \sum_{n=-\infty}^{\infty}\{a_{l-2n}\varphi(x-n) + b_{l-2n}\psi(x-n)\}$$
$$l = 0, \pm 1, \pm 2, \cdots \tag{8.26}$$

为计算方便及以免产生混淆，有

$$f_k(x) = \sum_{j=-\infty}^{\infty} c_{k,j}\varphi(2^k x - j) \tag{8.27}$$

$$g_k(x) = \sum_{j=-\infty}^{\infty} d_{k,j}\varphi(2^k x - j) \tag{8.28}$$

在 $c_{k,j}$、$d_{k,j}$ 中，k 代表分解的"水平"，即分解的层次。

对于每个 $f(x) \in L^2(R)$，固定 $N \in ZZ$，设 f_N 是 f 在空间 V_N 上的投影，有

$$f_N = \mathrm{proj}V_N f \tag{8.29}$$

可以把 V_N 看作是"抽样空间"，而把 f_N 看作 f 在 V_N 上的"数据"（或者说测量采样值）。由于

$$V_N = W_{N-1} + V_{N-1} = W_{N-1} + W_{N-2} + \cdots + W_{N-M} + V_{N-M} \tag{8.30}$$

因此，$f_N(x)$ 有唯一分解

$$f_N(x) = g_{N-1}(x) + g_{N-2}(x) + \cdots + g_{N-M} + f_{N-M} \tag{8.31}$$

对于固定的 k，由 $\{c_{k+1,n}\}$ 求 $\{c_{k,n}\}$、$\{d_{k,n}\}$ 的算法称为分解算法。应用分解关系式 (8.26) 有

$$\begin{aligned} f_{k+1}(x) &= \sum_{l=-\infty}^{\infty} c_{k+1,l}\varphi(2^{k+1}x - l) \\ &= \sum_l c_{k+1,l}\left[\sum_n \{a_{l-2n}\varphi(2^k x - n) + b_{l-2n}\psi(2^k x - n)\}\right] \\ &= \sum_n \left\{\sum_l a_{l-2n}c_{k+1,l}\right\}\varphi(2^k - n) + \sum_n \left\{\sum_l b_{l-2n}c_{k+1,l}\right\}\psi(2^k x - n) \end{aligned}$$

分解 $f_{k+1}(x) = f_k(x) + g_k(x)$，得到

$$\sum_n \left\{c_{k,n} - \sum_l a_{l-2n}c_{k+1,l}\right\}\varphi(2^k - n) + \sum_n \left\{d_{k,n} - \sum_l b_{l-2n}d_{k+1,l}\right\}\psi(2^k - n) = 0 \tag{8.32}$$

所以，由 $\{f_{k,n}: n \in ZZ\}$，$\{\psi_{k,n}: n \in ZZ\}$ 的线性无关性和 $V_k \bigcap W_k = \{0\}$，得到分解算法

$$\begin{cases} c_{k,n} = \sum_l a_{l-2n}c_{k+1,l} \\ d_{k,n} = \sum_l b_{l-2n}c_{k+1,l} \end{cases} \tag{8.33}$$

分解过程如图 8-12 所示。

在实际计算中，假定取值点所对应的 $f(x)$ 的水平为 N，即

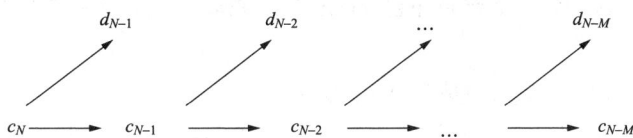

图 8 - 12 分解过程

$$f(x) \approx fN$$

对于某个正数 $N(0 \leqslant M \leqslant N)$，信号由 N 水平分解到 $N-M$ 水平，即已知 $\{c_{N,n}\}$，求 $\{d_{k,n}\}$ 和 $\{c_{k,n}\}$，$k = N-1, \cdots, N-M$。同样地，固定 k，由 $\{c_{k,n}\}$、$\{d_{k,n}\}$ 求 $\{c_{k+1,n}\}$ 的算法称为重构算法。应用两尺度关系有

$$f_k(x) + g_k(x) = \sum_l c_{k,l} \varphi(2^k x - l) + \sum_l d_{k,l} \psi(2^k x - l)$$

$$= \sum_l c_{k,l} \sum_n p_n \varphi(2^{k+1} x - 2l - n) + \sum_l d_{k,l} \sum_n q_n \psi(2^{k+1} x - 2l - n)$$

$$= \sum_l \sum_n (c_{k,l} p_{n-2l} + d_{k,l} q_{n-2l}) \varphi(2^{k+1} x - n)$$

$$= \sum_n \{\sum_l (p_{n-2l} c_{k,l} + q_{n-2l} d_{k,l})\} \varphi(2^{k+1} x - n)$$

因为 $f_k(x) + g_k(x) = f_{k+1}(x)$，有

$$f_{k+1} = \sum_n c_{k+1} \varphi(2^{k+1} x - n) \tag{8.34}$$

及 $\{f_{k+1,n} : n \in ZZ\}$ 的线性无关性，得到重构算法

$$c_{k+1,n} = \sum_l (p_{n-2l} c_{k,l} + q_{n-2l} d_{k,l}) \tag{8.35}$$

重构过程如图 8 - 13 所示。

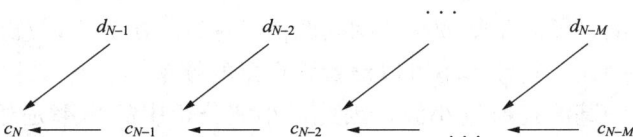

图 8 - 13 重构过程

8.4.2 小波数字滤波的实现

滤波是信号处理中最为重要的内容之一。由前述有关基于傅里叶变换的滤波器设计的章节可知，经典的滤波设计方法为按照截止频率和相应的信号衰减度等参数指标来设计满足要求的滤波器，其设计步骤非常明确，常用的滤波器甚至不需要设计，直接通过查表即可获得滤波器参数，技术非常成熟。而通过小波分析来实现信号的滤波时，由于小波的种类多，灵活性强，滤波器的设计有别于常规的滤波器设计方法。

8.4.2.1 工作原理

小波变换在信号消噪中的应用思路同傅里叶变换滤波的应用思路相似，只不过傅里叶变换的数字滤波是等步长频谱滤波，而小波变换消噪则是二等分频谱滤波，只有进行小波包分解才能实现等步长频谱滤波。由于变换的基波不一样，经典的滤波效果和小波消噪的效果也不一样。在小波消噪处理中，选用的小波不同，消噪效果也不一样。

应用小波分析进行消噪主要涉及小波的分解与重构，下面以一维信号为例来介绍小波消噪的原理。

含有噪声的一维信号可以表示成如下的形式

$$s(i) = f(i) + e(i), \quad i = 0, 1, 2, \cdots, n-1 \qquad (8.36)$$

式中　$f(i)$——真实信号；

　　　$e(i)$——高斯白噪声，噪声级为 1；

　　　$s(i)$——含噪声的信号。

对信号 $s(i)$ 进行消噪的目的就是要抑制信号中的噪声部分，从而在 $s(i)$ 中恢复出真实信号 $f(i)$。在实际工程中，有用信号通常表现为低频信号或是一些比较平稳的信号，而噪声信号则通常表现为高频信号。一般来说，一维信号的消噪算法可以分为以下三个步骤进行。

1. 对信号进行小波分解

选择一个小波并确定一个小波分解的层次 N，然后对信号 s 进行 N 层小波分解。分解过程如图 8-12 所示，分解算法见式（8.33）。

信号处理与分析的实质是信号与不同频率基波的相关运算，滤波也不例外。经典滤波器的设计是基于傅里叶变换的，其基波是正弦波。

用小波分析来进行滤波也是一样，唯一的区别在于把正弦波改成了所选的小波。小波种类多、选择范围广，一方面，使得小波分析灵活性强；但另一方面，所选小波对最后的滤波结果带来直接的影响，若选择不好，滤波效果就不会很理想。既然滤波的本质也是基于信号的相关运算，那么所选的小波的波形自然越接近期望信号的波形就越好。对于波形平滑的期望信号，应选择波形平滑的小波，如 morlet 小波等。

对于经典滤波器来说，所有信号分量的频率可以折算成相对频率，采样频率对应于 2π，离散信号必须满足采样定律，因此最高频率为 π。经典滤波器的截止频率可以选择为任意频率。离散小波分析目前还没有如此成熟的技术，对于一般的小波分析，其高频与低频的划分总是通过二分法进行的，即对于某频率范围内的信号进行一次分解，总是将信号分量等分为高频和低频两部分。因此，其频率不可以设置为任意的频率。

另外，小波分析中基波是所选小波，因此，小波分析中的频率是相对于所选小波而言的，用小波对以采样频率为 f_s 获得的含有噪声的频率为 $f_s/4$ 的正弦波信号分解一次以后，不能认为正弦波的信号依然完全在低频段，这在后续的实例中可以看出。因此，用小波分析来进行信号的滤波，其分解层次与重构系数的选择需要通过试验来确定，无法像经典滤波器设计那样按照一定的步骤来计算。在本例中，分别选择不同分解层次与重构系数来进行滤波，以对比滤波的效果。

2. 系数的阈值量化处理

信号在经过小波分解后，虽然不同的分解系数对应于不同的频段，从理论上来说，用重构滤波器将某频率段的系数重构即可得到该频段的信号，但在信噪比比较高的信号的小波分析中，如果某一个小范围的频率分量分布在另一个频率段内，那么这种方法显然欠妥。此时，可以通过对系数的阈值化处理来解决这样的问题。

3. 对信号进行重构

用重构滤波器对小波分解后的某些层的系数进行小波的重构，即可以达到消噪的目的。重构的方式如图 8-13 所示；小波分析的重构算法见式（8.35）。

8.4.2.2　滤波结果与分析

虽然信号的滤波可以采用 wden 和 wdencmp 函数直接实现，但这两个函数往往只能进行低通滤波。为了了解清楚采用小波分析实现滤波的过程，本例采用最初级的小波分解和小波重构函数，得到的结果如图 8-14 所示。

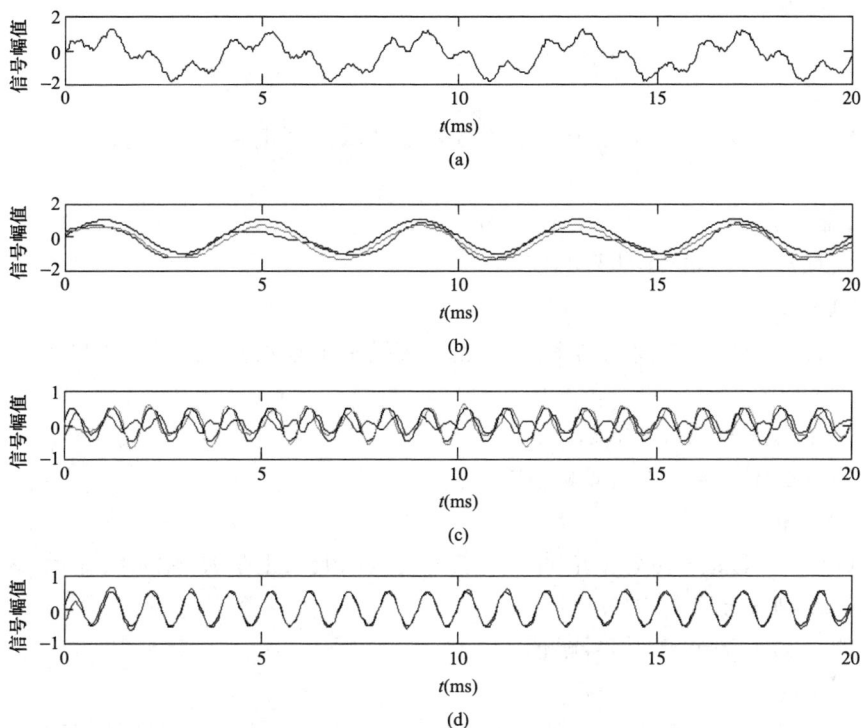

图 8-14　小波信号提取结果

（a）初始信号；（b）低频正弦波及小波低频系数重构信号 a_0、a_1 波形；（c）中频正弦波及小波高频系数重构信号 h_1、h_2 波形；（d）中频正弦波及小波高频系数重构信号 h_3 波形

整个滤波实例的 Matlab 程序代码如下：

```
% 生成模拟混合信号
t=0:0.05:20；% 生成时间向量
x0=sin(0.5*pi*t)；% 生成低频正弦信号，幅值为 1
x1=0.5*sin(2*pi*t+0.2)；% 生成中频正弦信号，幅值为 0.5
ns=0.3*rand(1,length(t))-0.5；% 生成高频随机噪声，幅值为 0.15
x=x0+x1+ns；% 合成信号
% 小波分析
[C,L]=wavedec(x,5,'db5')；% 选择"db5"小波进行小波分解，分解层数为 5
a0 = wrcoef('a', C, L, 'db5', 5)；% 对第 5 层的低频系数进行重构
a1 = wrcoef('a', C, L, 'db5', 4)；% 对第 4 层的低频系数进行重构
h1 = wrcoef('d', C, L,'db5', 4)；% 对第 4 层的高频系数进行重构
h2 = wrcoef('d', C, L, 'db5', 3)；% 对第 3 层的高频系数进行重构
h3= wrcoef('d', C, L, 'db5', 3)+wrcoef('d', C, L, 'db5', 4)；% 对第 3、4 层的高频系数
```

进行重构

```
%显示信号波形
figure(1)
subplot(4,1,1);%在4行1列的图的第1个图中显示初始信号
plot(t,x,'k');
xlabel('t(ms)');ylabel('信号幅值');
title('(a)');
subplot(4,1,2);%在第2个图中用点划线显示低频正弦波,用实线显示a0,用虚线显
示a1
plot(t,x0,'k',t,a0,'b',t,a1,'c');
xlabel('t(ms)');ylabel('信号幅值');
title('(b)');
subplot(4,1,3);%在第3个图中用点划线显示中频正弦波,用实线显示h1,用虚线显
示h2
plot(t,x1,'k',t,h1,'c',t,h2,'b');
xlabel('t(ms)');ylabel('信号幅值');
title('(c)');
subplot(4,1,4);%在第4个图中用点划线显示低频正弦波,用实线显示h3
plot(t,x1,'k',t,h3,'b');
xlabel('t(ms)');ylabel('信号幅值');
title('(d)');
```

由图 8 - 14（b）可以看出，a_1 的滤波效果比 a_0 好，a_0 的波形与低频正弦波有较大的差异。从经典滤波技术的角度来说，采样频率为 20000Hz，进行 5 次分解后，低频段的频率范围应为 625Hz，大于低频正弦波频率 250Hz 的两倍，因此，a_0 应该与低频正弦波整体重合，噪声比 a_1 小。而实际上并非如此，其原因就在于经典滤波技术中的单一频率在 db5 小波的频率体系中具有较宽的频率范围。

由图 8 - 14（c）可以看出，h_1 整体波形与 x_1 一致，但有较大偏差；h_2 与 x_1 明显频率不同，因此，不论 h_1 还是 h_2，都不是 x_1 的理想逼近，也就是说，单纯重构第 4 层或第 3 层的高频系数，作为实现提取 x_1 的小波分析带通滤波器不够理想。但还可以发现，当 h_1 的值比 x_1 的值小的时候，h_2 基本是正的，而当 h_1 大于 x_1 的时候，h_2 大多情况下是负的，因此，将 h_1 和 h_2 相加，或许是 x_1 的一个更好的逼近，也就是说，选择第 4 层和第 3 层的高频系数进行重构，会是提取 x_1 的一个更好的小波带通滤波器。

h_1 和 h_2 相加得到的 h_3 的波形如图 8 - 14（d）所示。可以看出，结果的确如此，h_3 几乎与 x_1 重合，5～15ms 内，两者的最大偏差为 0.2208，明显小于 h_1 与 x_1 之间的最大偏差 0.3768。从图 8 - 14（b）～（d）中可以看出，重构信号两端与期望值都有较大差异，这是小波分析的边界效应所致，因此，用小波分析进行滤波，边界部分不可用。要得到较好的滤波效果，输出值前后都必须有足够多的数据，这就使得用小波分析进行滤波和经典滤波一样，都存在相位滞后，不具有实时性。

§8.5　人工神经网络技术及其在智能传感器中的应用

人工神经网络（Artificial Neuron Networks，ANN）是由大量的处理单元组成的非线性大规模自适应动态系统。它是在现代神经生理科学研究成果的基础上提出来的，是人们试图通过模拟大脑神经网络处理、记忆信息的方式设计的一种使之具有人脑那样的信息处理能力的新"机器"。关于神经网络的定义，在科学界存在许多不同的见解。目前使用得最广泛的是 T. Koholen 的定义，即"神经网络是由具有适应性的简单单元组成的广泛并行互连的网络，它的组织能够模拟生物神经系统对真实世界物体所作出的交互反应。"

8.5.1　神经网络概述

8.5.1.1　人工神经网络模型

人工神经网络是由人工建立的以有向图为拓扑结构的动态系统，它通过对连续或断续的输入作状态响应，并进行信息的处理，或者说将大量的基本神经元，通过一定的拓扑结构组织在一起，构成群体并行分布式处理的计算结构。

神经元是神经网络中的基本单元，图 8 - 15 给出了一个简单的神经元模型。

假设 x_1，x_2，…，x_n 表示第 i 个神经元的 n 个输入；W_{1i} 表示某一神经元与第 i 个神经元的连接权值；A_i 表示第 i 个神经元的输入总和；y_i 表示

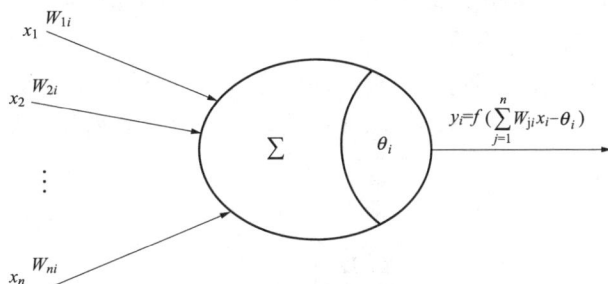

图 8 - 15　简单的神经元模型

第 i 个神经元的输出；Q_i 表示第 i 个神经元的阈值。因此，神经元的输出可以描述为

$$y_i = f(A_i) \tag{8.37}$$

$$A_i = \sum_{j=1}^{n} W_{ij} x_j - Q_i \tag{8.38}$$

式中　$f(A_i)$——神经元输入—输出关系的函数，称为作用函数或传递函数。常用的作用函数有三种：阈值型、S 型和分段线性型（伪线性型）。

1. 阈值型神经元

阈值型神经元是一种最简单的神经元，由美国心理学家 Mc. Culloch 和数学家 Pitls 共同提出，因此，通常称为 M - P 模型。

M - P 模型神经元是二值型神经元，其输出状态取值为 1 或 0，分别代表神经元的兴奋状态和抑制状态。其数学表达式为

$$y_i = f(A_i) = \begin{cases} 1, A_i > 0 \\ 0, A_i \leqslant 0 \end{cases} \tag{8.39}$$

对于 M - P 模型神经元，权值 W_{ji} 可在（-1，1）区间连续取值，取负值表示抑制两神经元间的连接强度，取正值表示加强。

2. S 型神经元模型

这是常用的一种连续型神经元模型，输出值是在某一范围内连续取值的。输入—输出特

性多采用指数函数表示，用数学公式表示如下

$$y_i = f(A_i) = \frac{1}{1 + e^{A_t}} \qquad (8.40)$$

S 型作用函数反映了神经元的非线性输入—输出特性，用于多层神经网络的隐层。

3. 分段线性型

神经元的输入—输出特性满足一定的区间线性关系，其输出可表示为

$$y_i = \begin{cases} 0, & A_i > 0 \\ CA_i, & A_i \leqslant 0 \\ 1, & A_C < A_i \end{cases} \qquad (8.41)$$

式中　C、A_C——常量，多用于输出层。

8.5.1.2　神经网络结构

如果将大量功能简单的基本神经元通过一定的拓扑结构组织起来，构成群体并行分布式处理的计算结构，那么这种结构就是人工神经网络。根据神经元之间连接的拓扑结构的不同，可将神经网络分为两大类：分层网络和相互连接型网络。

1. 分层网络

分层网络将一个神经网络模型中的所有神经元按功能分成若干层，通常有输入层、隐层、输出层，各层按顺序连接，如图 8-16 所示。输入层是网络与外部激励打交道的层面，

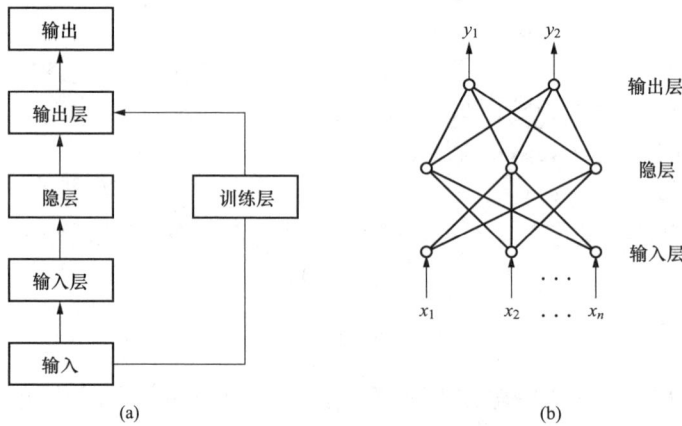

图 8-16　分层网络功能层次

（a）流程图；（b）结构图

它接收外部输入信号，并由各输入单元传输给与之相连的隐层各单元；隐层是网络内部处理单元的工作区域，不同模式的处理功能差别主要反映在对中间层（隐底）的处理上；输出层是网络产生输出矢量，并与外部线束设备或执行机构打交道的界面。

2. 相互连接型网络

相互连接型网络是指网络中任意两个单元之间是可达的，即存在连接路径，如图 8-17 所示。在该网络结构中，对于给定的某一输入模式，由某一初始网络参数出发，在一段时间内网络处于不断改变输出模式的动

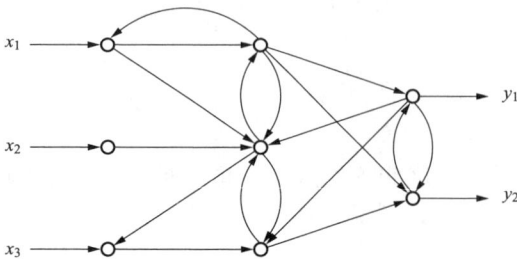

图 8-17　相互连接型网络

态变化中，最后，网络可能进入周期性振荡状态。因此，相互连接线网络可以认为是一种非线性动力学系统。

8.5.1.3　学习与记忆

1. 神经网络的学习

Hebb（赫布是加拿大著名生理心理学家）学习规则可以描述为：如果神经网络中某一神经元和另一直接与其相连的神经元同时处于兴奋状态，那么这两个神经元间的连接强度应该加强。用算法表达式表示为

$$W_{ji}(t+1) = W_{ji}(t) + \eta[x_i(t), x_j(t)] \tag{8.42}$$

式中　$W_{ji}(t+1)$——修正一次后的某一权值；

　　　　η——常量，决定每次权值修正量，又称学习因子；

　　$x_i(t)$、$x_j(t)$——t 时刻第 i 个、第 j 个神经元的状态。

误差修正算法，是神经网络学习中另一个更重要的方法，如感知机、BP 网络学习均属此类，是最基本的误差修正学习方法，即通常说的 δ 学习规则，可由如下四步来描述：

（1）任选一组初始权值 $W_{ji}(0)$。

（2）计算某一输入模式对应的实际输出与期望输出的误差。

（3）更新权值

$$W_{ji}(t+1) = W_{ji}(t) + \eta[d_j - y_j(t)]x_i(t) \tag{8.43}$$

式中　η——学习因子；

　d_j、y_j——第 j 个神经元的期望输出与实际输出；

　　x_i——第 i 个神经元的输入。

（4）返回步骤（2），直到对所有训练模式、网络输出均满足误差要求为止。

2. 神经网络的记忆

神经网络记忆包含两层含义：信息的存储与回忆。网络通过学习将所获取的知识信息分布式存储在连接权的变化上，并具有相对稳定性。一般来讲，存储记忆需花较长时间，因此这种记忆称为长期记忆；而学习期间的记忆保持时间很短，称为短期记忆。

8.5.1.4　神经网络的信息处理功能

神经网络可以完成大量的信息处理任务，因此，其应用涉及相当广泛的领域。归纳起来，神经网络的信息处理任务主要包括以下两个方面。

1. 数字上的映射逼近

通过一组映射样本 (x_1, y_1)，(x_2, y_2)，$\cdots$，(x_n, y_n)，网络以自组织方式寻找输入、输出之间的映射关系：$y_i = f(x_i)$。

2. 联想记忆

联想记忆是指实现模式完善、恢复相关模式的相互回忆等，典型的有 Hopfield 网络等。

8.5.1.5　前向网络

从结构上讲，神经网络多属于前向网络。下面以 BP 网络为例介绍前向网络的基本工作原理。

通常所说的 BP 网络模型，即误差反向传播神经网络，是神经网络模型中使用最广泛的一类。从结构上看，BP 网络是典型的分层网络，如图 8-16（b）所示。BP 网络的基本处理单元为非线性输入—输出关系，一般选用下列 S 型作用函数

$$f(x) = \frac{1}{1 + \mathrm{e}^{-x}} \tag{8.44}$$

且处理单元的输入、输出值可以连续变化。

BP 网络模型实现了分层网络学习的设想。当给定网络一个输入模式时，它由输入层单元传到隐层单元，经隐层单元逐层处理后再送到输出层单元，最后由输出层单元处理后产生一个输出模式，故称为前向传播。如果输出响应与期望输出模式有误差，且不满足要求，那么就转入误差后向传播，即将误差值沿连接通路逐层向后传送，并修正各层连接权值。BP 网络学习是典型的有导师学习，学习法则是对简单 δ 学习规则的推广和发展，这里不再赘述。

8.5.1.6 反馈网络

反馈网络中应用最广的是 Hopfield 网络，其由若干个神经元构成一个单层互联神经网络，任意两个神经元之间都有连接，是一种对称连接结构，如图 8-18 所示。

利用 Hopfield 网络可以构造 A/D 转换器，如图 8-19 所示。与传统 A/D 转换器相比，它具有结构简单、工作速度快等优点。

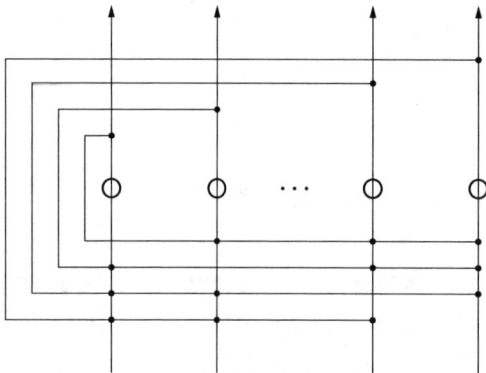

图 8-18 Hopfield 网络结构

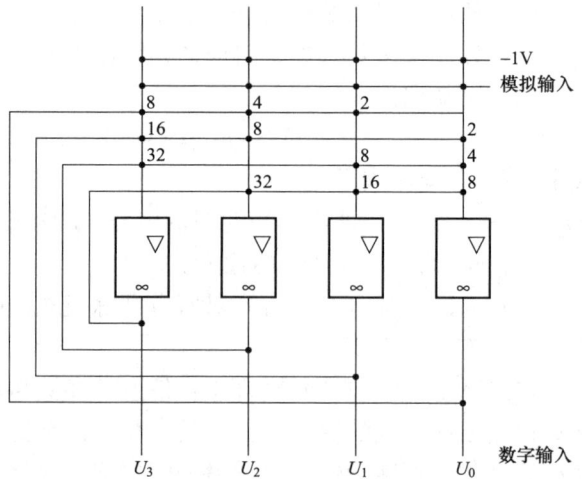

图 8-19 基于 Hopfield 网络的 A/D 转换器

前向网络和反馈网络是神经网络的两种重要组成形式。这两种网络结构在多领域均取得了公认的成绩，那么能否将其应用于智能传感器领域，扩展智能传感器的功能呢？下面就对神经网络在智能传感器的应用进行分析介绍。

8.5.2 人工神经网络在智能传感器中的应用

在自动检测系统中，我们总是期望系统的输出与输入之间为线性关系，但在工程实践中，大多数传感器的特性曲线都存在一定的非线性度误差，所以传感器在使用过程中要进行线性化及补偿。传感器的线性化及补偿分为硬件和软件两种途径。随着人工神经网络的发展，它所具备的能映射非线性函数和泛化能力，为解决传感器的非线性及补偿问题提供了新的途径。

这里利用三层 BP 神经网络来完成非线性函数的逼近任务，利用神经网络良好的非线性映射能力，通过实验数据训练神经网络，使网络逐步调节层间的连接权值，逼近非线性函数。样本数据见表 8-5。

表 8 - 5　　　　　　　　　　　　　　　　　　样　本　数　据

输入 X	输出 D	输入 X	输出 D	输入 X	输出 D
−1.0000	0.9231	−0.3000	−0.2433	0.4000	0.2458
−0.9000	0.8001	−0.2000	−0.4235	0.5000	0.4651
−0.8000	0.6892	−0.1000	−0.6013	0.6000	0.6416
−0.7000	0.5422	0	−0.6800	0.7000	0.6059
−0.6000	0.3113	0.1000	−0.7532	0.8000	0.4055
−0.5000	0.1556	0.2000	−0.5385	0.9000	0.2399
−0.4000	−0.1006	0.3000	0.0568	1.0000	0.1181

由表 8 - 5 可看到期望输出的范围是（−1，1），所以利用双极性 Sigmoid 函数作为转移函数。其 MATLAB 实现代码如下：

```
clear;
clc;
X=−1:0.1:1;
D=[0.9231 0.8001 0.6892 0.5422 0.3113 0.1556−0.1006...
   −0.2433−0.4235−0.6013−0.6800−0.7532−0.5385...
   0.0568 0.2458 0.4651 0.6416 0.6059 0.4055 0.2399 0.1181];
figure(1);
plot(X,D,'*');%绘制原始数据分布图
net=newff([−1 1],[5 1],{'tansig','tansig'});
net.trainParam.epochs=150;%训练的最大次数
net.trainParam.goal=0.002;%全局最小误差
net=train(net,X,D);
O=sim(net,X);
figure;
plot(X,D,'*',X,O);%绘制训练后得到
```
的结果和误差曲线
```
legend('样本数据','神经网络逼近曲线');
xlabel('X');
ylabel('D');
V=net.iw{1,1};
theta1=net.b{1};
W=net.lw{2,1};
theta2=net.b{2};
```

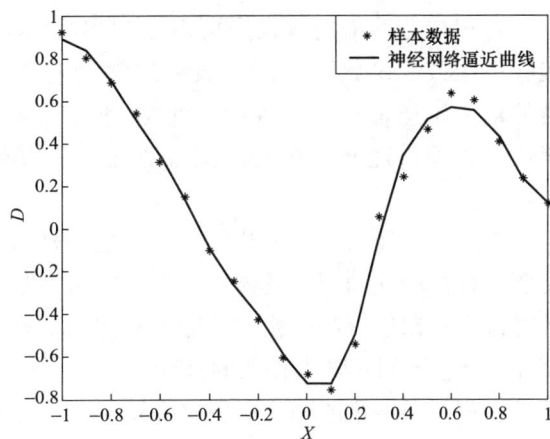

经过人工神经网络算法，能够实现对有限个离散样本点的很好的逼近。人工神经网络算法样本点的逼近曲线如图 8 - 20 所示。

图 8 - 20　人工神经网络算法样本点的逼近曲线

§8.6 深度学习技术及其在智能传感器中的应用

深度学习（Deep Learning，DL）是机器学习（Machine Learning，ML）领域中一个新的研究方向。深度学习主要研究的是以样本数据为驱动、并探测其内在规律和层次表征的一类学习方法。深度学习领域的神经网络模型不断推陈出新，这些算法在计算机视觉、数据挖掘、机器翻译、自然语言处理、语音处理等方面都取得了很多成果，从而使得人工智能相关技术取得了很大进步。这其中，最为经典的是擅长从高维数据中提取特征的卷积神经网络（Convolutional Neural Networks，CNN）和能够传递、处理时空信息的循环神经网络（Recurrent Neural Networks，RNN）。

8.6.1 深度学习的常见模型

1. 卷积神经网络

卷积神经网络是一类包含卷积计算且具有深度结构的前馈神经网络，是深度学习的代表算法之一。卷积神经网络具有很强的表征学习能力，能够按其阶层结构对输入信息进行平移不变分类。卷积神经网络主要由输入层、隐藏层和输出层构成，如图 8-21 所示。其中隐藏层包含卷积、池化、全连接等模块。

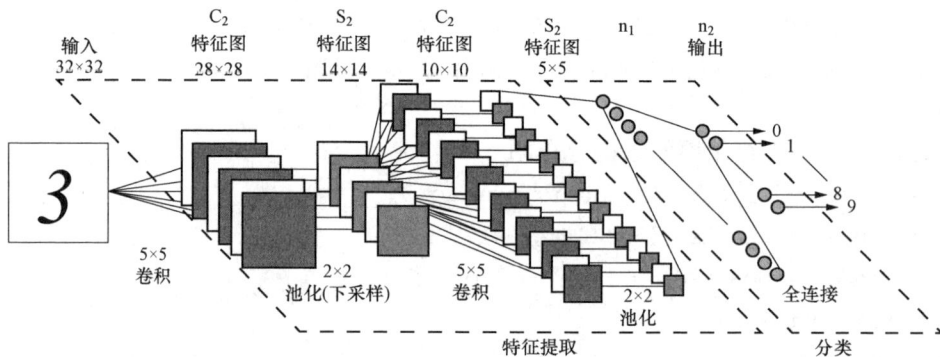

图 8-21　卷积神经网络的结构

卷积神经网络的输入层可以处理多维数据，常见地，一维卷积神经网络的输入层可以接收一维或二维数组，输入数组通常为若干个通道的时间或频谱采样；二维卷积神经网络的输入层通常接收二维或三维数组；三维卷积神经网络的输入层接收四维数组。举例来说，卷积神经网络在处理图像数据时，其输入为三维数组，即平面上的二维像素点和RGB 通道。

与其他神经网络算法类似，由于使用梯度下降算法进行学习，卷积神经网络的输入特征需要进行标准化处理。具体地，在将学习数据输入卷积神经网络前，需在通道或时间/频率维对输入数据进行归一化。若输入数据为像素，可将分布于 $[0,255]$ 的原始像素值归一化至 $[0,1]$ 区间。输入特征的标准化有利于提升卷积神经网络的学习效率和表现。

卷积神经网络的隐含层包含卷积层、池化层和全连接层 3 类常见模块，在一些更为现代的算法中可能有 Inception 模块、残差块（residual block）等复杂模块。卷积层中的卷积核包含权重系数，而池化层不包含权重系数。卷积层的功能是对输入数据进行特征提取，其内部包含多个卷积核，每个卷积核都对应一组权重系数和一个偏差量，类似于一个前馈神经网络的神经元（neuron）。卷积层内每个神经元都与前一层中位置接近的某一区域的多个神经元相连，该区域被称为"感受野"（receptive field），大小取决于卷积核的大小，其含义可类比视觉皮层细胞的感受野。卷积核在工作时，会有规律地扫过输入特征，在感受野内对输入特征做矩阵元素乘法求和并叠加偏差量。卷积过程如图 8-22 所示。

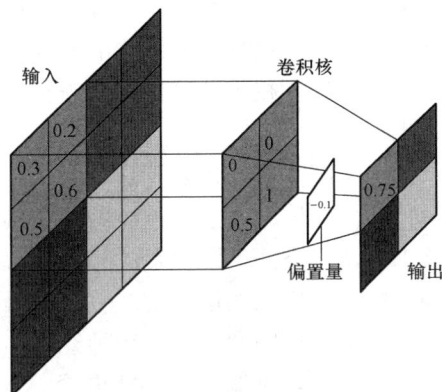

图 8-22　卷积过程

在卷积层进行特征提取后，输出的特征图会被传递至池化层进行特征选择和信息过滤。池化层通过预设定的池化函数将特征图中单个点的结果替换为其相邻区域的特征图统计量。池化层选取池化区域与卷积核扫描特征图步骤相同，由池化大小、步长和池化方式等控制。最常用的是最大池化方式，即在池化范围内选择最大的元素保留，该过程如图 8-23 所示。

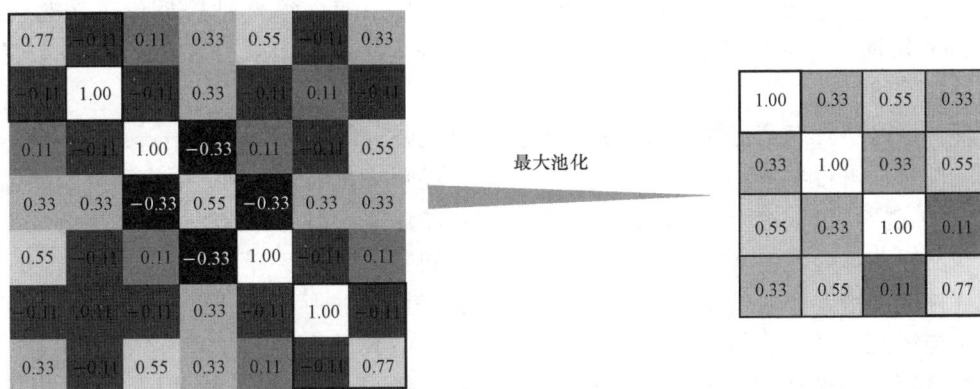

图 8-23　最大池化过程

卷积神经网络中的全连接层等价于传统前馈神经网络中的隐含层。全连接层位于卷积神经网络隐含层的最后部分，并只向其他全连接层传递信号。特征图在全连接层中会失去空间拓扑结构，被展开为向量并传递给激励函数。

卷积神经网络中靠近输出的部分通常是全连接层，因此其结构和工作原理与传统前馈神经网络中的输出层相同。对于图像分类问题，输出层使用逻辑函数或归一化指数函数（softmax function）输出分类标签。在物体识别问题中，输出层可设计为输出物体的中心坐标、大小和分类。在图像语义分割中，输出层直接输出每个像素的分类结果。

卷积神经网络中卷积层间的连接被称为稀疏连接（sparse connection），相比于人工神经网络中的全连接，卷积层中的神经元仅与其相邻层的部分，而非全部神经元相连。具体地，卷积神经网络第 k 层特征图中的任意一个像素（神经元）都仅是 $k-1$ 层中卷积核所定义的感受野内的像素的线性组合。卷积神经网络的稀疏连接具有正则化的效果，提高了网络结构的稳定性和泛化能力，避免过度拟合。同时，稀疏连接减少了权重参数的总量，有利于神经网络的快速学习，并在计算时减少内存开销。卷积神经网络中特征图同一通道内的所有像素共享一组卷积核权重系数，该性质被称为权重共享（weight sharing）。权重共享将卷积神经网络和其他包含局部连接结构的神经网络相区分，后者虽然使用了稀疏连接，但不同连接的权重是不同的。权重共享和稀疏连接一样，减少了卷积神经网络的参数总量，并具有正则化的效果。

作为深度学习的代表算法，卷积神经网络具有表征学习能力，即能够从输入信息中提取高阶特征。具体地，卷积神经网络中的卷积层和池化层能够响应输入特征的平移不变性，即能够识别位于空间不同位置的相近特征。能够提取平移不变特征是卷积神经网络在计算机视觉问题中得到应用的原因之一。平移不变特征在卷积神经网络内部的传递具有一般性的规律。在图像处理问题中，卷积神经网络前部的特征图通常会提取图像中有代表性的高频和低频特征；随后经过池化的特征图会显示出输入图像的边缘特征；当信号进入更深的隐含层后，其更一般、更完整的特征会被提取。

2. 循环神经网络

循环神经网络是一类以序列数据为输入，在序列的演进方向进行递归（recursion）且所有节点（循环单元）按链式连接的神经网络。对循环神经网络的研究始于二十世纪八九十年代，并在二十一世纪初发展为深度学习算法之一，其中双向循环神经网络（Bidirectional RNN）和长短期记忆网络（Long Short - Term Memory networks，LSTM）是目前最常用的循环神经网络。

循环神经网络具有记忆性、参数共享并且图灵完备（turing completeness），因此在对序列的非线性特征进行学习时具有一定优势。循环神经网络在语音识别、语言建模、机器翻译等领域应用广泛，也被用于各类时间序列数据的预测任务。引入了卷积神经网络相关架构的循环神经网络能够处理包含序列输入的计算机视觉问题。

循环神经网络，顾名思义，就是可以循环的神经网络。所谓的"循环"，指的是隐藏层中每一个神经元的循环使用。下面结合图 8 - 24 介绍一下"循环"的含义：图 8 - 24 中左侧就是一个最简单的循环神经网络的结构，x 代表了输入层，代表了隐藏层，o 代表了输出层。U 代表了连接输入层与隐藏层的权重，V 代表了连接隐藏层和输出层的权重，而 W 则代表了连接相邻时刻的隐藏层的权重。其中，s 所代表的隐藏状态除了用来传递给输出层，又经过图中的箭头循环回来传递给下一时刻的隐藏层再次使用。将这一循环结构沿着时间展开就得到了图 8 - 24 中右侧的结构：x_{t-1} 到 x_{t+1} 代表了不同时刻依次输入的数据，每一时刻的输入都会得到一个相应的隐藏状态 s，该时刻的隐藏状态除了用于产生该时刻的输出，也参与了下一时刻隐藏状态的计算，即 $s_t = f(Ux_t + Ws_{t-1})$。在前面介绍的神经网络模型中，输入数据之间并没有必然的联系，它们可以是完全离散的数据，但是在循环神经网络中，输入的数据具有时间上的先后次序，从而形成了一个序列（sequence）。这一点不同之处是循环神经网络区别于其他神经网络最为关键的一点，也是"循环"之所以能够成立的根本原因。

根据不同的任务，循环神经网络的结构也有所不同，由单一输入对应序列输出的情况（如生成图片描述任务），有序列输入对应单一输出的情况（如视频分析任务），还有序列输入对应序列输出的情况（如机器翻译任务）。针对不同的情况，循环神经网络的结构展示如图 8 - 25 所示。

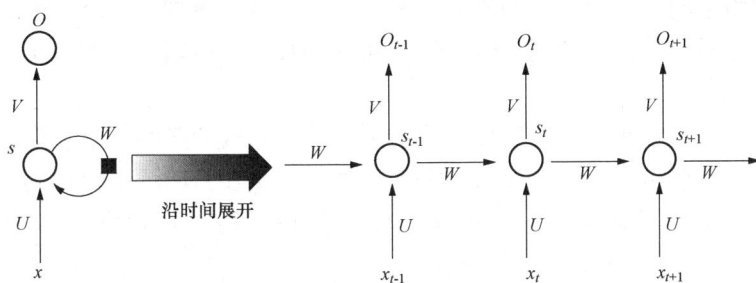

图 8-24　循环神经网络的结构示例

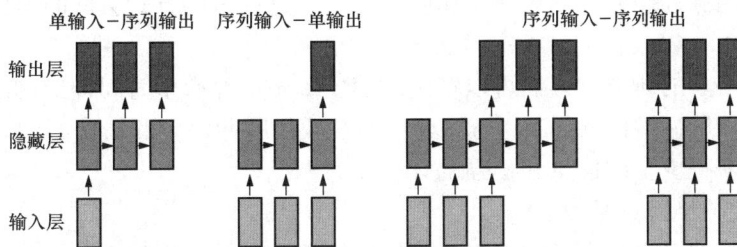

图 8-25　针对不同情形的循环神经网络的结构

8.6.2　深度学习技术的应用

卷积神经网络已经在人工智能的多个领域成功应用，其在计算机视觉领域的应用最为广泛。其中，最经典的任务包括目标检测（object detection）和目标识别（object recognition）。卷积神经网络的训练方式包括监督学习（supervised learning）和非监督学习（unsupervised learning）。其中，监督学习的方式更加高效，但训练时需要提供完备的标签。

在目标检测时，卷积神经网络通常会判断输入的图像是否包含目标，并从中剪取有效的字符片断。卷积神经网络与循环神经网络（recurrent neural network，RNN）相结合可以分别从图像中提取字符特征和进行序列标注（sequence labelling）。常见的基于卷积神经网络的物体识别方法包括：滑动窗口（sliding window）、选择性搜索（selective search）和 YOLO（you only look once）。滑动窗口出现最早，并被用于手势识别等问题，但由于计算量大，已经被后两者淘汰。选择性搜索对应区域卷积神经网络（Region-based CNN），该算法首先通过一般性步骤判断一个窗口是否可能有目标物体，并进一步将其输入复杂的识别器中。YOLO 算法将物体识别定义为对图像中分割框内各目标出现概率的回归问题，并对所有分割框使用同一个卷积神经网络输出各个目标的概率，中心坐标和框的尺寸。基于卷积神经网络的物体识别已被应用于自动驾驶和交通实时监测系统。

§8.7　脉冲神经网络及其在智能传感器技术中的应用

脉冲神经网络（spiking neuron networks，SNN）被誉为新一代的神经网络，近年来受到越来越多研究者的重视。研究表明，脉冲神经网络是一种弥合模型性能和计算开销之间鸿沟的解决方案。从理论上讲，脉冲神经网络可以像人工神经网络一样逼近任意的函数。与传统的人工神经网络不同，脉冲神经网络的神经元通过离散的事件（尖峰脉冲）而不是连续值的激活函数来相互通信。当事件到达时，这个系统会被异步更新，从而减少在每个时间轴上所需要的运算步数。

脉冲神经网络对神经元的模拟更加接近实际，并将精确的时间信息考虑其中。该类神经网络中的神经元不是在每一次迭代传播中都被激活，而是在它的膜电位达到某一个特定值才被激活。当一个神经元被激活，它会产生一个信号传递给其他神经元，提高或降低其膜电位。

在脉冲神经网络中，神经元的当前激活水平（被建模成某种微分方程）通常被认为是当前状态，一个输入脉冲会使当前这个值升高，持续一段时间，然后逐渐衰退。出现了很多编码方式把这些输出脉冲序列解释为一个实际的数字，这些编码方式会同时考虑到脉冲频率和脉冲间隔时间。

借助于神经科学的研究，人们可以精确的建立基于脉冲产生时间神经网络模型。这种新型的神经网络采用脉冲编码（spike coding），通过获得脉冲发生的精确时间，这种新型的神经网络可以进行获得更多的信息和更强的计算能力。

8.7.1 脉冲神经网络原理

脉冲神经网络的诞生是为了弥补人工神经网络在仿生性方面的不足。脉冲神经网络使用神经元的生物逼真模型计算，模拟生物神经元在大脑皮层的连接状态和运行机制，从而发挥大脑处理信息和联想推理等能力。脉冲神经网络和传统的神经网络模型有很大的区别。

1. 脉冲神经元模型

脑科学研究表明，神经元是生物神经系统的基本组成单元。人体大脑皮层由约百亿数量级的神经元构成，这些神经元通过错综复杂的连接，直接或间接地与外部相连接，协作达成信息接受、处理和反馈的功能。神经元由树突（dendrites）、轴突（axon）、细胞体（soma）三部分构成（结构如图 8-26 所示）。神经元的各个部分承担不同的功能。树突可以理解为神经元的接收器。细胞体则是神经元的处理中枢，处理信号并判断是否发放信号。轴突是神经元的输出区域。神经元与神经元间的连接区域称为突触（synapse）。

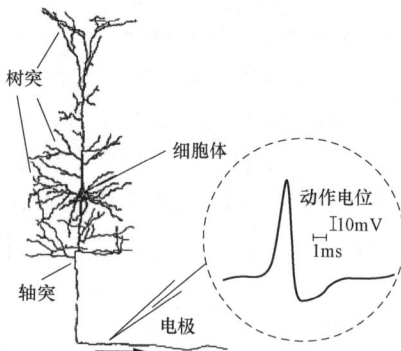

图 8-26 神经元的结构

神经元的信息传递过程可以用"充电"和"放电"的过程来表达。当一个处于静息状态的神经元接受到来自突触前细胞（Pre-synapse）的刺激，该神经元会采用膜电位（membrane potential）记录这些刺激。通常，神经元膜电位会随着时间的推移不断衰减。而当神经元的膜电位达到一定的阈值时，神经元会通过传递神经递质等方式，向突触后神经元（Post-synapse）发放动作电位（action potential），这一行为称发放脉冲发放。

脉冲神经网络中使用的脉冲，是基于发生在某些时间点的离散值活动，而不是连续值。一个脉冲的发生是由代表各种生物处理过程的微分方程所决定，其中最重要的是神经元的膜电位。从本质上来说，一旦突触后神经元接收突触前神经元的脉冲并达到某一电位，就会产生脉冲，且神经元的电位会被重置。该过程如图 8-27 所示。

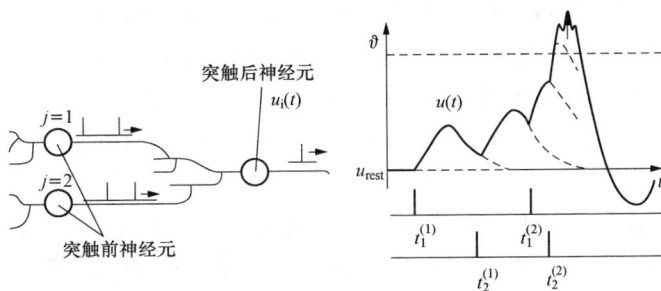

图 8-27　神经元接收脉冲点火示意图

目前最常见的神经元模型是漏电积分点火模型（Leaky - Integrate - and - fire Model，LIF），该模型把神经元等效为由电容器（用于表示神经元细胞膜）和电阻器（用于表示离子通道）构成的 RC 电路（如图 8-28 所示）。LIF 模型中产生膜电位的微分方程为：

$$\tau_m \frac{\mathrm{d}u_m(t)}{\mathrm{d}t} = R_m I(t) - (u_m(t) - u_{rest}) \tag{8.45}$$

其中，$\tau_m = C_m R_m$ 为神经元膜电位衰减时间常量（time constant），用于描述神经元膜电位衰减速度另外，u_{rest} 是静息电位。

2. 脉冲神经网络的学习方法

脉冲神经网络通常是稀疏连接，并使用专门的网络拓扑结构。脉冲神经网络的求解关键是寻找合适的脉冲学习算法。不同于第二代神经网络，由于受脉冲神经元模型和神经元膜电位不连续、不可导等限制，反向传播算法在脉冲神经网络中通常难以直接应用。但是随着对脉冲神经元模型的进一步理解和神经元生理学实验的进一步开展，相应的脉冲学习算法得以提出。

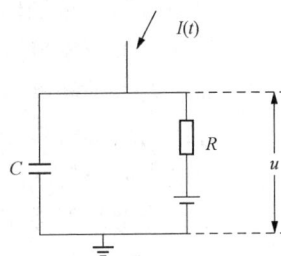

图 8-28　LIF 模型的
RC 等效电路

目前常见的脉冲学习算法根据判别依据的不同可分为基于精准脉冲发放时间的脉冲学习算法和基于脉冲发放频率的脉冲学习算法。其中基于精准脉冲发放时间的脉冲学习算法是目前研究和应用最为普遍的脉冲学习算法，如 SpikePro、ReSuMe 和 PSD 等。基于脉冲发放频率的常见脉冲学习算法主要为 Tempotron 和 STDP。

上述的学习方法主要是无监督生物学习方法，但是目前脉冲神经网络面临的主要问题是监督训练。暂时还没有有效的监督学习方法，使脉冲神经网络具有比第二代网络更高的性能。目前针对将脉冲神经网络进行有效实际应用的监督学习方法还有待进一步开发。这是一个非常艰巨的任务，因为这涉及到需要确定大脑是如何真正学习的，给这些网络赋予生物现实意义。

8.7.2　脉冲神经网络的潜在应用

与其他人工神经网络一样，脉冲神经网络可以被用在信息处理中。并且，由于它更加接近现实的性能，使它可以用来学习生物神经系统的工作，电生理学的脉冲与脉冲神经网络在电脑上的模拟输出相比，决定了拓扑学和生物神经学的假说的可能性。

最新的研究进展表明，脉冲神经网络可以通过如 TrueNorth、SpiNNaker 及 Rolls 这样的神经形态的硬件来模拟，其能量消耗比当前的计算机硬件少几个数量级。此外，由于其基于事件的特性，脉冲神经网络天生就适合处理从具有低冗余、低延迟和高动态范围的基于地址时间表达（AER）的传感器那里得到的输入数据，例如：动态视觉传感器（DVS）和听觉传感器（硅耳蜗）。2016 年美国加州大学的一项研究指出，脉冲立体神经网络的实现比基于经典绝对误差和（SAD）算法的微控制器的实现少消耗大约一个数量级的能量。

在实践中脉冲神经网络和已被证明的理论之间还存在一些不同点。脉冲神经网络已被证明在神经科学系统中有作用，但在工程学中没有实现大规模应用。如今，脉冲神经网络所面临的一大挑战是如何找到一种有效的训练算法，克服脉冲的不连续性，并且获得和人工神经网络（ANN）相当的性能。转换方法，即通过训练一个传统的人工神经网络并建立一个转换算法，将权重映射到一个等价的脉冲神经网络中去，取得了迄今为止最好的性能。然而，对一个非常深的人工神经网络进行转换的难题在这之前从未被解决过。

思 考 题

1. 简述智能算法的定义。
2. 简述模糊算法的思想。
3. 模糊传感器是如何实现多传感器信息的融合的？
4. 设计一个模糊舒适度传感器。
5. 简述人工神经网络算法原理。
6. 神经网络算法是如何处理传感器的非线性问题的？
7. 简述小波分析的思想。
8. 小波分析是怎样实现信号的滤波的？

第9章 通信功能与总线接口

一个庞大的多点、多参数测控系统是由为数众多的现场设备和传感器或变送器组成。随着信息技术的迅速发展，基于传统技术的分散型控制系统（Distributed Control System，DCS）越来越表现出它的许多不足之处：不能适应庞大的复杂系统控制的需要；随着规模增大，系统变得过于复杂，成本较高。

为解决上述问题，通过向计算机网络控制扩展，将过程控制、监督控制和管理调度进一步结合起来，加强系统功能。采用专家系统，制造自动化协议标准，以及硬件上诸多新技术。乃至20世纪80年代中后期陆续出现了多种不同形式的现场总线，如：HART、CAN、Profibus、FF、LONWORKS、串口总线等。

在多种现场总线共存的情况下，主要的问题就是：尚无一个最完善、最具有权威性、公认、统一的标准协议。为解决上述问题，在多方的共同努力下，目前基本上有望以IEEE1451标准和工业以太网协议作为控制领域针对底层和控制层及其以上层统一的标准协议。

§9.1 智能传感器与现场总线技术

9.1.1 现场总线技术简介

现场总线是开放型控制系统，也是现场总线控制系统的基础，是用于现场总线仪表与控制室之间的一种全数字化、串行、双向、多站的通信网络。这个网络使用一对简单的双绞线传输现场总线仪表与控制室之间的通信信号，并且对现场总线仪表供电。现场总线被誉为测控领域的计算机局域网，是现代测量和自动化技术发展的一个重要里程碑。现场总线使控制系统和现场设备之间有了通信能力，并组成信息网络，为实现企业信息集成和企业综合自动化提供了保障，提高了系统的运行稳定性。现场总线技术已成为现代传感系统的重要技术支撑，总线成为传感器检测系统的重要组成部分。

1. 现场总线技术的主要特征

（1）采用数字式通信方式取代传统设备级的 4～20mA（模拟量）和 24V DC 开关量信号，使用一根电缆连接所有现场设备，具有物理过程封闭，覆盖范围大，连接设备数量大，连接接口成本低，操作实时性高，数据传输完整、有效，可以满足恶劣使用环境等优点。

（2）与"半数字"的 DCS 系统不同，现场总线系统是一个"纯数字"系统。在传统的 DCS 系统里，压力和温度变送器须将它们测量的原始数字信号在送入 DCS 系统前转换成4～20mA 的模拟信号；而在现场总线控制系统中，从变送器的传感器到调节阀，其信号一直保持数字性。这就使得更复杂、更精确的信号处理得以实现。因为在模拟系统中，工业现场环境十分恶劣，噪声及其他干扰信号的存在不易把信号检测出来。而这些噪声很难扭曲现场总线控制系统里的数字信号，也就是说，数字信号有很强的干扰能力。另外，利用数字通信的检错功能可检出传输中的误码。

（3）开放式互联网络。现场总线为开放式互联网络，它既可与同层网络相连，又可与不同层网络相连。当然，挂接在现场总线上的现场总线仪表、设备都必须是统一的标准数字化总线接口，遵守统一的通信协议。这样，不同制造厂家的产品都可以十分方便地挂接在现场总线上而具有可互操作性。因为现场总线仪表、设备种类繁多，不可能由一个生产厂家提供一个自动化工厂所需的全部现场设备。这样，用户可根据性价比选择最优的产品，但可以是不同生产厂家的不同品牌的现场设备，把它们统一组态，实现"即接使用"，不必在硬件做任何修改，就可以构造成所需的控制回路，自由地集成开放式控制系统，也即现场总线控制系统（Fieldbus Control System，FCS)。因此，标准化的现场总线网络协议对于现场总线是非常重要的。

（4）专门为过程控制而设计。许多专利系统制造商往往想用一种非通用的系统去覆盖各个方面的市场。实际上，某些用于此类系统的通信协议本来就是为楼宇和家庭自动化而设计的。但此类协议同工业过程控制中所要求的具有高完整性、高可靠性及本质安全的协议有着根本区别。过程控制及自动化所涉及的有毒及爆炸性恶劣环境与产品，在高压及高温的条件下，对人身安全及自然环境有着潜在的威胁。另外，工业环境中还有电磁干扰、机械振动等多种干扰因素。所以，只有针对工业过程控制而设计的现场总线才能很好地实现工业过程对自动化系统的各种苛刻要求。

2. 现场总线的优越性

（1）同 DCS 系统相比，由于现场总线的通信是全数字式的，它的控制功能完全由现场设备去执行，所以也就不需要输入、输出及其控制板。现场装置可直接与操作台相连，不再需要用于连接各控制板的"数据高速公路"，只保留了 DCS 系统中的现场设备与操作站，但操作站也完全可以采用普通 PC 机或工控机，并加装公开的通用人机界面软件。现场总线设备也不再需要单回路调节器和计算元件，从而大大减少了费用。此外，现场总线产品的开放性竞争会使价格进一步降低。

另外，现场总线仪表、设备不再是一对一地与控制室或控制单元呈星性连接，而是都挂接在现场总线上，共用一对传输线。现场总线通常使用一根双绞线、光缆、同轴电缆等，极大地简化了系统布线，大大节省了初始布线安装的费用，节省了大量昂贵的电缆和施工设计费用。

（2）组态简单实用方便。由于现场总线的开放性，因此用户组态十分方便，以用户自定义的标识符和标准参数为基础，用户可以根据标识符来指定某一设备，不需要考虑设备地址、存储记忆地址和比特编号等。组态可通过计算机编程，然后装至现场自动化设备。现场总线简单易用，用户不需要了解各种"层"或"波特率"。现场总线已有大量可满足各种过程控制的功能模块，如输入、输出、PID 调节、选择和多种计算方法，一些模块还具有报警功能，新的功能模块仍将不断增加。

（3）查索更多的信息及诊断状况。数字通信使用户从控制室中查索所有设备的数据、组态、运行和诊断信息已成为现实。操作人员无须把变送器送去检测就可获得所需的信息，从而大大节省了时间和成本。诊断功能可以及时帮助用户分析问题是否发生在变送器，无须亲临现场进行查看仪表才得出结论。这样，即使设备发生故障，也可以很快恢复生产。

（4）数据库的一致性。现场总线采用完全分散的数据库概念。仪表控制回路信息，如量程信息、PID 参数、与液体接触部分的数据等都被"嵌入"在现场装置中。任何同现场总线接口的人机界面都可显示有关信息。这样，便不会产生重复、不一致的数据库。在 DCS 系统中，操作站与仪表数据库之间的同步化无法保证。现场总线只使用一个数据库，也就是分散于现场仪表中的数据库，人机界面就是从此数据库中提取"定标数据"，手持终端所查索的也是同一数据库。

国际电工委员会（International Electrotechnical Commission，IEC）在 IEC 61158 标准中对现场总线的定义是：安装在制造和过程区域的现场装置与控制室内的自动控制装置之间的数字式、串行、多点通信的数据总线。换句话说，现场总线是以单个分散、数字化、智能化测量和控制设备作为网络节点，节点间通过总线连接实现信息交互，共同完成自动控制功能的网络系统和控制系统。以现场总线为基础的全数字控制系统称为现场总线控制系统（Fieldbus Control System，FCS）。现场总线控制系统的出现是生产与管理自动化、信息网络化发展的一种必然结果。

9.1.2　典型的现场总线

目前，国际上有多种现场总线通信标准（或称为通信协议模式），如 FF（Foundation Fieldbus）基金会现场总线通信标准、LONWORKS（Local Operating Networks）通信协议模式、PROFIBUS（Process Fieldbus）通信协议模式、HART（Highway Addressable Remote Transduser）可寻址远程传感器高速公路通信协议模式、串行总线和 CAN（Control Area Network）控制局域网络通信协议模式等。下面将介绍这几种当前应用范围较广、影响较大的现场总线协议。

1. FF（Foundation Fieldbus）现场总线

1993 年，美国仪表协会发布 FF 总线标准。FF 总线标准是为适应自动化系统，特别是过程自动化系统在功能环境与技术上的需要而专门设计的。它可以工作在工厂生产的现场环境下，能适应本质安全防爆的要求，还可通过传输数据的总线为现场设备提供工作电源。它的体系结构包括物理层、数据链路层、应用层和用户层，各层介绍如下。

（1）物理层。传输介质采用有线电缆、光纤、无线通信和双绞线。通过有线电缆传送信号定义了两种速率标准：H1 和 H2。H1 为用于过程自动化的低速总线，波特率为 31.25kbit/s，传输距离 1900～200m（取决于传输介质），总线供电，提供本质安全型；H2 为用于制造自动化的高速总线，波特率为 1.0Mbit/s（750m）或 2.5Mbit/s（500m）。

（2）数据链路层（Data Link Layer，DLL）。DLL 低层（介质访问）功能有：基本设备不能主动发起通信，只能接受查询；链路主设备在得到令牌时可以发起一次通信；每个网段的链路主设备中有一个链路活动调节器，发起周期和非周期通信。DLL 高层（数据传输）功能有：无连接数据传输，发行数据定向连接传输，请求/响应数据定向连接传输。

（3）应用层。应用层定义了如何应用读、写、中断和操作信息及命令，同时也对网络进行控制，统计失败和检测新加入或退出网络的装置。

（4）用户层。获取传输信息并完成相应的任务。用户层规定了 29 个标准的"功能模块"，其中基本功能模块 10 个，先进功能模块 7 个，计算功能模块 7 个，辅助功能模块 5 个。功能块由输入、输出、算法和参数四大要素组成。功能块参数分为三个层次，第一层由 FF 定义，第二层由用户集团定义，第三层由制造厂定义。为了支持功能块模型的标准化和互操作性，FF 定义了两个工具，即设备描述语言 DLL 和对象字典 OD，用来定义和描述 AP 的"网络可见"的对象，如功能块及其参数。

2. Lonworks 总线

Lonworks 现场总线全称为 Lon Works Networks，即分布式智能控制网络技术。它是美国 Echelon 公司于 1992 年推出的局部操作网络，最初主要用于楼宇自动化，很快就发展到工业现场。目前 Lonworks 应用领域主要包括工业控制、楼宇自动化、数据采集、Scada 系统等。Lonworks 技术为设计和实现可互操作的控制网络提供了一套完整、开放、成品化的解决途径。

Lonworks 技术的核心是神经元芯片（neuron chip），该芯片内部装有 3 个微处理器：MAC 处理器完成介质访问控制；网络处理器完成 OSI 的 3~6 层网络协议；应用处理器完成用户现场控制应用。各个处理器之间通过公用存储器传递数据。神经元芯片具有强大的通信能力，采集能力、控制于一体，一个神经元芯片加上几个分离元件便构成一个独立的控制单元。Lontalk 是 Lonworks 的网络通信协议，固件在神经元芯片内。Lontalk 协议直接面向对象，实现了实时性和接口直观、简洁等现场总线的应用要求。

Lonworks 的主要技术特点是：Neuron 芯片固化了 OSI 的七层协议，包括物理层、数据链跨层、网络层、传送层、会话层、表达层、应用层。用此芯片可以构成很复杂的网络结构。物理层采用 RS485 串行通信标准。传输介质为电源线、双绞线、同轴电缆、光缆、无线和红外线。使用双绞线时的最高传输速率为 1.25Mbit/s，最大传输距离为 1200m。

由于 Lonworks 总线采用了路由器，所以它对多种通信介质均支持，从而使得 LON 总线可以根据不同的现场环境选择不同的收发器和介质。它的通信介质可以是双绞线（直接驱动，EIA‐485，变压器耦合）、电源线、电力线、无线和光纤等。

3. 过程现场总线 Profibus

Profibus 是德国于 20 世纪 90 年代制定的国家工业现场总线协议标准，其应用领域包括加工制造、过程和建筑自动化，如今已成为国际化的开放式现场总线标准，即 EN50170 欧洲标准，是成熟的技术。Profibus 是一种不依赖于厂家的开放式现场总线标准，采用 Profibus 标准后，不同厂商所生产的设备不须对其接口进行特别调整就可通信。Profibus 为多主从结构，可方便地构成集中式、集散式和分布式控制系统。

过程现场总线结构特点有以下几个方面。

（1）Profibus 有三个兼容版本 Profibus‐FMS（现场总线信息规范），Profibus‐DP（分布式外设），Profibus‐PA（过程自动化）：①Profibus‐FMS（Fieldbus Message Specification），用于车间级智能主站间通用的通信，它提供了大量的通信服务，用以完成以中等传输速度进行的循环和非循环的通信任务；②Profibus‐DP（Decentralized Periphery），用于传感器和执行器级的高速数据传输，传输速率可达 12Mbit/s，一般构成单主站系统，主站、从站间采用循环数据传送方式工作；③Profibus‐PA（Process Automation）。用于安全性要求较高的场合，它具有本质安全特性，是 Profibus 的过程自动化解决方案，将自动化系统和过程控制系统与现场设备连接起来，代替了 4~20mA 模拟信号传输技术。

（2）Profibus 的物理层。提供三种类型的传输技术：①DP 和 FMS 的 RS485 传输。采用屏蔽双绞铜线，传输速率为 9.6k bit/s~12M bit/s，每分段 32 个站（不带中继），可多到 127 个站（带中继）；②PA 的 IEC1158‐2 传输。支持本征安全和总线供电，传送数据以 31.25K bit/s 调制供电电压，采用耦合器将 IEC1158‐2 与 RS‐485 连接；③光纤 FO。在电磁干扰很大的环境下应用，采用专用总线插头转换 RS‐485 信号和光纤导体信号。

（3）Profibus 的数据链路层。DP、FMS、PA 的数据链路层相同，采用主从结构，主站之间采用令牌传送方式；主站与从站之间采用主从传送方式。

4. Profinet 总线

Profinet 是一个开放式的工业以太网通信协定，是由 Profibus & Profinet 国际协会所提出。Profinet 应用 TCP/IP 及资讯科技的相关标准，是实时的工业以太网。自 2003 年起，Profinet 成为 IEC 61158 及 IEC 61784 标准中的一部分。

Profinet 是适用于不同需求的完整解决方案，其功能包括 8 个主要的模块，依次为实时通信、分布式现场设备、运动控制、分布式自动化、网络安装、IT 标准和信息安全、故障安全和过程自动化。

根据响应时间的不同，Profinet 支持下列三种通信方式。

（1）TCP/IP 标准通信。Profinet 基于工业以太网技术，使用 TCP/IP 和 IT 标准。TCP/IP 是 IT 领域关于通信协议方面事实上的标准，尽管其响应时间大概在 100 ms 的量级，不过，对于工厂控制级的应用来说，这个响应时间就足够了。

（2）实时（RT）通信。对于传感器和执行器设备之间的数据交换，系统对响应时间的要求更为严格，大概需要 5～10ms 的响应时间。目前，可以使用现场总线技术达到这个响应时间，如 Profibus DP。

对于基于 TCP/IP 的工业以太网技术来说，使用标准通信栈来处理过程数据包，需要很可观的时间，因此，Profinet 提供了一个优化的、基于以太网第二层（Layer 2）的实时通信通道，通过该实时通道，极大地减少了数据在通信栈中的处理时间，因此，Profinet 获得了等同，甚至超过传统现场总线系统的实时性能。

（3）同步实时（IRT）通信。在现场级通信中，对通信实时性要求最高的是运动控制（Motion Control），Profinet 的同步实时（Isochronous Real - Time，IRT）技术可以满足运动控制的高速通信需求，在 100 个节点下，其响应时间要小于 1ms，抖动误差要小于 $1\mu s$，以此来保证及时的、确定的响应。

5. HART 总线

最初由美国 Rosemount 公司开发，已应用了多年，目前有 HART 通信基金会。它可使模拟信号与数字信号双向通信能同时进行，而不相互干扰，其协议可参照 ISO/OSI 模型的物理层、数据链路层和应用层。它主要有如下特性。

（1）物理层。采用基于 Bell 202 通信标准的 FSK 技术，即在直流 4～20mA 模拟信号上叠加 FSK 数字信号，逻辑 1 为 1200Hz，逻辑 0 为 2200Hz，波特率为 1200bit/s，调制信号为 ± 0.5mA 或 $U_{p-p}=0.25$V（250Ω 负载）。用屏蔽双绞线作为传输介质，单台设备距离为 3000m；而多台设备互连距离为 1500m。

（2）数据链路层。数据帧长度不固定，最长 25 个字节。寻址为 0～15，当地址为 0 时，由处理直流 4～20mA 与数字通信兼容状态；当地址为 1～15 时，则处于全数字通信状态，通信模式为"问答式"或"广播式"。

（3）应用层。应用层规定了三种命令：第一种是通用命令，适用于遵守 HART 协议的所有产品；第二种是普通命令，适用于遵守 HART 协议的大部分产品；第三种是特殊命令，适用于遵守 HART 协议的特殊产品。

6. 通用串行总线 USB

USB（Universal Serial Bus）的中文含义是"通用串行总线"。它不是一种新的总线标准，而是应用在 PC 领域的新型接口技术。USB 接口技术标准起初是由 Inter、康柏、IBM、微软等 7 家公司于 1995 年制定的，当时称 USB0.9 标准，现在已经发展到 USB2.0 标准。USB2.0 向下兼容 USB1.1，其数据的传输率可达到 120～240Mbit/s，预备支持宽带数字摄像设备及下一代扫描仪、打印机和存储设备。目前，带 USB 接口的设备越来越广泛，如鼠标、键盘、显示器、数码相机、调制解调器、扫描仪、摄像机、电视机及视频抓取盒、音箱等。

USB 具有以下特点：

（1）使用方便。使用 USB 接口可以连接多个不同的设备，而过去的串口和并口只能接一个设备，从一个设备转而使用另一个设备时不得不关机，因此，USB 为用户省去了这些麻烦。除了可以把多个设备串接在一起之外，USB 还支持热插拔。在软件方面，USB 设计的驱动程序和应用软件可以自动启动，无须用户做出更多的操作，这同样为用户带来极大的方便。USB 设备也不涉及 IRQ 冲突问题。USB 口单独使用自己的保留中断，不会同其他设备争用 PC 机的有限资源，同样为用户省去了硬件配置的烦恼。

（2）速度快。速度性能是 USB 技术的突出特点之一。USB 接口的最高传输速率可达 12Mbit/s，比串口快了整整 100 倍，比并口也快了 10 多倍。而 USB2.0 标准支持的最高传输速率可高达 480Mbit/s。由于 USB 接口速度快，它能支持对宽带要求较高的设备。

（3）连接灵活。USB 接口支持多个不同设备的串联连接，一个 USB 口理论上可以连接 127 个 USB 设备。连接的方式也十分灵活，既可以使用串行连接，也可以使用中枢转接头（Hub）先把多个设备连在一起，然后再与 PC 机的 USB 口连接。在 USB 方式下，所有的外设都在机箱外连接，连接外设不必再打开机箱；允许外设热插拔，而不必关闭主机电源。USB 采用"级联"方式，即每个 USB 设备用一个 USB 插头连接到一个外设的 USB 插座上，而其本身又提供一个 USB 插座供下一个 USB 外设连接用。通过这种类似菊花链式的连接，一个 USB 控制器可以连接多达 127 个外设，而每个外设间距离（线缆长度）可达 5m。USB 能智能识别 USB 链上外围设备的插入或卸载，为 PC 的外设扩充提供一个很好的解决方案。

（4）独立供电。普遍使用串口、并口的设备都需要单独的供电系统，而 USB 设备则不需要，因为 USB 接口提供了内置电源。USB 电源能向低压设备提供 5V 的电源，因此新的设备就不需要专门的交流电源了，从而降低了这些设备的成本，提高了性价比。

（5）支持多媒体：①USB 提供了对电话的两路数据支持。USB 可支持异步和等时数据传输，使电话可与 PC 集成，共享语音邮件及其他特性；②USB 还具有高保真音频。由于 USB 音频信息生成于计算机外，因而减小了电子噪声干扰声音质量的机会，从而使音频系统具有更高的保真度。

7. CAN 总线

CAN（Controller Area Network，控制局域网）属于总线式通信网络。CAN 总线推出之初主要用于汽车内部测量和执行部件之间的数据通信，例如汽车防抱死制动系统、安全气囊等。实际上，机动车辆总线和工业现场总线的要求有许多相似之处，即要求成本要低、实时处理能力要强、抗强电磁干扰、可靠性高等。因此，CAN 总线可广泛应用于离散控制领域中的过程监测和控制，特别是工业自动化的底层监控，以完成控制与监测设备之间可靠和实时的数据交换。

CAN 总线的主要特点有：

（1）通信介质可以是双绞线、同轴电缆和光纤，通信距离最远可达 10km（<5kbit/s），最高速率可达 1Mbit/s（40m）。

（2）用数据块编码方式代替传统的站地址编码方式。用一个 11 位或 29 位二进制数组成的标识码来定义 211 或 1129 个不同的数据块，让各节点通过滤波的方法分别接收指定标识码的数据。

（3）网络上任意一个节点均可以主动向其他节点发送数据，是一种多主总线，可以方便地构成多机备份系统。

（4）网络上的节点可以定义成不同的优先级，高优先级的数据可在 $134\mu s$ 内得到传输，利用接口电路中"线与"功能，巧妙地实现无破坏性的基于优先权的仲裁。

（5）数据帧采用短帧结构（8 个数据字节），其数据字段长度最多为 8B，在每帧中都有 CRC 校验及其他检错措施，具有极好的检错效果。

（6）网络上的节点在错误严重的情况下，具有自动关闭总线的功能，切断了该节点与总线的联系，从而使其他节点操作不受影响。

（7）采用非破坏性的总线仲裁技术，可使网络避免出现瘫痪的情况（以太网则有可能）。

（8）通过报文滤波可实现点对点、一点对多点及全面广播等传送接收数据，无须专门的"调度"。理论节点数可达 110 个，实际节点数主要取决于总线驱动电路，一般可达 19 个；报文标识符可达 2032 种（CAN2.0A），扩展标准（CAN2.0B）的报文标识符几乎不受限制。

9.1.3　基于 Profibus 现场总线的网络化位移传感器

1. 系统组成

该系统所设计的网络化位移传感器是基于嵌入式微处理器和 Profibus 总线协议芯片来实现的，它主要由四部分组成，分别是传感器单元、信号转换单元、微处理器单元和网络接口单元，其系统框图如图 9-1 所示。

图 9-1　系统框图

2. 系统硬件结构设计

（1）传感单元。传感单元由敏感元件和调理电路组成，其中，敏感元件将被测信号转化成电信号；调理电路完成模拟滤波、放大等信号预处理。考虑到目前大多数敏感元件都具备电流和电压信号输出，这里采用的是基于电流/电压信号的调理电路。这样，该网络传感器就可以兼容大多数的敏感元件。系统所设计的位移传感器单元采用的是基于电磁感应原理的电感式位移敏感元件，有效量程为 0～1400mm，经调理电路处理后输出电压为 0～5V。

（2）信号转换单元。信号转换单元包括 A/D 转换单元，主要实现模拟量/数字量之间的转化功能。

（3）微处理器单元。微处理器单元是网络传感器的核心，主要完成信号数据的采集、处理（如数字滤波、非线性补偿和自诊断）和数据输出调度（包括数据的通信和本地输出）。

从网络传感器低功耗、低成本、微体积和高可靠性等特点出发，嵌入式微处理器系统是最佳选择。本系统选用的是基于 80C52 的单片机，其性价比高、技术可靠、使用灵活。

（4）网络接口单元。网络接口单元是实现传感器信息与网络无缝接入的关键。网络的种类多种多样，目前较为流行的有 CAN、Profibus、LONWORKS、Foundation Fieldbus（FF）、HART 等现场总线及 IP 网络。其中，Profibus 是一种国际化的、开放的、不依赖于设备生产商的现场总线标准，由德国 SIME NS 公司等 13 家企业和 5 家科研机构联合推出，1989 年被批准为德国标准 DINI19245，1996 年经欧洲电工委员会批准称为欧洲标准 EN50170V.2。经过几年的发展，该标准在自动化和仪表等众多领域获得了广泛的支持和应用，并成为国际现场总线标准 IEC 61158 的组成部分。因此，本系统选用 Profibus 总线协议标准。

目前实现网络接口有两种方式：软件方式（将现场总线协议嵌入到 ROM 中）和硬件方式（直接使用总线协议芯片）。由于现场级的网络传感器的软、硬件资源有限，并且还要实现数据的软件处理功能，因此，对于传感信息量大、实时性要求高的应用场合，再利用软件实现协议是不大可能的，也是没有必要的。这里采用 ASIC 协议芯片——SPC3 来实现 Profibus 总线协议，与接口单元相对应的配置软件和驱动程序采用 OPC 软件开发规范，这也符合当今软件开放化要求。

协议芯片 SPC3 是一种用于 Profibus 总线的开放式工业现场总线智能化接口芯片。它支持 Profibus - DP 协议；最大数据传输速率为 12Mbit/s，可自动检测并调整数据传输速率；具有 1.5KB 的信息报文存储器，带有 11 位地址线的并行 8 位接口，全部存储器分为 192 段，每段 8B，用户可以立即寻址；支持所有 8 位微处理器。

基于 Profibus 的网络化位移传感器的硬件结构框图如图 9-2 所示。

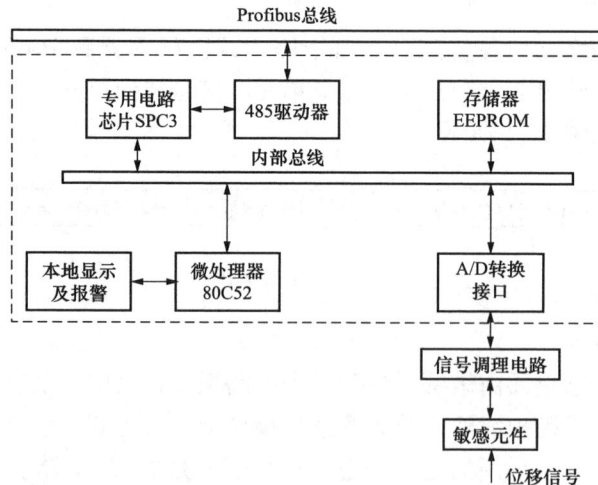

图 9-2　基于 Profibus 的网络化位移传感器的硬件结构框图

3. 系统软件结构设计

由于 Profibus 总线的通信协议由专用协议芯片 SPC3 来实现，因此 80C52 单片机不需要直接参与 Profibus 协议处理，这样它就有更多的资源进行传感器数据的处理。80C52 单片机的主要任务是采集传感数据，对传感数据进行数据滤波、非线性补偿、自校正处理，对专用协议芯片的工作进行调度以完成 80C52 与现场总线之间的数据传输，其主程序流程图如图 9-3 所示。专用协议芯片 SPC3 的中断流程图如图 9-4 所示。

80C52 对专用协议芯片 SPC3 的调度是通过中断实现的，如图 9-4 所示。80C52 首先完成 SPC3 的初始化工作，包括设置 SPC3 允许中断、写入从站识别号地址（也可通过拨号开关进行设置）、设置 SPC3 方式寄存器、设置诊断缓冲区、参数缓冲区、地址缓冲区，并根据以上初始值求出各个缓冲区的指针及辅助缓冲区的指针。程序运行后，专用协议芯片 SPC3 产生中断，80C52 根据中断寄存器的状态对 SPC3 接收到的主站发送的输出数据进行转存，同时组织需要通过 SPC3 发送给主站的数据，并根据要求组织外部诊断等。中断程序主要来处理参数（Paramenter，PRM）报文、结构（Configuration，CFG）报文和设置附件地址（Set Salve Address，SSA）报文。

本系统所设计的网络化位移传感器克服了传统传感器在抗干扰、可靠性、数据处理能力和组网等方面的不足，并且可以推广到其他现场总线控制系统和 Internet/Intranet 应用系统中。

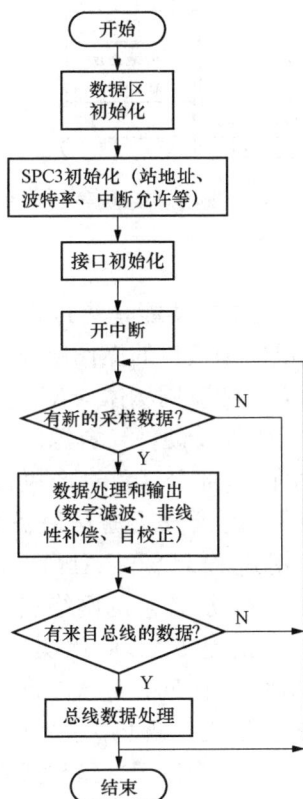

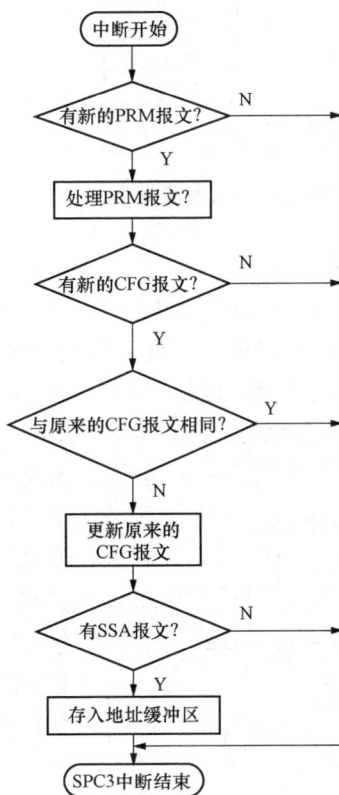

图 9-3 主程序流程图　　图 9-4 专用协议芯片 SPC3 的中断程序流程图

§9.2 现场总线网络协议模式

现场总线是近年来出现的面向未来工业控制网络的通信标准。与计算机和通信技术发展起来的使用于各个领域应用的工业局部网络协议相对应，现场总线网络也有自己的协议模式。

现场总线的网络结构是按照国际标准化组织（ISO）制定的开放系统互连（Open System Interconnection，OSI）参考模型建立的。OSI 参考模型共分七层，即物理层、数据链路层、网络层、传送层、会话层、表示层和应用层，典型的 ISO/OSI 参考模型如图 9-5 所示，该标准规定了每一层的功能以及对上一层所提供的服务。从 OSI 模式的角度来看，现场总线将上述七层简化成三层，分别由 OSI 参考模式的第一层物理层、第二层数据链路层、第七层应用层组成。

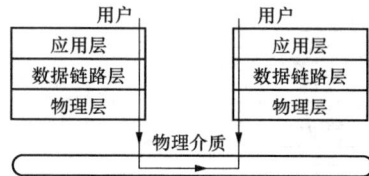

典型的 IEC/ISA 现场总线通信结构模型如图 9-6 所示。为了满足过程控制实时性的要求，它将 ISO/OSI 参考模型简化成三层体系结构：应用层、数据链层、物理层。

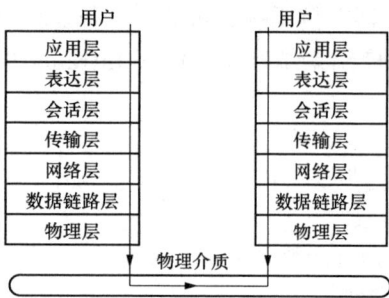

图 9-5　典型的 ISO/OSI 参考模型　　　　图 9-6　典型的 IEC/ISA 现场总线通信结构模型

9.2.1　应用层

IEC/ISA 参考模型中应用层与 ISO/OSI 参考模型类似，其主要功能是为过程控制用户提供一系列的服务，它包括：实现应用进程之间的通信、提供应用接口的操作标准。

在应用层中，包含应用进程（AP）、应用进程目标（APO）和应用实体（AE）。定义如下：①AP 为一些概念化的分布式系统的信息处理部件（包括软件及硬件）资源的集合。现场总线从应用进程上看是由一些相关应用进程组成的。它由用户部分（负责产执行应用功能）和通信部分（用于提供分层通信服务）组成，通常应用进程以应用进程目标（APO）来表达。②APO为应用进程处理活动/信息的网络表达。它本身无通信能力，支持它的是 FAL 应用实体（AE），由应用实体提供对 APO 的访问；③AE 为一些通信服务功能。该服务功能组成了现场总应用服务元素（FAL ASE）。每个 ASE 又提供了一组传递应用层及其 APO 的请求或应答服务。对于每一类 APO，都定义了一个特定的 ASE。在现场总线中，为访问应用进程的 APO 定义了一些 ASE，包括变量 ASE、事件 ASE、装载区域 ASE、功能请求 ASE。AE、ASE、APO 之间的关系如图 9-7 所示。

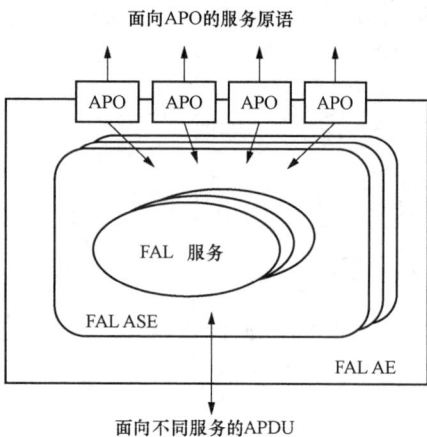

图 9-7　AE、ASE、APO 之间的关系

应用进程之间的信息交换是在相似的 ASE（即

属于同一目标类）之间以应用协议数据单元（APDU）来实现的。与某些 ASE 相关的 AP-
DU 可通过通信分层结构中的低层来传送（现场总线中的 DLL）或间接地通过其他 ASE 的
服务来实现。从过程的观点来看，AP 之间的联系是通过逻辑链接来实现的（称为应用关系
AR），应用关系 AR 表示了一种两个或更多个 AE 之间的联系，系统通过一个特殊的 ASE，
即 ARASE，建立并维持某种应用关系 AR，并在多个 AP 之间传送 APDU 的服务。AR、
ASE 与其他 ASE 的作用关系如图 9-8 所示。

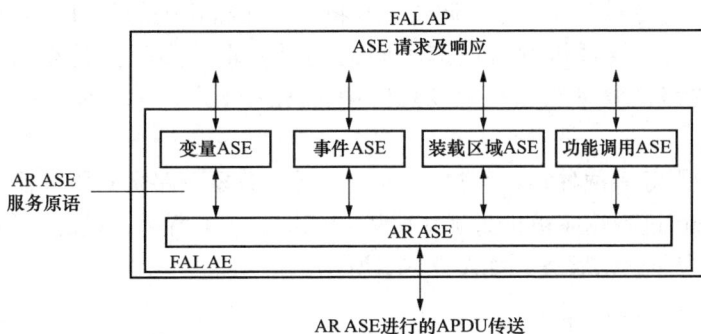

图 9-8　AR、ASE 与其他 ASE 的作用关系

现场总线通信结构模型中两种不同的单向数据交换模式：①PUSH 模式。由发布方来
启动向索取方的数据发送，数据通信不需要应答，如图 9-9 所示；②PULL 模式。由单独
的发布管理器决定数据发送的时刻，并强迫发布方发送相关的信息，同时需要确认，如图
9-10 所示。

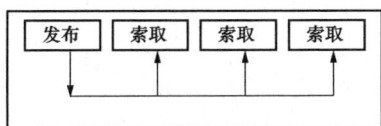

图 9-9　PUSH 模式　　　　　　　　　　　图 9-10　PULL 模式

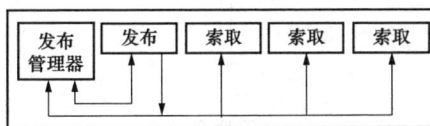

9.2.2　数据链路层

现场总线的数据链路层（DLL）规定了物理层与应用层之间的接口。链路层的重要性在
于所有接到同一物理通道上的应用进程实际上都是通过它的实时管理来协调的。由于在工业
过程中实时性的重要，现场总线采用了集中式管理方式。在集中式管理下，物理通道可被有
效地利用起来，并可有效地较少或避免实时通信的延迟。

在现场总线中，一个特殊的站点用来给需要的站点分布带宽（数据通道）。这一在数据
链接体（DLE）之间分配带的站点称为链接调度器（LAS）。对于周期性数据传送，LAS 需
要建立一张数据发送时刻表。根据这张表，LAS 规定 DLE 按下述两种方式发送数据。

（1）LAS 通过向 Publisher DLE 发送特殊帧——强制数据帧（CD）可授权某 DLE 发送
一个数据，该数据只能是本地发送缓冲区中的数据，以数据帧的形式进行发送。

（2）LAS 可授权 DLE 在规定时间内使用带宽，方法是发出一执行序列帧（ES 令牌）。
该帧同时规定了这一令牌可以使用的时间。在这一周期结束时，DLE 要将 ES 令牌发回给
LAS。可以用两种方法来实现这种操作，最简单的办法是在最后的数据帧的控制域中设置标

示位，另外一种是 DLE 直接使用令牌返回帧（RT）来归还令牌。

对于实时性要求不是很高的非周期数据传送，采用所谓的"尽快"策略，即利用周期性数据传送中间空闲的时刻进行发送，在空闲时，LAS 向每一个调度表中的 DLE 发出一通行令牌（PT）。这种令牌规定了其可用的最大时限，一旦过期，则被 LAS 收回。

DLL 协议还定义了修改调度表的功能。这主要是针对非周期性的、实时性要求高的数据传送而定义的。凡属上述类型的数据传送 DLE 都需建立一张由 LAS 管理的调度表。一旦 LAS 接受这张表，它将对其调度进行调整，并将结果送给相关的 DLE，从而使得该 DLE 的数据得到及时地发送。这种机制可适应不同的实时要求，实际上是在 IEC/ISA 现场总线 DLL 中引入了优先级的管理策略，现场总线中优先级被分为三个级，最高优先级的信息，首先发送。

数据链路层的服务有两种。当客户（client）通过数据链路层对服务器（server）进行请求且 server 对 client 进行响应被称为确认服务，如图 9-11 所示；反之，如果 Server 对 Client 不响应则被称为非确认服务，如图 9-12 所示。

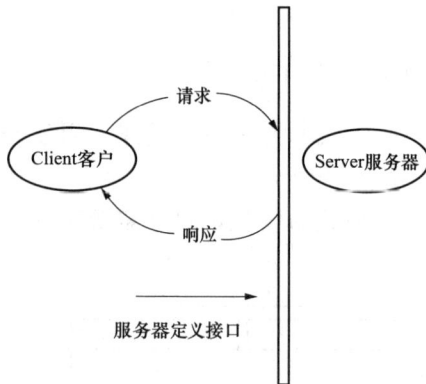

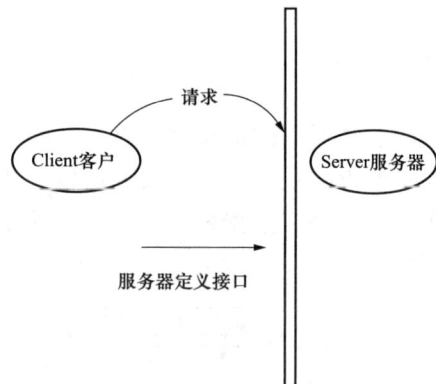

图 9-11　确认服务　　　图 9-12　非确认服务

9.2.3　物理层

现场总线的物理层提供机械、电气、功能性和规程性的功能，以便在数据链路实体之间建立、维护和拆除物理连接。物理层通过物理连接在数据链路实体之间提供透明的位流传输。现场总线的物理层规定了网络物理通道上的信号协议，具体包括对物理介质（如双绞线、同轴电缆、光纤、无线信道等）上的数据进行编码或译码。当处理数据发送状态时，该层接收由数据链路层下发的数据，并将其以某种电气信号进行编码并发送；当处于数据接收状态时，将相应的电气信号编码为二进制值，并送到链路层。物理层还定义了所有传输媒介的类型和介质中的传输速度、通信距离、拓扑结构以及供电方式等。

物理层的主要功能如下：

（1）为数据终端设备（Data Terminal Equipment，DTE）提供传送数据的通路。数据通路可以是一个物理介质，也可由多个物理介质连接而成的。一次完整的数据传输包括激活物理连接、传送数据和终止物理连接。所谓"激活物理连接"就是不管有多少物理介质参与，都需将通信的两个数据终端设备连接起来，形成一通路。

（2）传输数据。物理层要形成适合传输需要的实体，为数据传输服务，保证数据能在物理层正确通过，并提供足够的带宽，以减少信道的拥塞。数据传输的方式能满足点到点、一点到多点、串行或并行、半双工或全双工、同步或异步传输的需要。

（3）其他管理工作，如信道状态评估、能量检测等。

一般现场总线的物理层的传输介质为双绞线、光纤和射频，其传输速度有三种：31.25kbit/s、1Mbit/s、2.5Mbit/s。其中 31.25kbit/s 被用于支持本质安全环境。它们的通信距离分别 1900m（31.25kbit/s）、750m（1Mbit/s）和 500m（2.5Mbit/s）。

§9.3 IEEE 1451 标准

9.3.1 IEEE 1451 标准产生的背景

继模拟仪表控制系统、集中式数字控制系统和分布式控制系统之后，基于各种现场总线标准的分布式测量和控制系统（Distributed Measurement and Control System，DMCS）得到了越来越广泛的应用，这类测控系统的构成如图 9-13 所示。目前，在 DMCS 中所采用的控制总线网络千差万别，其在内部结构、通信方式和通信协议方面各不相同，其中比较有影响的控制总线有 PROFIBUS、Foundation Fieldbus（FF）、HART、CAN、Dupline、I²C 等。每种控制总线的标准都有各自规定的协议格式，因而互相之间并不兼容，而且不同的现场总线在各自领域均已取得很大成功，短期内无法形成统一，这就要求在某个现场总线中所使用的网络传感器必须符合该现场总线的相关规定，从而给系统的进一步扩展和维护等带来极大的不利影响。

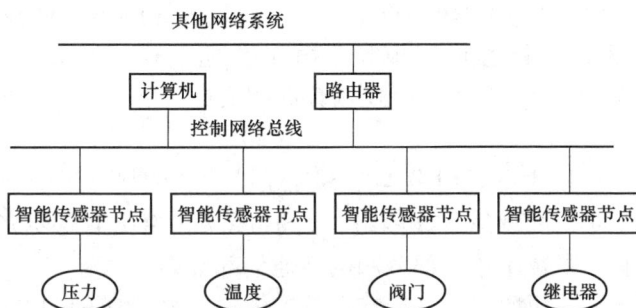

图 9-13 典型分布式测控系统构成

由于市场上存在大量的控制总线网络及通信协议，而对于传感器的生产商而言，要求它们开发出能被所有控制总线网络支持的传感器也是不现实的，因此现有的网络传感器只能用于特定的现场总线中；对于广大用户来说，当选择传感器时，很多时候会面临这样一种窘境：根据实际需要选择的网络传感器不支持现有的现场总线，而更换现有的现场总线代价又太高，因此只能选择现有现场总线支持但不太符合实际需要的网络传感器。

为了解决上述问题，1994 年美国国家技术标准局（The National Institute of Standard and Technology，NIST）和电气与电子工程师协会（The Institute of Electrical & Electronic Engineer，IEEE）联合发起制定了"智能传感器接口标准（Smart Sensor Interface Standard）"，并于 1995 年通过了两个标准，即 IEEE 1451.1 标准和 IEEE 1451.2 标准。

推出 IEEE 1451 标准的最终目标是达到传感器与网络之间的互换性和互通性。它并不是另一种新的传感器现场总线，它的目的是开发一种软、硬件的标准连接方案，从而将传感器连接到控制网络，或者用以支持现有的各种网络技术。

IEEE 1451 标准在网络链路层上提供了应用和网络的互通性。过去，由于存在着多种标准的总线和多种多样的微处理器平台而导致的各种软硬件连接和维修的问题，在这里都得到了简化。在该标准的支持下，即便是使用不同的模数转换器、微处理器、网络协议和收发器，仅仅只要做少许的改变就可以直接应用。这样不仅可以降低开发和使用的成本，而且用户能够很方便地在同一网络中更换或是增减智能传感器。

9.3.2 IEEE 1451 标准的内容及特点

1. IEEE 1451 标准体系

符合 IEEE 1451 标准的变送器（传感器或执行器）能够真正实现现场设备的"即插即用（Plug - and - Play）"。该标准将变送器划分成两部分：一部分是智能交换器接口模块（Smart Transducer Interface Module，STIM）；另一部分是网络适配器（Network Capable Application Processor，NCAP），也称网络应用处理器。两者之间通过一个标准的 10 线制传感器数字接口（Transducer Independent Interface，TII）相连接，如图 9 - 14 所示。

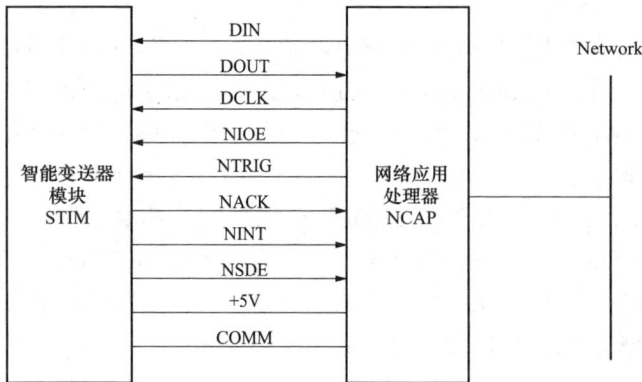

图 9 - 14 STIM 和 NCAP 的接口连接

（1）STIM 模块。该模块主要包括传感器接口、功能模块、核心控制模块、电子数据表格（Transducer Electronic Data Sheer，TEDS）四部分。它主要负责完成现场数据的采集、信号处理、数据交换和智能控制等功能。

（2）NCAP 模块。该模块主要用来连接 STIM 模块和网络。用于从 STIM 模块中获取数据，并将数据转发至不同的现场总线网络。由于 NCAP 模块不需要完成现场数据的采集功能，因此该模块中只需要数字接口部分和网络通信部分即可。

IEEE 1451 协议体系结构如图 9 - 15 所示。表 9 - 1 列举了 IEEE 1451 标准族各成员的名称、描述与当前发展状态。

表 9 - 1   IEEE 1451 标准体系

代　　号	名称与描述	状态
IEEE 1451.0—2007	智能变送器接口标准	提议标准
IEEE 1451.1—1999	网络适配处理器信息模型	颁布标准
IEEE 1451.2—1997	变送器与微处理器通信协议和 TEDS 格式	颁布标准
IEEE 1451.3—2003	分布式多点系统数字通信与 TEDS 格式	颁布标准
IEEE 1451.4—2004	混合模式通信协议与 TEDS 格式	颁布标准
IEEE 1451.5—2007	无线通信协议与 TEDS 格式	颁布标准
IEEE P1451.6—2008	CANopen 协议变送器网络接口	开发中
IEEE P1451.7—2010	换能器与 RFID 系统通信协议和 TEDS 格式	颁布标准

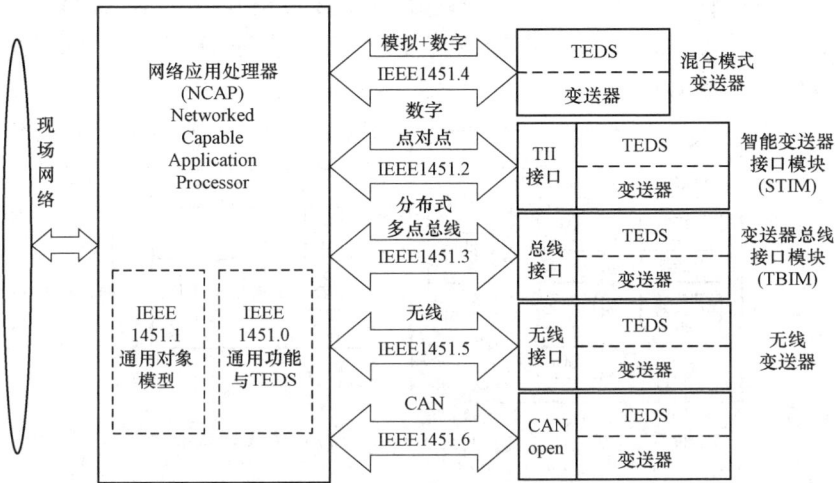

图 9 - 15　IEEE 1451 协议体系结构

（1）IEEE 1451.0 提议标准通过定义一个包含基本命令设置和通信协议、独立于 NCAP 到变送器模块接口的物理层，为不同的物理接口提供简单、通用的标准。

（2）IEEE 1451.1 标准（Network Capable Application Processor Information Model）定义了网络独立的信息模型，使变送器接口与 NCAP 相连，它使用了面向对象的模型定义提供给智能变送器及其组件。模型由一组对象类组成，这些对象类具有特定的属性、动作和行为，它们为变送器提供一个清楚、完整的描述。通过这个模型，原始传感器数据借助标定数据来进行修正并产生一个标准化的输出。通过一个标准的应用编程接口（API）来实现从模型到网络协议的映射，并以可选的方式支持所有通信接口。图 9 - 16 为 IEEE 1451.1 标准模型示意图。

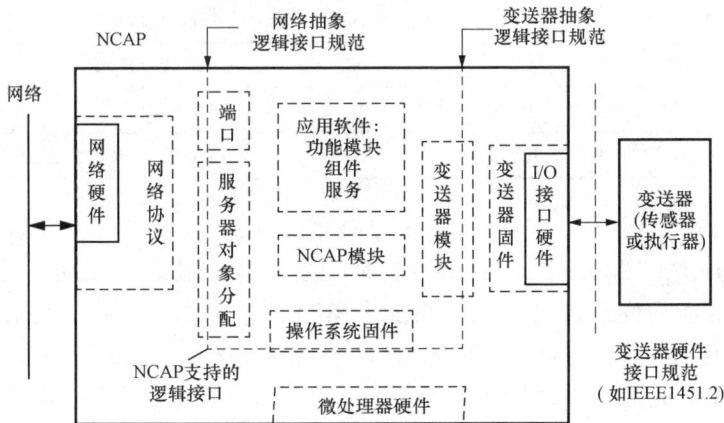

图 9 - 16　IEEE 1451.1 标准模型示意图

（3）IEEE 1451.2 标准（Transducer to Microprocessor Communication Protocol and Transducer Electronic Data Sheet Formats）是一个被 IEEE 通过并颁布的接口标准，该标准的主导思想是让智能变送器成为独立的个体，使变送器的安装和相互交换都变得非常容易，实现智能变送器在整个系统中的即插即用。

该标准将网络传感器分为三部分：智能变换器接口模块（包括 TEDS）、网络适配器 NCAP 和一个 10 线的数字接口—变换器独立接口（TII）。IEEE 1451.2 网络化智能变送器模块框图如图 9‑17 所示。

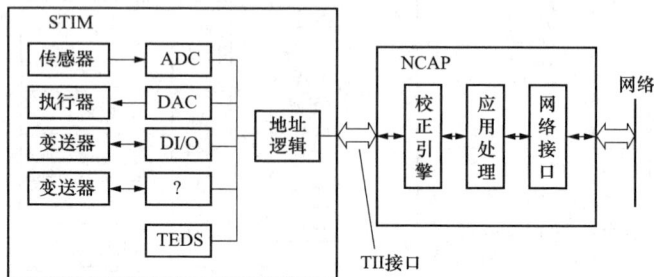

图 9‑17　IEEE 1451.2 网络化智能变送器模块框图

TII 接口的逻辑信号和功能定义见表 9‑2。

表 9‑2　　　　　　　　　　　TII 接口的逻辑信号和功能定义

引脚序号	信号名称	正/负逻辑	驱动来源	功能
1	DCLK	上升沿有效	NCAP	获得 DIN 和 DOUT 数据
2	DIN	正	NCAP	由 NCAP 向 STIM 传送地址和数据
3	DOUT	正	STIM	由 STIM 向 NCAP 传送数据
4	NACK	负	STIM	实现启动响应，数据传送响应
5	COM	N/A	NCAP	信号的公共端或接地
6	NIOE	低电平有效	NCAP	表示正在传送数据，并区分出数据传送帧结构
7	NINT	负	STIM	STIM 请求 NCAP 服务
8	NTRIG	负	NCAP	执行启动功能
9	POWER	N/A	NCAP	5V 电源端
10	NSAET	低电平有效	STIM	NCAP 用来检查 STIM 的存在

（4）IEEE 1451.3 标准（Digital Communication and Transducer Electronic Data Sheet Formats for Distributed Multidrop System）利用展布频谱技术，在局部总线上实现通信，对连接在局部总线上的变送器进行数据同步采集和供电，并定义了一个标准的物理接口指标，以连接物理上分散的变送器。IEEE 1451.3 标准以一种"小总线"方式实现传感器总线接口模块（TBIM），这种小总线因足够小且便宜可以轻易嵌入到传感器中，从而允许通过一个简单的控制逻辑接口进行大量的数据转换。IEEE 1451.3 分布式多点变送器接口简图如图 9‑18 所示。

（5）IEEE 1451.4 标准（Mixed‑mode Communication Protocols and Transducer Electronic Data Sheet Formats），即混合模式通信协议与 TEDS 格式。该标准主要致力于基于传统的模拟变送器的连接方法，提出一个混合模式智能变送器通信协议，同时为具有智能特点的模拟量变送器接入到合法的系统指定了 TEDS 格式。

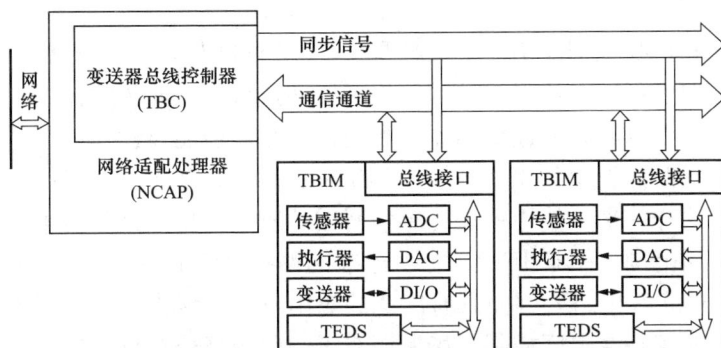

图 9-18　IEEE 1451.3 分布式多点变送器接口简图

（6）IEEE 1451.5 标准（Wireless Communication Protocols and Transducer Electronic Data Sheet Formats），即无线通信协议与 TEDS 格式，主要是基于无线技术来实现网络传感器相互之间的互连标准。该标准定义了无线传感器通信协议和相应的 TEDS，旨在现有的 IEEE 1451.1 框架下，构建了一个开放的标准无线传感器接口。无线通信方式将主要采用三种标准：IEEE 802.11 标准、蓝牙（Bluetooth）标准和 Zigbee 标准。

（7）IEEE 1451.6 建议标准（A High-speed CANopen-based Transducer Network Interface for Intrinsically Safe and Non-intrinsically Safe Application），即用于本质安全和非本质安全应用的高速的、基于 CANopen 协议的变送器网络接口。该标准主要致力于建立基于 CANopen 协议的多通道变送器模型。

根据 NIST 和 IEEE 的最新资料，IEEE 1451.X 标准之间可以一起使用，也可以单独使用。IEEE 1451.1 标准可以独立于其他 IEEE 1451.X 标准硬件接口标准而单独使用；而 IEEE 1451.X 标准也可以不需要 IEEE 1451.1 标准而单独使用。但是，必须要有一个相似 IEEE 1451.1 标准所具有的软件结构，以实现 IEEE 1451.1 标准的功能，如"虚拟 NCAP"。

2. IEEE 1451 标准的特点

IEEE 制定的 IEEE 1451 标准定义了网络化智能传感器接口标准，解决了以往各种现场网络之间的不兼容性和不可互操作性。采用 IEEE 1451 标准研制的网络化智能传感器具有很多特点。

（1）标准化的接口和软硬件定义。在 IEEE 1451 标准颁布之前，各种现场总线都有各自定义的协议和接口标准，它们之间互不兼容，不能互相通用。而 IEEE 1451 标准的推出，正是解决了这个问题。IEEE1451 标准定义了传感器或执行器的软硬件接口标准，为传感器或执行器提供了标准化的通信接口和软硬件的定义，使不同的现场网络之间可以通过应用 IEEE 1451 标准定义的接口标准互连，并可以互操作，使传感器的厂家、系统集成者和最终用户有能力以低成本去支持多种网络和传感器家族，并且通过简化连线，降低了系统的总成本。

（2）即插即用性，与具体网络无关。正是由于 IEEE 1451 标准为传感器到微处理器、到网络建立了一个通用的接口标准，并通过通用的 TEDS 和 API，建立了一个面向对象的信息模型，简化了传感器到微处理器、到网络的连接，使软件容易移植和维护，使得基于 IEEE 1451 标准的传感器在多种现场网络的不同设备之间能够即插即用，与具体的网络无关。

（3）自我描述和自我识别能力。TEDS 是 1451.2 标准最重要的技术革新之一，它是一个通用的传感器模型，可以支持很多种类的传感器和执行器，使传感器具有了自我描述能力和自我识别能力。它可以充分描述传感器的类型、行为、性能属性和相关的参数，如传感器生产商的名称、传感器的类型和序列号等。TEDS 由一些域组成，它们被嵌入传感器中，和传感器一起移动，这样一来，使用一个传感器所需的所有信息总是随时可得的。

（4）广泛的应用范围。基于 IEEE 1451 标准的网络化智能传感器，不仅包括各种现场总线，也包括 Internet 等网络，因而具有广泛的应用范围。传统的各种现场总线主要应用于工业自动化领域，尤其是在工厂控制现场，而对于一些地域分布范围广的测控领域，如水文勘测、环境监测、气象、农业信息化等方面受到一定的限制。在这些场合，无线网络传感器将发挥作用。

§9.4　工业以太网络

9.4.1　工业以太网技术概述

现场总线控制系统是顺应智能现场仪表而发展起来的。它的初衷是用数字通信代替 4～20mA 模拟传输技术，并通过统一的现场总线标准来推动现场总线技术的广泛应用，最终实现工业自动化领域内一场新的革命。然而，这一设想的实施并不顺利。迄今为止，现场总线的通信标准尚未完全统一，这使得各个厂商的仪表设备难以在不同的现场总线控制系统中兼容。此外，现场总线控制系统的传输速率也不尽如人意，以基金会现场总线为例，它采用了 ISO 的参考模型中的三层（物理层、数据链路层、应用层）和极具特色的用户层，其低速总线 H1 的传输速度为 31.25kbit/s，高速总线 H2 的传输速度为 1Mbit/s 或 2.5Mbit/s，但这在有些场合下仍无法满足实时控制的要求。由于以上原因，使现场总线控制系统在工业控制中的推广应用受到了一定的限制。以太网（Ethernet）具有流行的网络协议，所以在商业系统中被广泛采用。以太网用于控制网络的优势有以下几点：

（1）具有相当高的数据输出速率（目前已达到 100Mbit/s），能够满足带宽的要求。

（2）由于具有相同的通信协议，Ethernet 和 TCP/IP 很容易集成到企业管理网络。

（3）能在同一总线上运行不同的传输协议，从而能建立企业的公共网络平台或基础构架。

（4）在整个网络中，运用了交叉式和开放式的数据存取技术。

（5）沿用多年且为众多的技术人员所熟悉，市场上能提供广泛的软件资源、维护和诊断工具，成为事实上的统一标准。

（6）允许使用不同的物理介质和构成不同的拓扑结构。

但是，传统以太网采用总线式拓扑结构和多路存取载波侦听/碰撞检测（CSMA/CD）通信方式，在实时性要求较高的场合下，重要数据的传输过程会产生传输延滞，因而导致数据传输的"不确定性"。针对以太网存在的不确定性和实时性能欠佳的问题，可通过智能集线器的使用、主动切换功能的实现、优化权的引入以及双工的布线等来解决。通过提高数据传输速率，仔细地选择网络的拓扑结构及限制网络负载等，可将发生数据冲突的概率降到最低。此外，适用于工业环境的密封和抗振动的以太网器件（如导轨式收发器、集线器、切换器、连接件等）给以太网进入实时控制领域创造了条件。目前，世界上已有一些国际组织从事推动以太网进入控制领域的工作，如 IEEE 正在着手制定现场总线和以太网通信的新标准，该标准将使网络能够看到"对象"；IAONO（工业自动化开放网络联盟）最近与 OD-VA 和 IDA 集团就共同推进 Ethernet 和 TCP/IP 达成共识；ODVA（DeviceNet 供应商协会）于 2000 年发布了一个为在工厂基层使用以太网服务的工业标准；FF（现场总线基金会）于 2000 年公布了高速以太网（100Mbit/s）的最终技术规范（FSI1.0）；工业以太网协会与美国的 ARC、Advisory Group 等单位合作，开展工业以太网关键技术的研究，目前，1000Mbit/s 以太网已进入使用阶段，但价格还比较昂贵。由上述分析可知，以太网进入工业控制领域是一个不可忽视的发展趋势。

尽管工业以太网与普通商用以太网同样符合 IEEE 802.3 标准，但是由于工业以太网设备的工作环境与办公环境存在较大的差别，所以对工业以太网设备有一些特殊的要求，如要求工作温度范围较宽、封闭牢固（抗振动和防冲击）、导轨安装、电源冗余和 24V DC 供电等。

9.4.2　工业以太网的特点及协议

工业以太网，一般来讲是指技术上与商用以太网（即 IEEE 802.3 标准）兼容，但在产品设计时，应在材质的选用、产品的强度、适用性、实时性、可互操作性、可靠性、抗干扰性和本质安全等方面能满足工业现场的需要。

Ethernet 技术的迅速发展、Ethernet 传输速率的提高和 Ethernet 交换技术的发展，给解决 Ethernet 通信的非确定性问题带来了希望，并使 Ethernet 全面应用于工业控制领域成为可能。目前，主要体现在以下几个方面。

1. 通信的确定性和实时性

工业控制网络不同于普通数据网络的最大特点在于：它必须满足控制作用对实时性的要求，即信号传输要足够的快和满足信号的确定性。实时控制往往要求对某些变量的数据准确定时刷新。由于 Ethernet 采用 CSMA/CD 碰撞检测方式，当网络负荷较大时，网络传输的不确定性不能满足工业控制的实时要求，因此传统以太网技术难以满足控制系统要求准确定时通信的实时性要求，一直被视为非确定性的网络。然而，快速以太网与交换式以太网技术的发展，给解决以太网的非确定性问题带来了新的契机，使这一应用成为可能。

（1）Ethernet 的通信速率从 10M、100M 增大到如今的 1000M、10G，在数据吞吐量相同的情况下，通信速率的提高意味着网络负荷的减轻和网络传输延时的减小，即网络碰撞概率大大下降。

（2）采用星型网络拓扑结构，交换机将网络划分若干个网段。Ethernet 交换机由于具有数据存储、转发的功能，使各端口之间输入和输出的数据帧能够得到缓冲，不再发生碰撞；同时交换机还可对网络上传输的数据进行过滤，使每个网段内节点间数据的传输只限在本地网段内进行，而不需经过主干网，也不占用其他网段带宽，从而降低了所有网段和主干网的网络负荷。

（3）全双工通信又使得端口间两对双绞线（或两根光纤）上分别同时接收和发送报文帧，也不会发生冲突。因此，采用交换式集线器和全双工通信，可使网络上的冲突或不复存在（全双工通信），或碰撞概率大大降低（半双工），使 Ethernet 通信确定性和实时性大大提高。

2. 通信的稳定性与可靠性

为了解决在不间断的工业应用领域和极端条件下网络也能稳定工作的问题，美国 Syn-ergetic 微系统公司和德国 Hirschmann、Jetter AG 等公司专门开发和生产了导轨式集线器、交换机等产品，安装在标准 DIN 导轨上，并有冗余电源供电，接插件采用牢固的 DB−9 结构。台湾 Moxa 科技在 2002 年 6 月推出工业以太网产品—MOXA EtherDevice Server（工业以太网设备服务器），其特别设计用于连接工业应用中具有以太网络接口的工业设备（如 PLC、HMI、DCS 系统等）。

最近，刚刚发布的 IEEE 802.3af 标准中，对 Ethernet 的总线供电规范进行了定义。此外，在实际应用中，主干网可采用光纤传输，现场设备的连接可采用屏蔽双绞线，对于重要的网段还可采用冗余网络技术，以此提高网络的抗干扰能力和可靠性。

3. 工业 Ethernet 协议

工业自动化网络控制系统除了完成数据传输之外，往往还需要依靠所传输的数据和指令，执行某些控制计算与操作功能，并由多个网络节点协调完成自控任务。因此它需要在应用、用户等高层协议与规范上满足开放系统的要求和互操作条件。

对应于 ISO/OSI 七层通信模型，以太网技术规范只映射为其中的物理层和数据链路层；而在其之上的网络层和传输层协议，目前以 TCP/IP 协议为主（已成为以太网之上传输层和网络层"事实上的标准"）；此外，对较高的层次如会话层、表示层、应用层等没有作技术规定。目前，商用计算机设备之间是通过 FTP（文件传送协议）、Telnet（远程登录协议）、SMTP（简单邮件传送协议）、HTTP（WWW 协议）、SNMP（简单网络管理协议）等应用层协议进行信息透明访问的，它们如今在互联网上发挥了非常重要的作用。但这些协议所定义的数据结构等特性不适合应用于工业过程控制领域现场设备之间的实时通信。

为满足工业现场控制系统的应用要求，必须在 Ethernet＋TCP/IP 协议之上，建立完整的、有效的通信服务模型，制定有效的实时通信服务机制，协调好工业现场控制系统中实时和非实时信息的传输服务，形成被广大工控生产厂商和用户所接受的应用层、用户层协议，进而形成开放的标准。为此，各现场总线组织纷纷将以太网引入其现场总线体系中的高速部分，利用以太网和 TCP/IP 技术，以及原有的低速现场总线应用层协议，从而构成了所谓的工业以太网协议，如 HSE、ProfInet、Ethernet/IP 等。

（1）高速以太网（high speed ethernet，HSE）。HSE 是 FF 现场总线基金会在摒弃了原有高速总线 H2 之后的新作。FF 现场总线基金会明确将 HSE 定位成实现控制网络与互联网 Internet 的集成。由 HSE 连接设备将 H1 网段信息传送到以太网的主干上并进一步送到企业的 ERP 和管理系统。操作员在主控室可以直接使用网络浏览器查看现场运行情况；现场设备同样也可以从网络获得控制信息。

HSE 在低四层直接采用以太网加 TCP/IP 协议，在应用层和用户层直接采用 FF H1 的应用层服务和功能块应用进程规范，并通过连接设备（linking device）将 FF H1 网络连接到 HSE 网段上。HSE 连接设备同时也具有网桥和网关功能，它的网桥功能能用来连接多个 H1 总线网段，使不同 H1 网段上的 H1 设备之间能够进行对等通信而无须主机系统的干预。HSE 主机可以与所有的连接设备和连接设备上挂接的 H1 设备进行通信，使操作数据能传送到远程的现场设备，并接收来自现场设备的数据信息，实现监控和报表功能。监视和控制参数可直接映射到标准功能块或者"柔性功能块"（FFB）中。

（2）ProfInet。Profibus 国际组织针对工业控制要求和 Profibus 技术特点，提出了基于以太网的 ProfInet，它主要包含三方面的技术：①基于通用对象模型（COM）的分布式自动化系统；②规定了 Profibus 和标准以太网之间的开放、透明通信；③提供了一个包括设备层和系统层、独立于制造商的系统模型。

ProfInet 采用标准 TCP/IP 协议加以太网作为连接介质，采用标准 TCP/IP 协议加上应用层的 RPC/DCOM 来完成节点之间的通信和网络寻址。它可以同时挂接传统 Profibus 系统和新型的智能现场设备。现有的 Profibus 网段可以通过一个代理设备（Proxy）连接到 ProfInet 网络当中，使整套 Profibus 设备和协议能够原封不动地在 ProfInet 中使用。传统 Profibus 设备可通过代理 Proxy 与 ProfInet 上面的 COM 对象进行通信，并通过 OLE 自动化接口实现 COM 对象之间的调用。

（3）Ethernet/IP。Ethernet/IP（以太网工业协议）是主推 Controlnet 现场总线的 Rockwell Automation 公司对以太网进入自动化领域做出的积极响应。Ethernet/IP 网络采用商业以太网通信芯片、物理介质和星形拓扑结构，采用以太网交换机实现各设备间点对点连接，能同时支持 10Mbit/s 和 100Mbit/s 以太网商用产品。Ethernet/IP 协议由 IEEE 802.3 物理层和数据链路层标准、TCP/IP 协议组和控制与信息协议 CIP（Control Information Protocol）等三个部分组成，前面两部分为标准的以太网技术，而 Ethernet/IP 的特色是被称作控制和信息协议的 CIP 部分。Ethernet/IP 为了提高设备间的互操作性，采用了 Controlnet 和 Device‑net 控制网络中相同的 CIP，CIP 一方面提供实时 I/O 通信，一方面实现信息的对等传输，其控制部分用来实现实时 I/O 通信，信息部分用来实现非实时的信息交换。

9.4.3　工业以太网的发展趋势

1. 工业以太网与现场总线相结合

工业以太网技术的研究还只是近几年才引起国内、外工控专家的关注，而现场总线经过十几年的发展，在技术上日渐成熟，在市场上也开始了全面推广，并已形成了一定的市场。就目前而言，全面代替现场总线还存在一些问题，需要进一步深入研究基于工业以太网的全新控制系统体系结构，开发出基于工业以太网的系列产品。因此，近一段时间内，工业以太网技术的发展将与现场总线相结合，具体表现在：

（1）物理介质采用标准以太网连线，如双绞线、光纤等。

（2）使用标准以太网连接设备（如交换机等），在工业现场使用工业以太网交换机。

（3）采用 IEEE 802.3 物理层和数据链路层标准、TCP/IP 协议组。

（4）应用层（甚至是用户层）采用现场总线的应用层、用户层协议。

（5）兼容现有成熟的传统控制系统，如 DCS、PLC 等。

这方面比较典型的应用如法国施耐德公司推出"透明工厂"的概念，即将工厂的商务网、车间的制造网络和现场级的仪表、设备网络构成畅通的透明网络，并与 Web 功能相结合，与工厂的电子商务、物资供应链和 ERP 等形成整体。

2. 工业以太网技术

工业以太网技术直接应用于工业现场设备间的通信已成大势所趋。随着以太网通信速率的提高、全双工通信、交换技术的发展，为以太网的通信确定性的解决提供了技术基础，从而消除了以太网直接应用于工业现场设备间通信的主要障碍，为以太网直接应用于工业现场设备间通信提供了技术可能。为此，国际电工委员会（IEC）正着手起草实时以太网

（Real-time Ethernet，RTE）标准，旨在推动以太网技术在工业控制领域的全面应用。国内相关单位在国家"863"计划的支持下，开展了 EPA（Ethernet for Plant Automation）技术的研究，重点研究以太网技术应用于工业控制现场设备间通信的关键技术，通过研究和攻关，取得了以下成果

（1）以太网应用于现场设备间通信的关键技术获得重大突破。针对工业现场设备间通信具有实时性强、数据信息短、周期性较强等特点和要求，经过认真细致的调研和分析，采用以下技术基本解决了以太网应用于现场设备间通信的关键技术：

1）实时通信技术。采用以太网交换技术、全双工通信、流量控制等技术和确定性数据通信调度控制策略、简化通信栈软件层次、现场设备层网络微网段化等针对工业过程控制的通信实时性措施，解决了以太网通信的实时性。

2）总线供电技术。采用直流电源耦合、电源冗余管理等技术，设计了能实现网络供电或总线供电的以太网集线器，解决了以太网总线的供电问题。

3）远距离传输技术。采用网络分层、控制区域微网段化、网络超小时滞中继和光纤等技术解决以太网的远距离传输问题。

4）网络安全技术。采用控制区域微网段化，各控制区域通过具有网络隔离和安全过滤的现场控制器与系统主干相连，实现各控制区域与其他区域之间的逻辑上的网络隔离。

5）可靠性技术。采用分散结构化设计、EMC 设计、冗余、自诊断等可靠性设计技术，提高基于以太网技术的现场设备可靠性，经实验室 EMC 测试，设备可靠性符合工业现场控制要求。

（2）起草了 EPA 国家标准。以工业现场设备间通信为目标，以工业控制工程师（包括开发和应用）为使用对象，基于以太网、无线局域网、蓝牙技术加 TCP/IP 协议，起草了"用于工业测量与控制系统的 EPA 系统结构和通信标准"（草案），并通过了由 TC124 组织的技术评审。

（3）开发基于以太网的现场总线控制设备及相关软件原型样机，并在化工生产装置上成功应用。针对工业现场控制应用的特点，通过采用软、硬件抗干扰、EMC 设计措施，开发出了基于以太网技术的现场控制设备，主要包括：基于以太网的现场设备通信模块、变送器、执行机构、数据采集器、软 PLC 等成果等。

3. 发展前景

据美国权威调查机构 ARC（Automation Research Company）报告指出，今后 Ethernet 不仅继续垄断商业计算机网络通信和工业控制系统的上层网络通信市场，也必将领导未来现场总线的发展，Ethernet 和 TCP/IP 协议将成为器件总线和现场总线的基础协议。另外，美国 VDC（Venture Development Corp）调查报告也指出，Ethernet 在工业控制领域中的应用将越来越广泛，市场占有率的增长也越来越快，将从 2000 年的 11% 增加到 2005 年的 23%。

由于以太网有"一网到底"的美誉，即它可以一直延伸到企业现场设备控制层，因此被人们普遍认为是未来控制网络的最佳解决方案。工业以太网已成为现场总线中的主流技术。

目前，在国际上有多个组织从事工业以太网的标准化工作。2001 年 9 月，我国科技部发布了基于高速以太网技术的现场总线设备研究项目，其目标是：攻克应用于工业控制现场的高速以太网的关键技术，其中包括解决以太网通信的实时性、可互操作性、可靠性、抗干

扰性和本质安全等问题，同时研究开发相关高速以太网技术的现场设备、网络化控制系统和系统软件。

§9.5 无线传感器网络

无线传感器网络（Wireless Sensor Network，WSN）利用集成化的微型传感器协作地实时感知、采集和监测对象或环境的信息，用微处理器对信息进行处理，并通过自组织无线通信网络以多跳中继传送，将网络化信息获取和信息融合技术相结合，使终端用户得到需要的信息。

9.5.1 无线传感器网络组成

1. 无线传感器网络结构

传感器网络系统（见图9-19）通常包括传感器节点（sensor node）、汇聚节点（sink node）和管理节点（manager station）。大量传感器节点随机部署在监测区域（sensor field）内部或附近，能够通过自组织方式构成网络。传感器节点监测的数据沿着其他传感器节点逐跳地进行传输，在传输过程中监测数据可能被多个节点处理，经过多跳后路由到汇聚节点，最后通过互联网或卫星到达管理节点。用户通过管理节点对传感器网络进行配置和管理，发布监测任务以及收集监测数据。

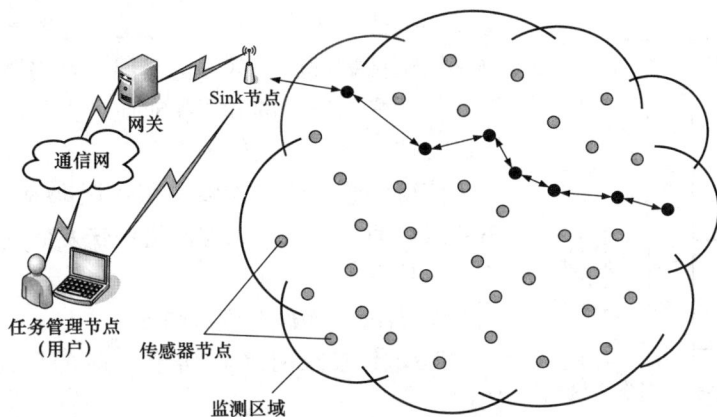

图9-19 传感器网络系统

传感器节点通常是一个微型的嵌入式系统，它的处理能力、存储能力和通信能力相对较弱，通过携带能量有限的电池供电。从网络功能上看，每个传感器节点兼顾传统网络节点的终端和路由器双重功能，除了进行本地信息收集和数据处理外，还要对其他节点转发来的数据进行存储、管理和融合等处理，同时与其他节点协作完成一些特定任务。目前，传感器节点的软硬件技术是传感器网络研究的重点。

汇聚节点的处理能力、存储能力和通信能力相对比较强，它连接传感器网络与Internet等外部网络，实现两种协议栈之间的通信协议转换，同时发布管理节点的监测任务，并把收集的数据转发到外部网络上。汇聚节点既可以是一个具有增强功能的传感器节点，有足够的能量供给和更多的内存与计算资源，也可以是没有监测功能仅带有无线通信接口的特殊网关设备。

2. 传感器节点结构

传感器节点由传感器模块、处理器模块、无线通信模块和能量供应模块四部分组成，如图9-20所示。传感器模块负责监测区域内信息的采集和数据转换；处理器模块负责控制整个传感器节点的操作，存储和处理本身采集的数据和其他节点发来的数据；无线通信模块负责与其他传感器节点进行无线通信，交换控制消息和收发采集数据；能量供应模块为传感器节点提供运行所需的能量，通常采用微型电池。

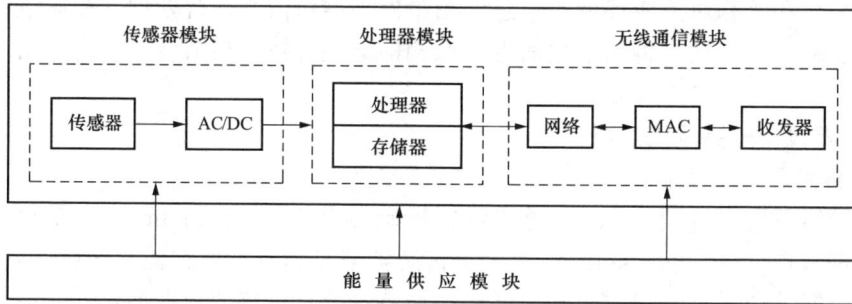

图9-20 传感器节点结构

3. 无线传感器网络协议栈

网络体系结构是网络的协议分层和网络协议的集合，是对网络及其部件所应完成功能的

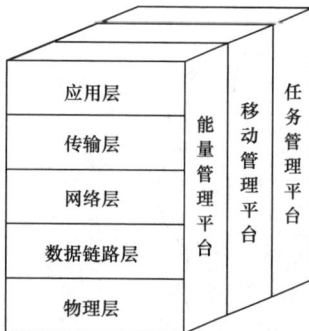

图9-21 无线传感器网络协议栈

定义和描述。图9-21所示为无线传感器网络协议栈，该协议栈包括物理层、数据链路层、网络层、传输层和应用层，与互联网协议的五层相对应。另外，该协议栈还包括能量管理平台、移动管理平台和任务管理平台。这些管理平台使得传感器节点能够按照能源高效的方式协同工作，在节点移动的无线传感器网络中转发数据，并支持多任务和资源共享。

4. 无线传感器网络的特点

无线传感器网络不同于一般的网络，其主要特点如下：

（1）大规模网络。为了获取精确信息，在监测区域通常部署大量传感器节点，传感器节点数量可能达到成千上万，甚至更多。传感器网络的大规模性包括两方面的含义：一方面是传感器节点分布在很大的地理区域内，如在原始大森林采用传感器网络进行森林防火和环境监测，需要部署大量的传感器节点；另一方面，传感器节点部署很密集，在一个面积不是很大的空间内，密集部署了大量的传感器节点。

传感器网络的大规模性具有如下优点：①通过不同空间视角获得的信息具有更大的信噪比；②通过分布式处理大量的采集信息能够提高监测的精确度，降低对单个节点传感器的精度要求；③大量冗余节点的存在，使得系统具有很强的容错性能；④大量节点能够增大覆盖的监测区域，减少洞穴或者盲区。

（2）自组织网络。在传感器网络应用中，通常情况下传感器节点被放置在没有基础结构的地方。传感器节点的位置不能预先精确设定，节点之间的相互邻居关系预先也不知道，如通过飞机播撒大量传感器节点到面积广阔的原始森林中或随意放置到人不可到达或危险的区域。这样就要求传感器节点具有自组织的能力，能够自动进行配置和管理，通过拓扑控制机制和网络协议自动形成转发监测数据的多跳无线网络系统。

在传感器网络使用过程中，部分传感器节点由于能量耗尽或环境因素造成失效，也有一些节点为了弥补失效节点、增加监测精度而补充到网络中，这样在传感器网络中的节点个数就动态地增加或减少，从而使网络的拓扑结构随之动态地变化。传感器网络的自组织性要能够适应这种网络拓扑结构的动态变化。

（3）动态性网络。传感器网络的拓扑结构可能因为下列因素而改变：①环境因素或电能耗尽造成的传感器节点出现故障或失效；②环境条件变化可能造成无线通信链路带宽变化，甚至时断时通；③传感器网络的传感器、感知对象和观察者这三要素都可能具有移动性；④新节点的加入。这就要求传感器网络系统要能够适应这种变化，具有动态的系统可重构性。

（4）可靠的网络。传感器网络特别适合部署在恶劣环境或人类不宜到达的区域，传感器节点可能工作在露天环境中，遭受太阳的暴晒或风吹雨淋，甚至遭到无关人员或动物的破坏。传感器节点往往采用随机部署，如通过飞机撒播或发射炮弹到指定区域进行部署。这些都要求传感器节点非常坚固，不易损坏，适应各种恶劣环境条件。

9.5.2 无线传感器网络通信与组网技术

通信处于传感器网络的最底层，包括物理层和介质访问控制（Medium Access Control，MAC）协议；主要解决实现数据的点到点或点到多点的传输问题，为上层组网提供通信服务；同时满足传感器网络大规模、低成本、低功耗及鲁棒性等要求。

组网技术以底层通信技术为基础，建立一个可靠且具有严格功耗预算的通信网络，向用户提供服务支持，在资源消耗与网络服务性能之间平衡；网络层负责数据的路由转发；传输层负责实现数据传输的服务质量保障。由于无线传感器网络的研究还处于初级阶段，目前还没有一个专门的传感器网络传输层协议。如果传感器网络要通过现有的互联网或卫星与外界通信，必须将传感器网络内部以数据为基础的寻址转换为外界以 IP 地址为基础的寻址。

1. 物理层

无线通信的物理层的主要技术包括介质的选择、频段的选择、调制技术和扩频技术。

（1）介质和频段选择。无线通信的介质包括电磁波和声波。电磁波是最主要的无线通信介质，而声波一般仅用于水下的无线通信。根据波长的不同，电磁波分为无线电波、微波、红外线、毫米波和光波等。目前，无线传感器网络的通信传输介质主要是无线电波、红外线和光波三种类型，其中，无线电波是当前传感器网络的主流通信方式，在很多领域得到了广泛应用。

无线电波的传播特性与频率相关。如采用较低频率，则能轻易通过障碍物，但电波能量随着与信号源距离 r 的增大而急剧减小，大致为 $1/r^3$；如采用高频传输，则趋于直线传播，且受障碍物阻挡的影响。

（2）调制技术。调制和解调技术是无线通信系统的关键技术之一。调制技术通过改变高频载波的幅度、相位或频率，使其随着基带信号幅度的变化而变化。解调是将基带信号从载波中提取出来以便预定的接收者处理和理解的过程。

调制在无线传感器网络系统发挥着重要的作用，它使得信号与信道匹配，增强电波的有效辐射，可以方便频率分配、减小信号干扰。

（3）扩频技术。扩频又称为扩展频谱，是一种信息传输方式，其信号所占有的频带宽度远大于所传信息必需的最小带宽；频带的扩展是通过一个独立的码序列来完成，用编码及调制的方法来实现，与所传信息数据无关；在接收端用同样的码进行相关同步接收、解扩和恢复所传信息数据。

扩频通信具有很强的抗干扰能力，可进行多址通信，安全性强，难以被敌方窃听。对于传感器网络来说，选择适当的调制解调和扩频机制是实现可靠通信传输的关键。

2. MAC 协议

数据链路层负责数据流的多路复用、数据帧检测、媒体接入和差错控制，以保证无线传感器网络中节点间的连接。由于网络无信道的特性，环境噪声、节点移动和多点冲突等现象在所难免，为了解决这些问题，就需要设计介质访问控制 MAC 协议。

无线传感器网络中，MAC 协议决定着无线信道的使用方式，用来在传感器节点之间分配有限的无线通信资源，构建传感器网络系统的底层基础结构。MAC 协议处于传感器网络协议的底层部分，对网络性能有较大影响，是保证传感器网络高效通信的关键网络协议之一。到目前为止，无线传感器网络 MAC 协议还没有一个统一的分类方式，可根据 MAC 协议的信道分配方式、数据通信类型、性能需求和应用范围等策略进行分类。

（1）根据信道访问策略的不同，可分为基于竞争的 MAC 协议、基于调度的 MAC 协议和混合协议。

（2）根据使用单一共享信道还是多个信道，可分为单信道和多信道 MAC 协议。

（3）根据协议的部署方式，可分为集中式和分布式 MAC 协议。

（4）根据数据通信类型，可分为基于单播和基于组播/聚播的 MAC 协议。

（5）根据传感器节点发射器硬件功率是否可变，可分为功率固定和功率控制 MAC 协议。

（6）根据发射天线的种类，可分为基于全向天线和基于定向天线的 MAC 协议。

（7）根据协议发起方的不同，可分为发送方发起的和接收方发起的 MAC 协议。

典型的无线传感器网络 MAC 协议主要有以下几种：

（1）S-MAC（Sensor MACS）协议。这种协议是在 802.11MAC 协议的基础上，针对无线传感器网络节省能量需求而设计的基于竞争的 MAC 协议，它的设计目标是提供良好的扩展性、减少节点能耗，具有有效节能、扩展性和冲突避免三大优点。

S-MAC 协议适用于传感器网络的数据传输量不大，网络内部能够进行数据的处理和融合以减少数据通信量，网络能容忍一定程度的通信延迟。针对碰撞重传、串音、空闲侦听和控制消息等可能造成较多能耗的因素，S-MAC 采用如下机制：

1）周期性侦听/睡眠的低占空比工作方式，控制结点尽可能处于睡眠状态来降低结点能量的消耗。

2）邻居结点通过协商的一致性睡眠调度机制形成虚拟簇，减少结点的空闲侦听时间。

3）通过流量自适应的侦听机制，减少消息在网络中的传输延迟。

4）采用带内信令来减少重传和避免侦听不必要的数据，通过消息分割和突发传递机制来减少控制消息的开销和消息的传递延迟。

（2）T-MAC（Timeout-MAC）协议。此协议与自适应睡眠的 S-MAC 协议基本思想相同，数据传输仍然采用 RTS/CTS/DATA/ACK 机制，不同的是在节点活动的时隙内插入了一个 TA（Time Active）时隙，若 TA 时隙之间没有任何事件发生，则活动结束进入睡眠状态。另外，T-MAC 协议对网络动态拓扑结构变化的适应性仍在进一步研究中。

（3）Sift 协议。Sift 协议是基于事件驱动的无线传感器网络 MAC 协议，不同于 IEEE802.11 和其他基于竞争的 MAC 协议。该协议充分考虑了无线传感器网络的三个特点：

1）事件驱动性，存在事件检测的空间相关性和事件传递的时间相关性。

2）并非所有节点都需要报告事件。

3）感知事件的节点密度随时间动态变化。

Sift 协议不仅保留 S - MAC 和 T - MAC 协议都具有的尽可能让节点处于睡眠阶段以节省能量的功能，而且，由于无线传感器网络的流量具有突发性和局部相关性，Sift 协议很好地利用这些特点，通过在不同时隙采用不同的发送概率，使得在短时间内部分节点能够无冲突地广播事件，从而在节省能量的同时也减少消息传输的延迟，这是和以往的 MAC 协议最大不同之处。

Sift 协议和 S - MAC、T - MAC 协议一样只是从发送数据的节点考虑问题，对接收节点的状态考虑较少，需要节点间保持时钟同步，特别适合于传感器网络内局部区域使用。

3. 路由协议

无线传感器网络路由协议负责在传感结点和汇聚结点间可靠地传输数据。路由算法执行效率的高低，直接决定了传感器节点收发控制性数据与有效采集数据的比率。在无线传感器网络中，节点密集分散，彼此接近或在监测对象内部，其能源供给受到很大限制，因此设计路由算法时需要特别考虑能耗的问题。

由于无线传感器网络与应用高度相关，单一的路由协议不能满足各种应用需求。针对不同应用的特点，人们研究了众多的路由协议。这些路由协议可以大致分为五类：泛洪式路由协议、层次式路由协议、以数据为中心的路由协议、基于位置信息的路由协议、基于 QoS 的路由协议。

（1）泛洪式路由协议。这是一种古老的路由协议，它不需要维护网络的拓扑结构和路由计算，接收到消息的结点直接将数据包转发给相邻结点。对于自组织的传感器网络，泛洪式路由是一种较直接的实现方法，但容易带来消息的"内爆"和"重叠"，而且它没有考虑能源方面的限制，存在"资源盲点"的缺陷。代表性协议有 Flooding 协议、Gossiping 协议。

（2）层次式路由协议。这种协议的基本思想是将传感结点分簇，簇内通信由簇头结点来完成。簇头结点进行数据聚集和融合以减少传输的信息量，最后簇头结点把融合的数据传送给汇聚结点。这种方式能满足传感器网络的可扩展性，有效地维持传感结点的能量消耗，从而延长网络生命周期。代表性协议有 LEACH 协议、TEEN 协议、PEGASIS 协议。

（3）以数据为中心的路由协议。这种协议对传感器网络中的数据用特定的描述方式命名，数据传送基于数据请求并依赖数据命名，所有的数据通信都限制在局部范围内。这种方式的通信不再依赖特定的结点，而是依赖于网络中的数据，从而减少了网络中大量传送的重复冗余数据，降低了不必要的开销，从而延长网络生命周期。代表性协议有 SPIN 协议、Directed Diffusion 协议、Rumor 协议。

（4）基于位置信息的路由协议。它利用结点的位置信息，把请求或数据转发给需要的区域，从而缩减数据的传送范围。实际上许多传感器网络的路由协议都假设结点的位置信息是已知的，所以可以方便地利用结点的位置信息将结点分为不同的域（Region）。基于域进行数据传送能缩减传送范围，减少中间结点的通信量，从而延长网络生命周期。代表性协议有 GPSR 协议、GEAR 协议。

（5）基于 QoS 的路由协议。能量感知的 QoS 路由需要保证整个连接时间内的带宽（或延时）和对能量高效路径的有效利用。基于 QoS 的路由协议适用于军事目标实时追踪和紧急事件监视等实时性强的应用。代表性协议有 SAR 协议、SPEED 协议。

无线传感器网络路由协议比较见表 9-3。

表 9-3　　　　　　　　　　　　　　　　无线传感器网络路由协议比较

算法	生命周期	可扩展性	路径选择	能量感知	数据聚集	位置信息	信息存储	可移动的节点	实时性	可靠性
Flooding	短	差	多跳	无	无	无需	无	传感节点汇聚节点	差	较好
Gossiping	较长	差	多跳	无	无	无需	无	传感节点汇聚节点	差	较好
LEACH	较长	差	单跳	有	有	无需	有	无	差	较好
TEEN	长	好	多跳	有	有	无需	有	无	好	差
PEGASIS	长	差	多跳	有	有	无需	有	无	差	差
SPIN	长	差	多跳	无	有	无需	无	传感节点汇聚节点	差	差
DD	长	好	多跳	有	有	无需	有	无	差	好
Rumor	长	好	多跳	有	有	无需	有	汇聚节点	差	较好
GPSR	较长	好	多跳	无	无	需要	无	传感节点	差	较好
GEAR	长	好	多跳	有	无	需要	无	传感节点	差	较好
SAR	较长	差	多跳	有	无	无需	有	无	好	好
SPEED	长	差	多跳	有	无	需要	有	无	好	好

9.5.3　无线传感器网络的关键技术

无线传感器网络用户的使用目的千变万化，作为网络终端节点的功能归根结底就是传感、探测、感知，用来收集应用相关的数据信号。为实现用户的功能，除要设计通信与组网技术以外，还要实现保证网络用户功能的正常运行所需的其他基础性技术。应用层的基础性技术是支撑传感器网络完成任务的关键，包括时间同步机制、定位技术、数据融合、能量管理和安全机制等。

1. 时间同步

无线传感器节点均配备有本地时钟，节点对事件感知、目标跟踪、数据处理和数据通信等操作都与本地时序信息密切相关，各个节点间就需要相应进行本地时钟信息的高频交互，以达到且保持全局时间的协调一致，并为上层的协同机制提供技术支撑。时间同步时主要需要考虑随机时延的影响，现有的同步协议有传感器网络时间同步协议 TPSN、时钟扩散同步协议 TDP、基于速度扩散协议 RDP 等。

2. 定位技术

无线传感器网络主要应用于事件监测，只有事件数据和位置信息相结合才能产生有效的信息，而且路由协议、网络管理等也需要本地节点的位置信息，因此定位技术就成为无线传感器网络稳定、可靠运行的研究基础。但由于测量误差、计算约束，以及各类应用场合对定位技术的鲁棒性、可扩展性、连同定性精度所提出的不同需求，根据定位过程中是否实际测量节点间的距离或角度，把传感器网络中的定位分类为基于距离的定位和距离无关的定位。

基于距离的定位机制就是通过测量相邻节点间的实际距离或方位来确定未知节点的位置，通常采用测距、定位和修正等步骤实现。根据测量节点间距离或方位时所采用的方法，基于距离的定位分为：基于到达时间（TOA）的定位、基于到达时间差（TDOA）的定位、基于到达角度（AOA）的定位、基于接收信号强度（RSSI）的定位等。由于要实际测量节点间的距离或角度，基于距离的定位机制通常定位精度相对较高，所以对节点的硬件也提出了很高的要求。距离无关的定位机制无须实际测量节点间的绝对距离或方位就能够确定未知节点的位置，目前提出的定位机制主要有质心算法、DV - Hop 算法、Amorphous 算法、APIT 算法等。由于无须测量节点间的绝对距离或方位，因而降低了对节点硬件的要求，使得节点成本更适合于大规模传感器网络。距离无关的定位机制的定位性能受环境因素的影响小，虽然定位误差相应有所增加，但定位精度能够满足多数传感器网络应用的要求，是目前重点关注的定位机制。

3. 数据融合

由于传感器节点采用大规模、分布式部署，相邻节点所产生的感知数据往往带有高度的相关性，这就产生一定的冗余数据，因此需要数据融合技术，以对相邻节点所采集的大量原始数据进行实时处理，而只将处理后的少量有效结果传输给汇聚节点。经过数据融合可以显著降低传输数据量，节省中间节点的能量和带宽，从而减轻网络负荷，并延长网络寿命。相关方面的研究主要有：基于生产树的数据融合，如最短路径树（SPT）、贪心增长树（GTI）、E - Span 算法等；基于网络性能考虑的数据融合，如 AIDA 算法；以及基于安全的数据融合等。

4. 能量效率

无线传感节点一般由电池驱动，因此能量配备有限，而且对于大多数的应用场合，进行能量补给几乎是零可能，这就使得能量效率将直接影响着无线传感器网络的生存时间，也必然成为设计时优先考虑的重要约束。目前，无线传感器网络的能量消耗主要有传感器、数据处理和数据通信这三个过程。处理器和传感器的功耗随着集成工艺的进步，已经达到了令人满意的水平，能量消耗主要集中在无线通信模块上，如图 9 - 22 所示。为了提高能量效率，时下在传感节点上可采用动态电压调节和动态能量管理的功能设计；在数据通信过程上，则

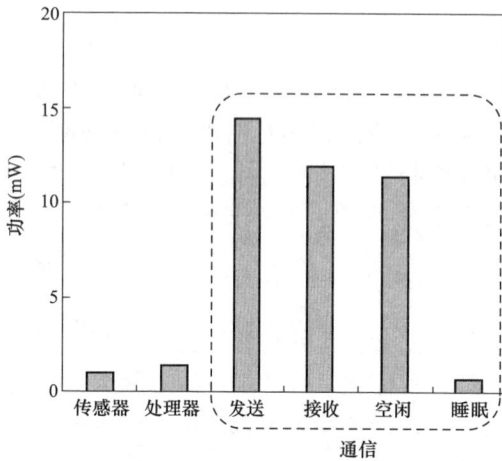

图 9-22　传感器节点能量消耗示意图

使用诸如 μIP、6LowPAN、Rime 等低能耗的通信协议；同时系统还应具有包括休眠内容的能量管理模式，即在不需要工作时可使节点进入休眠状态。

5. 安全技术

无线传感器网络多会部署于开放的物理空间，因此不仅要适应严苛的自然环境，可能还需面对敌方的主动攻击。另外，无线传感器网络中各节点的自身资源也处于严重受限，且节点间通信常常采用广播的无线信号，这就使得无线传感器网络的安全性成为亟须解决的重要问题。目前，无线传感器网络在物理层、链路层、网络层方面均已开发有相应的安全防御策略；如在物理层采用各种扩频通信技术，在链路层上采用信道监听与重传机制、纠错编码等，以及采用 SPINS 网络安全协议。

9.5.4　无线传感器网络在智能电网中的应用

无线传感器网络作为通信领域的新兴技术，具有分布式处理系统的高监测精度、高容错性、覆盖区域大、可远程遥测遥控、自组织、多跳路由等优点，在多目标、短距离通信方面得到广泛应用，在建设智能电网的过程中也将扮演非常重要的角色。

1. WSN 在设备状态检修中的应用

造成电力行业资产运行维护和管理水平偏低的主要原因之一是设备检修模式滞后。IBM 全球企业咨询服务部制定的智能电网白皮书认为，电力行业提高资产运维和管理水平的关键技术是设计一个远程资产监视和控制系统。远程资产监视和控制系统通过传感装置检测到电力设备状态数据，根据检测数据对设备状态进行评估，判断可能出现的故障（例如：通过对变压器油温、油色谱的监测，判断是否出现绝缘裂化），并提示运行维护人员设备可能存在的不安全因素，帮助运行维护人员优化设备检修和设备更换时机，减少维修成本和停电时间。

通过传感器检测到的设备状态必须通过通信网络发送给远程资产监视和控制系统，然后对设备进行状态评估，以确定是否需要对设备进行修复或更换。许多设备的状态传感器安装在设备内部，环境复杂，传统的有线通信载体存在安装不方便、运行不灵活等缺点。因此，WSN 可以应用到设备状态检修当中，充分发挥其不需布线、灵活多变的优点。图 9-23 以监测断路器的温度为例，说明 WSN 在设备状态检修中的应用。温度传感器节点的传感头由热敏电阻 Pt100 构成，通过 A/D 转换芯片 TLC7135 检测热敏电阻的电压，然后通过 MCU 芯片 C8051F020 计算出温度。检测到的温度通过通信芯片 CC1000，按照 WSN 的控制方式发送给汇聚节点，汇聚节点将监测区域内收集到的温度数据进行打包，通过网关进行协议转换，将全部数据通过以太网传送至远程资产监视和控制系统，远程资产监视和控制系统对采集到的数据进行分析，评估设备的运行情况。当发现设备出现故障，需要进行修复或更换时，通过 GPRS 网络将需要进行修复的设备的详细内容发送至现场工作人员随身携带的移动作业管理设备，使得现场作业人员能快速反应，以提高修复效率，降低作业成本。

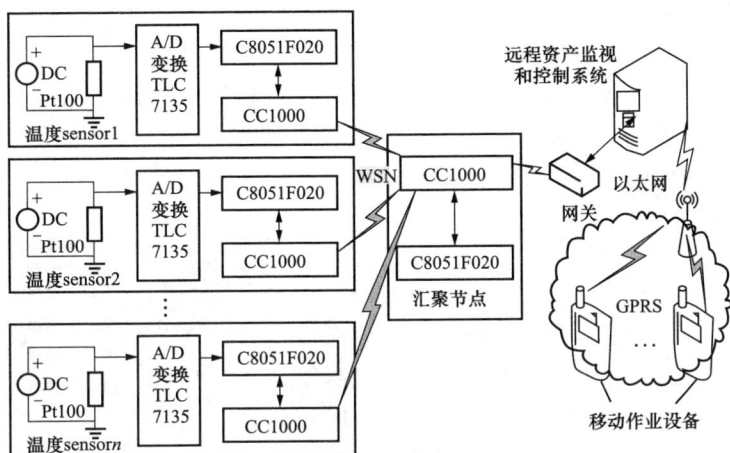

图 9-23　状态检修系统总体结构

2. WSN 在智能计量与智能家居中的应用

传统的电能计量主要目的是完成电费计算，对客户计量数据的采集精细度不够，数据没有得到充分的深度利用。智能计量管理系统通过为居民用户和工业、商业用户安装智能电表，采集更为全面和详细的计量信息，与分时电价措施配合，抑制峰值负荷，从而减少用电高峰负荷需要的增长；还能根据对负荷情况更细致、实时地掌握，指导电网建设，减少电网扩容和建设费用；同时，智能计量管理还可以帮助电网企业有效定位和防止窃电。此外，通过引入智能计量技术，可以加强需求侧管理，通过让客户随时看到其所消耗能源的实际成本，使他们能够相应地做出调整，关闭一些设备，将能耗从高价格时段转换至低价格时段。这一错峰用电和限电机制能够降低消费者的成本。

智能计量与智能家居系统具有数量多、通信距离短的特点，完全可以将 WSN 应用到智能计量与智能家居系统，通过 WSN 收集一个区域内的电能计量情况，再利用电力通信网络传送给计量管理系统，并将实时电价返回给用户。同时，在智能家电中嵌入传感器节点，利用 WSN 接收智能电能表发送过来的电价信息，各智能家电之间利用 WSN 进行协商，决定智能家电的开启与关闭。此外，还通过传感器网络与 Internet 或其他无线网络（GSM、GPRS 等）连接在一起，构成智能家居远程监控系统。图 9-24 所示为利用 WSN 构建的典型智能计量与智能家居系统。

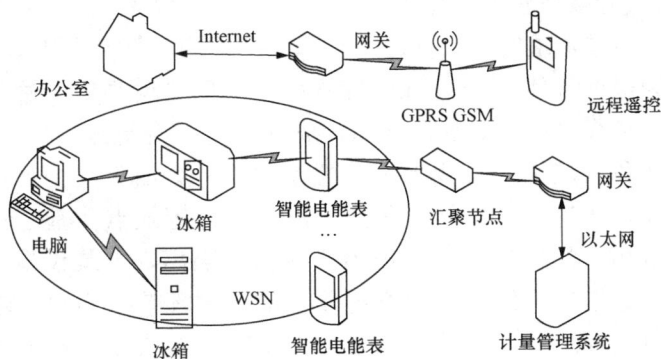

图 9-24　利用 WSN 构建的典型智能计量与智能家居系统

3. 采用 WSN 的冰灾监测预警系统

根据电力设施冰灾监测预警系统的监测内容与目标，选择合适的传感器节点，依据地理环境特点和杆塔类型，在满足系统覆盖范围的条件下，按照成本最优原则，对传感器节点进行合理的布置。利用传感器网络多跳路由的特点，各杆塔上的监测数据通过多跳方式传送给监控中心进行处理。采用 WSN 构建的冰灾监测预警系统如图 9-25 所示。

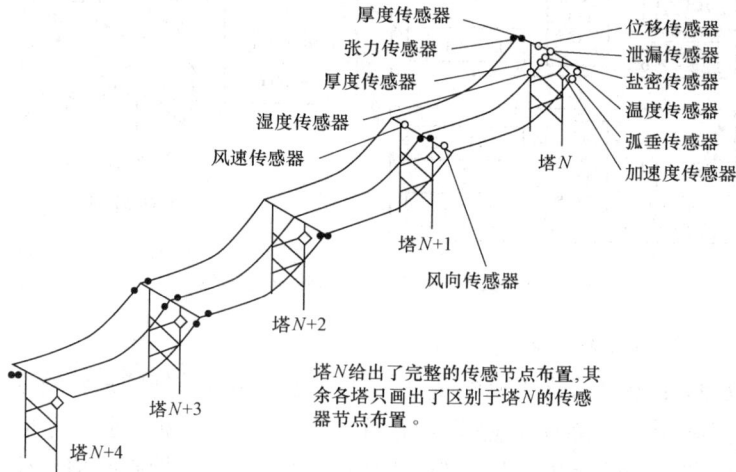

图 9-25　采用 WSN 构建的冰灾监测预警系统

考虑整个输电走廊像一条"狭长的带子"，以及传感器节点的布置方案，监测预警系统传感器网络适合采用 2 层的拓扑结构。在这种体系结构下，传感器节点被分为多个簇，每个簇至少有 1 个簇头，簇内为第 1 层，簇间为第 2 层。显然，监测预警系统传感器网络中，同一杆塔上的传感器节点可划分为 1 个簇，称之为本地通信簇（Local Communication Cluster，LCC），在一个 LCC 中必然有 1 个簇头，它用来整合簇内各节点的数据并进行转发。各个杆塔的簇头节点之间形成第 2 层，称之为塔间层（Inter-Tap Cluster，ITC），这一层主要按要求处理与传递各簇头节点之间的数据，各自维护它们相互之间的路由表，负责报文的转发，通过"接力"的方式将数据传递给变电站。图 9-26 所示为监测预警系统传感器网络的 2 层结构模型，图中传感器未全部给出。

4. WSN 在分布式母线保护中的应用

母线是电力系统中非常重要的元件之一，母线工作的可靠性直接影响到整个电力系统运行的可靠性。作为保证母线安全运行的母线保护，只在重要变电站与大型发电厂专门装设，且传统集中式母线保护需要敷设电缆，成本较高；控制信号易受分布电容的影响；电流互感器二次回路负载较大；母线保护装置误动作，会切除整个母线的所有分支，造成大面积停电；此外，还存在二次接线复杂、灵活性低等缺点。基于成本的考虑，配电网的母线故障一般由相应的发电机或变压器过流保护隔离，不装设专门的母线保护，配电网直接面向用户，是控制、保证用户供电质量的关键环节，用户要求装设母线保护的呼声越来越高。分布式方向母线保护利用通信网络交换各线路保护的动作信息完成故障判断，不需要增设专门的保护装置，既可以解决集中式母线保护存在的弊端，又不需要增加成本，可以适用于配电网。

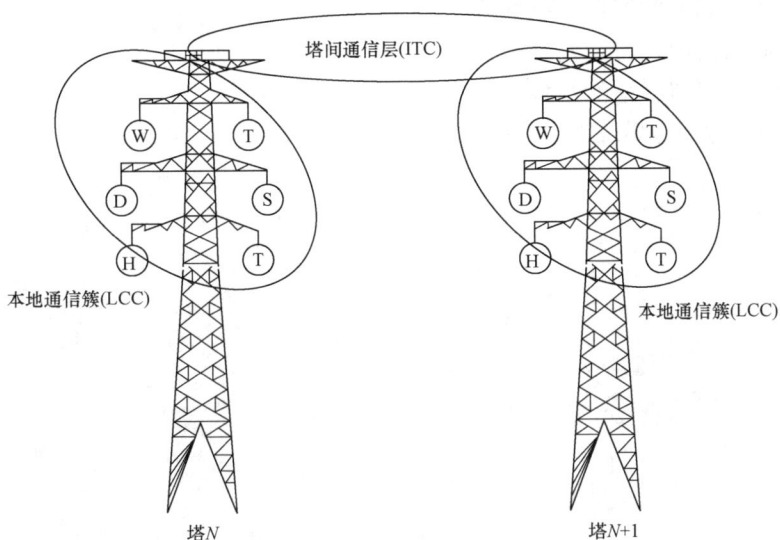

图 9 - 26　监测预警系统传感器网络的 2 层结构模型
S—张力传感器；T—温度传感器；H—湿度传感器；
W—风速传感器；D—位移传感器

通信网络是分布式母线保护得以实现的基本前提。现有通信网络大多采用有线载体，需要布线，组网不灵活。采用 WSN 组建分布式母线保护，适合母线出线多、相互间距离短、连接方式易发生变化等特点。由于 WSN 采用多跳路由方式，当母线上出线较多时，信息传递时间过长，可能不满足保护速动性的要求，为此，采用 2 层通信架构能提高通信效率。以有 16 条出线的母线为例，对各出线进行编号，将 16 条出线分为 4 组（分别为 1～4，5～8，9～12，13～16），选择编号最大的出线上的节点作为每组的汇聚节点（分别为 4、8、12、16），各汇聚节点间进行数据交换，一个循环完毕（4－8－12－16－4），各汇聚节点即得到所有出线的节点信息，再由汇聚节点传送给各区内的所有节点，至此，每个节点都得到了完备的方向信息，就可以完成故障判断了。图 9 - 27 所示为基于 WSN 的分布式母线保护结构。

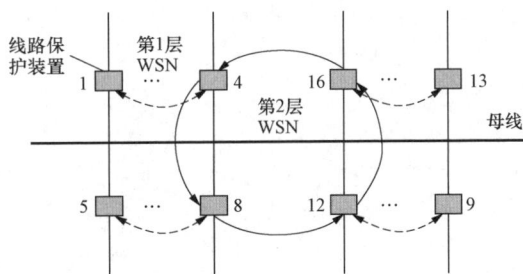

图 9 - 27　基于 WSN 的分布式母线保护结构

思 考 题

1. 简述现场总线的概念，现场总线的主要特征有哪些?

2. 分析目前广泛应用的几种现场总线（FF，Lonworks，Profibus，HART，通用串行总线 USB，CAN 总线）。

3. 简要介绍现场总线的网络结构。

4. 简要说明 IEEE 1451 标准的内容。

5. IEEE 1451 标准的特点有哪些?
6. 简述工业以太网的特点及优势。
7. 简述无线传感器网络的结构。
8. 简述 WSN 在设备状态检修中的应用。

第 10 章　智能传感器的设计与应用

在智能传感器中，硬件和软件的合理配合既可以增强传感器的功能，提高传感器的精度，又可以使传感器的结构更为简单和紧凑，使用更方便。因此，智能传感器的设计必须从硬件和软件两方面综合考虑。本章首先简要介绍智能传感器的设计步骤，然后给出硬件结构设计和软件设计方法，最后以实例的形式给出智能传感器的设计过程。

§10.1　智能传感器设计概述

10.1.1　智能传感器的系统分析

智能传感器的设计首先应明确智能传感器的基本功能要求和应达到的技术指标，这是整个设计的基础。因此，在硬件和软件设计之前，首先要对智能传感器进行系统分析。

1. 系统分析主要解决的问题

系统分析是确定系统总方向的重要阶段，主要是对要设计的智能传感器系统进行全面的分析和研究。在现有的技术和软、硬件条件下，选择最优的设计方案，以达到预期的目标。

系统分析主要解决以下问题：

(1) 确定设计的目标和系统的功能。

(2) 提出初始方案，分析方案的合理性和可行性。

(3) 提出具体实施计划，包括资金、人力、物力和设备的分配、使用情况等。

(4) 指出关键技术问题，并进行分析研究。

2. 智能传感器系统分析工作过程

智能传感器系统分析工作过程主要分三步：

(1) 确定任务。根据系统的性能要求、功能范围、要求的时间进度、可投入的人力财力资源等，对其中的关键问题做出明确的描述。

(2) 提出初步方案。分析系统要求，确定系统设计目标、功能和范围、总体功能结构或局部功能的划分、组织结构或物理结构、组织方案、进度计划、经济预算等。

(3) 可行性分析。

10.1.2　智能传感器的硬件结构设计

智能传感器的硬件部分通常由传感器及信号调理电路、微处理器、ROM、RAM、I/O接口和定时/计数电路、人 - 机联系部件和接口电路及串行或并行数据通信接口等组成。智能传感器的核心是微处理器。

1. 微处理器的选择

目前，智能传感器大多采用模块化积木式结构，其中，微处理器是智能传感器的核心，它的选择至关重要。常用微处理器作为智能传感器的中央处理器，包括标准微处理器（单片机）和嵌入式微处理器。单片机是为中低成本控制领域设计和开发的，单片机的位控能力强，价格低、使用方便。

（1）标准微处理器的优点。

1）硬件通用性强，应用灵活，在不同场合应用时，硬件的结构基本不动，只要改变固化在存储器里的程序，就可更新换代成新产品。

2）指令系适合实时控制。

3）体积小，执行速度快。

4）可靠性高，抗干扰能力强。

5）可方便地实现多机分布式控制，产品开发周期短、开发效率高，同一系列和配置接口的芯片种类多，功能全，便于挑选。

（2）标准微处理器的选择原则。

1）主芯片选择。目前，自动化领域应用较广的单片机产品除了 Intel 公司的 MCS - 51 单片机及其兼容性产品（目前推出兼容产品的公司有 ATMEL、PHILIPS、TEMIC、ISSI、WINEOND、LG 等）外，还有美国 Microchip 公司的基于 RISC 指令集的 PLC 系列单片机、Motorola 公司的 MC 系列单片机、西门子公司的 C500 或 C166 系列单片机等。为了缩短开发周期、降低开发成本，应尽可能选择指令集熟悉的系列产品。在相同条件下，选择价格较低的产品。

2）主机字长选择。智能传感器系统的许多功能与主芯片的字长有着密切关系，字长越长其运算和控制能力就越强，但成本也随之增加。8 位单片机是目前应用广泛的一种，可以用于数据处理或一般的监控系统。而 16 位单片机组成的系统是一种高性能的计算机系统，它们主要用于数据处理并兼顾控制方面的要求，其特点是处理速度快、精度高、功能强，能满足实时性要求。

3）寻址范围选择。单片机的地址长度反映了可寻址的范围，它表示系统中可存放的程序和数据量。例如，8 位单片机，其地址长度为 16 位，可寻址的范围为 64K。设计时，应根据应用系统的要求确定合理的存储容量。

4）指令功能。一般来说，指令条数多的单片机，其操作功能要强一些，这可使编程更灵活有效。但是一个单片机的功能究竟丰富与否，不能单由指令的数量确定，还要看每条指令的具体内存，因为每一个厂家都有它自己计算指令的方式。

所选取的单片机，其指令功能应该面向所要处理的问题。若侧重于控制，要特别注意访问外部设备（或接口）指令的功能；如果侧重于数据处理，则应该注意数据操作指令的功能，如算术和逻辑运算、十进制调整、位操作指令、控制转移等指令的功能是否齐全。

5）处理速度。应用程序执行的速度，取决单片机的时钟周期、执行一条指令所需的周期数和指令系统结构三种因素。一般而言，时钟周期越短，执行的速度越快。但不能单以时钟速率来衡量微处理器的执行速度。指令的执行时间应从时钟频率和执行该指令所需的周期数计算而得。对于采样周期较短、有大量实时计算的数据处理时，应选择高速单片机。

6）中断能力。实际应用中，有时为了处理某些紧急工作，需要单片机暂停执行主程序，而转向执行某个服务子程序，同时，中断还是单片机实现任务调度的一种方式，为此，单片机应具有较强的中断功能。对于需要快速、多任务实时处理的情况，应选择中断功能很强的单片机，同时应具备中断优化判断电路以便对多个中断源有效处理。

7）功耗。功耗由器件工艺、器件的复杂性和时钟速率所支配。字长较长的单片机因器件电路复杂，其功耗比字长较短而工艺相同的单片机大。从器件工艺来说，高速双极性单片机的功耗较大；NMOS 和 PMOS 单片机的功耗居中；而 CMOS 单片机的功耗最小。时钟速率也影响一些单片机的功耗。较慢的时钟速率下，单片机的功耗较小。此外，还应该按照系统所允许的工作范围和工作环境等条件来选择不同功耗的单片机。

（3）嵌入式微处理器及其特点。嵌入式微处理器的基础是通用计算机中的 CPU，是嵌入式系统的核心。为满足嵌入式应用的特殊要求，嵌入式微处理器虽然在功能上和标准微处理器基本上是一样的，但在工作温度、抗电磁干扰等方面做了各种增强。与工业控制计算机相比，嵌入式微处理器具有体积小、质量轻、成本低、可靠性高的优点。嵌入式微处理器具有以下特点：

1）对实时和多任务有很强的支持能力，能完成多任务并且有较短的中断响应时间，从而使内部的代码和实时操作系统的执行时间减小到最低限度。

2）具有功能很强的存储区保护功能。由于嵌入式系统的软件结构已模块化，为了避免在软件模块之间出现错误的交叉作用，需要设计强大的存储区保护功能，同时也有利于软件诊断。

3）可扩展的处理器结构。它已能迅速地扩展出满足应用的高性能嵌入式微处理器。

4）嵌入式微处理器的功耗必须很低，尤其是用于便携式的无线及移动的计算和通信设备中靠电池供电的嵌入式系统更是如此，其功耗只能为毫瓦甚至微瓦级别。

（4）嵌入式处理器的技术指标。

1）接口种类和数量。处理器的种类、外部接口的种类和数量越多需要的外围扩展就越少，可靠性越高，成本越低。根据系统的需要尽量选择集成所需接口种类和数量的处理器。

2）字长。参与运算的数的基本位数，决定于寄存器、运算器和数据总线的宽度，直接影响硬件的复杂程度。字长越长，包含的信息量越多，能表示的数据有效位数也越多，计算精度越高，而且处理器的指令较长，指令系统的功能就较强。通常有 1、4、8、16、32、64 位字长。

3）处理速度。现在通常采用在单位时间内各类指令的平均执行条数，即根据各种指令的使用频度和执行时间来计算

$$t = \sum_{i=1}^{n} p_i t_i \tag{10.1}$$

式中　n——处理器指令类型数；

　　　p_i——第 i 类指令在程序中的使用频度；

　　　t_i——第 i 类指令的执行时间；

　　　t——平均指令执行时间，其倒数就是处理器的运行高速度的指标，单位为 MIPS。

另外，还有其他的方法衡量处理器的速度，如 MFLOPS（每秒百万次浮点运算）、主频等。

4）工业温度。商业级（0～55℃）、工业级（-40～85℃）、军用级（-55～125℃）、航天级（更宽）。

5）功耗。嵌入式处理器一般包含待机功耗和工业功耗，功耗与运行频率、电源电压都有关系。

6）寻址功能。与地址总线的宽度有关。对于集成了存储器的处理器意义不大。

7）其他。包括性价比、工艺等。

（5）嵌入式微处理器的选择原则。

1）根据系统处理数据的主要类型来定 CPU 总线的位数，如果主要数据的位数大于 8 位，就应该选择 16 位或 32 位的 CPU。例如，对信号采样时，A/D 或 D/A 转换器为 12 位的，如果采用 8 位的 CPU，在输入或输出以及在中间的数据处理时都要进行数据的类型转换，否则影响程序运行效率。

2）对于工业应用来说，价格是影响 CPU 选型的另外一个比较重要的原因。8 位的 MCU 基本都在 1 \$ 以下，32 位的 CPU 相对较贵。但是对于武器系统来说，通常供货稳定性和可靠性是选择的一个非常重要的原因，因为从武器设计到退役往往几十年，不仅要保证设计时能买到 CPU，更要保证在设备维护时有相应的备件来替换。

3）开发工具的支持。开发工具在嵌入式系统的开发中具有重要地位，不仅影响开发的进度，而且直接关系到设备的性能甚至项目的成败。

4）操作系统的支持。一般简单的机电系统应用不需要操作系统，直接采用汇编语言或 C 语言就可以编程，一般采用 8 位 MCU 就可以完成任务；而对于较复杂的应用，通常需要操作系统的支持。

5）代码的继承性往往决定了 CPU 的选择。在军用设备中，为了保证系统的可靠性及研制周期，会直接沿用原来类型的 CPU。

6）供应商的因素。由于功能的扩展，原来选择的 CPU 已经不能满足系统需求，供应商提供相应的升级替换 CPU，并提供技术支持。

2. 智能传感器的硬件电路设计

在选择好微处理器之后，就可以开始进行硬件电路的设计。硬件电路的构成与测量信号的特性、微处理器的情况和对传感器性价比的要求都有直接的关系。

在智能传感器中，由于微处理器具有很强的功能，可以用软件完成许多过去由硬件电路承担的工作，所以，充分发挥软件的作用可以简化硬件电路、降低成本、减小体积、提高精度和增加可靠性。但是，有些功能是软件无法实现的；有些功能如果用硬件完成，电路可能并不复杂，但采用软件时，程序却相当复杂，而且会使速度降低，这些情况仍需要使用硬件来完成。因此设计的开始阶段应反复权衡硬件和软件的比例，合理地将智能传感器的功能划分成若干部分，并确定哪些由硬件实现、哪些由软件完成。这种计划工作的完成，能节省投资和研制时间。

智能传感器的硬件包括调理电路、A/D 转换器、微处理器、存储器、I/O 接口及其他逻辑电路、数据采集通道、人—机对话装置、输出执行部件和通信接口等。设计过程一般需要经过以下几个步骤：

（1）电路原理图的设计阶段。硬件电路设计的第一步是：根据功能的要求进行电路原理图的设计，包括电路结构、元器件的参数计算等。这一步的工作是整个工作的基础，对传感器的性能、成本、精度等有很大的影响。设计时，要考虑技术上可行、经济上合理。在设计中有些环节具有重大的革新或创新性质时，则应先通过一些实验来验证可行性后才能在电路原理图中使用。

（2）实验板实验阶段。硬件电路的书面设计是一方面，而保证它能付诸实际工作则又是另一方面。因此大都需要制作电路实验板进行实验。电路实验板可以是一个功能模块，也可以是整个传感器的硬件电路。一般电路实验板上组件的安装、排列、布置及走线并不是主要的，要着重考虑的是电气性能。

实验阶段与电路原理图设计阶段往往要反复进行。通过实验发现问题后要进行修改设计，重新设计后又要再次进行实验，直至最后臻于完美。

（3）印刷电路板设计与安装调试阶段。在电路设计定型后就要设计、制作正规的印刷电路板。设计印制电路板时，对组件的安排、走线等均应认真考虑，因为印制电路板的合理与否对传感器的正常工作会有很大的影响。

印制电路板安装完成后，首先要做一些功能与逻辑检查，确保它能工作后，才能用于整个系统的电路仿真。通过在仿真中发现并排除问题，直到工作正常为止。

（4）软、硬件总调阶段。在硬件与软件分别进行初步调试以后，必须对传感器系统进行总体调试。在总体调试中，将进一步发现硬件和软件两方面的问题，其中最主要的是检验软、硬件能否协调运行。总体调试通过后，设计研制工作才算完成。

10.1.3　智能传感器的软件设计

在确定硬件电路之后，传感器的功能将依赖软件来实现。好的软件程序不但能实现强大的功能，而且还应该结构化、简单易读、调试方便、占用系统资源少、运行速度快。只有掌握正确的软件设计方法，才能高效率、高质量地完成智能传感器软件设计任务。

1. 智能传感器的软件系统组成

智能传感器的软件通常由监控程序、测量控制程序、数据处理程序、中断处理程序组成。

（1）监控程序。它是控制系统按预定操作方式运行的程序，是整个软件系统的核心。监控程序起着引导智能传感器进入正常工作状态，并协调各部分软、硬件有条不紊地工作的重要作用，其主要功能有：管理键盘和显示器；接收输入/输出接口、内部电路等发出的中断请求信号，并按照中断优先级的顺序进入相应的服务程序；对定时器进行管理，实现传感器的初始化和自检等。

（2）测量控制程序。它主要完成测量以及测量过程的控制等任务。例如，多路切换、采样、A/D 转换、D/A 转换、超限报警、程控放大器增益控制等。这些程序可以由若干程序模块实现，供监控程序或中断服务程序调用。

（3）数据处理程序。它主要实现各种数值运算（算术逻辑运算和各种函数运算）、非数值运算（如查表、排序等）和数据处理（非线性校正、稳定补偿、数字滤波、标度变换等）。

（4）中断处理程序。它用来处理各种中断服务请求，可能会调用测量控制程序或数据处理程序。

2. 智能传感器软件设计的内容

（1）量程自动转换。如果传感器和显示器的分辨率一定，而仪表的测量范围很宽，为了提高测量精度，智能传感器应能自动转换量程。在多传感器检测系统中，为保证计算机的信号一致（0～5V），也必须能够进行量程的自动转换。量程自动转换是指采用一种通用性很强的可编程增益放大器 PGA，根据需要通过程序调节放大倍数，使 A/D 转换器满量程信号达到一致化，从而大大提高测量精度。

（2）标度变换。实际的各个被测参数都有着不同的量纲和数值，根据不同的检测参数，采用不同的传感器，就有不同的量纲和数值。例如，检测稳定常用热电偶，不同热电偶输出的热电动势也各不相同，如铂铑—铂热电偶在 1600℃时，其电动势为 16.677mV，而镍铬—

镍铬热电偶在 1200℃时，其电动势为 48.87mV；测量压力用的弹性元件有膜片、膜盒及弹簧管等，其压力范围从几帕到几十帕。所有这些参数都经过传感器及检测电路转换成 A/D 转换器所能接受的 0～5V 统一电压信号，又由 ADC 转换成 0000H～0FFFIt（12）位的数字量，以便 CPU 进行各种数据处理。为进一步进行显示、记录、打印及报警等，必须把这些数字量转换成带有量纲的数据供输出，便于操作人员对生产过程进行监视和管理，这就是所谓的标度变换，也称为工程量变换。标度变换有各种不同类型，它取决于被测参数测量传感器的类型，应根据实际情况选择适当的标度变换方法。

（3）数字调零。在传感器系统的输入电路中，一般都存在零点漂移、增益偏差和器件参数不稳定等现象。它们会影响测量数据的准确性，必须对其进行自动校准。在实际应用中，常常采用各种程序来实现偏差校准，这种技术称为数字调零。除此以外，还可每隔一定时间自动测量基准参数，实现自动校准。

（4）非线性补偿。在测试系统中，人们都希望传感器具有线性特性，这样不但读数方便，而且使传感器整个刻度范围内灵敏度一致，便于对系统进行分析处理。但是传感器的输入/输出特性往往有一定的非线性，为此，必须对其进行补偿和校正。用微处理器进行非线性补偿常采用插值法实现。

（5）温度补偿。环境温度的变化会给测量结果带来不可忽视的误差。在智能传感器系统中，要实现传感器的温度补偿，只要能建立起表达温度变化的数学模型（如多项式），用插值或查表的数据处理方法便可有效地实现温度补偿。在线用测温元件测出传感器周围的环境温度，测温元件的输出经过放大和 A/D 转换送到微处理器处理，也可实现温度误差的校正。

（6）数字滤波。当传感器信号经过 A/D 转换输入微处理器时，常常会混入尖脉冲之类的随机噪声信号，尤其在传感器的输出电压很低时，这种干扰更不可忽视，必须予以消除。对于周期性的工频（50Hz）干扰，采用积分时间等于 20ms 整数倍的双积分 A/D 转换器，可以有效地消除其影响，对于随机干扰信号，需采用软件数字滤波技术解决，而采用数字补偿技术可以使传感器的精度提高一个数量级。

3. 智能传感器常用的软件设计方法

常用的软件设计方法有结构化程序设计、自顶向下的程序设计和模块化程序设计。这三种设计方法往往综合在一起使用，通过自顶向下、逐步细化、模块化设计、结构化编码来保证软件的快速实现。

（1）自顶向下的程序设计。程序设计有两种截然不同的方式，一种是"自顶向下，逐步细化"的程序设计；另一种是"自底向上，逐步积累"的程序设计。"自顶向下"就是从整体到局部，最后到细节，即先考虑整体目标，明确整体任务，然后把整体任务分解成一个一个子任务，一层一层地分下去，直到最底层的每一个任务都能单独处理为止。"自底向上"就是先解决细节问题，再把各个细节结合起来，就完成了整体任务。"自底向上"设计方法在设计各个细节时，对整体任务没有进行透彻的分析和了解，因而在设计时很可能会出现没有预料到的情况，以至于要修改和重新设计。因此，多采用"自顶向下"的设计方法。

（2）模块化程序设计。当明确对软件设计的总体任务之后，就要进入软件总体结构的设计。此时，一般采用"自顶向下"的方法，把总任务从上到下逐步细分，一直分到可以具体处理的基本单元为止。如果这个基本单元程序单元定义明确，可以独立地进行设计、调试、纠错及移植，它就称之为模块。每个模块独立地开发、测试、最后再组装出整个软件。这种开发方法是对待复杂事物"分而治之"的一般原则在软件工程领域的具体体现，它将软件开发的复杂性在分解过程中予以降低。模块化的总体结构具有结构概念清晰、组合灵活和易于调试、连接和纠错等优点。在处理故障或改变功能时，往往只设计局部模块而不影响整体，因此是一种常被采用的理想结构。

1）模块化设计的目的。模块是单独命名的可编址的元素，若组合成层次结构形式，就是一个可执行的软件，它就是满足一个软件项目需求的可行解。模块化的目的是降低软件的复杂性，使软件设计、调试、维护等操作简单、容易。一个模块具有输入/输出、功能、内部数据、程序代码四个特性。输入/输出分别是模块需要的和产生的信息；功能是指模块所做的工作；输入/输出和功能构成一个模块的外部特性，模块用程序代码完成它的功能；内部数据是仅供该模块内部使用的数据，内部数据和程序代码是模块的内部特性。对模块的外部环境来说，只需了解它的外部特性就足够了，不必了解其内部特性。在软件设计阶段，通常要先确定模块的外部特性，然后确定它的内部特性。

2）模块化设计方法的规则。模块化方法的关键是如何将系统分解成模块和模块设计，在模块设计中遵循什么样的规则。把系统分解成模块，应遵循以下规则：

a. 得到最高的模块内聚性，即在一个模块内部有最大限度的关联，只实现单一功能的模块具有很高的内聚性。

b. 保持最低的耦合度，即不同的模块之间的关系尽可能减弱。

c. 模块间用链的深度不可过多，即模块的层次不能过高，一般应控制在 7 层左右。

d. 接口清晰、信息隐蔽性好。

e. 模块大小适度。尽量采用已有的模块，提高模块重用率。

3）结构化程序设计。进行程序设计时，一般先根据程序的功能编制程序流程图，然后根据程序流程图用汇编语言或高级程序语言来编写程序。对于一般中小规模的程序，这种方法还是可行的。但是，当程序规模较大、结构比较复杂时，要画出整个完整的程序流程图是不容易的。虽然可以分解成一些小的程序模块，再把他们连接起来，但在错综复杂的连接中很容易出错。此外，程序流程图一般只表示过程的算法，而不提供有关数据方面的详细信息。而在连接程序段时，信息接口是十分重要的。后一段程序如果不能从前面某个程序获得必要的正确数据，那程序就不能正常运行。结构化编程就是以一种清晰易懂的方法来表示出程序文本与其对应过程之间的关系，进而组织程序的设计和编码。

结构化程序设计方法的核心是"一个模块只要一个入口，也只要一个出口"。这里，模块只有一个入口应理解为：一个模块只允许有一个入口被其他模块调用，而不是只能被一个模块调用；同样，只有一个出口应理解为：不管模块内部的结构如何，分支走向如何，最终应集中到一个出口推出模块。根据这一原则；凡是有两个或两个以上入口的模块，应重新划分为两个或两个以上的模块；凡是有两个或两个以上出口的模块，要么将出口归纳为一个（如果程序逻辑允许），否则也应重新划分成两个或两个以上的模块。非结构化程序网状交织，条理不分明；结构化程序脉络分明，清晰明了。

在结构化程序设计中，仅允许使用下列三种基本结构。

a. 顺序结构。这是一种线性结构，在这种结构中，程序被顺序连接地执行，如图 10 - 1 所示，即首先执行 P1，其次执行 P2，最后执行 P3。这里 P1、P2、P3 可以是一条简单的指令，也可以是一段完整的程序。

　　b. 选择结构（IF-THEN-ELSE 结构）。如图 10-2 所示，这是一种逻辑判断结构，按照一定的条件由两个操作中选择一个。

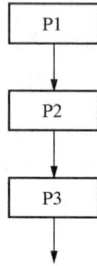

图 10-1　顺序结构　　　　　　图 10-2　选择结构

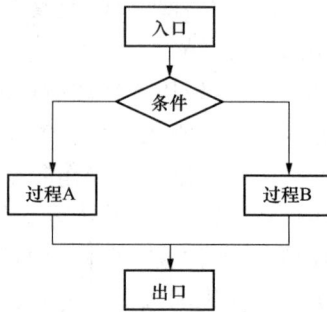

　　c. 循环结构。不同的编程环境指令不同。一般都分为两种，一种是先执行过程然后再判断条件，如图 10-3（a）所示；另一种是先判断条件，满足后再执行过程，如图 10-3（b）所示。

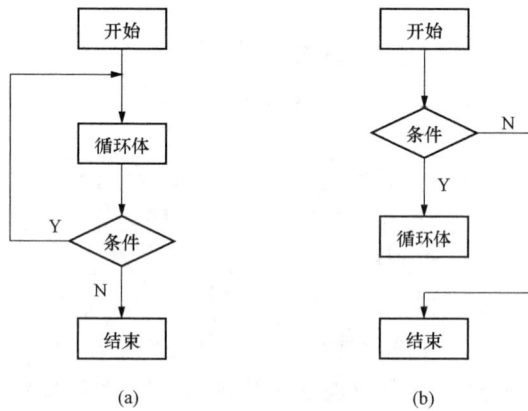

图 10-3　循环结构

（a）先执行再判断；（b）先判断再执行

§10.2　智能传感器设计实例——分布式光纤温度传感系统的研究与设计

　　分布式光纤温度传感系统中，光纤作为光传输的媒介，广泛地分布在被测温度场中，测量光纤沿线的温度场情况。它的测温距离可达几十公里，空间定位精度达到米级，可以实现不间断的温度自动测量。将光纤上各点的温度值进行整理，可获得光纤温度分布情况图。因为分布式光纤温度传感系统具有实时监控温度场的空间分布这一特点而受到关注，广泛地应用于工业控制、电力传输、石油化工、煤矿、隧道等领域，在未来将出现更多的用途，应用前景十分可观，值得深入研究。

10.2.1　分布式光纤温度传感系统的性能指标

评估分布式光纤温度传感系统最关键的性能指标是：系统的温度分辨率、系统的空间分辨率、系统的时间分辨率。在系统设计时，这三项指标是相互影响的，一个优良的分布式光纤温度传感系统不能只突出一项指标，而应综合考虑三点，实现系统的性能最优化。此外，系统的温度传感距离、系统的温度传感范围等也是重要的性能指标。

本系统的性能指标主要有：①温度分辨率：1℃；②空间分辨率：1m；③时间分辨率：15s；④温度传感距离：≥5km；⑤温度传感距离：≥5km；⑥温度传感范围：−100∼600℃。

为实现该性能指标，在电路设计过程中有许多注意事项，主要的设计要求如下：①光源系统产生光脉冲宽度不大于10ns；②高性能的温度控制电路；③高压电路产生300∼600V直流电压；④高速数据采集电路不小于100M；⑤高质量的光纤。

10.2.2　分布式光纤温度传感系统的总体结构

分布式光纤温度传感系统总体结构如图10-4所示。分布式光纤温度传感系统主要由主处理器、单片机、脉冲驱动电路、温度控制电路、激光器、掺铒光纤放大器、光耦合器、Anti-Stokes 光滤波器、Stokes 光滤波器、高压电路、光电转换与信号放大电路、高速数据采集电路等构成。

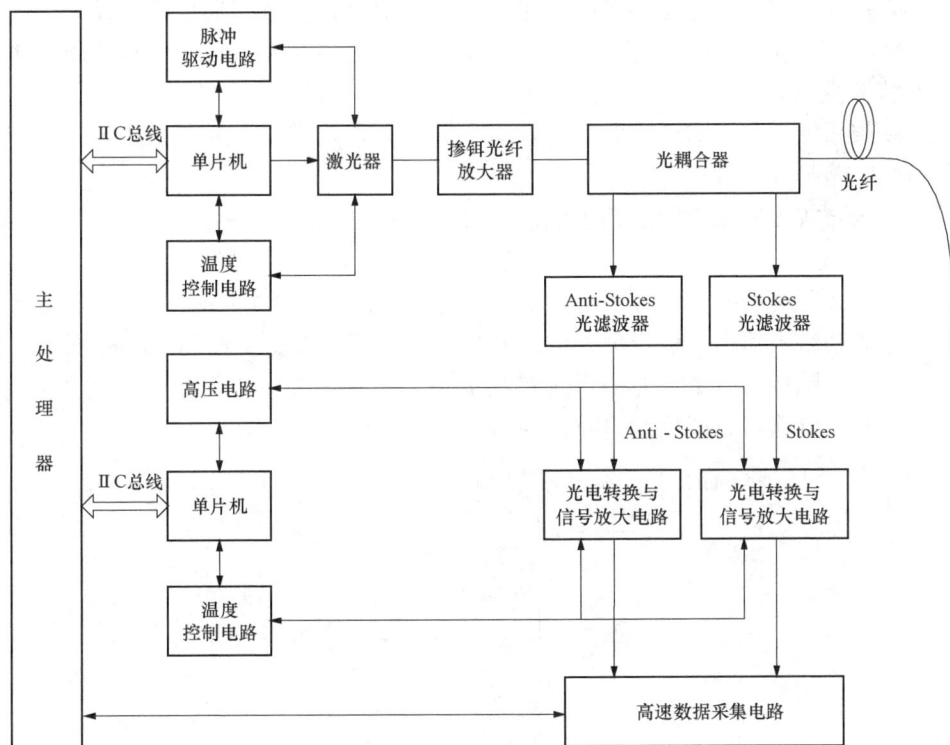

图 10-4　分布式光纤温度传感系统总体结构

主处理器是分布式光纤温度传感系统的核心，通过 IIC 总线向各个电路发送指令并处理返回的数据，控制整个系统。系统运行时，主处理器控制脉冲驱动电路使激光器产生稳定的、固定波长的、脉冲宽度可调的光脉冲信号。由于激光器产生的光脉冲波长随温度变化会有一定的漂移，为保证产生波长稳定的光脉冲，需设计温度控制电路，保证激光器处于稳定温度状态。

光脉冲经过掺铒光纤放大器将功率放大之后耦合进入光纤，在光纤内传输时产生拉曼散射，其中后向拉曼散射光沿着光路返回到光耦合器。拉曼散射包含了两种频率的光——斯托克斯光（stokes）和反斯托克斯（Anti-Stokes）光，两者的频率分布在入射光频率两侧。通过光滤波器分离出带有温度信息的 Anti-Stokes 散射光和作为参考信息的 Stokes 散射光，然后，这两种光进入不同的光路进行处理。

Anti-Stokes 散射光和 Stokes 散射光分别通过雪崩光电二极管（APD）进行光电转换，由于 APD 需要在高压环境下才能正常工作，需设计高压电路控制 APD 端的电压值。由于 APD 在光电转换过程中受温度影响，与激光器相似也需温度控制电路。光信号转换成电信号后，由于电信号十分微弱，必须将信号放大。放大后，电信号由高速数据采集电路采集，经主处理器处理可计算出温度值。再经过光时域反射技术确定发生散射的位置点，便能将光纤中的位置点与其温度值相对应。如此多次计算，确定光纤上多个点的温度值，就能分布式地展现整个光纤上的温度分布情况，这就是基于拉曼散射的分布式光纤温度传感系统的基本结构与工作过程。

在电路设计过程中将整个系统分为几个子系统，子系统及其组成如下：

（1）光源系统。它由脉冲驱动电路、单片机、温度控制电路、激光器组成。

（2）光传输与分光系统。它由掺铒光纤放大器、光耦合器、Anti-Stokes 光滤波器、Stokes 光滤波器组成。

（3）光接收系统。它由高压电路、单片机、温度控制电路、光电转换与信号放大电路、高速数据采集电路组成。

10.2.3　分布式光纤温度传感系统的硬件设计

1. 光源系统设计

图 10-5 所示为光源系统结构，FPGA 产生的信号通过光脉冲驱动电路产生光脉冲驱动信号，该信号驱动激光器产生稳定波长的光脉冲。此过程需要温度控制电路控制激光器处于恒温状态，保证光脉冲的质量。光源系统控制电路以单片机为微控制单元与主处理器通信，实现对光脉冲驱动电路与温度控制电路的控制。

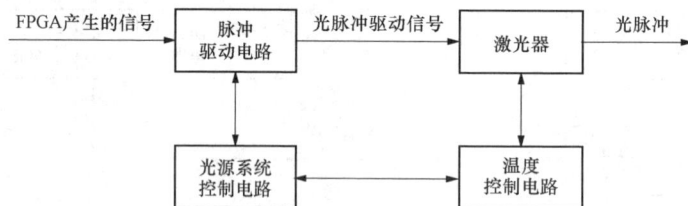

图 10-5　光源系统结构

2. 光接收系统

光接收系统结构如图 10-6 所示，光电转换与信号放大电路将 Anti-Stokes 光信号与 Stokes 光信号转换成 Anti-Stokes 电信号与 Stokes 电信号，并将信号强度放大。光电转换过程由高压偏置电路提供偏置电压，并由温度控制电路保证光电转换元件工作于恒温状态。转换后的电信号被采集并进行数据处理，减少数据中的噪声干扰。

10.2.4　分布式光纤温度传感系统的程序设计

光源系统与光接收系统的总线通信控制由 ATmega16 单片机实现。ATmega16 单片机

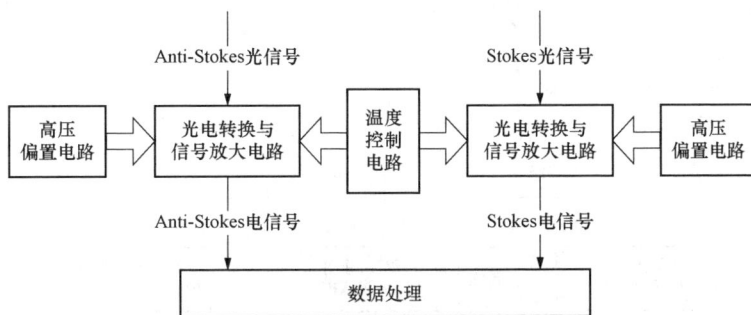

图 10 - 6 光接收系统结构

通过 IIC 总线接收主处理器的指令，完成相应的操作，并将对应的数据再通过 IIC 返回给主处理器。本节的主要内容是：设计 ATmega16 的 IIC 通信程序，使其具有数据收发功能，并能根据收到的指令完成对应的操作。

1. 数据收发

ATmega16 内部集成了 TWI 接口，用于 IIC 总线协议，通过设定相应控制寄存器就能实现 IIC 总线通信。当主处理器开启 IIC 总线时，发送的第一个字节的高 7 位包含 AT-mega16 单片机的 IIC 地址信息，最后 1 位 R/$\overline{\text{W}}$确定读/写操作。ATmega16 首先进行地址匹配，TWI 接口将接收到的首个字节的前 7 位与 TWAR 寄存器中的 7 位地址进行比较。如果地址不同，则忽略 IIC 总线上传输的数据；若地址匹配，则进入中断子程序。ATmega16 每通过 IIC 总线收发一个字节数据都会自动触发中断，通过设定中断程序可实现数据收发。

2. 指令执行

ATmega16 单片机根据指令中命令位的值完成不同的指令执行，命令位 0x31～0x38 分别对应 8 项指令执行，见表 10 - 1。

表 10 - 1 命令位与指令执行关系表

命令位	指令执行
0x31	读取设备号
0x32	读取程序版本
0x33	开启/关闭温度控制
0x34	设置目标温度
0x35	查询实际温度
0x36	查询 TEC 电流
0x37	开启/关闭高压
0x38	查询高压

下面针对 0x33～0x36 几个指令执行作详细介绍：

（1）命令位 0x33——开启/关闭温度控制。开启/关闭温度控制流程图如图 10 - 7 所示。由于开启和关闭对应了两项操作，所以通过附加位的值才能确定执行哪一项。当附加位为 0xF1，开启温度控制，并将 0xF1 写入发送区内返回给主机表示该指令已执行；当附加位为 0xF2，关闭温度控制，同理将 0xF2 写入发送区内返回给主机；若附加位不在上述范围内，则不执行指令，向主机返回 0 表示指令有误。

（2）命令位 0x34——设置目标温度。ATmega 16 向 D/A 转换器发送 2 字节数据可实现输出电压的功能，该数据由指令附加位提供。附加位的 2 字节数据作为 D/A 转换器数字信号，D/A 转换器接收数字信号后开始转化，最终输出电压，完成目标温度设置。此后，附加位的数据写入发送区返回给主机，表示目标温度设置完毕。设置目标温度流程图如图 10 - 8 所示。

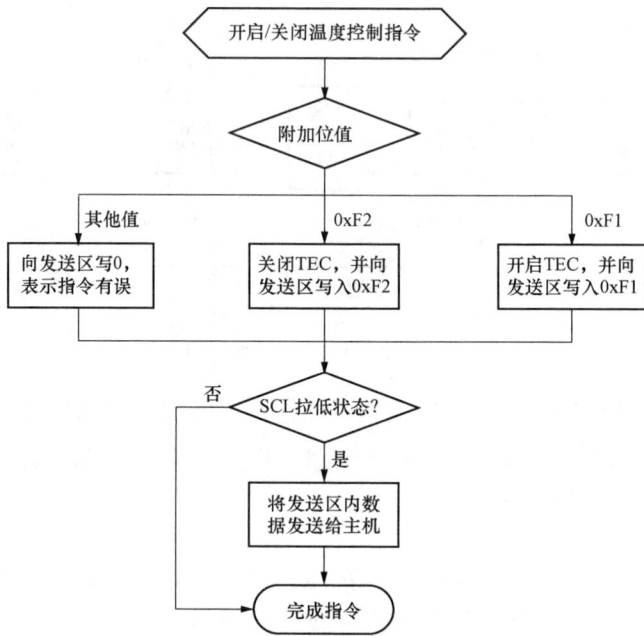

图 10-7　开启/关闭温度控制流程图

（3）命令位 0x35——查询实际温度。单片机无法直接获取电阻信息，故将热敏电阻与参考电阻串联分压，利用单片机 A/D 转换口获取热敏电阻反馈电压，将转换后的数据写入发送区返回给主机。查询实际温度流程图如图 10-9 所示。

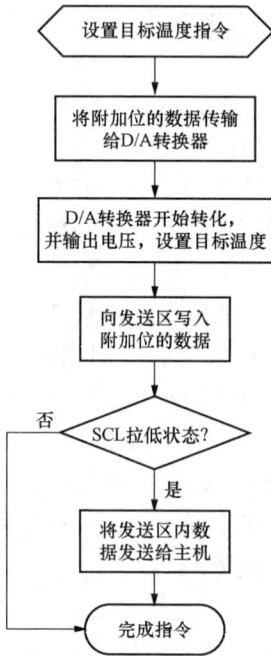

图 10-8　设置目标温度流程图　　　　图 10-9　查询实际温度流程图

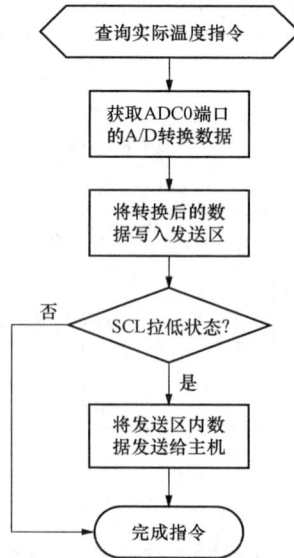

（4）命令位 0x36——查询 TEC 电流。温度控制中的加热/制冷功能由 TEC（热电冷却器）实现，TEC 电流的强度对应加热/制冷的强度。一旦获取单片机 A/D 转换口电压值，可求出 TEC 电流值。指令执行流程与查询实际温度相似，只是获取电压由 ADC0 变为 ADC1，其余流程完全相同，此处不再显示流程图。

ᕒ 思 考 题

1. 试述智能传感器系统分析的目的及要解决的问题。
2. 传感器电路的设计过程中如何解决噪声问题？
3. 试分析智能传感器设计时嵌入式微处理器的选用原则。
4. 智能传感器的软件设计方法有哪些？主要包括哪些内容？
5. 分析分布式光纤温度传感器系统的设计过程。

参 考 文 献

[1] 胡向东. 传感器与检测技术. 2 版. 北京：机械工业出版社，2013.

[2] 刘君华. 智能传感器系统. 2 版. 西安：西安电子科技大学出版社，2010.

[3] 何金田，刘晓旻. 智能传感器原理、设计与应用. 北京：电子工业出版社，2012.

[4] 戴焯. 传感器原理与应用. 北京：北京理工大学出版社，2010.

[5] 林玉池，曾周末. 现代传感器技术与系统. 北京：机械工业出版社，2009.

[6] 赵勇，胡涛. 传感器与检测技术. 北京：机械工业出版社，2010.

[7] 周杏鹏，孙永荣，仇国富. 传感器与检测技术. 北京：清华大学出版社，2010.

[8] 余成波. 传感器与自动检测技术. 北京：高等教育出版社，2009.

[9] 樊尚春. 传感器技术及应用. 2 版. 北京：北京航空航天大学出版社，2010.

[10] 陈杰，黄鸿. 传感器与检测技术. 2 版. 北京：高等教育出版社，2010.

[11] 潘雪涛，温秀兰. 传感器原理与检测技术. 北京：国防工业出版社，2011.

[12] 凌志浩. 智能仪表原理与设计技术. 2 版. 上海：华东理工大学出版社，2008.

[13] 梁福平. 传感器原理及检测技术. 武汉：华中科技大学出版社，2010.

[14] 叶湘滨，熊飞丽. 传感器与检测技术. 北京：国防工业出版社，2012.

[15] 宋雪臣，单振清. 传感器与检测技术. 2 版. 北京：人民邮电出版社，2012.

[16] 郁有文. 传感器原理及工程应用. 3 版. 西安：西安电子科技大学出版，2008.

[17] 王文渊. 信号与系统. 北京：清华大学出版社，2008.

[18] 张旭东. 崔晓伟，王希勤. 数字信号分析和处理. 北京：清华大学出版社，2014.

[19] 胡广书. 数字信号处理理论、算法和实现. 北京：清华大学出版社，2012.

[20] 刘明亮，郭云. 数字信号处理基础教程. 北京：北京航空航天大学出版社，2011.

[21] 梁福平. 传感器原理及检测技术. 武汉：华中科技大学出版社，2010.

[22] 索雪松，纪建伟. 传感器与信号处理电路. 北京：中国水利水电出版社，2008.

[23] 吕俊芳，钱政，袁梅. 传感器调理电路设计理论及应用. 北京：北京航空航天大学出版社，2010.

[24] Jon S. Wilson. 传感器技术手册. 林龙信，等，译. 北京：人民邮电出版社，2009.

[25] 祝诗平. 传感器与检测技术. 北京：北京大学出版社，2006.

[26] 董永贵. 传感器技术与系统. 北京：清华大学出版社，2006.

[27] 王伯雄，王雪，陈非凡. 工程测试技术. 2 版. 北京：清华大学出版社，2012.

[28] Ding hui, Liu Junhua, shen zhongru. Drift reduction of gas sensor by wavelet and principal component analysis. Sensors and Actuators B，2003，（96）：354 - 363.

[29] 张永怀，白鹏，周金林. 小波分析与虚拟仪器在红外气体分析器中的应用. 化工自动化及仪表，2003，30（3）：66 - 68.

[30] 冉启文，谭立英. 小波分析与分数傅里叶变换及应用. 北京：国防工业出版社，2002.

[31] 常柄国，刘君华. 模糊神经网络观测器在变压器状态监控中的应用. 清华大学学报. 2003，39（1）：35 -39.

[32] 邵军，刘君华，乔学光. 利用 BP 神经网络提高光纤光栅压力传感器的选择性. 传感技术学报，2007，20（7）：1531 - 1534.

[33] Zhang Y，Liu J H，Zhang Y H. Cross sensitivity reduction of gas sensors using genetic neural network. Optical Engineering，2002，41（3）：615 - 625.

［34］王阳光，尹项根，游大海. 无线传感器网络应用于智能电网的探讨. 电网技术，2010，34（5）：7-11.

［35］Smart grid working group. Challenge and opportunity：charting a new energy future，appendix A：working group reports. USA：Energy Future Coalition，2003.

［36］EPRI. Technical and system requirements of advanced distribution automation. Palo Alto，CA：EPRI，2004.

［37］Xiao Shijie. Consideration of technology for constructing Chinese smart grid. Automation of Electric Power Systems，2009，33（9）：1-4.

［38］T. E. Bullock. E. J Boudreaux. Sensor fusion in a nonlinear dynamical system. SPIE 1989，1100：127.

［39］张凡. 履带式移动机器人的控制与避障. 南京：南京理工大学硕士论文，2013.

［40］雷宇. 分布式光纤温度传感系统的研究与设计. 南京：南京理工大学硕士论文，2014.